工业和信息化部"十二五"规划教材

HANGKONG FADONGJI QIDONG SHENGXUE

航空发动机气动声学

（第 2 版）

乔渭阳　王良锋　编著

西北工业大学出版社

【内容简介】 气动声学是气动力学和声学交叉产生的一门新兴的航空科学技术领域分支学科,航空发动机气动噪声则是气动声学的主要研究对象。本书从气动力学和气动声学的基本理论出发,研究了当代航空动力装置(叶轮机、喷流、燃烧、螺旋桨等)气动噪声产生的物理机制,系统分析了航空发动机气动噪声的基本特征。通过对国内外有关航空发动机气动声学研究工作的总结和分析,给出了航空发动机主要噪声源流动噪声的理论分析模型,介绍了航空发动机气动噪声控制的原理和方法,最后,专门介绍了气动声学数值计算(CAA)和实验测量新方法和新技术。

本书可供从事航空发动机、流体机械、飞行器设计和动力工程及工程热物理等专业的科研及工程设计人员参考,同时可作为相关专业师生的参考书。

图书在版编目(CIP)数据

航空发动机气动声学/乔渭阳,王良锋编著. —2版 . —西安:西北工业大学出版社,2016.4(2020.9 重印)
ISBN 978 - 7 - 5612 - 4819 - 5

Ⅰ.①航… Ⅱ.①乔…②王… Ⅲ.①航空发动机-气动技术-声学 Ⅳ.①V23

中国版本图书馆 CIP 数据核字(2016)第 085086 号

出版发行:西北工业大学出版社
通信地址:西安市友谊西路 127 号 邮编:710072
电 话:(029)88493844 88491757
网 址:www.nwpup.com
印 刷 者:广东虎彩云印刷有限公司
开 本:787 mm×1 092 mm 1/16
印 张:21
字 数:551 千字
版 次:2010 年 6 月第 1 版 2016 年 4 月第 2 版 2020 年 9 月第 2 次印刷
定 价:88.00 元

第 2 版前言

本书第 1 版是在国家国防科技工业局"十一五"国防特色学术专著出版计划资助下，于 2010 年由北京航空航天大学出版社与北京理工大学出版社、西北工业大学出版社等联合出版的。自出版以来，本书一直作为西北工业大学航空宇航推进理论与工程、飞行器设计等专业的研究生"气动声学"课程的主要参考书籍，在研究生培养教育中发挥了重要的作用，并为国内同行，特别是为从事国家"大型飞机"重大专项有关飞机噪声问题的相关工程技术人员进行相关科学研究工作提供了必要的参考资料，2010 年获得中国大学出版社图书奖第二届优秀学术著作奖一等奖。

一方面，由于第 1 版印量有限，随着时间的推移，目前已经不能满足研究生教学的需要；另一方面，作为当代航空科学和流体力学学科重要前沿热点研究领域，气动声学学科理论和技术的发展非常快，例如，过去 5 年，计算气动声学(CAA)等领域取得了重要进展，而第 1 版并未纳入这一重要内容；再一方面，第 1 版在内容编排中还有不尽完善的方面，例如，缺少对螺旋桨这一类重要气动噪声源的分析介绍等。考虑到以上几个方面的原因，在西北工业大学研究生高水平课程建设专项支持计划的资助下，笔者对本书第 1 版进行了修订。

修订后的第 2 版主要增加了计算气动声学(CAA)和螺旋桨噪声两章内容，CAA 是目前气动声学领域最热门的研究方向，第 8 章"计算气动声学基础"对 CAA 的基本原理和方法做了系统的介绍；涡桨发动机作为一类低油耗的航空动力设备，目前和未来长时间内仍然具有重要的应用价值，而涡桨飞机的重要技术问题就是螺旋桨噪声，因此增加了第 5 章"螺旋桨噪声"，对螺旋桨噪声的机理、预测模型等做了系统介绍。

第 2 版其他次要的修订包括，在第 1 章增加对飞机机体噪声基本情况的介绍；将第 2 章和第 5 章合并，构成新的第 2 章"流体与声波基本概念和基本方程"；将第 6 章与第 7 章合并，删除已经陈旧、也很少使用的叶轮机噪声模型等内容，构成新的第 6 章"叶轮机噪声"。

第 2 版新增加的第 8 章，以及第 6 章中"基于 CFD 技术的叶轮机噪声计算方法"一节的"计算实例分析"等，由笔者指导的博士研究生王良锋编著。

希望本书第 2 版的出版，能够进一步提升航空宇航推进理论与工程、飞行器设计等专业研究生培养的水平,适应社会和工业部门对高水平专门研究人才的需求,并促进航空宇航科学技术领域前沿基础学科的发展,为我国正在开展的"大型飞机"和"民用大涵道比涡扇发动机"等重大工程专项的发展提供支持。

乔渭阳

2015 年 3 月于西安

第 1 版前言

飞机噪声问题是目前航空界普遍关心的问题之一。对于民用飞机,噪声辐射指标已经成为飞机适航审定的强制性指标,飞机噪声级的大小直接关系到适航签证的获取;对于军用飞机,噪声辐射则会影响到飞机的隐身以及结构声疲劳等。随着人类环境保护意识的不断增强和国际间航空市场竞争的日益激烈,特别是随着空中运输能力的不断提高、大型客机发动机推力和功率的不断增大、飞行速度的进一步加快等,飞机噪声问题变得更为突出。

飞机的主要噪声源是航空发动机气动噪声。航空发动机既是飞机的动力源,也是飞机巨大噪声的产生源。飞机噪声问题真正引起人们的关注也是 20 世纪 50—60 年代喷气式发动机开始投入使用的时候,第一代涡轮喷气发动机产生的巨大喷气噪声一方面引起了强烈的社会反响,另一方面也激发了研究人员对此问题的广泛关注。从这个时期开始,人们便以研究航空发动机内部气流(燃气)流动过程产生的噪声为主要对象,研究飞机/发动机噪声源的机理、气流和结构参数的影响、噪声级的理论预测方法以及降低噪声的方法等,并以研究开发基于气动声学设计方法来制造出低噪声发动机(也常称之为安静发动机 Quiet Engine)为主要目的,形成了航空宇航科学与技术领域一个独立的学科分支——气动声学。

如果以 1952 年英国首先研制成功的第一代喷气式民用飞机——彗星号 (Comet)为标志,那么过去 50 多年的时间里,民用航空燃气涡轮喷气发动机技术的发展大致经历了三次更新换代,航空燃气涡轮发动机技术水平得到了很大提高。而噪声级大小作为航空发动机主要的技术指标之一,每一次技术上的更新换代,气动声学设计都起了重要的作用。在 2003 年全球共同庆祝人类动力飞行 100 周年的时候,面对未来迅速发展的航空运输市场,特别是面对未来人类对环境保护的要求,国内外众多航空研究机构都将航空发动机气动声学设计列为未来航空发动机发展的关键技术之一。

我国航空发动机的发展水平与先进国家相比仍然具有很大的差距,特别是在民用航空发动机和飞机领域,与国外的技术差距非常明显。2005 年度我国启动的中长期科技发展战略,将"大型运输机"列入了国家重大技术专项,其中大型客机的发动机及其噪声问题将是我国大型客机研制发展中的重大技术基础问题之一。

面对现实,展望未来,航空动力界的科研人员必须重视和关注航空发动机的气动噪声研究。

笔者从 20 世纪 90 年代开始进行航空发动机气动声学研究,从理论、实验和数值预测等方面,对航空发动机气动声学问题开展了系统的研究。1995 年,笔者与其他学者合作编著了我国第一部飞机噪声入门书——《飞机噪声基础》。此后,笔者作为高级访问学者,曾经先后三次到国际著名航空研究机构——德国宇航院(DLR)进行学术访问研究,在德国宇航院推进技术研究所柏林发动机声学分部工作期间,通过广泛的学术交流和深入系统的学术讨论,对航空发动机气动声学领域国际前沿及发展方向有了清晰的认识。

在德国柏林施普雷河畔,笔者就萌生了撰写《航空发动机气动声学》一书的念头,考虑到 1995 年出版的《飞机噪声基础》,距离航空发动机气动声学设计的目标还有相当大的距离,并考虑到迄今国内还没有一本专门综合论述航空发动机气动声学的专著,因而进一步促使笔者提出了撰写该书的计划。近两年来,笔者在参阅国外相关论文的基础上,查阅、筛选了散见于国内外主要期刊、论文集上公开发表的研究成果,并予以归纳、整理,最终完成撰写《航空发动机气动声学》一书。

本书从气动力学和气动声学的基本理论出发,研究分析了当代先进航空燃气涡轮发动机气动噪声产生的物理机制,揭示了航空发动机气动噪声的基本特征,给出了航空发动机主要噪声源流动噪声的理论分析模型,介绍了航空发动机气动声学实验研究测量的新方法和新技术,分析了航空发动机气动噪声控制的原理和方法。本书内容基本上反映了高性能航空燃气涡轮发动机气动声学的基本理论架构和研究进展,对于先进航空发动机设计和研制具有重要的指导意义。

全书共分 9 章。第 1 章,引论,主要介绍了飞机和发动机噪声的工程背景和社会背景;第 2 章,声学基本概念和基本方程,从流体力学基本方程出发,介绍了声学基本方程和声学方程的求解,分析了声源基本理论和运动声源的特点;第 3 章,气动声学理论,这是本书的重点之一,从 Lighthill 气动声学基本方程的推导出发,介绍了不同形式气动声学方程的求解,并详细讨论了静止固体边界和运动固体边界对流体发声影响的基本方程和求解方法等;第 4 章,发动机喷流噪声,以 Lighthill 方程对喷流流场的应用开始,讨论了喷流噪声声功率计算、喷流噪声远场声压时间平均解、喷流噪声比例律关系、超声速喷流噪声特性、喷流噪声的预测方法等,最后研究了喷流噪声抑制方法;第 5 章,发动机管道声学理论分析,对管道内声波传播的基本理论和分析方法进行了讨论和分析;第 6 章,叶轮机噪声产生和传播的物理机制,这是本书的重点之一,从叶轮机流动噪声源和噪声传播物理过程分析开始,分别介绍了叶轮机单音噪声、宽频噪声、叶轮机管道声模态等的产生、传播和辐射等;第 7 章,叶轮机噪声预测模型与控制方法,这也是本书的重点之一,分别介绍了叶轮机噪声的经验关联分析、叶轮机管道声学模型、基于线化非定常流理论的叶轮机噪声计算方法、基于 CFD 技术的叶轮机噪声计算方法等噪声分析模型,并介绍了叶轮机噪声控制方法;第 8 章,发动机燃烧与核心噪声,从燃烧噪声产生的机理入手,分别介绍了燃烧室几何和工作状态变化对噪声的影响、燃烧噪声特征和燃烧噪声源分析、燃烧噪声理论分析、燃烧噪声诊断技术、燃烧噪声控制方法等;第 9 章,航空发动机气动噪声实验测试技术,分别介绍了航空发动机气动声学实验环境和测试方法、噪声源声功率测量技术、发动机管道声模态识别测量技术、基于传声器阵列的发动机噪声源识别测量技术等。

本书可供从事航空发动机、流体机械、飞行器设计和动力工程及工程热物理等专业的科研及工程设计人员参考,也可作为相关专业的教师、研究生和大学生的参考书。书中各章后面都附有详尽的参考文献,可为有兴趣进一步研究的读者检索文献资料提供方便。

特别感谢笔者的导师、德国宇航院 U. Michel 教授。在本书规划、内容编排等方面,U. Michel 教授给予了笔者很多有益的建议,为笔者提供了大量研究资料。

感谢德国宇航院 W. Neise 教授,他为笔者提供了本书中有关发动机管道声学理论分析以及叶轮机噪声控制方法等方面的详细材料。燃烧噪声不是笔者研究的重点,但为了本书内容上的完整,本书安排了《发动机燃烧和核心噪声》一章。这一章内容主要参考了由 Harvey H. Hubbard 教授主编的、以 NASA TR90 - 3052 报告形式发表的 *Aeroacoustics of Flight Vehicles: Theory and Practice* 一书中的相关内容,笔者特此说明,并致感谢。

尽管笔者努力按照能够全面反映高性能航空燃气涡轮发动机气动声学设计的技术特点、实用新颖的要求组织内容,但是限于水平,不妥甚至错误之处在所难免,诚挚欢迎读者批评指正。

编　者

2009 年 7 月于西安

目　　录

第 1 章　引论 ………………………………………………………………… 1

    1.1　飞机噪声问题 ………………………………………………………… 1

    1.2　航空发动机噪声 ……………………………………………………… 6

    1.3　飞机机体噪声源在未来航空噪声研究中的重要性 ………………… 9

    1.4　飞机噪声评价参数 …………………………………………………… 11

第 2 章　流体与声学基本概念及基本方程 ………………………………… 20

    2.1　流体动力学基本方程 ………………………………………………… 20

    2.2　声学基本方程 ………………………………………………………… 25

    2.3　声波方程的解 ………………………………………………………… 34

    2.4　声源分析 ……………………………………………………………… 42

    2.5　运动声源问题 ………………………………………………………… 43

    2.6　流动管道的声波方程 ………………………………………………… 49

    2.7　无流动矩形硬壁管道中的声传播 …………………………………… 51

    2.8　无流动圆柱或环形硬壁管道中的声传播 …………………………… 56

    2.9　具有均匀流动的矩形管道内的声传播 ……………………………… 60

第 3 章　气动声学理论 ……………………………………………………… 62

    3.1　气动声学理论的产生及发展 ………………………………………… 62

    3.2　Lighthill 声类比理论 ………………………………………………… 64

    3.3　Lighthill 方程解 ……………………………………………………… 72

    3.4　时间平均解 …………………………………………………………… 77

    3.5　静止固体边界对气动声源声辐射的影响 …………………………… 82

    3.6　运动固体边界对气动声源声辐射的影响——FW－H 方程 ……… 90

第 4 章　发动机喷流噪声 …………………………………………………… 94

    4.1　引论 …………………………………………………………………… 94

    4.2　喷流噪声声功率分析 ………………………………………………… 96

    4.3　喷流噪声远场声压时间平均解 ……………………………………… 101

    4.4　喷流噪声比例律关系 ………………………………………………… 106

4.5 超声速喷流噪声 ··· 110

4.6 喷流噪声的预测 ··· 117

4.7 喷流噪声抑制 ··· 118

4.8 本章小结 ··· 123

第 5 章　螺旋桨噪声 ··· 124

5.1 引论 ··· 124

5.2 螺旋桨噪声机理和特征 ··· 126

5.3 螺旋桨单音噪声时域预测方法 ··································· 133

5.4 螺旋桨单音噪声频域预测方法 ··································· 139

5.5 螺旋桨宽频噪声预测方法 ······································· 150

第 6 章　叶轮机噪声 ··· 155

6.1 引论 ··· 155

6.2 叶轮机流动噪声源和噪声传播物理过程分析 ····················· 156

6.3 叶轮机定常和非定常气动力产生的单音噪声 ····················· 158

6.4 叶轮机随机非定常流动产生的宽频噪声 ························· 165

6.5 叶轮机管道声模态的产生 ······································· 171

6.6 叶轮机管道声模态的传播和辐射 ································· 177

6.7 叶轮机管道声学模型 ··· 182

6.8 基于 CFD 技术的叶轮机噪声计算方法 ··························· 189

6.9 叶轮机噪声控制方法 ··· 199

6.10　结束语 ··· 214

第 7 章　发动机燃烧与核心噪声 ····································· 215

7.1 引论 ··· 215

7.2 燃烧室几何和工作状态变化对噪声的影响 ······················· 217

7.3 燃烧噪声特征和燃烧噪声源分析 ································· 219

7.4 燃烧噪声理论分析 ··· 224

7.5 燃烧噪声诊断技术 ··· 229

7.6 燃烧噪声控制 ··· 236

第 8 章　计算气动声学基础 ··· 237

8.1 计算气动声学的基本概念 ······································· 237

8.2 有限差分法 ··· 240

8.3 最优的空间和时间离散化 ······································· 243

8.4 线化 Euler 方程的有限差分解 ·················· 249

8.5 利用 DRP 方法求解线化 Euler 方程 ·················· 255

8.6 有限差分方法中的短波分量 ·················· 260

8.7 选择性的人工阻尼(SAD) ·················· 265

8.8 DRP 格式的滤波方法 ·················· 269

8.9 高阶有限差分格式的壁面边界条件 ·················· 275

8.10 无反射边界条件 ·················· 278

8.11 非线性 CAA ·················· 285

第9章 航空发动机气动噪声实验测试技术 ·················· 288

9.1 引论 ·················· 288

9.2 航空发动机气动声学实验环境和测试方法 ·················· 289

9.3 噪声源声功率测量技术 ·················· 298

9.4 发动机管道声模态识别测量技术 ·················· 304

9.5 基于传声器阵列的发动机噪声源识别测量技术 ·················· 308

9.6 基于传声器阵列的发动机噪声源识别测量实例 ·················· 316

参考文献 ·················· 322

第1章 引　　论

1.1　飞机噪声问题

1.1.1　涡轮喷气发动机的出现开辟人类航空运输的新纪元

20 世纪 30 年代末,由于战争的需要,航空燃气涡轮喷气发动机问世,并于 40 年代末首先应用于军用飞机。1952 年,英国首先研制成功了第一代喷气式民用飞机——彗星号(Comet),从此,人类的航空运输业开始进入喷气时代。从第二次世界大战结束涡轮喷气发动机的出现到现在的 50 多年时间里,民用航空燃气涡轮喷气发动机技术的发展大致经历了三代半,每隔 10 年左右更新换代一次,航空燃气涡轮发动机技术水平得到很大提高。过去 50 多年来民用航空燃气涡轮发动机的主要型号的性能指标及其装备的飞机型号情况见表 1-1。当代大涵道比涡扇发动机结构示意图见图 1-1(a),过去 50 多年来民用航空发动机变化趋势见图 1-1(b)。

表 1-1　典型民用航空燃气涡轮发动机

投入使用年份	客机型号	发动机型号	推力/kN	增压比	涵道比	低压涡轮级数
1959—1962	DC8 - 10	JT3C	53~60	12.5	0	2
	B707 - 320B	JT3D	75~84	12.5	1.42	3
1968	B737 - 200	JT8D - 200	82~97	21.0	1.74	2
1974	A300B	CF6 - 50	230~274	29.3	4.3	4
1979	B747 - 100B	JT9D - 7	200	23.4	5.0	4
		RB211 - 524B	230		4.1~4.3	3
1986	A310 - 300	CF6 - 80A	222	28	4.66	4
		PW4152	230~275	27.5	5.0	4
1993	A321 - 100	CFM56 - 5B	130~150	35.4	5.5	4
		V2533 - A5	150	35.2	4.5	5
1998	B737 - 800	CFM56 - 7B	110	32.8	5.1~5.3	5
1997	B777 - 200ER	GE90 - 94B	416	42.0	9.0	6
		Trent895	415	39.0	6.0	5
2000	B767 - 400	CF6 - 80C	270	31.4	5.0	5
2007	A380	Trent900	318~348	37~39	8.5	5
		GP7270	310	44	8.7	6

续 表

投入使用年份	客机型号	发动机型号	推力/kN	增压比	涵道比	低压涡轮级数
2011	B787	GEnx－1B	284	41	9.6	7
		Trent1000	240～330	52	11.0	6
	A350－900	TrentXWB	370	52	9.3	6

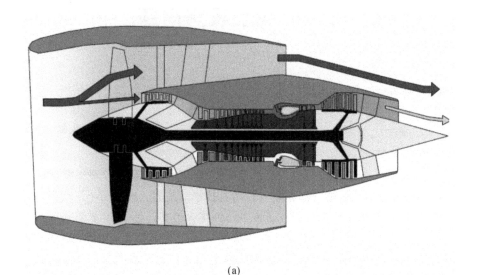

(a)

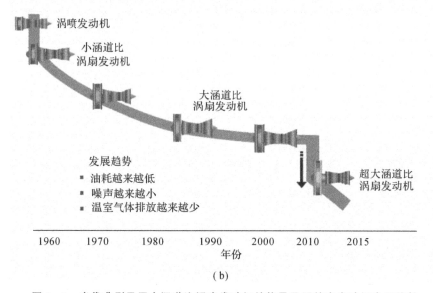

(b)

图 1-1　当代典型民用大涵道比涡扇发动机结构及民用航空发动机发展趋势

(a)当代典型民用大涵道比涡扇发动机结构;　(b)民用航空发动机发展趋势

第一代民用航空燃气涡轮发动机以涡轮喷气发动机为主,与军用航空发动机技术相当,于20世纪40—50年代研制,50—60年代获得广泛应用。这一代燃气涡轮喷气发动机的推重比是 2～4,油耗 0.1 kg/(N·h),无外涵(涵道比 0),涡轮前温度为 1 200～1 300 K。典型的发动机有英国埃汶发动机、美国 JT3C 发动机等,这类发动机当时主要装备的飞机包括 Boeing707,DC8,彗星等第一代喷气式民用运输机。

第二代民用航空燃气涡轮发动机是 20 世纪 50 年代后期研制的,它是由军用涡轮喷气发动机衍生出的低涵道比涡扇发动机(也称第一代涡扇发动机)。由于这类发动机具有较低的耗油率,因此,促使其迅速转换到商用飞机中使用,很快成为民用飞机的主要动力装置。这一代涡轮风扇发动机的涵道比为 1.5～2.5,推重比为 5～6,油耗为 0.07～0.08 kg/(N·h),涡轮前温度为 1 400～1 500 K。典型的发动机有美国的 JT3D,JT4 等,主要装备 Boeing707, Boeing727,Boeing737,DC9,三叉戟等喷气式运输机。

第三代民用航空燃气涡轮发动机为大涵道比涡轮风扇发动机(也称第二代涡扇发动机),与前两代发动机相比,这一代发动机技术上有很大的进步,涵道比达到 5～6,推重比为 5～7,油耗为 0.06～0.07 kg/(N·h),涡轮前温度为 1 400～1 600 K。这一代民用涡轮风扇发动机于 20 世纪 70 年代开始投入使用,典型的发动机有早期的 JT9D,CF6,RB211,主要装备 Boeing747,DC10,A300 等民用运输机,以及 80 年代开始装备的新一代大涵道比涡扇发动机 CFM56,V2500 等,装备的飞机有 Boeing737,A320,A340 等。

第三代民用航空燃气涡轮发动机同第二代相比,性能有了大幅度的提高,技术先进,服役时间比第一、二代发动机服役时间长得多,而且这一代发动机仍然处于不断改进发展之中。20 世纪 90 年代之后,这一代发动机进一步向更高涵道比发展,技术上又有进一步的提高,涵道比达到了 9～10,推重比为 5～7,油耗为 0.05 kg/(N·h)。典型的发动机有 GE90,Trent800 等,装备的飞机有 Boeing777 等。

过去 50 多年的快速发展,使得民用航空燃气涡轮喷气发动机的技术水平得到了很大的提高,发动机推力不断增大,热效率不断提高,耗油率得到了大幅度的降低,发动机寿命得到大幅度提高。目前,民用大涵道比涡扇发动机最大推力超过 500 000 N(GE90),巡航耗油率从涡喷发动机的 0.01 kg/(N·h) 下降到 0.005 kg/(N·h)。发动机可靠性和耐久性倍增,民用发动机空中停车率降低到(0.002～ 0.02)/1 000 飞行小时,发动机热端部件寿命达 7 000～ 10 000 h。

目前民用航空燃气涡轮发动机的发展情况是,采用与军用飞机类似的发动机而形成的第一、二代民用发动机现在已经退役。从第三代开始,民用发动机是专为宽体客机研制的高涵道比涡扇发动机,同军用发动机追求高推重比和高飞行速度相比,民用航空燃气涡轮发动机将技术追求的重点放在了降低噪声辐射、降低油耗、减小排放污染等主要技术目标上,从此,西方民用航空发动机走上了一条与军用航空发动机不同的技术发展道路。目前航线上大部分民用飞机普遍采用该类发动机。

回顾喷气式民用运输机过去 50 年的发展可以看出,航空燃气涡轮喷气发动机的出现和使用,使得人类航空运输事业取得了突飞猛进的发展,目前在全球范围内有近 20 000 架各类喷气式民用飞机在繁忙地飞行中,从能乘坐几人的小型公务机(如奖状飞机)到能乘坐近 600 人的大型 A380 飞机等,人类真正进入到了喷气运输时代,民用航空运输和民用航空工业已经成为当代最大规模的科学技术和工业领域的全人类的活动,航空运输改变了整个人类的生活方式,促进了人类文明的发展。

1.1.2 喷气式民用航空运输带来了航空噪声的新问题

喷气式民用飞机的出现,大大提高了商业飞行的速度和效率。但是,由于早期的喷气发动机都是从军用飞机移植过来的,发动机高速喷流产生的强烈喷流噪声,引起了公众强烈的反应,很快引起了社会的关注,也使得敏锐的科学家注意到了研究民用航空领域噪声问题的重要性。

而从 20 世纪 60 年代开始,由于世界经济的快速发展,国际民用航空运输市场迅速发展,巨型喷气式民用飞机迅速发展并逐渐普及,其带来的巨大的噪声污染,使得飞机的噪声问题日趋严重,引起的社会反响越来越强烈。例如,1958 年首批远程喷气式飞机——Boeing707 问世,1962 年 DC8 远程飞机问世,使得 70 年代初期国际远程航线这两种商用飞机数量达到 1 500 架之多。飞机噪声问题日趋严重,特别是 Boeing707 飞机,在其服役早期曾引起严重的环境问题和政治争论。由美国 PW 公司生产的 JT3 和 JT4 发动机以及英国 RR 公司生产的 Conway 发动机辐射的噪声之大,迫使伦敦希思罗机场和纽约肯尼迪机场制定了严格的噪声限制,并在机场安装监测系统,以监督进港飞机是否遵守机场规定,不能满足这些规定的远程飞机被迫轻载起飞,以便快速爬高和迅速远离居民区,然后在中间机场装满燃油继续完成远程飞行。

除了上述远程喷气式民用飞机巨大的噪声污染问题之外,20 世纪 60 年代中期美国又相继推出 DC9,Boeing727,Boeing737 等中短程喷气式民用飞机,欧洲推出了三叉载、VC - 10 等中短程喷气式民用飞机。到 60 年代末喷气式飞机的数量达到了 2 000 架之多,并超过了螺旋桨飞机数量,又进一步大大增加了飞机噪声污染问题。如图 1 - 2 所示是喷气式飞机在机场周围产生的噪声污染示意图。

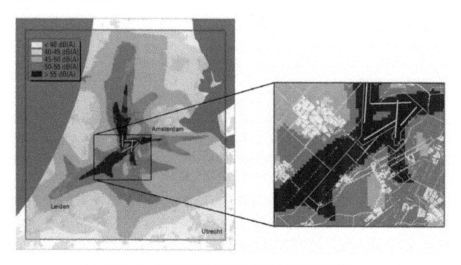

图 1 - 2　喷气式飞机在机场周围造成的噪声污染

60 年代之后,人类对环境保护问题的日益重视,进一步凸显了世界范围内的喷气式飞机噪声污染问题,飞机噪声引发的抗议不断增多。针对以上工程背景和社会反响,国际航空界不得不开始重视和面对飞机噪声问题。1966 年伦敦国际会议首次签署了通过"审定"的方法对制造厂产品加以噪声控制的方案。1969 年,在国际民航组织 ICAO 的主持下,召开了有美、英、法等主要航空运输发达国家参加的国际飞机噪声会议,并专门成立了负责处理噪声问题的飞机噪声委员会 CAN,负责处理世界范围内逐步升级的飞机噪声问题。

1971 年美国国会通过联邦航空规章的新章程——FAR36,从此,民机噪声作为飞机适航取证的强制性指标(图 1-3 所示是民用飞机适航噪声标准),必须得到遵守。也是从这个时期开始,各大飞机制造公司和航空研究机构,开始投入巨大的力量,研究飞机的噪声问题,对飞机各种噪声源噪声辐射特征进行了大量的理论和实验研究。随着"协和"飞机因噪声超过 FAR36 第 3 阶段要求而被迫停飞,还有大型运输机如安 70、伊尔 76 等飞机不能满足噪声适航条例而影响其向国外市场的营运等诸多情况的发生,迫使国外许多著名航空公司和航空研究机构,如 Boeing、空客、NASA、ONERA、DLR 等,投入巨大的研究力量,为未来新一代民用飞机能满足更加严格的噪声要求而努力。目前,飞机噪声问题已成为航空工业技术中的重要内容,飞机噪声设计技术已经成为各国发展航空事业,尤其是发展大型客机的竞争筹码。

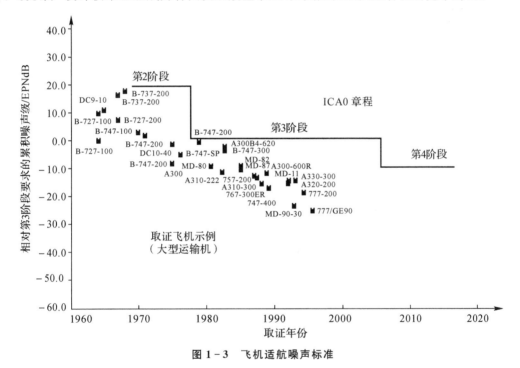

图 1-3 飞机适航噪声标准

目前共同的观点是,至少在 21 世纪上半叶,燃气涡轮发动机仍将占据航空动力的主导地位,还看不到其他可以替代涡轮喷气发动机的动力装置。而进入 21 世纪以来,随着人类环境保护意识的不断增强,对飞机噪声强制性指标的要求越来越高,特别是随着全球经济一体化步伐的加快和各大国在政治、经济、军事等领域的竞争的加剧,航空运输业进一步出现快速发展的趋势,空中运输在迅速膨胀,飞机在提高飞行速度和大型化发展方向上,与人类环保追求的低噪声要求形成了越来越突出的矛盾,使得飞机噪声问题成为目前航空界重要的前沿研究领域和技术难点之一。如图 1-4 所示是 Boeing 公司预测未来航空运输对飞机数量需求的增长趋势,如图 1-5 所示是全球范围内对噪声严格限制的机场数增加情况。

正是在上述工程背景和国际社会发展背景下,西方航空发达国家,包括美国和欧盟等,在制定 21 世纪重大航空科技战略时,启动了一系列的航空发动机低噪声研究计划,这些研究计划的目标就是要使下一代民用航空发动机的耗油率、噪声污染和排气污染等进一步大幅度降低,以适应人类未来更加密集繁忙的航空运输。例如,NASA 在经过先进亚声速飞机(AST)噪声研究计划(1994—2001 年)实现民用飞机降噪目标 8dB 之后,又启动了安静飞机技术(QAT)研究计划,要进一步降低飞机噪声 5dB;未来的目标是使飞机的适航噪声指标有效感觉噪声级下降 20dB。欧盟将在 FP4 和 FP5 规划的基础上启动 FP6 和 FP7 规划,以使得民用飞机噪声进一步大幅度降低。

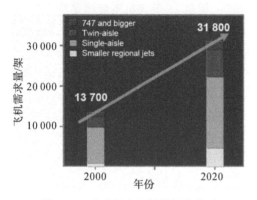

图 1-4　全球航空运输增长趋势对
飞机需求量的预测

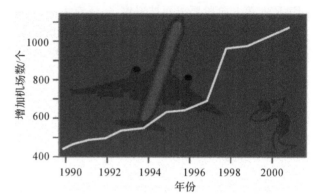

图 1-5　全球范围内对噪声严格限
制的机场数增加情况

1.2　航空发动机噪声

飞机噪声源主要有两类,即飞机发动机噪声和飞机空气动力噪声。飞机空气动力噪声是由于空气气流经过机身引起的气流压力脉动产生的,通常称之为机体噪声。在飞机起飞和着陆过程中,当飞机打开各种增升装置和起落架等非流线结构时,会产生较强烈的机体噪声。民用飞机广泛采用的燃气涡轮喷气发动机强烈的噪声辐射,是引起飞机噪声问题的主要原因,在航空燃气涡轮喷气发动机内部,空气和燃气强烈的脉动产生了巨大的流动噪声。

当代民用运输机广泛采用的涡轮风扇发动机主要噪声源有四个,分别是风扇/压气机噪声源、燃烧噪声源、涡轮噪声源和喷流噪声源,如图 1-6 所示。由于涡轮风扇发动机是典型的旋转机械,因此发动机内部周期性旋转的叶轮机与气流(燃气)周期性干涉会产生典型的单音噪声,此外由于空气和燃气在发动机内部流动过程中,由于黏性的作用和强烈的燃烧过程的作用等,在发动机内部气流表现为强烈的湍流脉动,因此发动机的噪声中也包含较强的随机宽频噪声。

通常,喷流噪声和风扇噪声是涡扇发动机主要的噪声源,因为喷流噪声与喷流速度的 8 次方成比例,所以喷流速度越高,喷流噪声就越强烈。早期的涡轮喷气发动机和低涵道比涡扇发动机最强的噪声源就是喷流噪声。为了降低喷流噪声,可以通过增大涵道比和降低喷流速度的方式降低发动机的噪声,随着涡轮风扇发动机涵道比的不断提高,相应的发动机排气速度减小,与风扇压气机噪声以及涡轮噪声相比,排气噪声逐渐减小。图 1-7 给出了小涵道比涡扇发动机和大涵道比涡扇发动机各部件声源强度变化的对比。可以看出,对于当代大型大涵道比涡扇发动机而言,喷流噪声已经降低到与风扇噪声等相当的量级。

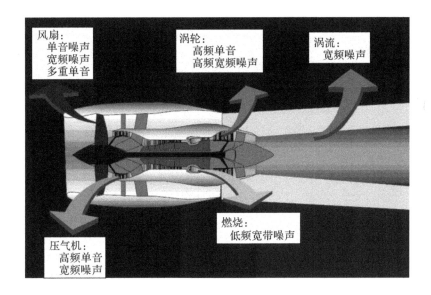

图 1-6　发动机噪声源

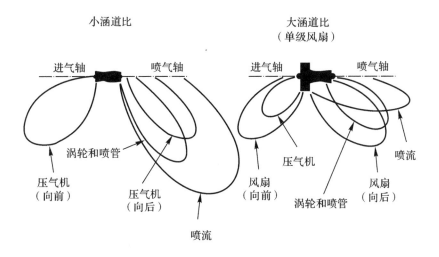

图 1-7　小涵道比与大涵道比涡扇发动机噪声源相对大小和指向性比较

图 1-8 给出了过去 50 多年来民用航空发动机降噪技术的普遍采用,使得发动机噪声降低的发展趋势;图 1-9 则给出了由于发动机降噪技术的采用,飞机有效感觉噪声级的降低趋势。可以看出,大涵道比涡扇发动机的使用是减小飞机噪声的主要技术途径。此外,从图 1-8 和图 1-9 可以看出,采用目前的航空发动机降噪设计技术,能够降低发动机噪声的潜力已经不大,为了适应未来更加严格的飞机适航噪声标准,满足人类对超安静飞机设计的需要,航空发动机降噪技术必须在现在的基础上进行理论和技术的创新。

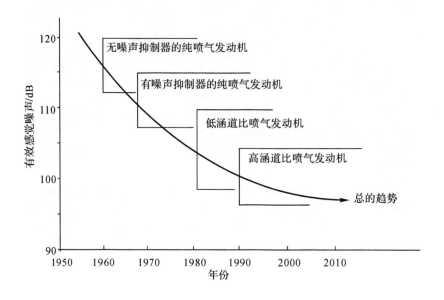

图 1-8　发动机噪声降低的发展趋势

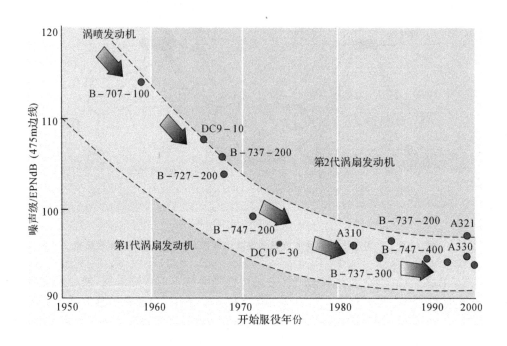

图 1-9　航空发动机发展对飞机降噪的贡献

1.3　飞机机体噪声源在未来航空噪声研究中的重要性

1.3.1　飞机机体噪声的重要性

飞机机体噪声是指由空气流过飞机机体结构时产生的气流压力脉动向外传播而造成的噪声。相比较而言,由于在发动机产生推力的过程中,伴随着发动机内空气和燃气的压力、温度和速度的剧烈变化,因此发动机产生的气动噪声辐射是飞机最主要的噪声源。长期以来,气动声学领域的许多研究工作都是针对飞机发动机的噪声源而展开的。但是,这并不是说飞机的机体噪声问题就不重要,随着航空发动机降噪设计技术的不断发展和完善,民用大涵道比涡扇发动机的噪声水平在逐渐降低,机体噪声对于飞机总噪声贡献的重要性越来越突出。特别是在飞机起飞和进场着陆过程中,机体各种强噪声部件如增升装置(后缘襟翼、前缘缝翼等)和飞机机体等均处于打开状态,这时飞机机体噪声是非常重要的飞机噪声源。如图 1 - 10 所示是当代大型民用客机在起飞和进场着陆过程中不同噪声源相对值的比较。

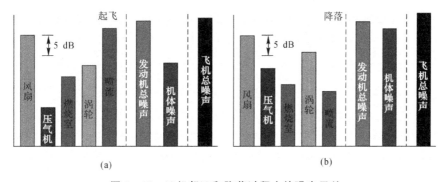

图 1 - 10　飞机起飞和降落过程中的噪声贡献
(a)起飞；　(b)降落

可以看出,对于当代民用客机,在起飞过程中,当发动机处于大功率起飞工作状态时,飞机机体噪声高于发动机的涡轮、燃烧和高压压气机噪声辐射,是飞机第三大噪声源。而在飞机进场着陆时,发动机工作在小功率的慢车工作状态,这时飞机机体噪声级甚至会超过发动机所有部件的噪声级,成为飞机最强的噪声源。特别是随着新一代超大涵道比涡轮风扇发动机的研制成功和即将大规模投入使用,航空发动机的噪声水平进一步降低,使得未来新一代民用大型客机噪声问题的主要矛盾逐渐集中到飞机机体噪声,因此降低飞机机体噪声已经成为当前大型民用客机研究发展过程中重要的研究内容。

1.3.2　飞机机体噪声研究的简要状况

本书主要介绍和研究航空动力装置的噪声问题,飞机机体噪声不作专门介绍,因此,这里对飞机机体噪声源目前研究进展只作简要介绍,对这部分感兴趣的读者,可以进一步参看其他文献。

　　飞机机体噪声的一个显著特点就是,它的噪声源是由分散在飞机机体表面不同位置处的局部气流扰动所形成的。图1-11表示一个进场着陆民用客机的典型外形结构,飞机机体的主要部件噪声源包括机翼和尾翼后缘噪声、后缘襟翼噪声、襟翼侧缘噪声、前缘缝翼噪声、起落架噪声、机身和机翼附面层噪声等。

图1-11　飞机机体噪声源

　　对于飞机机体噪声的研究最早可以追溯到1969年,当时美国的Lockheed-California公司(Calac)在为美国海军航空司令部进行一种"超安静"侦察机可行性研究时,首次开展了针对不同类型机体噪声的实验研究工作。从那时开始,对于飞机机体噪声研究过程大致可以分为以下三个阶段:

　　第一阶段(20世纪70—80年代)是对噪声机理理解、发展半经验预测模型的研究阶段:Calac公司的飞机机体噪声研究结果,使人们首次认识到了机体噪声的重要性,并认识到仅靠降低飞机发动机噪声是无法达到未来飞机噪声签证的要求的。在20世纪70—80年代,有许多研究者展开了进一步的飞机机体噪声的研究工作。这个时期,研究工作的重点是在对机体噪声源机理的理解和半经验预测模型的建立方面。主要工作成就包括,成功地发展了机体噪声源的半经验预测模型,并应用到第一代飞机噪声预测系统,典型模型是Fink部件噪声预测模型(ANOPP使用),对机体主要噪声源的机理和特性有了深入的认识。发展了相关机体噪声的理论分析模型,对机体主要噪声源的机理和特性有了深入的认识。剑桥大学Crighton教授在1991年出版的《飞行器气动声学》一书中对到那个时期的机体噪声做了全面的论述和总结。

　　第二阶段(20世纪80年代到21世纪初)是机体噪声源识别测量、非定常流场计算及CAA技术发展阶段:20世纪70—80年代对飞机机体噪声的理论和实验研究,使人们对机体噪声源的产生机制和噪声场辐射特征有了基本的认识,但是,由于问题的复杂性(即飞机机体噪声主要是飞机各种增升装置和飞机机体打开时的复杂机体结构以及诱发的复杂湍流结构所产生),研究工作并没有得到能够用于声学设计的分析模型和可靠的噪声抑制措施。20世纪90年代以来,随着计算机技术和实验测试技术的迅速发展,对飞机机体噪声的研究更加深入和细致,研究工作重点是在以下几个方面:①基于先进的传声器阵列测量技术,对飞机机体噪声源的特征认识更加深入和清晰。②基于CFD技术、计算声学(声类比理论、CAA)技术,发展了能够关联更多机体设计参数的机体噪声计算分析模型。③基于对机体部件流动细节的认识,发展了许多能有效降低机体噪声的设计方法(例如降低缝翼噪声的声衬、降低襟翼噪声的小凸片等)。

　　第三阶段(21世纪初至今)是降噪设计与气动/声学一体化设计阶段:在对飞机机体噪声特征深入认识的基础上,基于更加精细的机体噪声计算分析模型,开始了飞机气动/噪声一体化设计技术的研究,研究工作的重点是将飞机机体噪声控制集成到飞机设计过程之中,其研究的目标就是将机体噪声控制设计技术综合到新飞机的设计过程之中,进行飞机气动/声学一体化设计。其研究的途径包括发展综合飞机设计技术(Integrated Aircraft Technology,IAT)以及计算流体力学(CFD)和计算气动声学(CAA)技术等。

目前在飞机机体噪声的实验研究方面,20 世纪 90 年代,美国、德国、法国、荷兰等国相继建成大尺寸的声学风洞,其中世界民航两大巨头 Boeing 和 Airbus 公司对全尺寸飞机机体气动噪声开展了很多实验研究。欧盟项目 Significantly Lower Community Exposure to Aircraft Noise (简称为 SILENCER),专门资助开展商用飞机噪声减小研究,机体噪声为其主要研究内容之一。在计算研究方面,由于直接数值计算和预测全机的气动噪声还不现实,因此广泛使用相对成熟的气动噪声预测方法——流场/声场混合算法,即将气动噪声预测分为流场(声源部分)和声场(远场部分)两部分,流场部分借助已有先进的计算流体力学(CFD)方法得到主要的脉动压力信息,再将这些脉动压力信息作为源项采用 Kirchhoff 积分方法或基于 FW-H 方程方法或边界元方法(BEM)得到声场。

1.4　飞机噪声评价参数

1.4.1　噪声的物理度量

人的听觉系统能容忍一个极大范围的脉动声压变化,从听阈到痛阈,声压变化从 2×10^{-5} Pa 到 20 Pa,即变化 100 万倍。所以用声压的绝对值表示声音的强弱很不方便。仿效电工学中用两个功率的比值的对数表示放大器增益的办法,在声学中采用声"级"的概念。它是基于对数尺度,参照一个代表听阈的基准量,对声音的一个具体物理量进行度量的尺度。声"级"的单位是"分贝(dB)"。

1. 声压级

$$L_p = 10\lg \frac{p^2}{p_0^2} = 20\lg \frac{p}{p_0} \quad (\text{dB}) \qquad (1-1)$$

式中,p 为声压;$p_0 = 2 \times 10^{-5}$ Pa,为基准声压。

2. 声功率级

$$L_W = 10\lg \frac{W}{W_0} \quad (\text{dB}) \qquad (1-2)$$

式中,W 为声功率;$W_0 = 10^{-12}$ W,为基准声功率。

3. 声强级

$$L_I = 10\lg \frac{I}{I_0} \quad (\text{dB}) \qquad (1-3)$$

式中,I 为声强;$I_0 = 10^{-12}$ W/m^2,为基准声强。

可以证明,声压级和声强级数值上近似相等,即 $L_p \approx L_I$。而声功率级和声强级的关系为

$$L_W = L_I + 10\lg A \qquad (1-4)$$

式中，A 为波阵面的面积。对于球面波，$A = 4\pi r^2$，对于管内传播的平面波，$A = \pi r^2$。

声级 L_w，L_I 和 L_p 也可以分别用符号 SWL，SIL 和 SPL 表示。

4. 声压级运算

声压级的运算是按对数规律（能量规律）进行的，n 个声压级相同的噪声源相加，则总声压级为

$$L_{p,\Sigma} = L_p + 10\lg n \tag{1-5}$$

两个声压级分别为 L_{p1} 和 L_{p2} 的不同声源相加，则总声压级为

$$L_{p,\Sigma} = 10\lg \left(10^{0.1L_{p1}} + 10^{0.1L_{p2}}\right) \tag{1-6}$$

或

$$L_{p,\Sigma} = L_{p1} + 10\lg \left[1 + 10^{-0.1(\Delta L)}\right] \tag{1-7}$$

式中，$\Delta L = L_{p1} - L_{p2}$。当声级差 ΔL 变大时，则式（1-6）等号右边第二项变小。

声压级有 1 dB 之差，表示声强 1.26 倍的变化；声压级有 3 dB 的变化意味着声强的加倍。因为

$$\text{anti lg}(0.1 \times 1) = 1.26 \tag{1-8}$$

和

$$\text{anti lg}(0.1 \times 3) = 2 \tag{1-9}$$

n 个不同的声压级之和的总声压级为

$$\text{OASPL} = 10\lg \left(10^{0.1L_{p1}} + 10^{0.1L_{p2}} + \cdots + 10^{0.1L_{pn}}\right) =$$
$$L_{p1} + 10\lg \left[1 + 10^{0.1(\Delta L_2)} + \cdots + 10^{0.1(\Delta L_n)}\right] \tag{1-10}$$

式中，$\Delta L_2 = L_{p1} - L_{p2}$，$\Delta L_n = L_{p1} - L_{pm}$。

假定，L_{p1} 为 n 个声压级中的最大者，则式（1-10）表明，总声压级的值接近 n 个声压级中较大的声压级 L_{p1}。所以，消声要设法消减声压级大的噪声源。

1.4.2　频谱和频带

人耳能听到的声音的频率范围很广，为 20 Hz～20 kHz。人说话以及有些乐器的声音具有一个频率最低的分音，称为基频。其他分音的频率都是这个最低频率的整数倍，称为谐频。螺旋桨噪声的各个分音的频率就具有这种整数倍的关系，故可以用线谱（离散谱）表示。飞机/发动机噪声源辐射的是分音连成一片的连续谱或连续谱带线谱。

线谱可以用每一分音的声压级表示，连续谱常用声压级频谱来描述，就是将噪声信号细分到频谱成分——频带，在频带宽度上把噪声信号累加起来。通常，由傅里叶变换产生功率谱密度的带宽可以到 1 Hz，但处理噪声信号不必测得如此精细，常用倍频程或 1/3 倍频程带宽表示。倍频程是指上限频率和下限频率相差 1 倍的频带宽，如 1 400～2 800 Hz，2 800～5 600 Hz 等。1/3 倍频程的频带宽是将倍频程带宽再按比例分为 3 段，每一子带的上限频率为下限频率的 $\sqrt[3]{2}$ 倍。工业噪声通常使用倍频程带宽，但飞机噪声都是用 1/3 倍频程频谱。因为人耳对带宽大约为 1/3 倍频程内的噪声所产生的主观感觉只和频带内的总强度有关，而频带内的细分布则影响不大，即 1/3 倍频程频谱同人耳的辨识较为一致。

表 1-2 给出国际标准组织（ISO）建议的倍频程和 1/3 倍频程的频率。其中中心频率为 50～10 000 Hz 间的 24 个子带为航空上常用的 1/3 倍频带。有时为了对噪声进行研究和诊断，也用等带宽的窄带分析，这时应指明带宽宽度，如 20 Hz 带宽等。图 1-12 所示为以等带

宽和 1/3 倍频程滤波器分析同一信号的噪声谱。十分明显,这两种谱图上着重的信号大部相同,前者噪声信号均布;后者由于带宽随频率变化,在高频范围内频带宽,结果是信号累加的作用增强。

表 1－2　国际标准组织建议的频率表　　　　　　单位:Hz

下限频率	建议的中心频率	上限频率
22.4	25	28.2
28.2	31.5	35.5
35.5	40	44.7
44.7	50	56.2
56.2	63	70.8
70.8	80	89.1
89.1	100	112.2
112.2	125	141.3
141.3	160	177.8
177.8	200	223.9
223.9	250	281.8
281.8	315	354.8
354.8	400	446.7
446.7	500	562.3
562.3	630	707.9
707.9	800	891.3
891.3	1 000	1 122
1 122	1 250	1 413
1 413	1 600	1 778
1 778	2 000	2 239
2 239	2 500	2 818
2 818	3 150	3 548
3 548	4 000	4 467
4 467	5 000	5 623
5 623	6 300	7 079
7 079	8 000	8 913
8 913	10 000	11 220
11 220	12 500	14 125
14 125	16 000	17 783
17 783	20 000	22 387

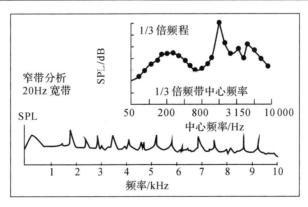

图 1－12　等带宽和 1/3 倍频程描述的同一信号噪声谱比较

1.4.3　噪声的主观度量

由于飞机噪声包含很多混杂在一起的声级和频率,加上人们对不同频率上发出的相同强度的声音没有一个统一的响应,故很难提供有关噪声级的一个标准定义。就有害声而言,在 2～4 kHz 范围内的声音是人耳最易感受的,也是最觉吵闹的,而对低频却不敏感。例如,人耳对 100 Hz、声压级为 101 dB 的噪声的反应同 4 000 Hz 的 82 dB 噪声相等同。两者的声压级差 19 dB,而两者声强之比达到 $I_1/I_2 = 10^{0.1 \Delta L_p} = 10^{0.1(19)} \approx 80$,即声强相差 80 倍。这个例子表明,用声压级作为噪声评定的尺度是不合适的。为此,引入了多种能够反应人类对噪声感觉程度的主观度量参数。

1. 响度与响度级

处理人类对不同噪声响应的复杂关系的办法是,先取 1 000 Hz 纯音或窄带噪声为标准,通过心理物理试验,求出和 1 000 Hz 纯音听起来一样响的声音所具有的声压级和频率关系。这些声音的响度经判断都是相同的,为简单起见可用等响的 1 000 Hz 的声压级代表它们,称这个等响的声压级值为它们的响度级,单位为方(phon)。

取 40 方(或 40 dB 的 1 000 Hz 纯音)所产生的响度为标准,称为 1 宋(sone)。用另一个声音和它作比较,由多数人的反应平均来辨识。如果听起来有它两倍响,则那个声音的响度就定为 2sone,有 5 倍响就是 5sone,如此等等。试验表明,每增加 10phon,响度增加 2 倍,每增加 20phon,响度增加 4 倍。如果令 S 代表响度,L_S 代表响度级,则具有关系

$$S = 2^{0.1(L_S - 40)} \tag{1-11}$$

或

$$L_S = 40 + 10 \log_2 S = 40 + 33.2 \lg S \tag{1-12}$$

如果用响度的对数标度作为纵坐标,响度级作为横坐标,则按式(1-12)画出来的是一条直线,试验者对若干频率和声压级重复几次,就可作出等响度级曲线(见图 1-13)。

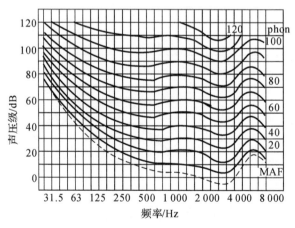

图 1-13　等响度级曲线

按 1 000 Hz 的声音来说,每增加 10phon,声强之比为

$$\frac{I_1}{I_2} = 10^{0.1\Delta L_s} = 10^{-0.1(10)} = 10 \tag{1-13}$$

而响度加倍,即 10 倍能量对应 2 倍的响度,100 倍能量产生 4 倍的响度。这反映听觉的两种特性——感觉和刺激间的关系。响度是感觉量,声强是刺激量。由于 $2 = 10^{0.3}$,感觉量和刺激量的 0.3 次方成正比。所以说,0.3 方律也是听觉的一种自动保护措施。

2. 加权声压级

多年来基于人对响度的反应发展了几种加权声压级。表 1-3 和表 1-4 分别给出既随强度又随频率而变的 A 加权和 D 加权修正权函数和修正因子。

表 1-3　A 加权声压级的权函数

1/3 倍频程中心频率	$W(i,A)$	分贝修正	1/3 倍频程中心频率	$W(i,A)$	分贝修正
50	0.000 96	−30.2	1 000	1.0	0
63	0.002 4	−26.2	1 250	1.148	0.6
80	0.005 6	−22.5	1 600	1.259	1.0
100	0.012 3	−19.1	2 000	1.318	1.2
125	0.024 5	−16.1	2 500	1.349	1.3
160	0.045 7	−13.4	3 150	1.318	1.2
200	0.081 3	−10.9	4 000	1.259	1.0
250	0.138	−8.6	5 000	1.112	0.5
315	0.219	−6.6	6 300	0.977	−0.1
400	0.331	−4.8	8 000	0.776	−1.1
500	0.479	−3.2	10 000	0.562	−2.5
630	0.646	−1.9	12 500	0.372	−4.3
800	0.832	−0.8			

表 1-4　D 加权声压级的权函数

1/3 倍频程中心频率	$W(i,D)$	分贝修正	1/3 倍频程中心频率	$W(i,D)$	分贝修正
50	0.052 5	−12.8	1 000	1.0	0
63	0.081 3	−10.9	1 250	1.585	2.0
80	0.126	−9.0	1 600	3.090	4.9
100	0.191	−7.2	2 000	6.166	7.9
125	0.282	−5.5	2 500	11.482	10.6
160	0.398	−4.0	3 150	14.125	11.5
200	0.550	−2.6	4 000	12.882	11.1
250	0.692	−1.6	5 000	9.120	9.6
315	0.832	−0.8	6 300	5.754	7.6
400	0.912	−0.4	8 000	3.548	5.5
500	0.933	−0.3	10 000	2.188	3.4
630	0.891	−0.5	12 500	0.724	1.4
800	0.871	−0.6			

(1)A 加权声压级 L_A,dB(A)。这种加权关系已经在声压仪上通过一个简单滤波电路来实现。按 dB(A) 关系制作的声级仪现在经常用来测量飞机噪声。另外,在螺旋桨推进的轻型飞机的噪声审定中,作出噪声等值线以及在规定当地机场的噪声限制值时都会用到 A 加权声压级。从 L_A 变换到感觉噪声级 PNL 可利用下列近似关系:

$$PLN = L_A + 13 \tag{1-14}$$

（2）B加权声压级L_B,dB(B)。它类似于dB(A),但是反映人们对响度比A加权高出40 dB的反应。因为与A加权相比没有明显的优点,实际上不大使用。

（3）C加权声压级L_C,dB(C)。C加权声压级主要用于描述声爆时的超压,因为它反映人们对响度比A加权高出70 dB的反应。

上述A,B和C加权曲线分别接近40phon,70phon和100phon等响度曲线的反曲线。由于要在声级仪上模拟一簇等响度曲线是不切实际的,故用它们代替等响度曲线,作为制作声级仪的模拟基础。近20多年来的使用经验表明,用A加权读出的声级（A声级）表示噪声最适合,因为它与人的感觉（响度,烦扰程度）更加符合。近来许多声级计上只有A加权,读数称为A声级;B加权被取消了;C加权和线性差不多,也不再设置。

3. 噪声与感觉噪声级

响度以及基于响度发展起来的加权声压级适合工业噪声或其他连续的日常噪声。然而,飞机噪声有其独特之处,它具有一个宽广范围且可变的频谱特性以及一个瞬变的声压级时间历程。以往那种以1 000 Hz纯音作为比较标准的定标方法是不适用的,需要发展专用的评价尺度。克里脱（Kryter）等人对此提出了新的评定尺度——噪度和感觉噪声级。其思路是,取代1 000 Hz纯音,以中心频率为1 000 Hz的1/3倍频带中的随机声作为比较标准,测试听众对不同中心频率的频带声压级的平均响应,并用声压级－频率的形式得到一个统计的频带等噪度曲线族（见图1-14）。

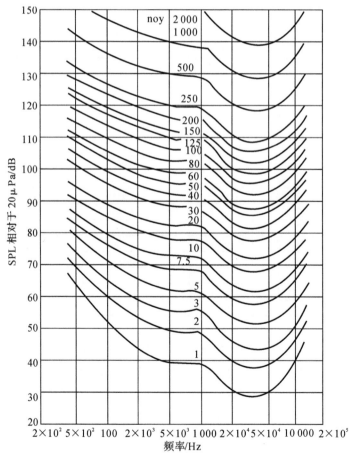

图1-14 等噪度曲线族

噪度的单位为呐(noy)。仿照响度与响度级的关系,取 1 000 Hz 中心频率上的 40 dB 噪声所产生的烦扰度为噪声的基本度量单位,称为 1noy。每增加 10 dB,噪度加倍。由于呐值是频率和声压级的函数(见图 1-15),需要通过一个简单的数学关系式,在一个分析频谱的每一 1/3 倍频程子带内累计呐值,然后以感觉噪声级的感觉噪声分贝(PNdB)数给出噪声烦扰程度的单一数值表示。

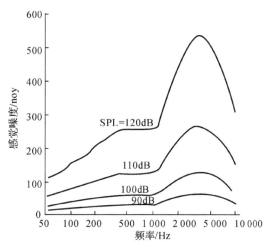

图 1-15　感觉噪声变化曲线

对给定的频率及声压级,噪度的数学计算式为

$$N = \begin{cases} 0 & (\text{SPL} < A_1) \\ 10^{B_1(\text{SPL}-A_1)-1} & (A_1 \leqslant \text{SPL} \leqslant A_2) \\ 10^{B_2(\text{SPL}-A_2)} & (A_2 \leqslant \text{SPL} \leqslant A_3) \\ 10^{B_3(\text{SPL}-A_3)} & (A_3 \leqslant \text{SPL} \leqslant A_4) \\ 10^{B_4(\text{SPL}-A_5)} & (A_4 \leqslant \text{SPL} \leqslant 150) \end{cases} \qquad (1-15)$$

式中,系数 A_K,B_K 是频率的函数(见表 1-5)。

表 1-5　计算噪度所用系数

系数 1/3 倍频程中心频率	A_1	B_1	A_2	B_2	A_3	B_3	A_4	B_4	A_5
50	49	0.079 520	55	0.058 098	64	0.043 478	91.01	0.030 103	52
63	44	0.068 160	51	0.058 098	60	0.040 570	85.88	0.030 103	51
80	39	0.068 160	46	0.052 288	56	0.036 831	87.32	0.030 103	49
100	34	0.059 640	42	0.047 534	53	0.036 831	79.85	0.030 103	47
125	30	0.053 013	39	0.043 573	51	0.035 336	79.76	0.030 103	46
160	27	0.053 013	36	0.043 573	48	0.033 333	79.96	0.030 103	45
200	24	0.053 013	33	0.040 221	46	0.033 333	79.96	0.030 103	43
250	21	0.053 013	30	0.037 349	44	0.032 051	75.96	0.030 103	42
315	18	0.053 013	27	0.034 859	42	0.030 675	73.96	0.030 103	41
400	16	0.053 013	25	0.034 859	40	0.030 103	74.91	0.030 103	40

续 表

系数 1/3 倍频程中心频率	A_1	B_1	A_2	B_2	A_3	B_3	A_4	B_4	A_5
500	16	0.053 013	25	0.034 859	40	0.030 103	94.63	0.030 103	40
630	16	0.053 013	25	0.034 859	40	0.030 103	100.00	0.030 103	40
800	16	0.053 013	25	0.034 859	40	0.030 103	100.00	0.030 103	40
1 000	16	0.053 013	25	0.034 859	40	0.030 103	100.00	0.030 103	40
1 250	15	0.059 640	23	0.034 859	38	0.030 103	100.00	0.030 103	38
1 600	12	0.053 013	21	0.040 221	34	0.029 960	100.00	0.029 960	34
2 000	9	0.053 013	18	0.037 349	32	0.029 960	100.00	0.029 960	32
2 500	5	0.047 712	15	0.034 859	30	0.029 960	100.00	0.029 960	30
3 150	4	0.047 712	14	0.034 859	29	0.029 960	100.00	0.029 960	29
4 000	5	0.053 013	14	0.034 859	29	0.029 960	100.00	0.029 960	29
5 000	6	0.053 013	15	0.034 859	30	0.029 960	100.00	0.029 960	30
6 300	10	0.068 160	17	0.037 349	31	0.029 960	100.00	0.029 960	31
8 000	17	0.079 520	23	0.037 349	37	0.0422 85	44.29	0.029 960	34
10 000	21	0.059 640 1	29	0.0435 73	41	0.042 285	50.72	0.029 960	37

累计总噪度的公式为

$$N_t = 0.85 N_{max} + 0.15 \left(\sum_{i=1}^{24} N_i \right) \tag{1-16}$$

式中，N_{max} 为 24 个子频中的最大呐值，N_i 为子频带呐值。

感觉噪声级也是一种加权的声压级，它的计算式和呐度级类似。

$$PNL = 40 + 33.22 \lg N_t \quad (PNdB) \tag{1-17}$$

式中，总噪度 N_t 是一个综合因子，它反映了人们对频谱内不同频率和声压级的各噪声分量的烦扰程度反应的总和。

由此可以认为，响度是反映声音强弱的感觉量，响度级是对人耳的刺激量；噪度是人们感觉飞机噪声的烦扰程度，感觉噪声级则是这种噪声烦扰程度的单一数值表达。

4. 单音修正感觉噪声级 PNLT(PNdB)

由于人的听觉系统具有择优地跟踪一个单音而忽略相邻频率范围内的宽频带噪声的自然趋势，故在判断飞机噪声的干扰程度时必须考虑听觉系统的这个单音感受特性。单音修正感觉噪声级就是描述这一现象的噪声尺度。单音修正的目的在于探明包括 1/3 倍频程内的纯音，并修正它的影响。对单音的修正步骤如下：

(1) 计算 1/3 倍频程频谱中的二阶微差：

$$\Delta D_i = SPL_{i+1} - 2SPL_i + SPL_{i-1} \tag{1-18}$$

如果 $\Delta D_i < -5$，检查一下 SPL_i 是否是当地极大值，即检查是否 $SPL_i > SPL_{i-1}$ 及 $SPL_i > SPL_{i+1}$。

(2) 如果 SPL_i 是当地极大值，则计算平均或背景噪声级 $\overline{SPL_i}$，其定义为

$$\overline{SPL_i} = \frac{SPL_{i+1} + SPL_{i-1}}{2} \tag{1-19}$$

当地极值与背景噪声级的差为

$$F = \mathrm{SPL}_i - \overline{\mathrm{SPL}_i} \tag{1-20}$$

(3) 确定离散的频率修正值:

若 $500 < f_i < 5\,000$,则

$$C(f,F) = \begin{cases} 0 & (F < 3) \\ F/3 & (3 \leqslant F \leqslant 20) \\ 6.7 & (20 < F) \end{cases} \tag{1-21}$$

若 $f_i \leqslant 500$ 或 $f_i \geqslant 5\,000$,则

$$C(f,F) = \begin{cases} 0 & (F < 3) \\ F/6 & (3 \leqslant F \leqslant 20) \\ 3.3 & (20 < F) \end{cases} \tag{1-22}$$

(4) 单音修正即离散频率修正值的最大值 $C_{\max}$。单音量修正感觉噪声级 PNLT 按下式计算:

$$\mathrm{PNLT} = \mathrm{PNL} + C_{\max} \tag{1-23}$$

5. 有效感觉噪声级 EPNL(EPNdB)

飞机噪声合格审定中的基本评价尺度是有效感觉噪声级。要求计及噪声的声级、频率分布及其时间变化特征。具体说,要记录飞机飞跃时每 0.5 s 间隔中 1/3 倍频程的 24 个子频带的瞬时声压级 SPL(i,k)。其中,$i = 1, \cdots, 24$,为子频带数;$k = 1, \cdots, K$,为时间增量。对所得的第 k 个频谱求感觉声压级 PNL$[k]$ 及单音修正感觉噪声级 PNLT(k),并从中找出最大单音修正感觉噪声级 PNLTM。图 1-16 示出 PNLT(k) 的时间历程。图上标出了最大值 PNLTM。对有效感觉噪声级贡献最大的就是最大值附近的一段时间间隔。为了确定感兴趣的一段时间历程,指定 10PNdB 的差值,由(PNLTM-10)确定两个时间点 $t(1)$ 和 $t(2)$。有效感觉噪声级就定义为最大单音修正感觉噪声级 + 持久时间修正,即

$$\mathrm{EPNL} = \mathrm{PNLTM} + D \tag{1-24}$$

式中,D 为持久时间修正,它定义为

$$D = 10\lg\left[\frac{1}{T}\int_{t(1)}^{t(2)} \mathrm{anti\,lg}\,\frac{\mathrm{PNLT}(k)}{10}\mathrm{d}t\right] - \mathrm{PNLTM} \tag{1-25}$$

式中,T 为规范时间常数,对大型客机,$T = 10$ s。式(1-25)方括号内这一项的意义是,在持续时间间隔 dt 内累积的单位面积声能按规定时间 T 平均的声强平均值。

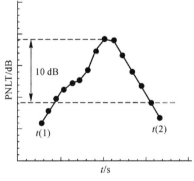

图 1-16 有意义的 PNLT 时间历程

第 2 章　流体与声学基本概念及基本方程

声学最早是研究人耳能够听到的空气中的微小压力波动,但是,当代声学的研究范畴已经扩展到频率非常高的"超声波"(ultrasound)和频率非常低的"次声波"(infrasound),结构振动现在也经常包括在声学理论研究中。另外,声的接收和感觉也是当代声学研究的内容。但是,由于本书的研究对象是航空发动机气动声学问题,因此,本章的内容将仅限于有关空气中声的基本定义和传播等,在这个范畴内,声学是作为空气动力学的一个分支。

流体动力学最困难的问题来自于流体运动方程的非线性,因此,流体动力学方程没有精确解。声学是有关流体力学方程的一阶近似,非线性效应可以忽略。在古典声学理论中,声音的产生被看作一个边值问题,由扬声器或者任意固体边界的非定常运动产生的声音就是古典声学理论中最普遍的例子。但是,在本书中将主要讨论有关气动噪声的产生过程,包括在热传递和湍流脉动过程中声的产生。

此外,由于航空发动机主要部件噪声是通过发动机气流管道产生和传播的,因此,本书还将对管道声学进行详细的分析,包括管道中气动声的产生以及管道声的传播计算分析方法等。

2.1　流体动力学基本方程

2.1.1　守恒律和本构方程

流体力学的任务是研究流体的宏观运动规律,因此在流体力学领域里,一般可以不考虑实际气体和液体的微观结构(当然在研究气体的输运性质时,需要考虑气体的微观结构),而采用 Euler 的"连续性"简化模型来代替气体的真实微观结构。Euler 假设认为,流体充满着一个体积时是不留任何自由空隙的,其中没有真空的地方,也没有分子之间的间隙和分子的运动,即把流体看作是连续的介质,这种假设称之为连续性假设。连续性假设中流体介质中的一"点",实际上就是一块微小的流体团,简称流体微团。流体微团的尺寸与我们研究的物体特征尺寸相比微不足道,可以看作是一个流体性质均匀的空间点,但它与分子的平均自由行程相比却要大得多,同时它还包含足够多的分子数目,使得流体密度等的统计平均值有确切的意义。连续性假设使得我们可以将流体的物理量看作是空间坐标和时间的连续函数,可以广泛采用数学上有关连续函数的解析方法。

将物质运动必须遵循的普遍规律,如质量守恒定律、动量守恒定律和能量守恒定律应用到流体中每个微团的运动,就可以得到流体速度、压力、密度、温度等参数之间的关系式,这些关系式称之为流体力学基本方程。基本方程可以对系统建立(即 Lagrange 方法),也可以对控制体建立(即 Euler 方法)。所谓系统是指不变的物质组合,而所谓控制体是指相对于某一个坐标系固定不变的空间体积,它的边界面称为控制面。三大守恒定律的原始形式是对系统建立的,但是,许多流体力学问题如果对控制体建立方程,则应用起来更为方便。

　　流体力学方程又分为积分形式和微分形式两种,积分形式通过对控制体和控制面的积分而得到诸流体参数间的积分关系式,微分形式则对微元控制体或微元系统直接建立方程,得到任意空间点上诸流体参数间的微分关系。求解积分形式基本方程,可以得到流体力学问题的总体性能关系,如流体与物体间作用的合力和总的能量交换等;求解微分形式基本方程,就可以给出流场细节,即各空间点上压力、速度、温度、密度等流体参数的分布。

　　微分形式的质量守恒方程是

$$\frac{\partial \varrho}{\partial t} + \boldsymbol{\nabla} \cdot (\rho \boldsymbol{v}) = m \tag{2-1}$$

或

$$\frac{\partial \varrho}{\partial t} + \frac{\partial}{\partial x_i}(\rho v_i) = m$$

式中,ρ 是流体的密度;$v=(v_i)$ 是在空间位置 $x=(x_i)$ 和时刻 t 时的流体速度;m 是质量源项。

　　微分形式的动量守恒方程是

$$\frac{\partial}{\partial t}(\rho \boldsymbol{v}) + \boldsymbol{\nabla} \cdot (\boldsymbol{P} + \rho \boldsymbol{v}\boldsymbol{v}) = \boldsymbol{F} \tag{2-2}$$

或

$$\frac{\partial}{\partial t}(\rho v_i) + \frac{\partial}{\partial x_j}(P_{ij} + \rho v_j v_i) = F_i$$

式中,$\boldsymbol{F}=(F_i)$ 是外部作用于单位质量流体上的力(例如重力);$\boldsymbol{P}=(P_{ij})$ 是外部作用于控制体表面单位面积上的力,即流体表面应力张量。在有些情况下,可以将物体对流体的作用,例如螺旋桨对流体的作用,用作用在流体上的质量力表示。

　　流体应力张量与压力和黏性应力张量有关,其关系式是

$$\boldsymbol{P} = p\boldsymbol{I} - \boldsymbol{\tau} \tag{2-3}$$

或

$$P_{ij} = p\delta_{ij} - \tau_{ij}$$

式中,$\boldsymbol{I}=(\delta_{ij})$ 是单位张量,δ_{ij} 是 Kronecker 函数。

　　在声学研究领域,大部分情况下可以忽略黏性应力,当不能忽略黏性应力时,通常采用流体微团变形率与黏性应力之间的关系,流体微团变形率张量(应变率)表示为 $\boldsymbol{\nabla} \boldsymbol{v} + (\boldsymbol{\nabla} \boldsymbol{v})^{\mathrm{T}}$。需要指出,流体的特征表现为流体微团对抗变形率,而不是像固体那样对抗本身的变形,如果流体黏性应力与微团变形率之间的关系为线性关系,则流体称为牛顿流体,根据其得出的流体动量守恒方程就是 Navier – Stokes 方程。即使采用如此大的简化,对于声学研究中需要考虑的可压缩流体而言,流体基本方程仍然是相当复杂的。因此进一步采用 Stokes 假设,认为流体是当地热动力平衡的,流体的压力和热动力压力是相等的,这样就可以得到

$$\boldsymbol{\tau} = \boldsymbol{\eta}\left[\boldsymbol{\nabla} \boldsymbol{v} + (\boldsymbol{\nabla} \boldsymbol{v})^{\mathrm{T}}\right] - \frac{2}{3}\eta(\boldsymbol{\nabla} \cdot \boldsymbol{v})\boldsymbol{I} \tag{2-4}$$

或

$$\tau_{ij} = \eta\left(\frac{\partial v_i}{\partial x_j} + \frac{\partial v_j}{\partial x_i}\right) - \frac{2}{3}\eta\left(\frac{\partial v_k}{\partial x_k}\right)\delta_{ij}$$

式中,η 是动力黏性系数,方程(2 – 4)称为牛顿流体本构方程。黏性系数 η 是由实验决定的,η 通常与流体的温度和压力相关。在高频情况下,热动力平衡假设部分失效,从而导致与体积变化 $\boldsymbol{\nabla} \cdot \boldsymbol{v}$ 相关的耗散,这个耗散可用体积黏性参数描述,而非简单用 η 关联。声波在积满灰尘的气体或空气中长距离传播过程中,这些效应是明显的。

　　通常情况下($m=0$),能量守恒定律可以描述为

$$\frac{\partial}{\partial t}\rho\left(e+\frac{1}{2}v^2\right)+\mathbf{\nabla}\cdot\left[\rho v\left(e+\frac{1}{2}v^2\right)\right]=-\mathbf{\nabla}\cdot\mathbf{q}-\mathbf{\nabla}\cdot(\rho v)+$$
$$\mathbf{\nabla}\cdot(\mathbf{\tau}\cdot v)+\mathbf{f}\cdot v \tag{2-5}$$

或

$$\frac{\partial}{\partial t}\rho\left(e+\frac{1}{2}v^2\right)+\frac{\partial}{\partial x_i}\left[\rho v_i\left(e+\frac{1}{2}v^2\right)\right]=-\frac{\partial q_i}{\partial x_i}-\frac{\partial}{\partial x_i}(\rho v_i)+\frac{\partial}{\partial x_i}(\tau_{ij}v_j)+f_i v_i$$

式中，$v=|v|$；e 是单位质量流体的内能；q 是由于热传导产生的热通量。

通常采用线性热通量 $\mathbf{q}$ 的本构方程，即 Fourier 定律：

$$\mathbf{q}=-K\mathbf{\nabla}T \tag{2-6}$$

式中，K 是导热系数，它与流体压力 p 和温度 T 有关。对于可逆过程应用热力学基本定律可得

$$T\mathrm{d}s=\mathrm{d}e+p\mathrm{d}(\rho^{-1}) \tag{2-7}$$

再应用动量守恒定律（方程（2-2））与速度 v 的点积，就可以得到机械能方程。应用热力学方程和机械能方程，就可以得到熵形式的能量守恒方程：

$$\rho T\left(\frac{\partial s}{\partial t}+v\cdot\mathbf{\nabla}s\right)=-\mathbf{\nabla}\cdot\mathbf{q}+\mathbf{\tau}:\mathbf{\nabla}v \tag{2-8}$$

或

$$\rho T\left(\frac{\partial s}{\partial t}+v_i\frac{\partial s}{\partial x_i}\right)=-\frac{\partial q_i}{\partial x_i}+\tau_{ij}\frac{\partial v_j}{\partial x_i}$$

式中，$\mathbf{\tau}:\mathbf{\nabla}v=\mathbf{\nabla}\cdot(\mathbf{\tau}\cdot v)-v\cdot(\mathbf{\nabla}\cdot\mathbf{\tau})$；$s$ 是单位流体的熵，即单位质量流体的熵，如果导热 $\mathbf{\nabla}\cdot\mathbf{q}$ 和黏性耗散 $\mathbf{\tau}:\mathbf{\nabla}v$ 可以忽略，则流动称为等熵过程，这意味着流体粒子的熵始终保持常数，即

$$\frac{\partial s}{\partial t}+v\cdot\mathbf{\nabla}s=0 \tag{2-9}$$

除了在固体壁面附近，对于大部分情况，这个近似都是相当合理的。如果在初始时刻，流体的熵是一个常数 s_0，则在整个流体中都保持这个值，这种流动就是均匀等熵流动。有时，将这种流动过程称为等熵流动过程。

在方程（2-1）～方程（2-9）中，未知量个数多于方程数量，为了封闭方程组，还需要引入其他的本构方程，例如应用内能方程 $e=e(\rho,s)$，这个方程就是

$$p=\rho^2\left(\frac{\partial e}{\partial\rho}\right)_s \tag{2-10a}$$

$$T=\left(\frac{\partial e}{\partial s}\right)_p \tag{2-10b}$$

在多数情况下，是应用状态方程 $p=p(\rho,s)$ 而非内能方程 $e=e(\rho,s)$，差分形式的状态方程是

$$\mathrm{d}p=c^2\mathrm{d}\rho+\left(\frac{\partial p}{\partial s}\right)_p\mathrm{d}s \tag{2-11}$$

式中

$$c^2=\left(\frac{\partial p}{\partial\rho}\right)_s \tag{2-12}$$

是等熵声速的二次方，方程（2-12）是热力学变量 $c=c(\rho,s)$ 的定义，后面将看到它实际上就是声速。当对整个流场状态方程 $c=c(\rho,s)$ 的值均相同时，这种流动称为均匀流动；当流体的密度仅仅决定于压力时，这种流体称为正压流体；当流动过程是均匀的，且熵也是均匀不变的时，这种流动称为等熵流动。

在以后的章节中，还将采用比定容热容的概念。对于可逆过程，比定容热容的定义是

$$c_V = \left(\frac{\partial e}{\partial T}\right)_V \qquad\qquad (2-13)$$

对于理想气体,内能仅仅是温度的函数,即

$$e(T) = \int_0^T c_V \,\mathrm{d}T \qquad\qquad (2-14)$$

对于具有固定热力学性质的理想气体,经常使用简化形式的内能关系:

$$e = c_V T \qquad\qquad (2-15)$$

称这样的气体为完全气体。后面还将给出压力和声速的关系。下面首先给出上述基本方程的近似形式和不同的表达符号。

2.1.2 　 理想流体动力学基本方程表达形式

应用对流导数的定义:

$$\frac{\mathrm{D}}{\mathrm{D}t} = \frac{\partial}{\partial t} + \boldsymbol{v} \cdot \boldsymbol{\nabla} \qquad\qquad (2-16)$$

可以将无质量源的质量守恒定律式(2-1)写成如下形式:

$$\frac{1}{\rho}\frac{\mathrm{D}\rho}{\mathrm{D}t} = -\boldsymbol{\nabla} \cdot \boldsymbol{v} \qquad\qquad (2-17)$$

式(2-17)清楚地表明速度的散度$\boldsymbol{\nabla} \cdot \boldsymbol{v}$就是流体粒子密度的相对变化率。实际上,散度对应的是流体粒子的膨胀率,当密度等于常数时,流体粒子的膨胀率就为零。因此,如果忽略流体密度的变化,则质量守恒定律就简化成

$$\boldsymbol{\nabla} \cdot \boldsymbol{v} = 0 \qquad\qquad (2-18)$$

这就是不可压流体的质量守恒方程。质量守恒定律式(2-18)简单地描述了流体粒子保持质量常数这样的基本规律。

应用无质量源的质量守恒定律式(2-1),就可以写出针对无黏性流体($\boldsymbol{\nabla} \cdot \boldsymbol{\tau}$项忽略)的动量守恒方程

$$\rho \frac{\mathrm{D}\boldsymbol{v}}{\mathrm{D}t} = -\boldsymbol{\nabla} p + \boldsymbol{F} \qquad\qquad (2-19)$$

这就是著名的 Euler 方程,它对应的是牛顿第二定律(力 ＝ 质量 × 加速度)对指定质量流体微元的应用,忽略摩擦应力,也就是没有剪切应力作用于流体表面,流体的运动就是在正应力(压力)和体积力的作用下产生的。对应的气体流动的能量方程为

$$\frac{\mathrm{D}s}{\mathrm{D}t} = 0$$

上式表明粒子的熵保持常数。这是因为在无黏流体中,导热可以忽略不计,热传导和动量传递是由相同的分子碰撞过程产生的。对于等熵流动,状态方程可以写成

$$\frac{\mathrm{D}p}{\mathrm{D}t} = c^2 \frac{\mathrm{D}\rho}{\mathrm{D}t} \qquad\qquad (2-20)$$

在这个方程中,声速并不一定是常数,它是密度和熵的函数,即

$$c^2 = \left(\frac{\partial p}{\partial \rho}\right)_s$$

必须注意,在推导方程(2-19)时,假定质量源项不存在,如果要用方程(2-19)代替原始

的动量方程(2-2),质量源产生的外力必须考虑,则方程(2-19)变为

$$\rho \frac{\mathrm{D}v}{\mathrm{D}t} = -\nabla p + F - mv \qquad (2-21)$$

这个式子对应于假定进入的质量源本身没有速度,周围的流体必须给这个质量源施加动量 mv 以使这个流体达到当地的流速。

气流速度场可以分解为无旋部分和无散部分:

$$v = \nabla \varphi + \nabla \times \boldsymbol{\Psi}, \quad \nabla \cdot \boldsymbol{\Psi} = 0 \qquad (2-22)$$

或

$$v_i = \frac{\partial \varphi}{\partial x_i} + \varepsilon_{ijk} \frac{\partial \psi_k}{\partial x_j}, \quad \frac{\partial \psi_j}{\partial x_j} = 0$$

式中,φ 是标量速度势;$\boldsymbol{\Psi} = (\psi_i)$ 是矢量速度势或者矢量流函数;ε_{ijk} 是排列符号,形式如下:

$$\varepsilon_{ijk} = \begin{cases} +1, & ijk = 123,231,312 \\ -1, & ijk = 321,132,213 \\ 0, & \text{任意两个下标相同} \end{cases}$$

若流动过程用标量速度势描述,则称之为势流。这是一个重要的概念,因为流场中声的特征与速度势紧密相联,$\nabla \cdot (\nabla \times \boldsymbol{\Psi}) = 0$,所以对于可压缩流体方程(2-17)可以用标量速度势描述:

$$\frac{1}{\rho} \frac{\mathrm{D}\rho}{\mathrm{D}t} = -\nabla^2 \varphi \qquad (2-23)$$

从这个关系可以明显地看出,与声场相关的流场是无旋流场。因此声场的一种定义就是无旋流场 $\nabla \varphi$ 中的非定常分量。因为 $\nabla \times \nabla \varphi = \mathbf{0}$,所以矢量流函数描述了流场中的涡量 $\boldsymbol{\omega} = \nabla \times v$,可以得到

$$\boldsymbol{\omega} = \nabla \times (\nabla \times \boldsymbol{\Psi}) = -\nabla^2 \boldsymbol{\Psi} \qquad (2-24)$$

可以看出涡量对应的是流体粒子角速度 Ω 的 2 倍,密度 $\rho = \rho(p)$ 仅是压力的函数,就像等熵流动中那样,如果在不考虑由于黏性产生的切线力($\tau = 0$),对 Euler 方程取卷积,就可以消除压力和密度项,得到

$$\frac{\partial \boldsymbol{\omega}}{\partial t} + v \cdot \nabla \boldsymbol{\omega} = \boldsymbol{\omega} \cdot \nabla v - \boldsymbol{\omega} \nabla \cdot v + \frac{1}{\rho} \nabla \times F \qquad (2-25)$$

可以看到,粒子的涡量的变化要么是由于拉伸引起的,要么是由于非守恒外部力场作用产生的。对于二维不可压流动($\nabla \cdot v = 0$),速度 $v = (v_x, v_y, 0)$ 和涡量 $\boldsymbol{\omega} = (0, 0, \omega_z)$ 就不受拉伸影响,因为在涡量的方向就没有六度速度分量,除了源项 $\nabla \times F$ 之外,动量守恒定律简化成纯的运动定律。因此可以说 $\boldsymbol{\Psi}$ 是与流体的运动学紧密相关的。

应用比焓的定义

$$i = e + \frac{p}{\rho} \qquad (2-26)$$

并采用热力学基本关系式(2-7),就得到关于等熵流动(在 $\mathrm{D}s = 0$ 的均匀流体):

$$\mathrm{d}i = \frac{\mathrm{d}p}{\rho} \qquad (2-27)$$

因此,可以将 Euler 方程(2-19)写成

$$\frac{\mathrm{D}v}{\mathrm{D}t} = -\nabla i + \frac{1}{\rho} F \qquad (2-28)$$

如果定义流动过程总比焓是

$$B = i + \frac{1}{2} v^2 \tag{2-29}$$

总焓对应的是当流体粒子完全可逆的速度滞止为零时的焓,应用速度等式

$$(\boldsymbol{v} \cdot \boldsymbol{\nabla}) \boldsymbol{v} = \frac{1}{2} \boldsymbol{\nabla} v^2 + \boldsymbol{\omega} \times \boldsymbol{v}$$

就可以将 Euler 方程式(2-19)写成 Crocco 形式:

$$\frac{\partial \boldsymbol{v}}{\partial t} = -\boldsymbol{\nabla} B - \boldsymbol{\omega} \times \boldsymbol{v} + \frac{1}{\rho} \boldsymbol{F} \tag{2-30}$$

这个形式的方程在讨论涡声产生时将很有用。加速度 $\boldsymbol{\omega} \times \boldsymbol{v}$ 对应的是 Coriolis 加速度,表示的是随粒子以角速度 $\Omega = \frac{1}{2} \boldsymbol{\omega}$ 一起运动的观察者感受到的加速度。

当流体没有旋转运动,并且没有外部作用力时,$\boldsymbol{v} = \boldsymbol{\nabla}\varphi$,因此,$\boldsymbol{\omega} = \boldsymbol{\nabla} \times \boldsymbol{\nabla}\boldsymbol{\varphi} = \boldsymbol{0}$,这样式(2-28)就可以重新写成

$$\frac{\partial \boldsymbol{\nabla}\varphi}{\partial t} + \boldsymbol{\nabla} B = \boldsymbol{0}$$

对上式积分得到 Bernoulli 方程:

$$\frac{\partial \varphi}{\partial t} + B = g(t) \tag{2-31}$$

或

$$\frac{\partial \varphi}{\partial t} + \frac{1}{2} v^2 + \int \frac{\mathrm{d}p}{\rho} = g(t)$$

式中,$g(t)$ 是由边界条件确定的函数。

因为只有 φ 的梯度是重要的量($\boldsymbol{v} = \boldsymbol{\nabla}\varphi$),因此在不失一般性情况下,可只专注于 φ,而令 $g(t) = 0$。在声学研究中,Bernoulli 方程将是非常有用的方程,在后面将会看到。对于等熵流动,可以将能量守恒定律式(2-9)写成如下形式:

$$\frac{\partial}{\partial t} (\rho B - p) + \boldsymbol{\nabla} \cdot (\rho \boldsymbol{v} B) = \boldsymbol{F} \cdot \boldsymbol{v} \tag{2-32}$$

或

$$\frac{\partial}{\partial t} \left[\rho \left(e + \frac{1}{2} v^2 \right) \right] + \boldsymbol{\nabla} \cdot (\rho \boldsymbol{v} B) = \boldsymbol{FF} \cdot \boldsymbol{v}$$

2.2 声学基本方程

2.2.1 流动过程物理量级分析

所有的真实流体都具有弹性和惯性,弹性使得流体具有抵抗压缩的能力,而惯性使得流体在发生位移时会产生"过平衡"或者"过冲击"。这两个特性使得流体中任意位置的压力波动都会与周围介质相关联并向远处传播。当这样的波动在空气中传播并到达人耳时,就会使得人耳鼓膜发生振动,从而产生声音。

声波就是气流的脉动,因此声波运动应该遵循流动守恒方程和本构方程。由于流体运动基本方程的复杂性,通过对流动过程中各种物理量的量级分析,就可以从流体运动控制方程获

得更为简化的声波运动方程。

如前所述,声音就是以波动形式传播的能被人耳感觉的压力脉动 p',在 20℃ 的干燥空气中,声波传播速度是 344 m/s;在水中,声波传播速度是 1 500 m/s。以后将讨论声波速度与其他物理量的关系。对于谐波压力脉动,人耳能够感觉到的频率范围是

$$20 \text{ Hz} \leqslant f \leqslant 20 \text{ kHz} \tag{2-33}$$

人耳最敏感的声音频率是 3 kHz(这大概是警察的哨音频率),声功率的范围很宽:

- 人类的耳语声功率大约是 10^{-10} W。
- 人类的喊叫声功率大约是 10^{-5} W。
- 喷气飞机起飞时产生的噪声功率大约是 10^5 W。

考虑到声功率具有很宽广的范围,并且由于人耳对声音敏感程度与声功率的量级大致是对数关系,因此如第 1 章所述,一般应用分贝来度量声级大小。声功率级(The Sound Power Level,PWL)的定义是

$$\text{PWL} = 10 \log_{10} (\text{Power}/10^{-12} \text{W}) \tag{2-34}$$

声压级(Sound Pressure Level,SPL)的定义是

$$\text{SPL} = 20 \log_{10} (p'_{\text{rms}}/p_{\text{ref}}) \tag{2-35}$$

式中,p'_{rms} 是声压脉动的均方根值,在空气中参考声压 $p_{\text{ref}} = 2 \times 10^{-5}$ Pa,在其他介质中参考声压 $p_{\text{ref}} = 10^{-6}$ Pa。声强定义为声传播过程中的声能量通量(即单位面积声功率),声强级(Intensity Level,IL)的定义是

$$\text{IL} = 10 \log_{10} (I/10^{-12} \text{ W/m}^2) \tag{2-36}$$

空气中的参考声压 $p_{\text{ref}} = 2 \times 10^{-5}$ Pa 对应的是人耳对 1 kHz 声音听觉的阈值,参考声强级 $I_{\text{ref}} = 10^{-12}$ W/m^2 与参考声压值 $p_{\text{ref}} = 2 \times 10^{-5}$ Pa 相关联,针对平面波有效的声压、声强关联式是

$$I = p'^2_{\text{rms}}/(\rho_0 c_0) \tag{2-37}$$

在大气中 $\rho_0 c_0 = 4 \times 10^2$ kg/(m^2 · s),后面将推导出方程(2-37)。

人耳能够忍受的空气中的最大声压阈值 $p'_{\text{rms}} = 200$ Pa(140 dB)(最大阈值是指人耳能够短时间忍耐,并且对人耳不会造成永久伤害的 SPL 值),对于大气压力 $p_0 = 10^5$ Pa 的情况,最大阈值对应的大气中密度相对波动是

$$\rho'/\rho_0 = p'/(\gamma p_0) \leqslant 10^{-3} \tag{2-38}$$

式中,$\gamma = c_p/c_v$ 是定压比热与定容比热的比值。一般情况下,根据式(2-12)定义声速,则可以给出相对密度波动量为

$$\frac{\rho'}{\rho_0} = \frac{1}{\rho_0 c_0^2} p' = \frac{1}{\rho_0} \left(\frac{\partial \rho}{\partial p}\right)_s p' \tag{2-39}$$

因子 $1/(\rho_0 c_0^2)$ 是介质的绝热压缩模数(adiabatic bulk compressibility modulus),在水中,$\rho_0 = 10^3$ kg/m^2,$c_0 = 1.5 \times 10^3$ m/s,因此 $\rho_0 c_0^2 \approx 2.2 \times 10^9$ Pa,10^3 kPa 的压缩波对应的相对密度波动量是 10^{-3},因此对于这样的压缩波可以应用线化假设。但是,当在水中产生大的膨胀波,例如当压力降低到液体的饱和压力而气穴泡出现时,就会导致很强的非线性现象。但是,因为在水中形成气穴泡是一个缓慢的过程,强的膨胀波(负压量级到 10^5 kPa)可以维持到气穴的出现之前。

对于滞止介质中的声波,前进平面波包括以速度 u' 位移的流体粒子运动,其速度计算式是

$$u' = p'/(\rho_0 c_0) \tag{2-40}$$

式中,因子 $\rho_0 c_0$ 称为流体的特征阻抗,对式(2-40)两边同除以 c_0,并应用式(2-12),就可以看出声马赫数 u'/c_0 是对相对密度波动的度量,在没有平均运动($u_0 = 0$)的情况下,这就表示在动量守恒方程中对流项 $\rho(v \cdot \nabla)v$ 等是二阶量,在线化近似中可以忽略。

对于角频率是 $\omega = 2\pi f$ 的谐波传播,流体粒子的位移幅度是

$$\delta = |u'|/\omega \tag{2-41}$$

因此,对于空气中频率是 $f = 1 \text{ kHz}$ 的声波,

$$\text{SPL} = 140 \text{ dB}, \quad p'_{\text{rms}} = 2 \times 10^2 \text{ Pa}, \quad u' = 5 \times 10^{-1} \text{ m/s}, \quad \delta = 8 \times 10^{-5} \text{ m}$$

$$\text{SPL} = 0 \text{ dB}, \quad p'_{\text{rms}} = 2 \times 10^{-5} \text{ Pa}, \quad u' = 5 \times 10^{-8} \text{ m/s}, \quad \delta = 8 \times 10^{-11} \text{ m}$$

为了说明运动方程的线化是合理的,与研究对象的特征长度 L 相比,声学位移量 δ 应该是小量,也就是说,声学 Strouhal 数 $St = L/\delta$ 必须是大量级。特别是,当与物体边缘曲率半径相比 δ 是大量值时,流动将从尾缘分量形成脱落涡,这时声学 Strouhal 数 R/δ 是小值量,这意味着涡脱落产生的非线性效应是非常重要的,这是一种随着频率降低表现强烈的非线性效应,因为随着 ω 降低,位移 δ 增大。

从上面的数据分析可以看出,粒子的位移 δ 很可能比大气压力条件下空气中的分子平均自由行程(大约是 5×10^{-8} m)还要小,但是,尽管如此,前面介绍的连续性假设对于声学问题依然适用,这是因为对于声学问题,粒子的位移 δ 并不是相关尺度,一般可以用尺寸小于感受装置(例如耳膜直径 $D = 5$ mm)或者小于声波波长 λ,但又远大于分子平均自由行程 $\bar{l} = 5 \times 10^{-8}$ m 的尺度定义粒子的特征尺寸,这样即使对于频率是 $f = 20 \text{ kHz}$ 的声波,连续性假设的条件依然能够满足。根据波长计算公式

$$\lambda = c_0/f \tag{2-42}$$

如此高频率的声波波长依然达到 $\lambda \approx 1.7$ cm,这比分子平均自由行程还要大得多。而对于人的耳膜来说,虽然不能感受到单个分子的位移 $\bar{l} = 10^{-11}$ m,但是在耳膜直径 $D = 5$ mm 范围内,我们能听到大量分子的平均运动产生的声音。

对于频率是 $f = 1 \text{ kHz}$ 的谐波信号,听觉的阈值 $p'_{\text{ref}} = 2 \times 10^{-5}$ Pa 对应的就是大气压力 p_0 的热起伏 p'_{th},而这个结果是通过计算由大量分子数(N 个)在半个周期内对耳膜的碰撞得到的,$N \sim nD^2 c_0/(2f)$,其中 n 是空气中分子的密度,$N \approx 10^{20}$,$p'_{\text{th}} \approx p_0/\sqrt{N}$,因此可以得出 $p'_{\text{th}} = 10^{-2}$ Pa。

在气体介质中,连续性假设与波的无黏等熵假设等相关联,气体的运动黏性系数 $\nu = \eta/\rho$ 和热扩散率 $a = K/(\rho c_p)$ 具有典型的 $\bar{c}\bar{l}$ 量级,即声速 c 与分子平均自由行程 $\bar{l}$ 的乘积。这是因为对于气体,声速是分子随机热运动速度的度量,宏观地讲就是热和动量扩散,因此气体中无黏性就意味着等熵。但是必须注意,这样的分析对于液体是不适应的,在液体中,对于正常频率的波传播是等温过程而非等熵过程。

根据运动黏性系数的量级关系 $\nu \sim \bar{c}\bar{l}$,声学 Knudsen 数,即声波波长 λ 与分子平均自由行程 $\bar{l}$ 的比值,也就可以用声学 Fourier 数来说明,即

$$\frac{\lambda}{\bar{l}} = \frac{\lambda c}{\nu} = \frac{\lambda^2 f}{\nu} \tag{2-43}$$

这个关系将黏性效应的扩散长度 $(\nu/f)^{1/2}$ 与声波波长关联起来,而且这个比值可以看作是非定常 Reynolds 数

$$Re_t = \frac{\left| \rho \dfrac{\partial u'}{\partial t} \right|}{\left| \eta \dfrac{\partial^2 u'}{\partial x^2} \right|} \sim \frac{\lambda^2 f}{\nu} \qquad (2-44)$$

对于平面波,非定常 Reynolds 数表示的是动量守恒定律中惯性力与黏性力的比值,对于空气来讲 $\nu = 1.5 \times 10^{-5}$ m^2/s,因此对于频率 $f = 1$ kHz 的波,非定常 Reynolds 数 $Re_t = 4 \times 10^7$,故只有当声波传播的距离超过 10^7 倍波长(对于频率 $f = 1$ kHz 的声波,长度达 3×10^3 km)时,黏性才会起重要作用。在工程实践中,对于自由空间波的衰减来说,运动黏性系数是不重要的影响因素,而内部自由度(旋转、振动)所确定的相对较长的分子运动松弛时间,使得声波耗散的主要机理为热平衡的偏离,这个效应与前面介绍的体积黏性的参数相关联。

一般情况下,随着频率的增加,声波的吸收增大,这就解释了为什么飞机从近处飞向远处时,我们听到的飞机的低频噪声越来越加重。

当存在固体壁面时,黏性耗散和热传导将导致声波在很短距离内明显地吸收衰减,沿着横截面是 A、周长是 L_p 的管道传播的平面波的幅值,将以指数因子 $e^{-\alpha x}$ 沿管道传播距离 x 而衰减,其中对于一定频率 $(A/L_p \geqslant \sqrt{\nu/\omega}, \omega\sqrt{A}/c_0 < 1)$ 的声波,衰减因子 α 的计算关系是

$$\alpha = \frac{L_p}{2Ac}\sqrt{\pi f \nu}\left(1 + \frac{\gamma - 1}{\sqrt{\nu/a}}\right) \qquad (2-45)$$

对于空气而言,$\gamma = c_p/c_V = 1.4$,$\nu/a = 0.72$。对于 400 Hz 的音乐管,例如单簧管,$\alpha = 0.05$ m^{-1}。因此,尽管无黏假设不是很严格,但是仍然是相当合理的一阶近似。作为一般规则,对于在基础演奏频率(低频)范围的木管乐器的低幅值声波来说,黏性耗散是起决定作用的;而对于高频声波,辐射损失将是主要的。

由于声密度脉动 ρ' 与平均密度 ρ_0 的比值较小,故声波传播一定的距离后非线性效应就可以忽略;而当耗散非常小时,声波传播就可达到非线性效应表现明显的距离范围。

2.2.2　波动方程

前面的分析已经说明,可以认为声学现象中的密度脉动 ρ'/ρ_0 是小量;同时也分析了与波动传播相关的流体速度脉动量 v' 的量级 $(\rho'/\rho_0)c_0$ 也是小量。这些分析证明,可以通过对流体运动基本方程的线化来描述声波运动。

声学关心的是具有很小黏性和热传导的空气中声波的传播,而气动声学主要讨论的是在空气中的小扰动,这种小扰动的空间梯度不会大于流体扰动本身。如前所述,只要声波扰动传播的距离不是非常大,流体的黏性和热传导影响就可以忽略不计,这时流体运动过程可以通过求解 Euler 方程获得。为了方便,这里重新写出无黏理想流体基本方程。

动量方程

$$\rho\left(\frac{\partial v}{\partial t} + v \cdot \nabla v\right) = -\nabla p + F \qquad (2-46)$$

连续方程

$$\frac{\partial \rho}{\partial t} + v \cdot \nabla \rho + \rho \nabla \cdot v = \rho q \qquad (2-47)$$

能量方程

$$\frac{\partial s}{\partial t} + \boldsymbol{v} \cdot \boldsymbol{\nabla} s = 0 \tag{2-48}$$

式中，$\boldsymbol{v} = \begin{bmatrix} v_1 & v_2 & v_3 \end{bmatrix}$ 是流体的速度，ρ 是密度，p 是压力，s 是熵，q 是流体中的外部质量流量源，$\boldsymbol{F}$ 是作用在流体上的外部体积力，并假设这些外部源项没有产生熵增。

如前所述，假定流体为同质流体，并保持为热力学平衡状态（即松弛效应可以忽略），那么由于任何一个热力学特性都可以用另外两个热力学参数的函数（状态方程）表述，就可以得到如下关系：

$$\mathrm{d}\rho = \frac{1}{c^2}\mathrm{d}p + \left(\frac{\partial \rho}{\partial S}\right)_p \mathrm{d}s \tag{2-49}$$

$$c^2 \equiv \frac{1}{\left(\dfrac{\partial \rho}{\partial p}\right)_s} = \left(\frac{\partial p}{\partial \rho}\right)_s \tag{2-50}$$

由于 $(\partial p/\partial \rho)_s$ 总是正值，因此从方程（2-48）可以得到

$$\frac{\partial \rho}{\partial t} + \boldsymbol{v} \cdot \boldsymbol{\nabla} \rho = \frac{1}{c^2}\left(\frac{\partial p}{\partial t} + \boldsymbol{v} \cdot \boldsymbol{\nabla} p\right) \tag{2-51}$$

对于稳态流场（定常流场），流体速度 v_0、压力 p_0、密度 ρ_0、熵 $s_0 \equiv s(p_0, \rho_0)$ 和声速 $c_0 \equiv c(p_0, \rho_0)$ 都不随时间变化。假定没有外部质量源和外部作用力时，方程（2-46），（2-47）和（2-51）就变成

$$\left.\begin{array}{l} \rho_0 \boldsymbol{v}_0 \cdot \boldsymbol{\nabla} \boldsymbol{v}_0 = -\boldsymbol{\nabla} p_0 \\ \boldsymbol{\nabla} \cdot \rho_0 \boldsymbol{v}_0 = 0 \\ \boldsymbol{v}_0 \cdot \boldsymbol{\nabla} s_0 = 0 \\ \boldsymbol{v}_0 \cdot \boldsymbol{\nabla} p_0 = c_0^2 \boldsymbol{v}_0 \cdot \boldsymbol{\nabla} \rho_0 \end{array}\right\} \tag{2-52}$$

如前所述，声音就是人们对通过大气传播的压力波动的感受。传播中的扰动如图 2-1 所示。假定一个具有特征长度 λ 并以特征速度 $\widetilde{C}$ 传播的非定常扰动，在由方程（2-52）控制的流体速度、压力和密度的流体中传播，这样的扰动在通过流体时，将引起流体速度、压力、密度、熵和声速 c^2 变化（$u \equiv v - v_0$，$p' \equiv p - p_0$，$\rho' \equiv \rho - \rho_0$，$s' \equiv s - s_0$，$(c^2)' = c^2 - c_0^2$），这种变化将以时间尺度 $T_p = 1/f$ 出现，其中 $f = \widetilde{C}/\lambda$ 是扰动的特征频率。

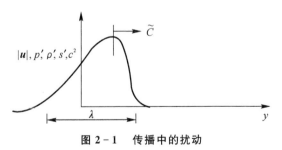

图 2-1　传播中的扰动

扰动量的幅值就是脉动项 $|\boldsymbol{u}|$，p'，ρ'，s'，$(c^2)'$ 的量级，由于这些脉动量是小量，即使对于最大的声音，也仅仅需要考虑满足

$$|\boldsymbol{u}| \ll \widetilde{C} = \lambda/T_p \tag{2-53}$$

和 $p' \ll \langle p_0 \rangle$，$\rho' \ll \langle \rho_0 \rangle$，$s' \ll \langle s_0 \rangle$，$(c^2)' \ll \langle c_0^2 \rangle$ 的流动过程，扰动量的幅值可以应用无量纲变量 ε 来描述：

$$0 < \varepsilon \ll 1 \tag{2-54}$$

$$\left.\begin{array}{l} |\boldsymbol{u}|/\widetilde{C} = O(\varepsilon) \\ p'/\langle p_0 \rangle = O(\varepsilon) \\ \rho'/\langle \rho_0 \rangle = O(\varepsilon) \\ s'/\langle s_0 \rangle = O(\varepsilon) \\ (c^2)'/\langle c_0^2 \rangle = O(\varepsilon) \end{array}\right\} \tag{2-55}$$

不等式(2-53)是基于小扰动的传播速度独立于它的幅值这样的假设,因此,当 $\varepsilon \to 0$ 时,$\widetilde{C}$ 并不趋于零。

如果假定 $|\boldsymbol{v}_0|$ 与 $\widetilde{C}$ 具有相同的量级,并且假定 F 和 q 的量级是 ε,因为与扰动量相关的时间尺度和几何尺度分别是 T_p 和 λ,并且对于大部分普通流体,$p_0 \leqslant \langle \rho_0 \rangle \langle c_0^2 \rangle$,因此可以引入如下的无量纲变量:

$$\tilde{t} = \tau/T_p = F\tau \qquad\qquad \tilde{\rho}_0 = \rho/\langle \rho_0 \rangle$$

$$\tilde{y}_i = y_i/\lambda \qquad\qquad\qquad \tilde{s}_0 = s_0/\langle s_0 \rangle$$

$$\tilde{\boldsymbol{v}}_0 = \boldsymbol{v}_0/\widetilde{C} \qquad\qquad\qquad \tilde{c}_0^2 = c_0^2/\langle c_0^2 \rangle$$

$$\tilde{p}_0 = (p_0 - \langle p_0 \rangle)/(\langle \rho_0 \rangle \langle c_0^2 \rangle) \qquad \tilde{\boldsymbol{u}} = \boldsymbol{u}/\widetilde{C}\varepsilon$$

$$\tilde{p}' = p'/\langle \rho_0 \rangle \langle c_0^2 \rangle \varepsilon \qquad\qquad \tilde{s}' = s'/\langle s_0 \rangle \varepsilon$$

$$\tilde{\rho}' = \rho'/\langle \rho_0 \rangle \varepsilon \qquad\qquad\qquad (\tilde{c^2})' = (c^2)'/\langle c_0^2 \rangle \varepsilon$$

将上述无量纲变量代入方程(2-46)～方程(2-48)和方程(2-51),并且从中减去方程(2-52),就可以得到

$$(\tilde{\rho}_0 + \varepsilon\tilde{\rho}')\left[\frac{\partial \tilde{\boldsymbol{u}}}{\partial \tilde{t}} + \tilde{\boldsymbol{v}}_0 \cdot \widetilde{\boldsymbol{\nabla}} \tilde{\boldsymbol{u}} + \tilde{\boldsymbol{u}} \cdot \widetilde{\boldsymbol{\nabla}} (\tilde{\boldsymbol{v}}_0 + \varepsilon\tilde{\boldsymbol{u}})\right] + \tilde{\rho}'\tilde{\boldsymbol{v}}_0 \cdot \widetilde{\boldsymbol{\nabla}} \tilde{\boldsymbol{v}}_0 = -\frac{\langle c_0^2 \rangle}{\widetilde{C}^2} \widetilde{\boldsymbol{\nabla}} \tilde{p}' + \frac{\boldsymbol{F}}{\varepsilon f \langle p_0 \rangle \widetilde{C}}$$

$$\frac{\partial \tilde{p}'}{\partial t} = \widetilde{\boldsymbol{\nabla}} \cdot [(\tilde{\rho}_0 + \varepsilon\tilde{\rho}')\tilde{\boldsymbol{u}} + \tilde{\rho}'\tilde{\boldsymbol{v}}_0] = \frac{(\tilde{\rho}_0 + \varepsilon\tilde{\rho}')q}{\varepsilon F}$$

$$\frac{\partial \tilde{s}'}{\partial \tilde{t}} + \tilde{\boldsymbol{v}}_0 \cdot \widetilde{\boldsymbol{\nabla}} \tilde{s}' + \varepsilon\tilde{\boldsymbol{u}} \cdot \widetilde{\boldsymbol{\nabla}} \tilde{s}' = 0$$

$$(\tilde{c}_0^2 + \varepsilon\tilde{c}^{2'})\left[\frac{\partial \tilde{\rho}'}{\partial \tilde{t}} + \tilde{\boldsymbol{v}}_0 \cdot \widetilde{\boldsymbol{\nabla}} \tilde{\rho}' + \tilde{\boldsymbol{u}} \cdot \widetilde{\boldsymbol{\nabla}} (\tilde{\rho}_0 + \varepsilon\tilde{\rho}')\right] + \tilde{c}^{2'}\tilde{\boldsymbol{v}}_0 \cdot \widetilde{\boldsymbol{\nabla}}\tilde{\rho}_0 =$$

$$\left[\frac{\partial \tilde{p}'}{\partial \tilde{\tau}} + \tilde{\boldsymbol{v}}_0 \cdot \widetilde{\boldsymbol{\nabla}} \tilde{p}' + \tilde{\boldsymbol{u}} \cdot \widetilde{\boldsymbol{\nabla}} (\tilde{p}_0 + \varepsilon\tilde{p}')\right]$$

因为无量纲化已经使得所有的无量纲量的量级均是1,不等式(2-54)表明可以忽略上式中乘以 ε 的项,再将方程返回到有量纲的量表示,则得

$$\left.\begin{array}{l} \rho_0\left(\dfrac{\partial \boldsymbol{u}}{\partial t} + \boldsymbol{v}_0 \cdot \boldsymbol{\nabla} \boldsymbol{u} + \boldsymbol{u} \cdot \boldsymbol{\nabla} \boldsymbol{v}_0\right) + \rho'\boldsymbol{v}_0 \cdot \boldsymbol{\nabla} \boldsymbol{v}_0 = -\boldsymbol{\nabla} p' + \boldsymbol{F} \\[2mm] \dfrac{\partial p'}{\partial t} + \boldsymbol{\nabla} \cdot (\rho_0 \boldsymbol{u} + \rho'\boldsymbol{v}_0) = \rho_0 q \\[2mm] \dfrac{\partial s'}{\partial t} + \boldsymbol{v}_0 \cdot \boldsymbol{\nabla} s' + \boldsymbol{u} \cdot \boldsymbol{\nabla} s_0 = 0 \\[2mm] c_0^2\left(\dfrac{\partial \rho'}{\partial t} + \boldsymbol{v}_0 \cdot \boldsymbol{\nabla} \rho' + \boldsymbol{u} \cdot \boldsymbol{\nabla} \rho_0\right) + c^{2'}\boldsymbol{v}_0 \cdot \boldsymbol{\nabla} \rho_0 = \dfrac{\partial p'}{\partial t} + \boldsymbol{v}_0 \cdot \boldsymbol{\nabla} p' + \boldsymbol{u} \cdot \boldsymbol{\nabla} p_0 \end{array}\right\} \tag{2-56}$$

这个方程就是通常所说的线化气动力学方程,前面已经指出,这个方程组就是在稳定介质中小扰动量的控制方程。当然这个方程不适用于扰动量和它的梯度不是小量的区域。

方程(2-52)最简单的非平凡解就是单向横向剪切平均流动,即

$$v_0 = iU(r(y_2, y_3)), \quad \rho_0 = \text{constant}, \quad s_0 = \text{constant} \tag{2-57}$$

式中,i 表示在 y_1 方向的单位矢量,横向坐标变量 $r(y_2, y_3)$ 是在横向流动截面方向直角坐标变量 y_2,y_3 的函数,r 保持常数(随之对应一个平均速度 U)的面可以看作是圆柱坐标系中的坐标面,如图 2-2 所示。

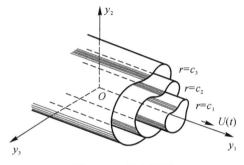

图 2-2　柱坐标面

因此,当

$$r = r_0 \equiv \sqrt{y_2^2 + y_3^2} \tag{2-58}$$

时,坐标面变成一个圆柱面,即 $r = r_0$ 就是标准圆柱坐标系下的径向坐标,其极轴线是 y_1 方向。在这种情况下,速度剖面就是纯径向剖面。此外,当

$$r = y_2 \tag{2-59}$$

时,坐标面就变成平行面,对应的平均流动就是一个平行剪切流,如图 2-3 所示。

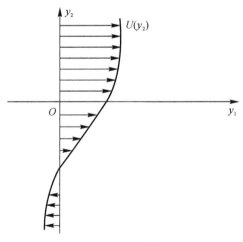

图 2-3　平行剪切流

基于如下的原因,在本书有关声学问题的讨论中,背景流动都假设是方程(2-57)所描述的流动。第一,这样的流动相对简单,因为在运动介质中的声波传播控制方程相当复杂,所以将问题简化对于讨论问题非常有用。第二,在气动声学问题的研究中,速度梯度对气动声的产

生的影响是要讨论的主要问题,许多气动声学问题都可以归结成方程(2-57)所描述的背景流动情况,而其他热力学变量的影响并不重要。由方程(2-57)给出的流场只有速度梯度而无压力和密度梯度,它非常适用于研究气动声学问题。

将方程(2-57)代入方程组(2-56),并消除第二个方程和最后一个方程中的 ρ',则得

$$\left. \begin{array}{l} \rho_0 \left(\dfrac{D_0 \boldsymbol{u}}{Dt} + \boldsymbol{i}\, \dfrac{dU}{dr} u_r g \right) = -\boldsymbol{\nabla}\, p + \boldsymbol{F} \\[3mm] \dfrac{1}{\rho_0 c_0^2} \dfrac{D_0 \rho}{Dt} + \boldsymbol{\nabla} \cdot \boldsymbol{u} = q \\[3mm] \dfrac{D_0 s}{Dt} = 0 \end{array} \right\} \qquad (2-60)$$

式中

$$\frac{D_0}{Dt} \equiv \frac{\partial}{\partial t} + U\frac{\partial}{\partial y_1}$$

$$g(y_2, y_3) = |\boldsymbol{\nabla}\, r|$$

而且因为 $\boldsymbol{\nabla} r / |\boldsymbol{\nabla} r|$ 是 $r = \mathrm{constant}$ 坐标面上的单位法线矢量,因此

$$u_r \equiv \boldsymbol{u} \cdot \frac{\boldsymbol{\nabla}\, r}{|\boldsymbol{\nabla}\, r|}$$

就是垂直于上述坐标面方向的扰动速度。由式(2-58)可以确定 r, u_r 就是径向速度,对于上述的横向坐标系中的两个方向,几何加权因子 g 都是1。最后需要说明的是,在公式的描述中将压力 p 上的一撇都省略掉了,因此 p 实际上表示的是压力脉动项,在本书以后的讨论分析中,如果不会出现混乱的话,都将采用这个省略简化。

算子 $D_0/D\tau$ 表示的是随平均流动一起运动的观察点感受的时间变化率,因此方程组(2-60)中的第3个方程表示,对于随背景流动一起移动的观察点来讲,熵不发生变化。对上游流动是均匀和稳态的流场而言,熵在整个流场将保持为常数,则由方程(2-49)可得

$$d\rho = \frac{1}{c^2} dp$$

由方程组(2-55)中的第5个方程可知

$$c^2 = c_0^2 + O(\varepsilon)$$

但是,因为 c_0^2 是常数,从背景流动状态开始积分前一个方程,就可以得到

$$\frac{p}{\rho_0 c_0^2} = \frac{\rho - \rho_0}{\rho_0} \equiv \frac{\rho'}{\rho_0}, \quad s = \mathrm{constant} \qquad (2-61)$$

式中,ρ'/ρ_0 称为压缩度。

因为

$$\boldsymbol{\nabla} \cdot \frac{D_0 u}{Dt} = \frac{D_0}{Dt} \boldsymbol{\nabla} \cdot \boldsymbol{u} + \frac{dU}{dr} g \frac{\partial u_t}{\partial y_1}$$

对方程组(2-60)的第一个式子取散度,对第二个式子作微分运算 D_0/Dt,并且两式相减就可得

$$\boldsymbol{\nabla}^2 p - \frac{1}{c_0^2} \frac{D_0^2}{Dt^2} p + 2\rho_0 \frac{dU}{dr} g \frac{\partial u_r}{\partial y_1} = \boldsymbol{\nabla} \cdot \boldsymbol{F} - \rho_0 \frac{D_0 q}{Dt} \qquad (2-62)$$

因为这个方程有两个独立变量,故无法通过求解这个方程获得扰动场参数,但是,当平均背景流场速度是常数时,方程左端最后一项就变为零,这时方程变为

$$\mathbf{\nabla}^2 p - \frac{1}{c_0^2} \frac{\mathrm{D}_0^2}{\mathrm{D}t^2} p = \mathbf{\nabla} \cdot \mathbf{F} - \rho_0 \frac{\mathrm{D}_0 q}{\mathrm{D}t} = -S \tag{2-63}$$

应用这个方程的解（当然要在适当的初始条件和边界条件下求解）就可以唯一地获得脉动压力场 p。一旦求得脉动压力，就可以由方程组（2-60）第一个方程计算声粒子运动速度 $\mathbf{u}$。方程（2-63）是均匀运动介质中的非齐次波动方程，后面将介绍为什么采用这个术语。

方程（2-61）和方程（2-63）表明，如果熵是处处均匀相等的，则密度脉动也满足非齐次波动方程，即

$$\mathbf{\nabla}^2 \rho' - \frac{1}{c_0^2} \frac{\mathrm{D}_0^2}{\mathrm{D}t^2} \rho' = \frac{1}{c_0^2} \left(\mathbf{\nabla} \cdot \mathbf{F} - \rho_0 \frac{\mathrm{D}_0 q}{\mathrm{D}t} \right), \quad s = \mathrm{constant} \tag{2-64}$$

而当 $U = 0$ 时，方程（2-63）就变成在稳态介质中的非齐次波动方程，简单地称之为非齐次波动方程，即

$$\mathbf{\nabla}^2 p - \frac{1}{c_0^2} \frac{\partial^2 p}{\partial t^2} = \mathbf{\nabla} \cdot \mathbf{F} - \rho_0 \frac{\partial q}{\partial t} \equiv -S \tag{2-65}$$

这个方程是古典声学的理论基础。

现在回到一般形式的方程（2-62），这个结果很像方程（2-63）所描述的波动，但是在方程左端多了一个速度项，为了得到仅仅是关于压力的微分方程，就必须消除这一项。为了达到这个目的，构造动量方程（2-60）与单位矢量 $\mathbf{\nabla}r / |\mathbf{\nabla}r|$ 的点积，并对结果作关于 y_1 的微分，就可以得到

$$\rho_0 \frac{\mathrm{D}_0}{\mathrm{D}\tau} \frac{\partial u_r}{\partial y_1} = -g \frac{\partial^2 p}{\partial r \partial y_1} + \frac{\partial F_r}{\partial y_1} \tag{2-66}$$

式中，F_r 表示的是 F 在垂直于等 r 坐标面方向的分量 $F \cdot \mathbf{\nabla}r / |\mathbf{\nabla}r|$，而

$$\frac{\partial}{\partial r} \equiv \frac{\mathbf{\nabla}r}{|\mathbf{\nabla}r|^2} \cdot \mathbf{\nabla}$$

表示的是这个方向的导数。然后对方程（2-62）求导 $\mathrm{D}_0 / \mathrm{D}\tau$，并在结果中减去方程（2-66），则得到

$$\frac{\mathrm{D}_0}{\mathrm{D}t} \left(\mathbf{\nabla}^2 p - \frac{1}{c_0^2} \frac{\mathrm{D}_0^2}{\mathrm{D}t^2} p \right) - 2 \frac{\mathrm{d}U}{\mathrm{d}r} g^2 \frac{\partial^2 p}{\partial r \partial y_1} = \frac{\mathrm{D}_0}{\mathrm{D}t} \mathbf{\nabla} \cdot \mathbf{F} - 2 \frac{\mathrm{d}U}{\mathrm{d}r} g \frac{\partial F_r}{\partial y_1} - \rho_0 \frac{\mathrm{D}_0^2}{\mathrm{D}t^2} q \equiv -S$$
$$\tag{2-67}$$

因此，在横向剪切无方向平均流动的情况下，波动方程阶次是均匀运动介质中波动方程的阶次，后面将会看到，在一定的情况下，方程右端项的表现就类似于声源。前两项是与体积力相关的声的产生，最后一项则是与体积流量相关的声的产生。

对稳态流动方程（2-52）的解式（2-57）可以推广到包括横向密度和熵梯度的影响，容易证明下式就是方程组（2-52）的解：

$$\mathbf{u}_0 = iU(r(y_2, y_3)), \quad \rho_0 = \rho_0(r(y_2, y_3)), \quad s_0 = s_0(r(y_2, y_3)), \quad p_0 = \mathrm{constant}$$
$$\tag{2-68}$$

与推导方程（2-67）的过程完全相同，包括横向密度和熵梯度的一般波动方程是

$$\frac{\mathrm{D}_0}{\mathrm{D}t} \left(\rho_0 \mathbf{\nabla} \cdot \frac{1}{\rho_0} \mathbf{\nabla} p - \frac{1}{c_0^2} \frac{\mathrm{D}_0^2}{\mathrm{D}t^2} p \right) - 2 \frac{\mathrm{d}U}{\mathrm{d}r} g^2 \frac{\partial^2 p}{\partial r \partial y_1} = \frac{\mathrm{D}_0}{\mathrm{D}t} \left(\rho_0 \mathbf{\nabla} \cdot \frac{\mathbf{F}}{\rho_0} \right) - 2 \frac{\mathrm{d}U}{\mathrm{d}r} g \frac{\partial F_r}{\partial y_1} - \rho_0 \frac{\mathrm{D}_0^2}{\mathrm{D}t^2} q \equiv -S$$
$$\tag{2-69}$$

但是，要注意这个结果实际上并不依赖于平均熵 $s_0(r)$。

由于 p_0 是常数,一旦流体状态方程给定,c_0 就可以用 ρ_0 来表示,因此,对于理想气体压力和密度就与绝对温度相关联,即 $p = \rho R T$,而当熵为常数时,压力密度就相互关联,即 $\mathrm{d}p/p = \gamma \mathrm{d}\rho/\rho$,其中 γ 是比热比,因此从方程(2-50)就可以得到

$$c_0 = \sqrt{\gamma \frac{p_0}{\rho_0}} = \sqrt{\kappa R T} \qquad (2-70)$$

这个关系可以用于消去方程(2-69)左端圆括号内的第一项中的密度,从而得到

$$\frac{\mathrm{D}_0}{\mathrm{D}t}\left(\boldsymbol{\nabla}\cdot c_0^2\,\boldsymbol{\nabla} p - \frac{\mathrm{D}_0^2\,p}{\mathrm{D}t^2}\right) - 2c_0^2\,\frac{\mathrm{d}U}{\mathrm{d}r}g^2\,\frac{\partial^2 p}{\partial r \partial y_1} = -c_0^2 S$$

2.3　声波方程的解

从理论上讲,所有在横向剪切流动中的声学问题都可以通过求解波动方程(2-69)来进行分析。本节将研究一些与空气动力学声音产生过程相关的波动解。为了简化,只讨论热力学特性的平均梯度为零以及方程(2-67)和方程(2-69)右端源项分布为零的情况。

首先假定 p 是固定的或者当 $t \to +\infty$ 时消失为零,对方程(2-67)取 Fourier 变换,并应用关于微分计算的 Fourier 变换关系,就可以得到

$$-\mathrm{i}\left(k_0 + \mathrm{i}Ma\,\frac{\partial}{\partial y_1}\right)\left[\boldsymbol{\nabla}^2 P + \left(k_0 + \mathrm{i}Ma\,\frac{\partial}{\partial y_1}\right)^2 P\right] - 2\,\frac{\mathrm{d}Ma}{\mathrm{d}r}g^2\,\frac{\partial^2 P}{\partial r \partial y_1} = 0 \qquad (2-71)$$

式中,$Ma = U/c_0$ 是平均流动马赫数,$k_0 \equiv \omega/c_0$,P 是 p 的 Fourier 变换。当 p 随时间周期性变化时,这个结果也是适用的,当然这时 P 就是它的第 n 次 Fourier 系数,ω 则是它的基频的 n 次谐波频率。从现在开始,无论 P 代表的是 Fourier 系数还是 Fourier 变换,都将其称之为 Fourier 分量。

引入对方程(2-71)的解的适当的 Fourier 反变换,就可得到对方程(2-67)的解(方程右端项为零),当然,当 p 是关于时间的简单的谐波函数时,这两个方程的解就具有如下的关联关系:

$$p = P \mathrm{e}^{-\mathrm{i}\omega\tau}$$

2.3.1　稳态介质中的简单波

即使对于稳态介质,方程(2-67)的解的波动性质也都能表现出来,而就此情况而论,这样的特性可能最容易理解。因此,当介质的马赫数是零时,方程(2-71)就简化成 Helmholtz 方程:

$$(\boldsymbol{\nabla}^2 + k_0^2)\,P = 0 \qquad (2-72)$$

当然这个方程也可以通过对方程(2-65)取 Fourier 变换而得到。为了简化,假定 $\omega \geqslant 0$,那么方程(2-72)就具有如下形式的解:

$$P = A \mathrm{e}^{\mathrm{i}k_0 \cdot y}$$

式中

$$k_0 \equiv \frac{\omega}{c_0}$$

A 是常数。因此当源项是零时,方程(2-65)就具有如下形式的解:

$$p = A\mathrm{e}^{\mathrm{i}(k_0 \cdot y - \omega\tau)}, \quad k_0 = \frac{\omega}{c_0} \tag{2-73}$$

这种解称为平面波。常数 A 称为波的幅值,$\Phi_0 \equiv \arg A \equiv \arctan(\mathrm{Im}\, A/\mathrm{Re}\, A)$,称为相位常数,而

$$\Phi = k_0 \cdot y - \omega\tau + \Phi_0 \tag{2-74}$$

称为瞬时相位。

当声学波动方程的解是上述形式时,在空间任意固定点 y 的压力就必是时间的简单谐波函数,这个运动的角频率是 ω,频率是 $f = \omega/(2\pi)$,周期是 $T_\mathrm{p} = 1/f$,矢量 k_0 称为波数矢量。

虽然在每一点的压力振荡具有相同的频率和相同的幅值 $|A|$,但在不同点的压力振荡通常相位是不同的。事实上,在任意两点,例如 y_1 和 y_2 点,振荡的相位差就是 $k_0 \cdot (y_1 - y_2)$,并且随时间的变化保持为常数。这也说明在任意一个与 k_0 方向垂直的平面上相位保持为常数。因为三角函数的周期性,周期是 2π,如果任意两点的压力脉动的相位差是 $(k_0/k_0) \cdot (y_1 - y_2)$,则这两点波数矢量方向的距离就是

$$\frac{2\pi}{k_0} = \frac{2\pi c_0}{\omega} = \frac{c_0}{f} = T_\mathrm{p} c_0$$

这个长度用符号 λ 表示,称为波长。在任意时刻 $t = t_0$,沿着波数矢量方向的压力将按照图2-4中实线的方式变化,并且在垂直这个方向的平面保持为常数。在 $\frac{1}{4}$ 周期以后,压力波将传播到图中虚线表示的位置,因此,在任意一点的压力振荡是以不改变形状的波传播的相位关系被传递到邻近点的。每一个相同等相位 Φ 的面(相位曲面)必须与波数矢量方向(k_0 方向)相垂直,并如图2-5所示随着波一起移动。如果 ω 是小于零的负数,则有相似的传播规律,只是这时 $|k_0|$ 将等于负的 ω/c_0,波将向负的 k_0 方向传播。

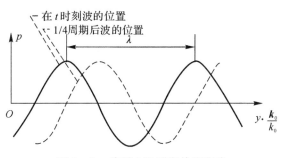

图 2-4　传播 1/4 周期的平面波

从方程(2-74)可以看出,相位面和扰动的共同速度等于 c_0,就是常说的声速。因此,至少从这一点就可以说明在推导基本波动方程时的原始假设可以得到证实(例如,假设小扰动的传播速度与扰动幅值没有关系等)。对于大幅度的扰动来说,控制方程不是线化方程,这时上述假设不再适用。而且,对于小扰动问题,当传播距离足够长时,非线性特征也将出现。

方程(2-65)是线化方程,因此容易看到,当 $S = 0$ 时,任意类似方程(2-73)的平面波的组合仍然是原方程的解,线化波动方程一般解的形式为

$$p = \iint A(k_0)\mathrm{e}^{\mathrm{i}(k_0 \cdot y - \omega\tau)}\, \mathrm{d}\hat{\boldsymbol{\kappa}}_0 \mathrm{d}\omega \tag{2-75}$$

式中，$\omega = c_0 k_0$，$\hat{\boldsymbol{\kappa}}_0$ 表示单位矢量 $\boldsymbol{k}_0 / |\boldsymbol{k}_0|$。

如果考虑的区域是整个空间，那么这就是波动方程最全面的解，但是，在有实际物理意义的技术问题中，固体边界总是存在并具有重要的作用。

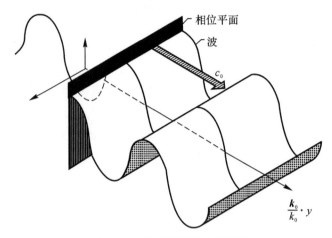

图 2-5　平面波等相位面运动

2.3.2　运动介质中的波

1. 一般情况下的波动解的性质

方程(2-75)所示平面波解仅仅满足稳态介质中的波动方程(2-65)(其中源项 $S=0$)以及声场具有外部边界的非一般情况的方程，对于方程(2-67)(源项 $S=0$)来说，其解将不再是平面波的叠加，但是可以用许多由方程(2-71)和考虑的空间区域所确定的特征函数(P_a)的叠加，这些特征函数通常称为"模态"(modes)。因此方程(2-67)的解通常用许多简单谐波解 $P_a(y)\mathrm{e}^{-\mathrm{i}\omega\tau}$ 的和或者积分来表示，采用复数极坐标形式，$P_a(y)\mathrm{e}^{-\mathrm{i}\omega\tau}$ 可以写成 $A(y)\mathrm{e}^{\mathrm{i}[k_0 S(y)-\omega\tau]}$。

可以将 $\Phi = k_0[S(y)-c_0\tau]$ 类比成 2.3.1 小节中平面波解的相位，在任意瞬时，Φ 将在 $S(y)=\mathrm{constant}$ 的面上保持常数，这些保持相位常数的面就称为波前或者波阵面。函数 $S(y)$ 称为程函数(镜像函数，eikonal)，但是与平面波不同，在波前上波的幅值 $A(y)$ 不一定保持常数，而且更重要的是，$A(y)$ 可以随传播距离而衰减，方程解甚至不代表传播波或者任何形式的传播扰动。

这时波面

$$k_0[S(y)-c_0\tau]=\Phi=\mathrm{constant}=C_1$$

通常情况下是随时间移动的，在时间 τ 的波面 $\Phi=C_1$ 上的点 y 在时间 $\tau+\delta\tau$ 将移到点 $y+\delta y$，因此

$$k_0[S(y)-c_0\tau]=k_0[S(y+\delta y)-c_0(\tau+\delta\tau)]=$$
$$k_0[S(y)+\boldsymbol{\nabla}S\cdot\delta y-c_0(\tau+\delta\tau)]+O(|\delta y|^2)$$

这个式子表明，对于一阶 $\delta\tau$，有

$$\boldsymbol{\nabla}S\cdot\delta y=c_0\delta\tau$$

因此,当 $\delta\tau \to 0$ 时,有

$$\mathbf{\nabla} S \cdot \left(\frac{\mathrm{d}y}{\mathrm{d}\tau}\right)_{\Phi = \mathrm{constant}} = c_0 \qquad (2-76)$$

因为 $\mathbf{\nabla}S/|\mathbf{\nabla}S|$ 是垂直于波前 $\Phi = C_1$ 的单位矢量(见图 2-6),$(\mathrm{d}y/\mathrm{d}\tau)_{\Phi=\mathrm{constant}}$ 是随着波前运动的空间点随时间的变化率,则

$$V_\mathrm{p} = \frac{\mathbf{\nabla} S}{|\mathbf{\nabla} S|} \cdot \left(\frac{\mathrm{d}y}{\mathrm{d}\tau}\right)_{\Phi = C_1}$$

就是这个波前的法向速度,被称为相速度,由式(2-76)知

$$V_\mathrm{p} = \frac{c_0}{|\mathbf{\nabla} S|} > 0 \qquad (2-77)$$

因此相曲面总是在正的 $\mathbf{\nabla}S$ 方向运动。

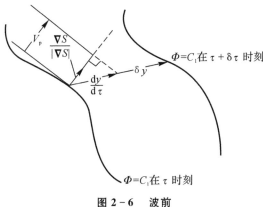

图 2-6　波前

2. 均匀运动介质中波动解的性质

现在假定介质的速度 U 是常数,则波运动控制方程变成式(2-63),这个方程更像稳态介质中的波动方程。事实上,假定在随介质一起运动的参考系下分析,那么介质就应当是相对静止的,这时声波传播就遵循稳态介质波动方程(2-65),采用如下变量变换关系:

$$y' = y - \mathbf{i}U t, \quad t' = t \qquad (2-78)$$

可以将方程(2-63)转换成稳态介质波动方程

$$\left(\mathbf{\nabla}'^2 - \frac{1}{c_0^2}\frac{\partial^2}{\partial t'^2}\right)p = \mathbf{\nabla}' \cdot \mathbf{F} - \rho_0 \frac{\partial q}{\partial t'} \qquad (2-79)$$

式中,算子 $\mathbf{\nabla}'$ 为 $\mathbf{i}\dfrac{\partial}{\partial y'_1} + \mathbf{j}\dfrac{\partial}{\partial y'_2} + \mathbf{k}\dfrac{\partial}{\partial y'_3}$。那么对运动介质波动方程(2-63)的解就很容易通过对稳态介质波动方程的解的转换而得到。应用关系式(2-78)可以转换针对方程(2-79)的平面波解

$$p = \mathrm{e}^{\mathrm{i}(k \cdot y' - \omega' \tau')} \quad (\text{对于 } k = \frac{\omega'}{c_0} \geqslant 0)$$

到固定坐标系下的方程解,得

$$p = \mathrm{e}^{\mathrm{i}[k \cdot y - (\omega' + k \cdot U)\tau]}$$

式中,$\mathbf{U} = U\mathbf{i}$,这个结果表示在固定坐标系下频率是 ω 的平面波,即

$$\omega \equiv \omega' + k \cdot U = \omega'(1 + Ma\cos\theta)$$

式中，$Ma = U/c_0$ 是平均流动马赫数，当 $Ma \cos \theta \geqslant -1$ 时，θ 就是传播方向 $\boldsymbol{k}/k$ 与平均流动方向 $\boldsymbol{U}$ 之间的夹角（见图 2-7），而当 $Ma \cos \theta < -1$ 时，波实际上是在负的 $\boldsymbol{k}/k$ 方向传播，在 $Ma > 1$ 的超声速情况下才会出现这种情况。

波的相速度是

$$V_p = \frac{|\omega|}{k} = |1 + Ma \cos \theta| c_0 = |c_0 + U \cos \theta|$$

这表明波传播的速度等于它相对介质的传播速度 c_0 与介质在传播方向的分速度 $U \cos \theta$ 的和。在亚声速流动条件下，如果介质在波传播方向存在正的速度分量，则声波频率是增加的；相反，当介质的速度在波传播的相反方向，则声波频率是减小的。但是，在两种参考坐标系下波的波长是相同的，这也表明无论是在运动坐标系还是在固定坐标系下，声波的运动模式是相同的。

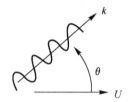

图 2-7　在等速运动介质中平面波的传播

3. 在有速度变化的介质中波的传播

考虑平面波

$$e^{i(\boldsymbol{k} \cdot \boldsymbol{y} - \omega \tau)}, \quad \omega > 0$$

通过具有均匀亚声速 $i U_\infty$ 流动的区域 v^-，并且碰到一个交界面，通过这个交界面后介质速度 $i U(y_2)$ 变为零（见图 2-8），2.3.1 小节的结果表明这个声波的频率 ω 和波数 $k = |\boldsymbol{k}|$ 的关系是

$$k_0 \equiv \frac{\omega}{c_0} = k(1 + Ma_\infty \cos \theta_i) \tag{2-80}$$

式中，$Ma_\infty = U_\infty/c_0 \leqslant 1$ 是在区域 v^- 内的平均流动马赫数，而

$$\theta_i = \arccos \frac{k_1}{k} \tag{2-81}$$

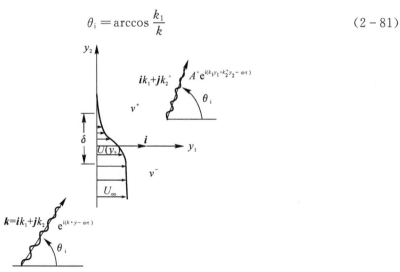

图 2-8　平面波入射到速度变化介质

是声波传播方向与 y_1 轴线方向的夹角,声压的幅值

$$P = p\mathrm{e}^{\mathrm{i}\omega\tau} \tag{2-82}$$

是由方程(2-71)确定的,其中 $r=y_2$,$g=1$。考察这个结果,它表明当前这个特殊问题的解应该具有如下的形式:

$$P = \mathrm{e}^{\mathrm{i}k_1 y_1} F(y_2) \tag{2-83}$$

部分入射波将传播通过交界面,而且一旦传播足够大的距离,其特征就又会像平面波一样,因此

$$F(y_2) \sim A^+ \, \mathrm{e}^{\mathrm{i}k_2^+ y_2}, \quad y_2 \rightarrow \infty \tag{2-84}$$

为了这个结果满足稳态介质波动方程,必须取

$$k^+ \equiv \sqrt{k_1^2 + (k_2^+)^2} = \frac{\omega}{c_0} \equiv k_0$$

因此,由方程(2-80)和方程(2-81)可知,传播声波方向与平均气流方向的角度 θ_t 由下式确定:

$$\cos\theta_t = \frac{k_1}{k^+} = \frac{k_1}{k(1+Ma_\infty\cos\theta_i)} = \frac{\cos\theta_i}{1+Ma_\infty\cos\theta_i} \tag{2-85}$$

这个角度在图2-9中给出。这个图表明 θ_t 总是大于入射角度,因此可以得出结论,如果声波具有与介质流动方向相同的速度分量,那么当声波穿过介质的交界面时,入射声波总是向外转折;相反,如果声波具有与介质流动方向相反的速度分量,那么当声波穿过介质的交界面时,入射声波总是向内转折。这种特性称为声波的的折射(refraction)。

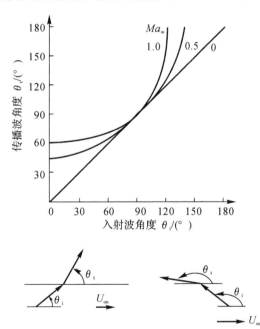

图 2-9　传播波的角度

注意,当传输波在 y_1 轴线方向时,这时的 θ_t 就是最小值。这种情况出现在入射波与介质交界面相切的时候,这时的 θ_t 被称为临界角,因为这时 $\cos\theta_i=1$,从方程(2-85)可以得出

$$\theta_c = \arccos \frac{1}{1 + Ma_\infty} \tag{2-86}$$

如图 2-10 所示,对于源于区间 v^- 的平面波是到达不了角度范围 $0 \leqslant \theta_t \leqslant \theta_c$ 的,这个区域可以称为声音的"阴影区"(shadow region),经常称为"寂静区"(zone of silence)。

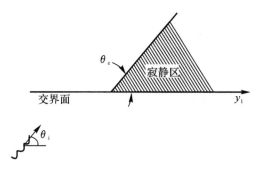

图 2-10 寂静区

到目前为止,得到的结果都是纯运动学结果,为了获得更多的信息,有必要回到微分方程 (2-71)。将方程(2-83)代入方程(2-71),注意到 $r = y_2,g = 1$,就得到关于 F 的关系式:

$$(1 - Ma\kappa)^2 \left[\frac{1}{(1 - Ma\kappa)^2} F' \right]' + k_0^2 \left[(1 - Ma\kappa)^2 - \kappa^2 \right] F = 0 \tag{2-87}$$

式中,"$'$"代表的是对 y_2 的微分,考虑到方程(2-80)和方程(2-85),得 $\kappa \equiv k_1/k_0 = \cos \theta_t$,通常这个方程的求解需要采用数值计算方法,但是,如果介质平均速度发生变化的距离比入射波的波长小很多,通过分析的方法还是可以得出许多有用的信息。考虑到方程(2-80),上述情况就意味着

$$k_0 \delta \ll 1 \tag{2-88}$$

在介质交界面附近区域,方程(2-87)中的第一项具有 $|F|/\delta^2$ 量级,而第二项具有 $k_0^2 |F|$ 量级,因此,不等式(2-88)表明,在这个区域方程(2-87)的后一项贡献可以忽略,因而得到

$$\left[\frac{1}{(1 - Ma\kappa)^2} F' \right]' = 0$$

这个方程可以直接积分得到

$$\frac{F'}{(1 - Ma\kappa)^2} = \mathrm{constant} = O(1) \tag{2-89}$$

二次积分得到

$$F\left(\frac{\delta}{2},t \right) - F\left(-\frac{\delta}{2},t \right) = \mathrm{constant} \int_{-\delta/2}^{\delta/2} (1 - Ma\kappa)^2 \mathrm{d}y_2$$

根据均值定理,通过交界面的 F 值变化量是 δ 量级,因此相对于波长尺度是可以忽略的,方程(2-82)和(2-83)表明 $p(y_1, \delta/2, t) = p(y_1, -\delta/2, t)$,因为在交界面之外压力变化的量级是波长尺度,因此可以忽略在 $y_2 = \pm \delta/2$ 与 $y_0 = 0$ 之间的差异,即

$$p_+ = p_- \tag{2-90}$$

式中,p_+ 是 y_2 从正值趋于零时 $p(y_1, y_2, t)$ 的极限值,p_- 是 y_2 从负值趋于零时 $p(y_1, y_2, t)$ 的极限值,而且,因为在交界面上部 $Ma = 0$,而在交界面下部 $Ma = Ma_\infty$,则由方程(2-82)、方程 (2-83)和方程(2-89)得

$$(1-Ma_\infty\kappa)^2\frac{\partial p_+}{\partial y_2}=\frac{\partial p_-}{\partial y_2}$$

由于方程(2-82)和(2-83)表明 p 是依赖于 t 和 y_1 的函数,因此上式也可以写成

$$\left(\frac{\partial}{\partial t}+U_\infty\frac{\partial}{\partial y_1}\right)^2\frac{\partial p_+}{\partial y_2}=\frac{\partial^2}{\partial t^2}\frac{\partial p_-}{\partial y_2}\qquad(2-91)$$

方程(2-90)和方程(2-91)规定了一组跳跃条件,即经过介质速度-波长尺度快速变化的区域时声压必须满足跳跃条件。虽然上面的推导是针对平面波,但是它们是适用于任意入射到这样介质的声信号的,联合已经获得的所有结论,就可以确定传播声波的方程(2-84)的幅值,并作为在区域 v^+ 内的完整解。为了进一步理解这些条件的含义,考虑一种将流体分开成两个区域的波浪面,如图 2-11 所示。假定在这个波浪面下方流体速度是 U_∞,而在这个波浪面上方流体速度是零,这个交界面可以表述为

$$f(y_1,y_2,t)\equiv y_2-h(y_1,t)=0$$

根据链式规则,当 y 在这个交界面上时,有

$$\frac{\partial F}{\partial t}+\frac{\mathrm{d}y}{\mathrm{d}t}\cdot\nabla F=0$$

但是,因为 $(\mathrm{d}y/\mathrm{d}t)\cdot(\nabla F/|\nabla F|)$ 表示表面法向速度,为了保证流体中没有空穴出现,必须让这个值就等于垂直于交界面的流体速度分量,因此前面的两个方程就意味着

$$\frac{\partial h}{\partial\tau}+v_1\frac{\partial h}{\partial y_1}=v_2\qquad(2-92)$$

式中,v 表示的是交界面上下处流体速度。

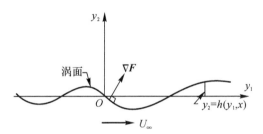

图 2-11　在平均速度交界面上的等效涡面

现在仅仅考虑非定常运动是小量的情况。如果在交界面上面 $v=u^+$,在交界面下面 $v=iU_\infty+u^-$,则 u^+,u^- 和交界面的垂直位移量 h 都是小量,将这些量代入方程(2-92)并忽略高阶小量,那么在交界面之上,可以得到

$$\frac{\partial h}{\partial t}=u_2^+$$

在交界面之下,则有

$$\left(\frac{\partial}{\partial t}+U_\infty\frac{\partial}{\partial y_1}\right)h=u_2^-$$

因为在交界面的位移在交界面两边必须相等,那么将上述两个方程中的 h 消除,就可以得到

$$\left(\frac{\partial}{\partial t}+U_\infty\frac{\partial}{\partial y_1}\right)u_2^+=\frac{\partial u_2^-}{\partial t}$$

应用方程组(2-60)(含源项 F, $\mathrm{d}U/\mathrm{d}x=0$)第一个方程的 y_2 方向分量消除 $u_2^{\pm}$ 就会得到与方程(2-91)完全相同的一个方程。换句话说,它清楚地表明,仅仅需要通过面 $y_2=h(y_1,t)$ 的压力是连续的这个条件就能够恢复到方程(2-90),这个结果表示如图 2-8 所示的速度调节区域,只关心它的声学特性时,就可以应用一个假想的速度间断或者"涡面"(vortex sheet)来代替,其涡面没有横向力,且遵循当地流体运动。

2.4 声 源 分 析

2.3 节介绍了如何应用基本的波动解的叠加来构造运动介质中齐次波动方程的一般解,本节将进一步分析,如何根据一定类型基本声源声场解的叠加来构造对应非齐次波动方程的一般解。

在声学理论中,对基本声源的分析和认识具有重要的理论指导意义,在本节中,以较直观的概念,通过介绍局部的物理过程是如何产生声音,来认识声音发生的物理机制和过程。

2.4.1 反问题和声源的唯一性问题

到目前为止讨论的都是声波在不同介质环境下的传播问题,为了引出波动方程,使用了线化运动方程,并假定流体基本方程中的质量源项和外部作用力项不存在。当然,没有这些限定,同样能够推出波动方程,但是,这时波动方程就是非齐次波动方程,在方程右端就含有源项,例如在无平均运动的介质中波动方程为

$$\frac{\partial^2 p'}{\partial t^2} - c_0^2 \mathbf{\nabla}^2 p' = q \qquad (2-93)$$

通常要考虑的情况是,源项是集中在滞止均匀流体中的一定区域内,对于给定声源分布 q,应用波动方程就可以确定出空间任何位置的声场 p',而且这个解是唯一的。但是,对于反问题的解就不唯一,即从声源区域外部的声场 p' 不能唯一地确定出声源 q 的信息,这个问题很容易通过构造另外一个声场的方式验证。例如,构造声场 $p'+F$,对于在声源区域外消失的任意光滑函数 F(即当 $q=0$ 时,$F=0$),如令 $F=q$,在声源区外这个声场准确地等于原来的声场 p';另一方面,它并不是方程(2-93)的解,因为它满足如下具有另外一个声源的波动方程:

$$\left(\frac{\partial^2}{\partial t^2} - c_0^2 \mathbf{\nabla}^2\right)(p'+F) = q + \left(\frac{\partial^2}{\partial t^2} - c_0^2 \mathbf{\nabla}^2\right)F \qquad (2-94)$$

一般情况下这个声源并不等于声源 q,这说明在声源区域之外的声场测量不足以唯一地确定声源信息。

2.4.2 质量和动量入射

作为一个最简单的例子,先分析一个在均匀滞止流体中存在质量源 m 时的非齐次波动方程,同时仍然进一步假定线化假设仍然成立,质量守恒的非齐次方程为

$$\frac{\partial}{\partial t}\rho + \mathbf{\nabla} \cdot (\rho v) = m \qquad (2-95)$$

线化形式的动量守恒方程是

$$\frac{\partial}{\partial t}(\rho v) + \nabla p' = F \tag{2-96}$$

源项 m 是由小体积 $\beta = \beta(x, t)$ 内的密度 ρ_m 聚集形成,即

$$m = \frac{\partial}{\partial t}(\beta \rho_m) \tag{2-97}$$

在源项区域 $\beta \neq 0$,因为入射的质量置换(取代)了原来的质量 ρ_f 所占的同样的空间,故总的流体的密度就是

$$\rho = \beta \rho_m + (1 - \beta)\rho_f \tag{2-98}$$

其中入射的流体没有与原来的流体所混合,将式(2-98)带入式(2-95)式并消除 $\beta \rho_m$ 项得

$$\frac{\partial}{\partial t}\rho_f + \nabla \cdot (\rho v) = \frac{\partial}{\partial t}(\beta \rho_f) \tag{2-99}$$

消去方程(2-96)和方程(2-99)中的 ρv 得

$$\frac{\partial^2}{\partial t^2}\rho_f - \nabla^2 p' = \frac{\partial^2}{\partial t^2}(\beta \rho_f) - \nabla \cdot F \tag{2-100}$$

为了简化,假定在任意区域 $p' = c_0^2 \rho'_f$,其中 ρ'_f 是密度的波动量,在声源区域以外空间它对应于是声场,那么

$$\frac{1}{c_0^2}\frac{\partial^2}{\partial t^2}p' - \nabla^2 p' = \frac{\partial^2}{\partial t^2}(\beta \rho_f) - \nabla \cdot F \tag{2-101}$$

式(2-101)表明,质量入射就是一个声源,主要因为入射的质量对原来流体体积的置换。因此对于增大有效声源而言,增大质量源的密度并不必要。

从式(2-101)可以看出,等密度的质量的连续入射并不产生声音,因为这时 $\partial^2 \beta \rho_f / \partial t^2$ 这项就消失为零。此外,还可以看出,在线化假设下,在均匀滞止流体中均匀力场的存在并不影响声场。

2.5　运动声源问题

声场与运动物体周围流场的干涉作用,以及声场对流场的反作用,使得运动声源的声辐射问题变得极为复杂,但是,为了揭示出运动声源声辐射的本质特点,可以应用在稳定介质中的理想点声源的运动来分析,这时流动与声场的干涉可以不计。同样,这里的讨论仅限于声源作均匀运动(加速声源问题将在第 3 章气动声学理论中分析)。

2.5.1　方程的解

考虑一个点体积流动源在均匀静止介质中以速度 V_0 运动,体积源的密度的变化规律是 $q(y, t) = q_0(t)\delta(y - V_0 t)$,则根据波动方程(2-65),其产生的声压是

$$\nabla^2 p - \frac{1}{c_0^2}\frac{\partial^2 p}{\partial t^2} = -\rho_0 \frac{\partial}{\partial t}\left[q_0(t)\delta(y - V_0 t)\right] \tag{2-102}$$

引入速度势 ψ

$$p = \frac{\partial \boldsymbol{\Psi}}{\partial t} \tag{2-103}$$

则得

$$\boldsymbol{\nabla}^2 \boldsymbol{\Psi} - \frac{1}{c_0^2} \frac{\partial^2 \boldsymbol{\Psi}}{\partial t^2} = -\rho_0 q_0(t) \delta(\boldsymbol{y} - \boldsymbol{V}_0 t)$$

应用 Green 函数对上述方程求解,可以得出上面方程的解为

$$\psi(\boldsymbol{x}, t) = \frac{\rho_0}{4\pi} \int_{-\infty}^{\infty} \int \frac{q_0(t)}{R} \delta\left(t - \tau - \frac{R}{c_0}\right) \delta(\boldsymbol{y} - \boldsymbol{V}_0 \tau) \mathrm{d}\boldsymbol{y} \mathrm{d}\tau =$$

$$\frac{\rho_0}{4\pi} \int_{-\infty}^{\infty} \frac{q_0(\tau)}{|\boldsymbol{x} - \boldsymbol{V}_0 \tau|} \delta\left(t - \tau - \frac{|\boldsymbol{x} - \boldsymbol{V}_0 \tau|}{c_0}\right) \mathrm{d}\tau \tag{2-104}$$

上式最后一个积分可以应用如下恒等式计算:

$$\int_{-\infty}^{\infty} f(\tau) \delta[g(\tau)] \mathrm{d}\tau = \sum_i \frac{f(\tau_e^i)}{\left|\dfrac{\mathrm{d}g(\tau_e^i)}{\mathrm{d}\tau_e}\right|} \tag{2-105}$$

式中,τ_e^i 是下式的 i 阶实根:

$$g(\tau_e^i) = 0 \tag{2-106}$$

因为当 $g = \dfrac{|\boldsymbol{x} - \boldsymbol{V}_0 \tau|}{c_0} + \tau - t$ 时,$\dfrac{\mathrm{d}g}{\mathrm{d}\tau} = \dfrac{\boldsymbol{V}_0^2 \tau - \boldsymbol{V}_0 \cdot \boldsymbol{x}}{c_0 |\boldsymbol{x} - \boldsymbol{V}_0 \tau|} + 1$,所以由式(2-105)可将式(2-104)写成

$$\psi(\boldsymbol{x}, t) = \frac{\rho_0}{4\pi} \sum_i \frac{q_0(\tau_e^i)}{\left|\dfrac{\boldsymbol{V}_0^2 \tau_e^i - \boldsymbol{V}_0 \cdot \boldsymbol{x}}{c_0} + |\boldsymbol{x} - \boldsymbol{V}_0 \tau_e^i|\right|} \tag{2-107}$$

式中,τ_e^i 是下式的 i 阶实根:

$$\frac{|\boldsymbol{x} - \boldsymbol{V}_0 \tau_e|}{c_0} + \tau_e - t = 0 \tag{2-108}$$

最后这个方程是关于 τ_e 的二次方程,最多有两个根,分别表示为 $\tau_e^{\pm}$;对应的方程(2-107)将有两个解,分别表示为 $\psi^{\pm}$,将声源马赫数

$$Ma_0 = \frac{|\boldsymbol{V}_0|}{c_0} \tag{2-109}$$

和分离矢量

$$\boldsymbol{R}_e^{\pm} = \boldsymbol{x} - \boldsymbol{V}_0 \tau_e^{\pm} \tag{2-110}$$

分别带入方程(2-107),就可以得到

$$\psi^{\pm}(\boldsymbol{x}, t) = \frac{1}{4\pi} \frac{\rho_0 q_0(\tau_e^{\pm})}{R_e^{\pm} |1 - Ma_0 \cos\theta^{\pm}|} \tag{2-111}$$

式中

$$\cos\theta^{\pm} \equiv \frac{\boldsymbol{V}_0}{V_0} \cdot \frac{\boldsymbol{R}_e^{\pm}}{R_e^{\pm}} \tag{2-112}$$

这是矢量 $\boldsymbol{R}_e^{\pm}$ 与矢量 $\boldsymbol{V}_0$ 之间夹角的余弦函数。另外,时间限定值 τ_e 可以写成

$$\tau_e^{\pm} = t - \frac{|\boldsymbol{R}_e^{\pm}|}{c_0} \tag{2-113}$$

2.5.2　解的说明

式(2-110)表明 $\boldsymbol{R}_e$ 就是观察点 $\boldsymbol{x}$ 到在时刻 τ_e 时的声源点距离矢量(见图2-12),但是式(2-113)指的是这个矢量的长度是声波为了在时刻 t 到达观察点 $\boldsymbol{x}$,在时间间隔 $t-\tau_e$ 内必须传播的距离 $c_0(t-\tau_e)$,即一个在时刻 τ_e 的声源发射的声脉冲将刚好在时刻 t 到达观察点,因此,R_e 就是在声波发射时刻声源点与观察点之间的距离,τ_e 就是在时刻 t 到达观察点 $\boldsymbol{x}$ 的声波的发射时刻,即延迟时间(retarded time)。

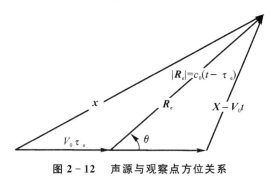

图 2-12　声源与观察点方位关系

将式(2-113)代入式(2-110)并且二次方,就可以得到

$$-\frac{|\boldsymbol{x}-\boldsymbol{V}_0 t|^2}{c_0^2}-2\frac{\boldsymbol{V}_0}{c_0^2}\cdot(\boldsymbol{x}-\boldsymbol{V}_0 t)(t-\tau_e^{\pm})+\left(1-\frac{\boldsymbol{V}_0^2}{c_0^2}\right)(t-\tau_e^{\pm})^2=0$$

可以容易地求得

$$\boldsymbol{R}_e^{\pm}\equiv c_0(t-\tau_e^{\pm})=\frac{Ma_0\cdot(\boldsymbol{x}-\boldsymbol{V}_0 t)\pm\sqrt{[Ma_0\cdot(\boldsymbol{x}-\boldsymbol{V}_0 t)]^2+(1-Ma_0^2)|\boldsymbol{x}-\boldsymbol{V}_0 t|^2}}{1-Ma_0^2}$$

$$(2-114)$$

当 $Ma_0<1$ 时,式(2-114)中分子中的根号值将大于其他项,为了保持 $\boldsymbol{R}_e$ 是正值,式(2-114)中分子取正号,这样对于任意时刻到达空间任何一个固定观察点的声波,其声源发射位置将是唯一的。

另外,当 $Ma_0>1$ 时,$\boldsymbol{R}_e^+$ 和 $\boldsymbol{R}_e^-$ 都将是正值,但是,这时除非

$$\frac{\sqrt{(Ma_0^2-1)}}{Ma_0}\frac{|\boldsymbol{x}-\boldsymbol{V}_0 t|}{|\boldsymbol{V}_0/V_0\cdot(\boldsymbol{x}-\boldsymbol{V}_0 t)|}<1$$

否则,式(2-114)分子中的根号值将是虚数(即对于 $\boldsymbol{R}_e$ 的解不存在)。上述条件等价于要求马赫角

$$\alpha=\arccos\frac{\sqrt{Ma_0^2-1}}{Ma_0}=\arcsin\frac{1}{Ma_0}<\frac{\pi}{2}$$

必须大于角度

$$\delta\equiv\arccos\frac{\boldsymbol{V}_0/V_0\cdot(\boldsymbol{x}-\boldsymbol{V}_0 t)}{|\boldsymbol{x}-\boldsymbol{V}_0 t|}$$

如图2-13所示,除非观察点位于图示顶点在声源点半锥角等于马赫角的圆锥内,否则方程就无解,这个圆锥称为马赫锥。

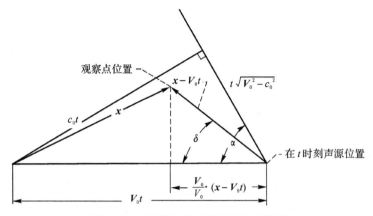

图 2 - 13　观察点相对马赫锥方位关系

为了进一步说明上述结果,考虑如图2-14和图2-15所示的圆,它们对应的是由固定声源在一系列等间隔时间所发射的声波,即在时刻$t=0,t_1,t_2,\cdots$发射的声波。图2-14表示的是声源运动速度小于声速的情况,表明在这种情况下,这些声波面可以通过空间任何观察点。通过观察点O的面上的声波,是在时刻$t=t_2$,由位于$x_s=V_s t_2$的声源所发射的。

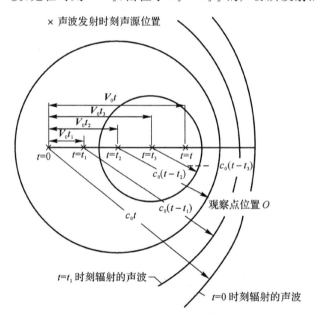

图 2 - 14　亚声速运动声源

注意图2-14,可以看出相对于声源固定的情况,在声源前进方向声波面是相互聚集的,但在运动相反方向声波面是相互散开的,因此,在任意给定的时间间隔,在声源前方的观察点将比在声源后面的观察点通过的声波面要多,因为在一定时间间隔内所有的声能量是由期间所有声波面所带的,所以,可以预计到在声源前方的观察点接收到的声强要大于声源后面观察点接收到的声强。

如果声源运动速度大于声速,则情况就完全不同。在这种情况下,声源会赶上并超过它发出的声波,这时声波面和声源如图2-15所示。声波面都与马赫锥相切,在任意时刻,在马赫锥内都将有两个面通过一个观察点 O,到达这些面上的声波是声源在两个不同位置发出的。如图 2-15 所示,到达 O 点的声波是声源在 t_1 和 t_2 时刻,且分别位于 $\boldsymbol{x}_s^+ = \boldsymbol{V}_0 t_1$ 和 $\boldsymbol{x}_s^- = \boldsymbol{V}_0 t_2$ 时发射的声波。在时刻 t,位于马赫锥外的观察点将听不到声音。因此对于稳态观察点,在马赫锥通过之前是听不到任何声音的;当马赫锥通过以后,观察点才能听到声音。在任意时刻声音都是来自于两个不同位置,当马赫锥通过时,因为所有球面都将合并聚结,故所有声场将会特别地强。

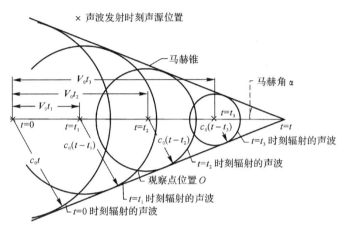

图 2-15　超声速运动声源

2.5.3　压力场的说明

为了对声压场进行明确的说明,首先由式(2-109)、式(2-110)、式(2-112)和式(2-113)可以得出

$$- \boldsymbol{R}_e^\pm (1 - Ma_0 \cos \theta^\pm) = (\boldsymbol{x} - \boldsymbol{V}_0 t) \cdot \boldsymbol{V}_0 - (1 - Ma_0^2) \boldsymbol{R}_e^\pm \tag{2-115}$$

采用式(2-114)并对上式微分,可以得到

$$\frac{1}{c_0} \frac{\mathrm{d}}{\mathrm{d}t} \left[\mid \boldsymbol{R}_e^\pm \mid (1 - Ma_0 \cos \theta^\pm) \right] = \frac{Ma_0 (Ma_0 - \cos \theta^\pm)}{1 - Ma_0 \cos \theta^\pm} \tag{2-116}$$

并可以得出

$$\frac{1}{c_0} \frac{\mathrm{d} \mid \boldsymbol{R}_e^\pm \mid}{\mathrm{d}t} = - \frac{Ma_0 \cos \theta^\pm}{1 - Ma_0 \cos \theta^\pm} \tag{2-117}$$

将式(2-111)代入式(2-103),可以得到

$$p^\pm = \frac{\partial \boldsymbol{\psi}^\pm}{\partial t} = \pm \rho_0 \left[\frac{q_0'(t - \mid \boldsymbol{R}_e^\pm \mid / c_0)}{4\pi \mid \boldsymbol{R}_e^\pm \mid (1 - Ma_0 \cos \theta^\pm)^2} + \frac{(\cos \theta^\pm - Ma_0) V_0 q_0 (t - \mid \boldsymbol{R}_e^\pm \mid / c_0)}{4\pi \mid \boldsymbol{R}_e^\pm \mid^2 (1 - Ma_0 \cos \theta^\pm)^3} \right] \tag{2-118}$$

式中

$$q_0' \left(t - \frac{\mid \boldsymbol{R}_e^\pm \mid}{c_0} \right) \equiv \left(\frac{\mathrm{d}q_0}{\mathrm{d}t} \right)_{t = t - (\mid \boldsymbol{R}^\pm \mid / c_0)}$$

对于超声速声源,当 $\theta^\pm = \arccos(1/Ma_0)$ 时,这个结果将变成奇异点。可以看出,这时观察点位于马赫锥上。而当声源运动速度是亚声速时,对于离开声源较远的距离,方程中的第二项就

可以忽略不计,这时方程的解与稳态声源的解非常近似,而主要的差别仅是在方程(2-118)中出现了对流因子项$(1-Ma_0\cos\theta^{\pm})^{-2}$。与稳定声源相比,这一项使得在声源前方的观察点声压增大,使得位于声源后面的观察点的声压降低。

2.5.4 简单的谐波声源

如果声源是简单的谐波声源,则$q_0(t)=Ae^{-i\Omega t}$,方程(2-118)就可以写成

$$p^{\pm}=\frac{\pm\rho_0 c_0 A}{4\pi R_e^{\pm}(1-Ma_0\cos\theta^{\pm})^2}\left[-i\frac{\Omega}{c_0}+\frac{Ma_0(\cos\theta^{\pm}-Ma_0)}{R_e^{\pm}(1-Ma_0\cos\theta^{\pm})}\right]e^{-i\Omega[t-(R_e^{\pm}/c_0)]} \quad (2-119)$$

由于$\theta^{\pm}$和$R_e^{\pm}$与时间相关,因此这个式子显然不是周期性的,但是,如果观察点远离声源和马赫锥,这个量在一个周期内将变化很小,因此压力将是有很小幅值和相位变化的,近似周期性的。

为了说明这些,针对固定时刻t_0,应用Taylor级数将$R_e^{\pm}$和$R_1^{\pm}\equiv R_e^{\pm}(1-Ma_0\cos\theta^{\pm})$展开,则

$$R_e^{\pm}(t)=R_e^{\pm}(t_0)+\frac{dR_e^{\pm}(t_0)}{dt_0}(t-t_0)+\frac{1}{2}\frac{d^2 R_e^{\pm}(t_0)}{dt_0^2}(t-t_0)^2+\cdots$$

$$R_1^{\pm}(t)=R_1^{\pm}(t_0)+\frac{dR_1^{\pm}(t_0)}{dt_0}(t-t_0)+\cdots$$

把上式代入关系式

$$\frac{1}{c_0^2}\frac{d^2 R_e^{\pm}}{dt^2}=\frac{Ma_0^2\sin^2\theta^{\pm}}{R_e^{\pm}(1-Ma_0\cos\theta^{\pm})^3}$$

并代入方程(2-116)和方程(2-117),则得到

$$\frac{R_e^{\pm}(t)}{c_0}-(t-t_0)=\frac{R_e^{\pm}(t_0)}{c_0}-\frac{t-t_0}{1-Ma_0\cos\theta_0^{\pm}}\times\left[1-\frac{1}{2}\frac{Ma_0^2\sin^2\theta_0^{\pm}}{(1-Ma_0\cos\theta_0^{\pm})^2}\frac{c_0(t-t_0)}{R_e^{\pm}(t_0)}+\cdots\right]$$

$$R_1^{\pm}(t)=R_1^{\pm}(t_0)\left[1+\frac{Ma_0(Ma_0-\cos\theta_0^{\pm})}{R_e^{\pm}(t_0)(1-Ma_0\cos\theta_0^{\pm})^2}c_0(t-t_0)+\cdots\right]$$

其中,已经让$\theta_0^{\pm}\equiv\theta_0^{\pm}(t_0)$,但是因为在一个周期内$t-t_0$将变化$2\pi/\Omega$,因此当传播距离满足下式,即

$$R_e^{\pm}(t_0)>>\frac{2\pi c_0}{\Omega}\frac{Ma_0^2}{(1-Ma_0\cos\theta_0^{\pm})^2}$$

时,在这样的时间间隔内,上面等式方括号中的第二项就可以忽略。因此,在发声时刻,当观察点距离声源的位置是很多个波长时(对于超声速声源,观察点不要靠近马赫锥),方程(2-119)就变为

$$p^{\pm}\approx-\frac{i\Omega\rho_0 A\exp\left(-\frac{i\Omega t}{1-Ma_0\cos\theta_0^{\pm}}\right)\exp\left\{i\Omega\left[\frac{R_e^{\pm}(t_0)}{c_0}+t_0\left(\frac{Ma_0\cos\theta_0^{\pm}}{1-Ma_0\cos\theta_0^{\pm}}\right)\right]\right\}}{4\pi R_e^{\pm}(t_0)(1-Ma_0\cos\theta_0^{\pm})^2}$$

$$(2-120)$$

这个式子表明压力仍然是近似周期性的。但是它的频率变为

$$\omega=\frac{\Omega}{1-Ma_0\cos\theta_0^{\pm}}$$

这个频率不等于声源的频率Ω。这就是著名的Doppler频移。当$\theta_0^{\pm}$从0变化到π时,声压频率

ω 从 $\Omega/(1-Ma_0)$ 变化到 $\Omega/(1+Ma_0)$，因此，当声源向着观察点运动时频率是增加的，而当声源远离观察点运动时频率是减小的。

当声源运动是亚声速时，上述计算式中只用 ＋ 号，因此当声源向观察点运动时声音的频率将比声源的频率高，音调将逐渐加深。

另一方面，如果声源运动速度是超声速的，在声源通过观察点前，观察点将听不到任何声音；而当观察点能够听到声音时，在任何时刻观察点感受到的都是两个不同发射时刻的声音。在方程（2-120）中，正号对应的声源在发射时刻将远离观察点运动，而负号对应的声源在发射时刻将向着观察点运动。非常有意义的是，来自于两个不同辐射点的声波，可能具有不同的相位，因此它们之间可能互相干涉。

2.5.5　多声源的分析

上面的分析结果可以推广到多声源的情况。在声波方程中可以应用下式表示多声源声压，即

$$p = \frac{\partial^N \psi_{i1,i2,\cdots,iN}}{\partial y_{i1} \partial y_{i2} \cdots \partial y_{iN}}$$

这样就得到

$$\boldsymbol{\nabla}^2 p - \frac{1}{c_0^2} \frac{\partial^2 p}{\partial t^2} = -\frac{\partial^N Ma_{i1,i2,\cdots,iN}(t)\delta(y - \boldsymbol{V}_0 t)}{\partial y_{i1} \partial y_{i2} \cdots \partial y_{iN}}$$

对于具有 N 个声源的运动点声源产生的声压，应用 2.5.1 小节中得到的有关体积声源的结果，可以得到

$$p = \frac{1}{4\pi} \frac{\partial^N}{\partial x_{i1} \partial x_{i2} \cdots \partial x_{iN}} \frac{Ma_{i1,i2,\cdots,iN}(\tau_e)}{R_e^{\pm} |1 - Ma_0 \cos\theta^{\pm}|} \tag{2-121}$$

如果认为当 $N=0$ 时不取上述导数，那么这个结果也就能够应用于单极子。式中的求导增大了分母中对流因子 $(1 - Ma_0 \cos\theta^{\pm})$ 的指数，当 Ma_0 趋近于 1 时，这个量就是关于 $\theta^{\pm}$ 的强函数。如果压力的表达式幂指数增大，将导致远场声压场强烈的方向特性。因此，在高亚声速对流速度下，从高阶多极子源的声学辐射将集中在声源前方相对较小的区域，换句话说，声辐射将向声源运动方向"聚束"，四极子的远场声压就像一个四极子项乘以因子 $(1 - Ma_0 \cos\theta^{\pm})^{-3}$，从这样的声源辐射的均方声压信号就把包含流因子 $(1 - Ma_0 \cos\theta^{\pm})^{-6}$。

2.6　流动管道的声波方程

很多叶轮机械，如航空发动机中的风扇、压气机和涡轮，通风装置或空调系统的风扇，工业动力装置或电厂的压缩机和风机等，都是管道式的气流工作方式，对管道中工作的叶轮机械噪声的优化控制、预测以及测量等，都是需要研究和分析在气流管道工作环境下的噪声产生机理和噪声传播规律。为了发展叶轮机械的噪声预测方法，合理安排管道内声功率测量方法，也为了设计叶轮机噪声控制方案（包括噪声源发声控制、噪声传播控制及主动噪声控制等），就必须首先理解和分析有关管道内部噪声传播的基本物理过程，掌握气流管道内部噪声传播的基本

特性和基本规律。

由于叶轮机械是典型的流体机械,因此,对于叶轮机械管道内声场的分析就必须考虑管道内气流流动、速度梯度、温度梯度等对声场传播与衰减过程的影响,必须考虑管道内气流产生的对流、折射与散射等声学效应。但是,如果要将全部因素考虑进来,将是非常复杂的研究课题,因此,2.6～2.9节将针对航空发动机流动管道的基本情况,主要讨论无气流流动和均匀流动情况下,硬壁面的矩形和圆形管道中声传播的基本规律。本书后面其他章节将介绍这些管道模态是怎样通过叶轮机械中的机械源的空气动力学而生成的。

许多研究者已经推导出了针对于不同形状截面流动管道内部声传播的控制方程——管道声传播波动方程,这些控制方程中考虑了不同的平均流动状态,以及不同的平均流动横向梯度与气流温度(Pridmore – Brown(1958),Tack 和 Lambert(1965),Mungur 和 Gladwell(1969),Shankar(1971),Mariano(1971),Unruh 和 Eversman(1972),Ko(1972)),所有管道声传播控制方程都是基于对无黏介质的 Navier – Stokes 方程(动量守恒)、连续方程(质量守恒)和能量方程(能量守恒)的推导变型。声场脉动被视为叠加在气流稳态值上的小扰动,那么对上述基本方程的线性化推导,就可以得到管道内声波方程。

对于矩形管道,如图 2 – 16 所示,在笛卡儿坐标系下管道内声压传播的波动方程可以表示为

$$\left(\frac{\partial^2 p}{\partial x^2} + \frac{\partial^2 p}{\partial y^2} + \frac{\partial^2 p}{\partial z^2}\right) - \frac{1}{c_0^2}\left(\frac{\partial^2 p}{\partial t^2} + 2U\frac{\partial^2 p}{\partial t \partial x} + U^2\frac{\partial^2 p}{\partial x^2}\right) + 2\rho_0\left(\frac{\partial u}{\partial y}\frac{\partial v}{\partial x} + \frac{\partial u}{\partial z}\frac{\partial w}{\partial x}\right) -$$
$$\left(\frac{\partial \rho_0}{\partial y}\frac{\partial p}{\partial y} + \frac{\partial \rho_0}{\partial z}\frac{\partial p}{\partial z}\right) = 0 \qquad (2-122)$$

式中,u,v 和 w 是气流脉动速度分量;U,c_0 和 ρ_0 分别是稳态气流速度、声速和密度,它们均是空间坐标的函数,但是假定沿着管道轴向保持常数,并假定平均稳态气流温度沿管道截面按一定形状剖面分布,则声速 c_0 和密度 ρ_0 就是关于 y 和 z 的函数。

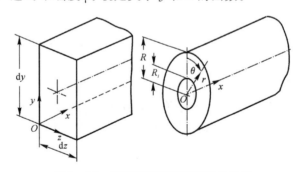

图 2 – 16　矩形管道和圆形管道坐标系

对圆形管道或环形管道,在圆柱坐标系中表示的波动方程为

$$\left(\frac{\partial^2 p}{\partial x^2} + \frac{\partial^2 p}{\partial r^2} + \frac{1}{r}\frac{\partial p}{\partial r} + \frac{1}{r^2}\frac{\partial^2 p}{\partial \theta^2}\right) - \frac{1}{c_0^2}\left(\frac{\partial^2 p}{\partial t^2} + 2U\frac{\partial^2 p}{\partial t \partial x} + U^2\frac{\partial^2 p}{\partial x^2}\right) +$$
$$2\rho_0\frac{\mathrm{d}p}{\mathrm{d}r}\frac{\partial v_r}{\partial x} - \frac{1}{\rho_0}\frac{\partial \rho_0}{\partial r}\frac{\partial p}{\partial r} = 0 \qquad (2-123)$$

式中,稳态气流参数 U,c_0 和 ρ_0 仅为径向坐标函数;v_r 为径向方向声速。

在式(2-122)和式(2-123)中等号左边第一个圆括号中的项可以用 Laplace 算子写为

$\mathbf{V}^2 p$,式中左边第二个圆括号中的项是声压的随流导数,包含了平均流动对流效应影响,最后两项表示由于平均流动中横向梯度和温度梯度的存在而产生的声散射。

管道中平均速度梯度的存在,导致了在管道内声波传播速度的变化。对下游传播,在管道中轴线处的声波传播速度要大于接近管道壁面处的声波传播速度,结果导致声波向壁面方向弯曲。相反,当声波沿着逆气流方向传播时,声波要向着管道中心弯曲。

横截面方向气流温度梯度的折射影响可以用如下的简单类比方式解释:对于冷气流,由于管道中心处声速较高,声波向壁面弯曲。但是,当壁面温度高于流体温度时,声能量就要向着管道中心集中。

最简单的情况下是考虑静止状态下的等温介质,这时 ρ_0 是常数,c_0 是常数,且 $U=0$。在这种情况下,方程(2-122)与方程(2-123)简化为众所熟悉的齐次波动方程形式:

$$\mathbf{V}^2 p - \frac{1}{c_0^2}\frac{\partial^2 p}{\partial t^2} = 0 \tag{2-124}$$

但是,必须注意,管道中的声场并不是单独完全由波动方程所决定的,声压必须同时满足管道壁面、管道进出口(端缘)及声源处的边界条件。

2.7　无流动矩形硬壁管道中的声传播

2.7.1　齐次波动方程的一般求解

如图 2-16 所示,对于描述矩形管道中声压场的波动方程,通常用笛卡儿坐标系表示,在等温静止介质假设条件下,其波动方程的形式为

$$\frac{\partial^2 p}{\partial x^2} + \frac{\partial^2 p}{\partial y^2} + \frac{\partial^2 p}{\partial z^2} - \frac{1}{c_0^2}\frac{\partial^2 p}{\partial t^2} = 0 \tag{2-125}$$

通过分离变量法可以实现对方程(2-125)求解。声压 p 是三维空间坐标 x,y,z 和时间 t 的函数,令 p 为四个函数的乘积,其中每个函数只含一个自变量,即

$$p(x,y,z,t) = X(x)Y(y)Z(z)T(t) \tag{2-126}$$

求解二重偏微分后两边同时除以 X,Y,Z,T 的乘积,则从方程(2-125)与方程(2-126)可以得到

$$\frac{1}{X}\frac{d^2 X}{dx^2} + \frac{1}{Y}\frac{d^2 Y}{dy^2} + \frac{1}{Z}\frac{d^2 Z}{dz^2} = \frac{1}{c_0^2 T}\frac{d^2 T}{dt^2} \tag{2-127}$$

方程(2-127)右边的表达式只是时间 t 的函数,方程左端项仅是空间坐标的函数,要使得方程两边相等,唯一的情况是使得方程左右两边都等于同一个常数。为了方便,令方程右端为

$$\frac{1}{c_0^2 T}\frac{d^2 T}{dt^2} = -k^2 \tag{2-128}$$

这个简单的常微分波动方程的解可以表示为

$$T(t) = A e^{jkc_0 t} + B e^{-jkc_0 t} \tag{2-129}$$

在方程(2-127)左边中的每一项都只是一个变量的函数,通过与上述相似的讨论,可以知道对于每一项,它们都必须等于一个常数,即

$$\left.\begin{aligned}\frac{1}{X}\frac{\mathrm{d}^2 X}{\mathrm{d}x^2}&=-k_x^2\\[4pt]\frac{1}{Y}\frac{\mathrm{d}^2 Y}{\mathrm{d}y^2}&=-k_y^2\\[4pt]\frac{1}{Z}\frac{\mathrm{d}^2 Z}{\mathrm{d}z^2}&=-k_z^2\end{aligned}\right\}\tag{2-130}$$

简单的常微分方程(2-130)的解和常微分方程(2-129)的解类似。这样分解以后,就可以得到波动方程(2-125)的解为

$$p(x,y,z,t)=(A_1\mathrm{e}^{\mathrm{j}k_x x}+B_1\mathrm{e}^{-\mathrm{j}k_x x})(A_2\mathrm{e}^{\mathrm{j}k_y y}+B_2\mathrm{e}^{-\mathrm{j}k_y y})(A_3\mathrm{e}^{\mathrm{j}k_z z}+B_3\mathrm{e}^{-\mathrm{j}k_z z})(A\mathrm{e}^{\mathrm{j}kc_0 t}+B\mathrm{e}^{-\mathrm{j}kc_0 t})\tag{2-131}$$

方程(2-131)右边每一个圆括号都表示了一个波动运动的数学描述,且都仅依赖于一个自变量。声压随时间的变化取决于最后一个圆括号项,其中 A 和 B 为任意常数,$kc_0=\omega$ 是声源脉动的角频率。根据脉动的相位,可以选择 $B=0$。剩下的三项是三个方向相应波数分别为 k_x,k_y,k_z 的波动场三重积描述的管道中的压力场。将方程(2-131)代入到波动方程中,则得到所谓的波数之间的扩散关系(色散关系):

$$k^2=\left(\frac{\omega}{c_0}\right)^2=k_x^2+k_y^2+k_z^2\tag{2-132}$$

式中,k_x,k_y,k_z 表示为波数矢量的各个分量。因此,沿着 $x-$,$y-$,$z-$ 方向运动的波形成了波数 k 的合成波,它沿着与管道轴线一定夹角的方向传播。这些波在管道壁面的反射就产生了沿管道截面的干涉谱(即驻波),这些干涉谱就称之为管道模态。

根据静止均匀介质中动量守恒方程(Euler 方程),从线性条件就可以得到声速的各个分量计算式:

$$\left.\begin{aligned}\frac{\partial u}{\partial t}&=-\frac{1}{\rho_0}\frac{\partial p}{\partial x}=\mathrm{j}kc_0 u\\[4pt]\frac{\partial v}{\partial t}&=-\frac{1}{\rho_0}\frac{\partial p}{\partial y}=\mathrm{j}kc_0 v\\[4pt]\frac{\partial w}{\partial t}&=-\frac{1}{\rho_0}\frac{\partial p}{\partial z}=\mathrm{j}kc_0 w\end{aligned}\right\}\tag{2-133}$$

联合方程(2-131),就可以得到沿着 $x-$,$y-$,$z-$ 方向的声速分量:

$$u(x,y,z,t)=\frac{-K_x}{k\rho_0 c_0}(A_1\mathrm{e}^{\mathrm{j}K_x x}-B_1\mathrm{e}^{-K_x x})(A_2\mathrm{e}^{\mathrm{j}K_y y}+B_2\mathrm{e}^{-K_y y})(A_3\mathrm{e}^{\mathrm{j}K_z z}+B_3\mathrm{e}^{-K_z z})A\mathrm{e}^{\mathrm{j}ka_0 t}\tag{2-134}$$

$$u(x,y,z,t)=\frac{-K_y}{k\rho_0 c_0}(A_1\mathrm{e}^{\mathrm{j}K_x x}+B_1\mathrm{e}^{-K_x x})(A_2\mathrm{e}^{\mathrm{j}K_y y}-B_2\mathrm{e}^{-K_y y})(A_3\mathrm{e}^{\mathrm{j}K_z z}+B_3\mathrm{e}^{-K_z z})A\mathrm{e}^{\mathrm{j}ka_0 t}\tag{2-135}$$

$$u(x,y,z,t)=\frac{-K_z}{k\rho_0 c_0}(A_1\mathrm{e}^{\mathrm{j}K_x x}+B_1\mathrm{e}^{-K_x x})(A_2\mathrm{e}^{\mathrm{j}K_y y}+B_2\mathrm{e}^{-K_y y})(A_3\mathrm{e}^{\mathrm{j}K_z z}-B_3\mathrm{e}^{-K_z z})A\mathrm{e}^{\mathrm{j}ka_0 t}\tag{2-136}$$

2.7.2 刚体管道壁面边界条件

如果管道壁面为刚体,则垂直于壁面的速度脉动必然为零,这个边界条件可以表示为

$$v = 0, \quad y = 0 : A_2 = B_2 \tag{2-137}$$

$$v = 0, \quad y = d_y : \sin(k_y d_y) = 0 \tag{2-138}$$

$$w = 0, \quad z = 0 : A_3 = B_3 \tag{2-139}$$

$$w = 0, \quad z = d_z : \sin(k_z d_z) = 0 \tag{2-140}$$

从特征方程(2-138)和特征方程(2-140)可以得到

$$k_y = \frac{m\pi}{d_y}, \quad k_z = \frac{n\pi}{d_z} \tag{2-141}$$

式中，m,n 为整数，则方程(2-131)与方程(2-134)描述的压力场和速度场就可以写成

$$\left.\begin{array}{l} p_{mn} = \cos\left(\dfrac{m\pi y}{d_y}\right) \cos\left(\dfrac{m\pi z}{d_z}\right) \left[A_{mn} e^{j(\omega t + k_{xmn}x)} + B_{mn} e^{j(\omega t - k_{xmn}x)}\right] \\[3mm] u_{mn} = \dfrac{-k_{xmn}}{k\rho_0 c_0} \cos\left(\dfrac{m\pi y}{d_y}\right) \cos\left(\dfrac{m\pi z}{d_z}\right) \left[A_{mn} e^{j(\omega t + k_{xmn}x)} - B_{mn} e^{j(\omega t - k_{xmn}x)}\right] \end{array}\right\} \tag{2-142}$$

式中，$A_{mn} = AA_1 B_2 B_3$，$B_{mn} = AB_1 B_2 B_3$，轴向波数 k_x 为多值的参数，可以表示为 k_{xmn}。

从方程(2-132)和方程(2-141)，就可以得到

$$k_x^2 = k_{xmn}^2 = \left(\frac{\omega}{c_0}\right)^2 - \left(\frac{m\pi}{d_y}\right)^2 - \left(\frac{n\pi}{d_z}\right)^2 \tag{2-143}$$

对每个整数 m 和 n，方程(2-142)代表了在边界条件式(2-137)～式(2-140)情况下，波动方程(2-125)的一种可能情况的解，或者换一种说法，就是管道中一种可能的声传播模态。所有线化独立解的叠加，即所有可能模态的和，便是波动方程的完全解：

$$p = \sum_{m=0}^{\infty} \sum_{n=0}^{\infty} p_{mn} \tag{2-144}$$

用同样的方法可以得到声速 u,v,w 的解。

下面对方程(2-142)右边做出简要解释。正如在前面指出的，左右指数分别表示了沿着 x 正负方向波的传播，由于方程中存在 cos 项，波的振幅沿着横截面变化。前传调制波频率为 ω，以大于声速的轴向相速度 $a_{xmn} = \omega/k_{xmn}$ 传播。如在方程(2-132)中解释的，前传调制是由于管道壁面对以一定角度沿着管道轴线传播波反射的结果。因此，沿着管道传播的波是以声速传播的倾斜声波的叠加。当 m,n 为零时，轴向相速度就等于声速，这种模态就称为平面声波(基本声波)。

只要轴向波数 k_{xmn} 为实数，或 $k_{xmn}^2 > 0$，波就可能沿着轴向方向传播。根据方程(2-143)，这时需要下式成立，即

$$\omega > c_0 \sqrt{\left(\frac{m\pi}{d_y}\right)^2 + \left(\frac{n\pi}{d_z}\right)^2} = \omega_{mn,\,cut-off} = \omega_{mn}^c \tag{2-145}$$

在截止(cut-off)频率 ω_{mn}^c 以下频率的波，其轴向波数 k_{xmn} 变成虚数，方程(2-142)中的传播因子变为 $e^{(j\omega t - |k_{xmn}x|)}$，这意味着对应模态的振幅随距声源轴向距离的指数而衰减，即它们被截止(cut-off)，因此式(2-145)表示的临界频率通常也称为截止频率，当声波频率超过这个极限频率时，就产生了一种新的传播模态。

上面的讨论表明，由于壁面边界条件的影响，只有某些由声源激发的脉动波才能沿着管道传播，每一个模态可以通过其在管道横截面的振幅形状来表征，其取决于管道尺寸。图 2-17 给出了长宽比为 3∶4 的矩形管道中前 12 种模态波形式示意图。图中外面矩形表示了管道的壁，那里出现当地最大声压值，矩形内部的线条指示的是零声压位置。矩形中阴影与无阴影区

域分别代表在某固定时刻正的和负的振幅区域,在管道壁旁边画出的是声压振幅的瞬时剖面。

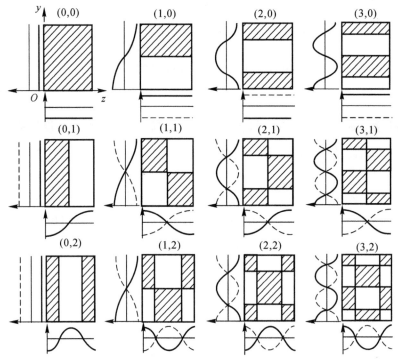

图 2-17 长宽比为 3:4 的矩形管道声波模态形式

任一给定 m 和 n 值所表示的模态波仅能在它的截止频率之上的频率下传播,而对于给定的频率,仅有有限的模态波才能传播,其他模态波则随轴向距离而衰减。平面波的模态数是 $m = n = 0$,它的截止频率是 $\omega_{00}^c = 0$,因此,平面波在任何频率下都可能传播。

在方程(2-123)中,仍然有两个常数是未知的,即 A_{mn} 和 B_{mn}。在接下来的 2.7.3 和 2.7.4 小节中将会看到,它们是由声源处的边界条件以及管道端口的边界条件所决定的。

2.7.3 管道端口处的边界条件

正如在前面所指出的,方程(2-123)中的左右指数项分别表示在正负 x 方向上的波的传播。如果声源位于 yOz 平面的 $x=0$ 处,那么,对于 $x>0$,左端项代表一个反射项。如果管道内介质的特性和管道沿着轴向没有发生改变,就不会有反射波,则这时 $A_{mn}=0$。但是,如果管道是一个有限长度的管道,在管道端口将会发生反射。对于给定的管道端口阻抗,$Z_{mn} = p_{mn}/u_{mn}$,则就可以用 B_{mn} 的来给出 A_{mn}。当无反射存在时(即 $A_{mn}=0$),端口阻抗等于 $\rho_0 c_0 k/k_{xmn}$,这个阻抗通常称为模态阻抗,它与 x,y 和 z 无关。对于平面波模态 $k_{xmn}=k$,模态阻抗就变成等于特征阻抗 $\rho_0 c_0$。

为了既能描述管道内声场,又能计算从管道端口向外辐射的声场,就必须知道管道端口的反射和传播特性。一般来说,反射波甚至会影响声源处的声压和速度,也就是能够影响声源的声功率。

如果一个压力波以一个单声管道模态的形式入射到管道端口,则反射和传输的压力与声速不仅仅只限制为对应的模态。一般情况下,在管道端口将会生成其他模态。因此,要完整地描述反射和传输过程,就需要应用压力与质点速度(或位移)边界条件,将管道内和管道外声场在管道端口完整地匹配描述。

图 2-18 显示出对于基本模态波$(m,n=0)$,有凸缘和无凸缘圆形管道端口的压力反射系数 $r_p = |A_{00}/B_{00}|$ 作为无量纲波数 kR 函数的结果,这里引用的是 Rayleigh (1945),Lecine 和 Schwinger(1948)的结果。在低频率端,大部分声能反射回管道。随着波长逐渐变小,越来越多的声能量从管道端口辐射出去。在相同的频率下,凸缘管道和无凸缘管道相比,有更少的声能量反射回管道,这是因为在管道端口,当声波辐射进半球空间(无限凸缘)比声波辐射到自由空间(无凸缘)在内外部之间有更好的阻抗匹配。

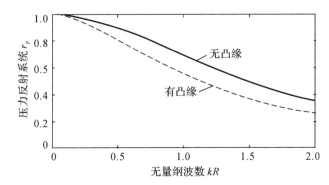

图 2-18　有、无凸缘圆形管道平面波压力反射系数与无量纲波数 kR 的关系

过去已经发表了许多重要论文,研究了管道端口反射与传播性质的计算方法,包括对静止的等温流场管道和有流动与温度横向梯度的流动管道(Tyler 和 Sofrin (1962),Morfey (1969),Lin 和 Martensen (1969),Doak(1973),HomicZ 和 Lordi(1975),Wright(1972),Lansing、Drischler 和 puser (1970),Lansing 和 Zorumski (1972),mungur、Plumblee 和 Doak (1974))。一个重要的研究结果是,任何一个非截止模态都只会有很小的反射,它们继续通过管道端口就像连续通过一个无限长的管道一样。另一个重要的特征是,当声源到管道端口的轴向距离仅仅与管道宽度相当时,在一个无限长管道内将被截止的模态,就会传播出低于一个倍频程或者低于截止频率的可感知的声功率。

2.7.4　声源处的边界条件

声源(位于 $x=0$ 处)可以用一组脉动速度或脉动力分布来表示。如果用脉动速度,那么在 $x=0$ 处满足的边界条件就是:管道内所有模态的轴向速度的和必须等于声源速度 u_s 的 x 向分量。如果忽略管道端口的反射,即 $A_{mn}=0$,则从方程(2-142)可以得出

$$u_s = f(y,z)\mathrm{e}^{\mathrm{j}\omega t} = \sum_{m=0}^{\infty}\sum_{n=0}^{\infty}\frac{1}{\rho_0 c_0}\frac{k_{xmn}}{k}B_{mn}\cos\left(\frac{m\pi y}{d_y}\right)\cos\left(\frac{n\pi z}{d_z}\right)\mathrm{e}^{\mathrm{j}\omega t} \qquad (2-146)$$

为了求得模态振幅 B_{mn},在方程(2-136)的两边都要乘上 $\cos(m'\pi y/d_y)\cos(n'\pi y/d_z)$,并对整个管道横截面进行积分,得到

$$\int_0^{d_z}\int_0^{d_y}f(y,z)\cos\left(\frac{m'\pi y}{d_y}\right)\cos\left(\frac{n'\pi z}{d_z}\right)\mathrm{d}y\mathrm{d}z =$$

$$\sum_{m=0}^{\infty}\sum_{n=0}^{\infty}\frac{1}{\rho_0 c_0}\frac{k_{xmn}}{k}\int_0^{d_z}\int_0^{d_y}B_{mn}\cos\left(\frac{m\pi y}{d_y}\right)\cos\left(\frac{m'\pi y}{d_y}\right)\cos\left(\frac{n\pi z}{d_z}\right)\cos\left(\frac{n'\pi z}{d_z}\right)\mathrm{d}y\mathrm{d}z$$

$$(2-147)$$

由于余弦函数的正交性,对于 $m'=m$ 和 $n'=n$,只有当方程(2-147)右端项的积分不为零,才可以得到模态振幅 B_{mn} 的一个简单的表达式:

$$B_{mn}=(2-\delta_{0m})(2-\delta_{0n})\frac{\rho_0 c_0}{d_y d_z}\frac{k}{k_{xmn}}\int_0^{d_y}\int_0^{d_z}f(y,z)\cos\left(\frac{m\pi y}{d_y}\right)\cos\left[\frac{n\pi z}{d_z}\right]\mathrm{d}y\mathrm{d}z$$

$$(2-148)$$

式中,δ_{ij} 是 Kronecker delta 函数,当 $i=j$ 时值取 1,当 $i\neq j$ 时值取零。根据方程(2-132)和方程(2-145),可以得到因子 k/k_{xmn} 为

$$\frac{k}{k_{xmn}}=\frac{\omega}{\sqrt{\omega^2-\omega_{mn}^c}}$$

$$(2-149)$$

可以看出,模态振幅 B_{mn} 强烈地依赖于频率。截止频率 ω_{mn}^c 接近或等于声源频率 ω 的模态将支配管道中的压力场。换句话说,对一个给定的源振幅 $f(y,z)$,当声源频率 ω 接近某一个特定模态的截止频率 ω_{mn}^c 时,管道中的压力将急剧增加,这是一种典型的共振效应。如在本章前面指出的(与方程(2-145)相比较),由声源分布 $f(y,z)$ 激发的、但截止频率 ω_{mn}^c 高于声源频率 ω 的所有模态,不能够传播出去,而是从源开始沿着轴向距离衰减。

对于在硬壁、声衬壁管道声源和声源分布更多细节的讨论,可以参考 Richard 和 Mead (1968),Doak(1973),Swinbanks(1975)以及 Mariano(1975)的文章。

2.8 无流动圆柱或环形硬壁管道中的声传播

在圆柱坐标系下,静止等温介质的波动方程为

$$\frac{\partial^2 p}{\partial x^2}+\frac{\partial^2 p}{\partial r^2}+\frac{1}{r}\frac{\partial p}{\partial r}+\frac{1}{r^2}\frac{\partial^2 p}{\partial\theta^2}-\frac{1}{c_0^2}\frac{\partial^2 p}{\partial t^2}=0$$

$$(2-150)$$

同样,采用分离变量方法求解该波动方程,令

$$p(x,r,\theta,t)=X(x)R_f(r)\Theta(\theta)T(t)$$

$$(2-151)$$

把方程(2-151)代入方程(2-150),可以得到

$$\frac{1}{X}\frac{\mathrm{d}^2 X}{\mathrm{d}x^2}+\frac{1}{R_f}\left(\frac{\mathrm{d}^2 R_f}{\mathrm{d}r^2}+\frac{1}{r}\frac{\mathrm{d}R_f}{\mathrm{d}r}\right)+\frac{1}{r^2}\frac{1}{\Theta}\frac{\mathrm{d}^2\Theta}{\mathrm{d}\theta^2}=\frac{1}{c_0^2}\frac{1}{T}\frac{\mathrm{d}^2 T}{\mathrm{d}t^2}$$

$$(2-152)$$

则可以导出 p 的解为

$$p(x,r,\theta,t)=R_f(r)(A_1\mathrm{e}^{\mathrm{j}k_x x}+B_1\mathrm{e}^{-\mathrm{j}k_x x})(A_2\mathrm{e}^{\mathrm{j}k_\theta\theta}+B_2\mathrm{e}^{-\mathrm{j}k_\theta\theta})(A\mathrm{e}^{\mathrm{j}\omega t}+B\mathrm{e}^{-\mathrm{j}\omega t})\quad(2-153)$$

式中,$R_f(r)$ 必须要满足方程

$$\frac{\mathrm{d}^2 R_f}{\mathrm{d}r^2}+\frac{1}{r}\frac{\mathrm{d}R_f}{\mathrm{d}r}+\left(k_r^2-\frac{k_\theta^2}{r^2}\right)R_f=0$$

$$(2-154)$$

由于在坐标 θ 方向的周期性条件,并且在任何 θ 位置声场都必须具有单值特性,故在圆柱和环形管道,k_θ 必须是没有径向分量的整数,即

$$k_\theta=0,1,2,3,\cdots,m$$

$$(2-155)$$

在这种情况下,可以由序数为 m 的 Bessel 函数和 Neumann 函数给出方程(2-154)的解,

则波动方程(2-150)的完整解可以写成

$$p(x,r,\theta,t) = (Ae^{jk_x x} + B_1 e^{-jk_x x})(A_2 e^{jm\theta} + B_2 e^{-jm\theta})[A_3 J_m(k_r r) + B_3 N_m(k_r r)]Ae^{j\omega t}$$

$$(2-156)$$

式中,J_m 和 N_m 分别是序数为 m(m 为整数)的 Bassel 函数和 Neumann 函数。对具有声衬的管道,相位波数 $k_\theta = m$(m 可以是分数或复数),波数的关系式是

$$k^2 = \left(\frac{\omega}{c_0}\right)^2 = k_x^2 + k_r^2 \qquad (2-157)$$

方程(2-156)右端第一项表示众所周知的在 x 正、负方向波的传播;相应地,方程右端第二项便是在周向波的传播。以上两项的和表示了在同一时刻波在管道内的传播和旋转,由方程右端第三项则可以看出,波的幅值是径向坐标的函数。

上述的螺旋模态通常可以由风扇或者压气机的叶片旋转所激发,如 Morfey(1964)所指出的,这种模态可以看作是沿着圆柱形通道某个半径剪切的环面展开成一个矩形管道中的模态。

在矩形管道的情形下,常数 A_i, B_i, k_i 由在管道壁、管道端口和声源位置的边界条件决定。对于圆形管道,在轴线位置压力具有有限的振幅的条件是要求 $B_3 = 0$。

应用动量连续方程,由方程(2-156)可以导出波动速度的径向分量为

$$\frac{\partial v_r}{\partial t} = j\omega v_r = -\frac{1}{\rho_0}\frac{\partial p}{\partial r} \qquad (2-158)$$

由于在管道壁面径向声波速度为零,故可以得到

$$\frac{\partial p}{\partial r} = 0 \quad (r = R) \qquad (2-159)$$

应用方程(2-156),则可以得到

$$J'_m(k_r R) = 0 \qquad (2-160)$$

这就是确定硬壁圆形管道径向波数的特征方程。对于每一个周向波数 $k_\theta = m$,具有无限个解满足特征方程(2-160),因此,径向波数是多值的,用 k_{rmn} 表示。 Abramowitz 和 Stegum(1970)等给出了特征方程(2-160)特征值 $j'(m,n) = k_{rmn}R$ 的解。轴向波数 k_{xmn} 由方程(2-157)确定,则

$$k_{xmn}^2 = k^2 - k_{rmn}^2 \qquad (2-161)$$

在矩形管道的情况下,由方程(2-156)可见,只有当轴向波数是实数时,声波才能在轴向方向传播。根据方程(2-161)可知,此时必须满足

$$k = \frac{\omega}{c_0} > k_{rmn} \qquad (2-162)$$

或

$$\omega > c_0 k_{rmn} = \omega_{mn,\text{cut-off}} = \omega_{mn}^c \qquad (2-163)$$

如同在矩形管道情况下讨论的那样,这个截止频率的意义是,在截止频率以下,轴向波数 k_{rmn} 变成虚数,传播因子变成 $\exp(j\omega t - |k_{xmn}x|)$,即这些模态的幅度随着距声源轴向距离的增加成指数衰减,因此,这些模态被截止。由于管道壁的边界条件的影响,再一次使得只有特定类型的波动能够沿着管道传播。对于圆形管道,管道模态由仅决定于管道尺寸的径向幅度面特性所描述。与矩形管道相似,任一给定 m 和 n 值所表示的模态波仅能在它的截止频率之上的频率下传播;而对于给定的频率,仅有有限的模态波才能传播,其他模态,即使它们是声源

所激发,但波的振幅也随轴向距离而衰减。

与矩形管道情况相似,圆形管道情况下波的轴向相速度为

$$a_{xmn} = \frac{\omega}{k_{xmn}} \qquad (2-164)$$

周向角相速度为

$$a_{\theta mn} = \frac{\omega}{k_\theta} = \frac{\omega}{m} \qquad (2-165)$$

同样,平面波模态的特征是 $m=n=0$,并且它的截止频率等于零。也就是说,在所有频率下平面波都能传播。第一个高序模态是 $m=1,n=0$。根据方程(2-156),对直径为 d 的圆形管道,它的截止频率是 $f_{10}^c = 0.586c_0/d$。

根据在声源处和管道端口的边界条件,可以确定方程(2-156)中的常数 $A_{1,2,3}$ 和 $B_{1,2}$。对于高阶模态声传播更多细节的讨论,读者可以参看 Morse 和 Ingard(1968)的专著。

与如图2-17所示矩形管道模态波形式相类似,图2-19中给出圆形管道中四种模态波形式。虚线直径线和周向实线表示出了零声压位置,阴影区和无阴影区域分别代表在某特定时刻的正声压和负声压区,图中同时给出了瞬时声压径向和周向轮廓剖面。对每一个模态(m,n),有 m 个波节面,从轴线沿径向向外扩展,以及有 n 个同中心的圆柱波节面。图2-20给出了在环形管道中$(3,0)$模态的旋转运动。

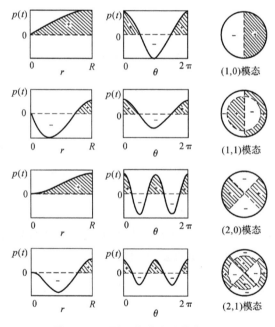

图 2-19　圆形管道声波模态形式

图2-21表示前12个模态波在圆形管道横截面的形式,图中同时给出对应的特征值 $j'(m,n) = k_{rmn}R$。对于模态(m,n),其截止频率可以由下面的关系确定,即

$$f_{mn}^c = j'(m,n) \frac{c_0}{2\pi R} \qquad (2-166)$$

将波传播条件(方程(2-163))代入方程(2-165)中,就可以得到如下传播模态最小周向相速度计算式:

$$a_{\theta mn}^{c} = \frac{\omega_{mn}^{c}}{m} = \frac{c_0 k_{rmn}}{m} = \frac{c_0 j'(m,n)}{mR} \tag{2-167}$$

对应的该模态在管道外径 R 的周向相位马赫数 Ma_{mn}^{c} 为

$$Ma_{mn}^{c} = \frac{a_{\theta mn}^{c} R}{c_0} = \frac{j'(m,n)}{n} \tag{2-168}$$

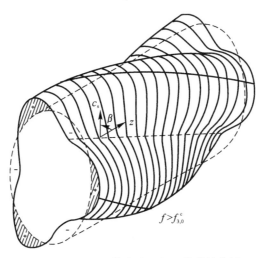

图 2-20　(3,0) 模态波沿圆形管道的传播

与图 2-21 给出的特征值 $j'(m,n)$ 相比较,就可以发现 $Ma_{mn}^{c}>1$。这个结果表明,在圆形管道模态 (m,n),必须以外圆周速度大于声速旋转,声波才能传播。模态数 m 越低,临界环形马赫数 Ma_{mn}^{c} 就越高。这个结果也适应于环形管道。 Tyler 和 Sofrin(1962)指出,环形管道内径与外径比值越大,临界马赫数 Ma_{mn}^{c} 就越小。

m	$n=0$	$n=1$	$n=2$
0	$f_{(m,n)}=0$	$f_{(m,n)}=3.8317$	$f_{(m,n)}=7.0156$
1	1.84118	5.3314	8.5363
2	3.0540	6.70613	9.96947
3	4.20119	8.01524	11.3459

图 2-21　圆形管道前 12 个模态幅值模式和特征值(Stahl(1987))

2.9 具有均匀流动的矩形管道内的声传播

方程(2-122)给出了存在横向气流速度梯度和温度梯度时声压控制方程 —— 波动方程。如果流场为均匀等温流场,即 $\partial U/\partial y = \partial U/\partial z = \partial \rho_0/\partial y = \partial \rho_0/\partial z = 0$,则由方程(2-122)可以得到

$$\frac{\partial^2 p}{\partial x^2} + \frac{\partial^2 p}{\partial y^2} + \frac{\partial^2 p}{\partial z^2} - \frac{1}{c_0^2}\left[\frac{\partial^2 p}{\partial t^2} + 2U\frac{\partial^2 p}{\partial t \partial x} + U^2\frac{\partial^2 p}{\partial x^2}\right] = 0 \qquad (2-169)$$

将 x 正方向标准声波传播解

$$p(x,y,z,t) = (A_2 e^{jk_y y} + B_2^{-jk_y y})(A_3 e^{jk_z z} + B_3^{-jk_z z})e^{j(\omega t - k_x x)} \qquad (2-170)$$

代入到方程(2-169),就可以获得轴向波数

$$k_x = \frac{1}{1-Ma^2}\left\{-kMa \pm \sqrt{k^2 - (1-Ma^2)(k_y^2 + k_z^2)}\right\} \qquad (2-171)$$

在这里,$Ma = U/c_0$ 是流动马赫数。正如在无流动情况中分析的那样,由线性动量方程可以引出波动速度与声压之间的关系式

$$\left.\begin{array}{l}\dfrac{\partial v}{\partial x} = -jk_x v = \dfrac{k_x}{\rho_0 c_0(k-Mak_x)}\dfrac{\partial p}{\partial y} \\[3mm] \dfrac{\partial w}{\partial x} = -jk_x w = \dfrac{k_x}{\rho_0 c_0(k-Mak_x)}\dfrac{\partial p}{\partial z}\end{array}\right\} \qquad (2-172)$$

刚性管壁的边界条件与无流动情况时相似,与方程(2-137)和(2-141)相比较,这样就可以导出相似的关于波数的特征方程,$k_y = m\pi/d_y$ 和 $k_z = m\pi/d_z$。具备了这些条件之后,方程(2-171)就可以按照正 x 或负 x 方向上的波数 k_{x+},k_{x-} 重写为

$$k_{xmn\pm} = \frac{1}{1-Ma^2}\left\{-kMa \pm \sqrt{k^2 - (1-Ma^2)\left[\left(\frac{m\pi}{d_y}\right)^2 + \left(\frac{n\pi}{d_z}\right)^2\right]}\right\} \qquad (2-173)$$

当方程(2-173)是实数时,轴向波数是实数。换一句话说,即

$$k^2 > (1-Ma^2)\left[\left(\frac{m\pi}{d_y}\right)^2 + \left(\frac{n\pi}{d_z}\right)^2\right] \qquad (2-174)$$

与无流动情形时方程(2-145)的截止条件比较,就可以得到有平均流动情况下的截止条件为

$$\left(\frac{\omega}{c_0}\right)^2 > \left|\left(\frac{\omega_{mn}^2}{c_0}\right)^2\right|_{Ma} = (1-Ma^2)\left|\left(\frac{\omega_{mn}^c}{c_0}\right)^2\right|_{Ma=0} \qquad (2-175)$$

但是要注意,在正 x 方向上的声传播,即在流动方向的声传播,就要求轴波数是正的,这就需要下式成立,即

$$kMa < \sqrt{k^2 - (1-Ma^2)\left[\left(\frac{m\pi}{d_y}\right)^2 + \left(\frac{m\pi}{d_z}\right)^2\right]} \qquad (2-176)$$

或者,重组方程(2-176),并带入方程式(2-145)后得

$$\left(\frac{\omega}{c_0}\right)^2 > \left| \left(\frac{\omega_{mn}^{\mathrm{b}}}{c_0}\right)^2 \right|_{Ma} = \left| \left(\frac{\omega_{mn}^{\mathrm{c}}}{c_0}\right)^2 \right|_{Ma=0} \qquad (2-177)$$

在这里，ω_{mn}^{b} 就是常说的堵塞频率（Blocking frequency，参看 Stahl(1987)）。由此可以得出结论，管道内均匀流动的影响是降低截止频率 ω_{mn}^{c}，在截止频率之上，才可能产生无阻尼声传播（方程(2-175)）。但是，直到频率增加到另一个频率限制之前，即堵塞频率 ω_{mn}^{b}，声波只能沿着均匀流场相反的方向传播。对于向下游传播的声波，模态(m,n) 的频率必须大于堵塞频率 ω_{mn}^{b}，堵塞频率等于无流动情形下的截止频率。尽管上述结论和方程式(2-175)、方程(2-177)是针对矩形管道推导出来的，但是它们同样也适用于圆形管道。

第3章 气动声学理论

3.1 气动声学理论的产生及发展

气动声学(aeroacoustics)是研究气体流动过程中声音的产生、传播以及声音与流场相互作用的一门流体力学学科中的分支学科(Delfs 和 Heller(1998),Crighton (1975))。流动可以产生声音,事实上流动是许多非常强烈声场的声源,而且由于流动速度的存在,流动也要影响声的传播;反之,强烈的声场也会影响流体的运动,即存在声学整流现象。从史前年代开始,人们就已经对于由于流体(液体和气体)运动而产生的声音十分熟悉了。在空气中的声音,人们称为气体动力声,例如风吹树枝所产生的啸声、人造簧管乐器、水壶的呼哨声以及人吹的口哨声等,都是常见的气体动力声源的实例;而在液体中的声音,则被称之为流体(水)动力声,例如夜阑人静之时,人们听到河流中水流的哗啦声。尽管人们长期地与上述自然界中的流动声音相处,但是一直到第二次世界大战以前,人们对流动声音的了解仍然很少,如果以 1877 年英国著名科学家 Rayleigh 发表的《声的理论》作为古典声学理论体系建立的标志,那么古典声学(classical acoustics)重点研究的是在静止的大气中由于振动声源产生的声波的传播问题,主要处理的是与固体的振动有关的声源的发声、声波在自由空间的传播等问题,很少关注声音与流体运动的关系。

涡轮喷气飞机和火箭这两个世界上最巨大的气动力声源的出现,才真正引起人们对气体动力声的关注。随着 20 世纪 50—60 年代第一代涡轮喷气式发动机投入使用,巨大的飞机发动机喷气噪声一方面引起了强烈的社会反响,另一方面也激发了研究人员对此问题的广泛关注。当人们企图在古典声学理论中寻求解决问题的途径时,才发现古典声学理论对流动噪声问题变得无能为力。因此,从这个时期开始,航空界和流体力学界一些有识之士,将注意力转移到了建立声学新领域的基础性研究工作中。人们首先认识到,有关流体与声音干涉的气动力声效应可由与描述流体运动基本方程相同的方程所描述(即质量守恒、动量守恒和状态方程)。尽管在飞机噪声研究的历史中,在 20 世纪 30 年代所做的有关螺旋桨气动力噪声的研究工作并没有直接采用流体运动方程,但是,有关对湍流、转子叶片、喷流等产生的空气动力声的物理机制、气流和结构参数的影响、噪声级的理论分析预测方法以及降低噪声的方法等的研究,都离不开流体力学基本理论的指导。

如第 2 章所述,伴随着气体流动过程的压力脉动,通过气体的弹性和惯性作用向远离流动区域的空间传播形成了流动的噪声。尽管流体力学的基本理论对流动区域内的压力脉动有了广泛和深入的研究,但是声学理论关心的是远离流动区域的压力脉动(声场),如何根据流场的参数预测得到远场的声场数据,是气动声学理论首先要解决的问题。原则上,远场声场问题可以从同一流体力学方程出发,由解析或数值方法获得其解,然而,实际中这条道路在绝大多数情况下是行不通的,因为远场的声学量级是极小的物理量,远场的声场范围又是极大的空间,因此即使数值计算技术发展到了今天,要从流体力学方程直接获得收敛的解并保证声学量适当的精度,仍然是非常困难的。

　　Lighthill(1950,当时在 Manchcster 大学数学系)创造性地提出,把流体力学基本方程重新变换,并把脉动的气体密度作为独立变量,准确地类比流体力学方程左端项为自由空间的声传播波动算子,变换后的方程的右端项作为流动噪声的声源项,这样就得到了一个典型的古典声学波动方程,可以应用已经成熟的古典声学办法处理流动噪声问题,而方程右端的声源项则可以通过实验或对流体力学方程的数值计算来获得。这就是著名的"声类比理论"思想。Lighthill 从流体力学基本方程出发,假定包围流场的是一个无限大均匀静止介质(其声波传播速度和密度是常数),推出流动噪声的声源项可以应用一个在流体流动空间分布的声学四极子描述,这个等效的四极子的强度就是 Lighthill 应力张量,这个应力张量由流动区域的湍流脉动的特征所决定。从这个声类比方程出发,Lighthill 研究了湍流噪声问题,得出了著名的噪声强度与气流速度相关的"8 次方定律"。Lighthill 声类比理论的提出,建立了解决流动噪声问题的理论基础,并以此为基础形成了一门新兴的流体力学的分支学科——气动声学。

　　尽管 Lighthill 声类比理论成功地解释了喷流噪声辐射的主要特征,并由其后的研究者成功地用于研究其他形式的流动噪声问题,但是,Lighthill 的原始理论对流动噪声产生过程中的一些重要现象仍没有考虑到。Phillips (1960)指出,在复杂的流动区域,Lighthill 应力张量中的部分项可能会引起对流动声场的折射或散射作用,这就会导致声场的明显变化。之后,Candel (1972),Marble (1973) 和 Morfey (1973)等人研究了在高温亚声速喷流中熵的不均匀对噪声辐射的影响,Ffowcs Williams 和 Howe (1975)则指出,部分的喷流噪声紧密地与非均匀气流对流通过平均流场的压力梯度相关。因此,在 Lighthill 提出了关于流动噪声的一般理论之后,其他一些研究者继续沿着声类比的思路发展了比 Lighthill 原始方程更为复杂的流动噪声方程(见 Ffowcs Williams (1969) 和 Crighton (1975)),其中包括考虑声源区非均匀平均流场对噪声产生影响的 Phillips(1960)方程和 Lilley(1973)方程、Powell(1964)的涡声方程以及由 Crow (1970)和 Lauvstad (1968)等发展的匹配渐进展开方法等。在这些研究工作的基础上,Howe (1975)(当时在 Cambridge 大学工程系)重新改造了 Lighthill 声类比理论的基本方程,使得这个理论能够明确地考虑到各种非声学、非均匀平均流动等因素对流动噪声的影响。这个方程就是描述声在运动介质中传播的对流波动方程,也称为 Howe 对流波动方程(俄罗斯的学者往往称之为布劳辛切夫方程)。

　　如果以 20 世纪 50 年代 Lighthill 气动声学方程的建立为标志,那么从那个时期开始到现在,气动声学理论已经得到了很大的发展,为飞机噪声问题的解决奠定了理论基础,同时航空界对飞机噪声问题的持续关注和重视,又是推动气动声学理论发展的动力。目前,Lighthill 创立的声类比理论在飞机噪声以及其他所有的流动噪声问题的研究中占有支配性的地位。以 Lighthill 基本方程为基础,Howe 的后缘噪声理论、Curle 的积分解和考虑具有加速度的固壁影响的著名的 Ffowcs Williams – Hawkings 方程(FW – H 方程)等成为气动声学声类比理论中的重要理论发展,它们与 Lighthill 声类比方程、Howe 对流波动方程等组成了较为完整的气动声学理论体系。

　　本章首先推导气动声学基本方程——Lighthill 方程,然后讨论气动声学方程的一般求解,分别分析静止固体边界对气动声源声辐射的影响——Curle 积分,运动固体边界对气动声源声辐射的影响——FW – H 方程以及气动噪声的时间平均解等。本章的气动声学基本方程和求解方法将分别应用于航空发动机喷流噪声研究、叶轮机噪声研究和燃烧噪声研究。

有关气动声学基本理论方面的参考文献浩如烟海,本章的内容是基于 Fuchs 和 Michalke (1973),Goldstein(1974),Fuchs(1976),Michalke 和 Michel(1979)等人的研究工作。读者如有兴趣,可以参考 Ffowcs Williams(1969),Goldstein(1976),Ribner(1981),Grighton(1991),Lilley(1991),Magliozzi,Hanson 和 Amiet(1991),Tam(1991),Grighton 等(1995),Michel(1995)等的综述文献或专著。

3.2　Lighthill 声类比理论

3.2.1　Lighthill 方程推导

气动声学方程可以从流体力学的质量守恒和动量守恒方程出发推导出来。应用和式约定,在笛卡儿坐标系下微分形式的质量守恒方程可表示为

$$\frac{\partial \rho}{\partial t} + \frac{\partial \rho v_i}{\partial x_i} = 0 \tag{3-1}$$

式中,ρ 是流体的密度,v_i 是流动速度矢量的 i 向分量。对应的动量守恒方程可以表示为

$$\rho \frac{\partial v_i}{\partial t} + \rho v_j \frac{\partial v_i}{\partial x_j} = -\frac{\partial p}{\partial x_i} + \frac{\partial \tau_{ij}}{\partial x_j} \tag{3-2}$$

式中,p 是流体的压力,τ_{ij} 是流体中的黏性应力张量。

Lighthill(1952)针对在均匀静止流体介质包围的小尺度范围内湍流产生的气动噪声问题,推导出了一个描述声波产生的非齐次波动方程,其推导过程如下:

首先用 v_i 乘以连续方程(3-1)并与动量方程相加,可得

$$\frac{\partial \rho v_i}{\partial t} = -\frac{\partial}{\partial x_j} (\rho v_i v_j + \delta_{ij} p - \tau_{ij}) \tag{3-3}$$

取方程(3-3)的散度,得

$$\frac{\partial^2 \rho v_i}{\partial x_i \partial t} = -\frac{\partial^2}{\partial x_i \partial x_j} (\rho v_i v_j + \delta_{ij} p - \tau_{ij}) \tag{3-4}$$

并对连续方程(3-1)取时间的导数,即

$$\frac{\partial^2 \rho}{\partial t^2} + \frac{\partial^2 \rho v_i}{\partial x_i \partial t} = 0 \tag{3-5}$$

方程(3-4)与方程(3-5)相减,可以得到

$$\frac{\partial^2 \rho}{\partial t^2} - \frac{\partial^2 p}{\partial x_i^2} = \frac{\partial^2}{\partial x_i \partial x_j} (\rho v_i v_j - \tau_{ij}) \tag{3-6}$$

为了获得有关压力的波动方程,在方程(3-6)两边各加 $\partial^2 p/(c_0^2 \partial x_i^2) - \partial^2 \rho/\partial x_i^2$,这样就得

$$\frac{1}{c_0^2} \frac{\partial^2 p}{\partial t^2} - \frac{\partial^2 p}{\partial x_i^2} = \frac{\partial^2}{\partial x_i \partial x_j} (\rho v_i v_j - \tau_{ij}) + \frac{1}{c_0^2} \frac{\partial^2}{\partial x_i^2} (p - c_0^2 \rho) \tag{3-7}$$

类似地,在方程(3-6)两边各加 $\partial^2 p/\partial x_i^2 - c_0^2 \partial^2 \rho/\partial x_i^2$,则得到关于密度的波动方程

$$\frac{\partial^2 \rho}{\partial t^2} - c_0^2 \frac{\partial^2 \rho}{\partial x_i^2} = \frac{\partial^2}{\partial x_i \partial x_j} (\rho v_i v_j - \tau_{ij}) + \frac{\partial^2}{\partial x_i^2} (p - c_0^2 \rho) \tag{3-8}$$

方程(3-7)和方程(3-8)都是非奇次的波动方程,它们具有如下特性:

(1) 因为在推导过程中仅使用了质量守恒方程和动量守恒方程,c_0^2 作为任意常数引入,因此对于任意 c_0^2,方程(3-7)和方程(3-8)都是精确的方程。

(2) 如果将流动区域限制在一个湍流区域,而且这个湍流区域被静止的无黏流体包围,c_0^2 取为大气声速,则在湍流区域以外的区域内方程右端四项就消失了(至少是二次小量)。

(3) 在方程右端项为零的区域,这个方程就描述了声速是 c_0^2 的静止均匀流体中声波的传播。

(4) 在流场区域方程的右端项不为零,那么由于湍流存在的所有效应都可以看作是一个等效的声源项。

在原创工作中,Lighthill 应用方程(3-8),并且简写成如下形式:

$$\frac{\partial^2 \rho}{\partial t^2} - c_0^2 \frac{\partial^2 \rho}{\partial x_i^2} = \frac{\partial^2 T_{ij}}{\partial x_i \partial x_j} \qquad (3-9)$$

式中,T_{ij} 就是 Lighthill 应力张量,即

$$T_{ij} = \rho v_i v_j - \tau_{ij} + (p - c_0^2 \rho)\delta_{ij} \qquad (3-10)$$

c_0^2 表示未受扰动流体的声速,p 是流体中的压力,x_i 是空间固定坐标系,在湍流流动区域外的平均流动速度为零。方程(3-9)就是著名的 Lighthill 方程,它是描述由方程右端的声源分布产生的声传播的控制方程。为了计算声源产生的声辐射,必须首先知道方程右端声源分布。

Lighthill 原始的气动声学方程是以密度波动的形式给出的,但是由于在声级的描述以及声学实验测量分析中,更普遍使用的是声压量 p,因此,本书在讨论气动声学基本理论时,选用方程(3-7)形式的波动方程,它可以简化写成

$$\frac{1}{c_0^2} \frac{\partial^2 p}{\partial t^2} - \frac{\partial^2 p}{\partial x_i^2} = q \qquad (3-11)$$

式中,q 描述了声源分布,它由下式给出:

$$q = \frac{\partial^2}{\partial x_i \partial x_j}(\rho v_i v_j - \tau_{ij}) - \frac{\partial^2}{\partial x_i^2}\left(\rho - \frac{p}{c_0^2}\right) \qquad (3-12)$$

通过对方程(3-10)求微分,就会看到,方程(3-12)右端第一项与方程(3-9)右端项 $\partial^2 T_{ij}/(\partial x_i \partial x_j)$ 中的第一项是完全相同的。

方程(3-9)和(3-11)是从准确的流体流动的质量守恒和动量守恒方程推出的,仔细观察就会发现方程两边的变量相互包含,因此原则上讲这个变换方程与原流体力学方程并没有本质的不同。但是,Lighthill 指出,如果将方程右端项看成形式是 $\partial^2 T_{ij}/(\partial y_i \partial y_j)$ 的四极子源项,则 Lighthill 方程就是一个典型的声学波动方程,因此任意真实流动中的密度脉动与由一个四极子源(强度是 T_{ij})在一个假想的声学介质(声速取 c_0)产生的大气密度脉动之间,具有严格的类比关系。Lighthill 进一步指出,在任意的湍流流动区域外,方程的右端项为零,这时方程描述的是在均匀流体介质中声波的传播,在湍流流动区域内,右端项不为零,由于湍流的影响产生的 Lighthill 应力张量项就可看作是一个等效源项。对于这一项,可以通过实验或数值计算的方法取得,这就使得可以应用已经成熟的古典声学的方法研究气动声学的问题。

图 3-1 描述了湍流区域内和湍流区域外有无源项的情况。当 $q=0$ 时,方程(3-11)就是在静止均匀介质中的声波传播方程;但是,在湍流流动区域,$q \neq 0$,因此,方程的右端项就可以解释为由于湍流产生的源项。而在湍流流动区域之外,与湍流区域的源项相比,可以认为源项

是 0,或者说脉动量至少是二阶小量。

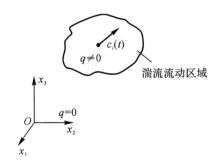

图 3-1　由静止流体包围的作为源项的湍流区域

3.2.2　对流形式的 Lighthill 方程

在实际空气动力噪声源中,很少会有声源区域之外声传播介质是静止的情况,在工程实际中,更多的情况是气流要流过噪声源的区域,在这样的情况下,方程(3-11)右端项 q 在声源区域之外就可能不再是二阶小量。对于声源之外具有气流流动的情况,可以用图 3-2 所示的模型近似,即假设在湍流流动区域之外气流速度为均匀常数,Michalke 和 Michel 推导出了针对这种声源情况的对流形式 Lighthill 方程,即

$$\frac{1}{c_0^2}\left(\frac{\partial}{\partial t}+U_i\frac{\partial}{\partial x_i}\right)^2 p-\frac{\partial^2 p}{\partial x_i^2}=q \tag{3-13}$$

式中,x_i 表示与声源区域固定的坐标系内坐标(例如喷流噪声源中与喷管中心固定的坐标系,螺旋桨噪声源中与转子轴线固定的坐标系等),U_i 表示相对于上述坐标系的大气流动速度矢量,c_0 是大气声速。

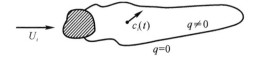

图 3-2　由均匀运动流体包围的作为源项的湍流区域

方程(3-13)中的源项 q 是

$$q=\frac{\partial^2}{\partial x_i\partial x_j}(\rho u_i u_j-\tau_{ij})-\left(\frac{\partial}{\partial t}+U_i\frac{\partial}{\partial x_i}\right)^2\left(\rho-\frac{p}{c_0^2}\right) \tag{3-14}$$

式中,$u_i=v_i-U_i$,是相对于大气速度的当地气流速度矢量。

方程(3-13)左端项描述了在具有均匀流动速度 U_i 和声速 c_0 介质中声波的传播,右端项是由湍流产生的,在湍流流动区域以外,右端项为零或者至少是二阶脉动小量。如果假设沿着流体粒子轨迹线是等熵运动(即黏性应力为零($\tau_{ij}=0$),且无热传导),Michalke 和 Michel(1979)给出了方程(3-14)的近似形式,即

$$q=\frac{\partial^2 q_{ij}}{\partial x_i\partial x_j}+\frac{\partial q_i}{\partial x_i} \tag{3-15}$$

式中

$$q_{ij} = \rho_0 u_i u_j \left(1 + \frac{p'}{\rho_0 c_0^2}\right) - \left(1 - \frac{\rho_0}{\rho}\right) p' \delta_{ij} \qquad (3-16)$$

$$q_i = p' \frac{\partial}{\partial x_i}\left(\frac{\rho_0}{\rho}\right) \qquad (3-17)$$

$p' = p - p_0$ 是当地压力与大气压力的差,除了在超声速喷流膨胀区或者在高压比的转子流场中以外,阶次为 $p'^2/(\rho_0 c_0^2)$ 的项可以忽略。

由方程(3-16)确定的方程(3-15)右端第一项 q_{ij} 表示的是四极子声源分布项,它与Lighthill 应力张量项的意义相似。方程(3-15)右端第二项表示的是偶极子声源分布,Lighthill 没有注意到这个声源项。由方程(3-17)可以看出,这一非定常密度声源项 q_i 只有在当地密度 ρ 与大气密度 ρ_0 不相等时才是重要声源项。 Ffowcs Williams(1969)讨论了非定常密度源项,Morfey(1973)首次认识到这个声源项在高温喷流噪声中的重要性。偶极子源项比四极子源项具有更高的噪声辐射效率,在本书的喷流噪声一章中,将看到如果高温喷流中密度发生变化,那么这个偶极子源项将是喷流混合噪声的重要源项。

3.2.3　基本气动噪声源

在气动噪声中,主要有三个阶次的噪声源,即单极子、偶极子、四极子。图 3-3 概要地列出了这些声源的主要特征。

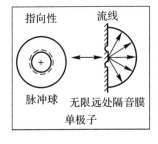 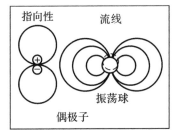 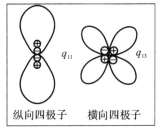

图 3-3　基本声源特征比较

1. 单极子声源

单极子可以认为是一个脉动质量的点源。例如,如果一个小气球的中心被安置在这个点源上,我们便会观测到,该气球随着流体质量的加入或排出而膨胀或收缩,这个运动总是纯径向的,而周围的流体则应该压缩以适应其运动,这样一来,就形成了一个球对称的声场。人们并不知道气球内所发生的物理事实,但是,可以设置一个数学的球形边界环绕这个声源,就会观测到通过该边界有流体的累计静流量的流出与流入,这就是单极子声源。对于单极子声源,声场的振幅和相位在球表面上的每一个点都是相同的,在静止流体中的单极子声源的指向性是在各个方向均匀的。

根据单极子声源的特点,立刻可以断定爆炸就是单极子声源。事实上,氢弹就是世界上最大的单极子。此外,单极子声源的例子还有液体的沸腾或气蚀造成液体向外爆炸,以及随之的向内的破灭等。如果围绕一个活塞式发动机排气管划出一个边界,将看到排气管端有一个脉动着的质量源;如果声波的波长大于该排气管直径,则该声场就十分接近于一个单极子点声源。

2. 偶极子声源

偶极子可以看作是相互十分接近而相位相差180°的两个单极子。如图3-3所示,如果沿整个球形边界进行积分,则流体的静流率总是显示为零,因为流入的流量等于流出的流量。但是,因为流入流动与流出流动的方向一致,它们的动量是相加的,所以该系统就存在一个静动量。根据牛顿定律,一定可以找到一个与偶极子有关的力。偶极子的另外一种描述是把它认为是一个由振荡作用力驱动的球。

以上两种描述中,在测量边界上的流体运动是等价的。注意到沿着动量变化或作用力的轴向存在着径向流动,因此,可以推断那里的可压缩运动或声学运动是最大的;而在与该轴向相差90°的方向上,没有径向运动存在。因此偶极子声场的特征是,该声场有一个最大值方向,而与该方向垂直的方向上,声压应该为零值。正像在声源处流体的流出流动与流入流动的相位差那样,偶极子声场的每一个声瓣相差180°。注意,如果质量中心产生运动,则一个偶极子声源就将产生。

为了更好地了解偶极子,首先讨论由振动着的固体所产生的偶极子源。由作用力所造成的球的往复运动,或者是乐器上的振动着的弦产生的声源,都是力偶极子的典型实例。当弹拨弦或者打击一个铜钹时,就将振荡的动量传递给了它们,而这些振荡的动量部分地由于声辐射而衰减。铜钹的演奏者,在打击了铜钹以后,就转动它们,于是偶极子轴就可被指向听众。上述实例中物体的力或动量是随时间而变化的。在非定常运动中的力也能产生一个声场,螺旋桨转子和直升机旋翼就是典型的实例,它们是典型的偶极子声源,尽管从加速度坐标系来看,作用力是定常力。

上述这些概念可以转换到只存在流体运动的情况下。脉动力可以通过表面力而作用于流体上,例如上述提到的转子和旋翼等运动着的固体表面就是显而易见的实例。此外,还存在一种消极的方法使得固体表面成为产生力的根源,例如,风吹到任何一个尖边缘的固体上,固体表面的某些结构形状会改变流场,使得能量从定常流动中汲出,并以净脉动力的形式作用在固定的固体材料上,将能量加入到脉动流动中去。它的反作用力导致发生偶极声场。这类偶极子源最典型的例子,也是最常见的气动力声源,就是风吹过电线所形成的哨声。围绕圆柱的流动在其尾迹区域中变为不稳定,从而形成被称之为卡门涡街的脉动尾迹动量,该动量脉动直接导致升力和阻力的脉动,而后两者会产生轴方向相互垂直的两个偶极子声场。所有气动力表面(机翼和风扇叶片)的流出边都会导致脉动尾迹、脉动力和偶极子声场的发生,即使这些固体本身并不产生声。也有在进气边形成偶极子声场的情形,例如当脉动流动与任一表面相干涉,其作用必定如同动量脉动一样。

3. 四极子声源

四极子可以看作是由两个具有相反相位的偶极子形成的,因而也就是由四个单极子所组成。因为偶极子有一个轴,所以偶极子的组合可以是横向的,也可以是纵向的,如图3-3所示。横向四极子代表剪切应力,而纵向四极子则表示纵向应力。横向四极子具有两根主轴,一个是沿着诸力的方向,而另一个轴则在诸力当中,横向四极子有四个声瓣。纵向四极子可以看作是横向四极子的退化形式,它只有一根轴,并在声场中只产生两个声瓣。沿着围绕四极子源的球形边界积分,既没有净质量流量,也没有净作用力存在。

机械应力和电磁应力都能作用到流体上去。在诸如射流和边界层那些具有大的平均速度梯度的区域,最常见到流体机械应力的存在,电磁应力则可以作用于任何带有电流的介质上。因此,可望在实际上每个流体流动中找到四极子声源。以后的研究会发现,在多数情况下,这些声源的声功率都是较小的。

4. 实际声源

任何实际声源都可以看作是由适当的相位(或时间滞后)和幅值的诸单极的一个分布系统所组成的。正常情况下,不可能把这样的问题公式化。采用称为偶极子和四极子的这种单极的特殊组合,就允许把直觉知识用于特殊问题。考虑一个机器噪声问题,通常可以判定哪一种形式的声源占主导地位,并根据这种判定预测声源的某些特征。如果能作出这种近似,就可以应用上述的简单物理模型来掌握许多有关物理过程的声的产生。于是,困难就集中在用一个点源来近似一个多源的分布上。

令人惊奇的是,对于许多实际机器来说,都可以采用点源模型。这种近似所用的一般准则是,所要研究的最高频率的波长应该远大于声源的物理尺寸。即使机翼尺寸大于声波波长,发射着高频噪声的机翼仍然可以采用点源模型,这是因为准则是针对实际声源(流体流动)的物理尺寸,而不是机翼本身的尺寸。在湍流流动中,相关流团里的脉动尺度都是小尺度,每一个相关的面积和相关体积,都可以认为是一个小尺寸的孤立声源,于是一个很大的机翼或转子叶片,可以用沿着叶片展长分布的孤立点源的总和来模拟。在分析流体力学噪声问题中,应用相关长度的概念是十分重要的。

3.2.4　Lighthill 方程声源项分析

1. 四极子和偶极子声源

Lighthill 声类比理论的基本假设是方程(3-9)、方程(3-11)或方程(3-13)右端有关声源分布项是已知的,但是,这种情况往往是不存在的,因为对有关湍流运动的描述所用的质量守恒和动量守恒方程,与推导上述波动方程所采用的基本方程完全相同。也就是说,对上述波动方程右端声源项的描述需要完成上述方程的求解之后才能得到,但是,声场的计算又需要事先知道声源项,显然这是相互依赖的。

Lighthill 方法的重要性要归于 Lighthill 方程封闭形式解的存在,如果能对湍流源项作出一定比例假设,那么就有可能由 Lighthill 方程推导出有关湍流声场的比例定律。第一个(也是最著名的)流动噪声比例定律,就是 Lighthill(1954)给出的有关自由喷流的声功率正比于喷流速度 8 次方的喷流噪声定律。当然,Lighthill 喷流噪声功率关于喷流速度 8 次方定律仅在喷流具有定常密度时适用;而对于热气流喷流,密度脉动产生的偶极子声源则使得喷流噪声声功率正比于喷流速度的 6 次方。

2. 对流和折射效应

方程(3-13)的右端项包括了大气中平均速度与 U_i 的偏差(例如在喷流中平均速度剖面)和当地声速与大气声速值 c_0 的偏差(例如在具有不同温度的声场区域)等对声传播的影响,通过这种方式,声源项在高速喷流中声波的对流、折射和散射效应等,都被作为声源效应而非声传播效应加以考虑。因此,必须事先知道声源项,这时传播效应才能作用在所产生的声波上(显然这是矛盾的,因为声波在高速喷流中的对流、折射和散射等正是气动声学理论要研究的问题）。

为了解决上述矛盾，就需要推导出针对与实际流场速度分布的声波方程，以保证方程右端项能更好地描述气流中真正的声源。Lilley(1972)首先推导出了这样一种气动声学方程，他设想了一种并行运动的平均流场，并假定只有与非线性脉动有关的项才是真正的声源项，因此，关于脉动量的所有线性项都移到方程的左端，最终获得一个三阶偏微分方程。但是，遗憾地是这个三阶偏微分方程只能数值求解而不能分析求解；另外，这个方程的复杂性还表现在它的齐次方程形式（即当方程右端项为零时）没有平凡解存在。

同其他所有不同形式的气动声学方程相比，Lighthill 方程的最大优点就是存在封闭形式的解。

3. 声源项的其他描述形式

Lighthill 方程最主要的问题是声源项是未知的。对于不可压流体，Ribner(1959)通过对方程(3-16)简化，获得了方程(3-15)四极子源项

$$q = \frac{\partial^2 (\rho_0 u_i u_j)}{\partial x_i \partial x_j} = \mathbf{\nabla}^2 p \tag{3-18}$$

基于上述分析，Ribner 实现了对实验观测到的一些物理现象的合理解释。

Powell(1964)发现了另外一个重构低马赫数流动条件下四极子源项的方法，即

$$q = \frac{\partial^2 (\rho_0 u_i u_j)}{\partial x_i \partial x_j} = \rho_0 \mathbf{\nabla} (\mathrm{rot}\boldsymbol{u} \times \boldsymbol{u}) \tag{3-19}$$

这个公式表明，Lighthill 方程的声源项可以用完全不同的方式进行描述，Powell 给出的声源项实际是用涡量项而不是速度项描述的，因此这个方程非常适合于计算由涡产生的声场。Mohring(1978)则推导出了具有 Powell 声源项且向无限空间辐射的声场的 Lighthill 方程解，并对旋涡流动场进行了应用分析。

3.2.5 Howe 对流波动方程

Lighthill 声类比理论的本质就是把声学扰动变量写进描述声波传播的波动算子之中，用于描述在均匀平均流动介质中的声波传播。但是，Howe 认为，对于任意平均流动介质（例如非均匀平均流动），压力脉动和密度脉动并不满足古典对流波动方程，为了进行声类比，必须选择适当的声波脉动变量。基于 Ffowcs Williams 和 Howe (1975)对无旋平均流动中声波传播的分析，Howe 选择了滞止焓作为基本声学变量，得到了描述任意平均运动介质下的对流波动方程。本小节给出 Howe 对流波动方程的推导。

利用热力学基本定理，有

$$dE = Tds - pd\left(\frac{1}{\rho}\right) \tag{3-20}$$

式中，E 是流体的内能，T 是温度，p 是压力，ρ 是密度，s 是熵函数。流体的焓 h 可表示为

$$h = E + \frac{p}{\rho} \tag{3-21}$$

由方程(3-20)和方程(3-21)可得

$$dh = Tds + \frac{dp}{\rho} \tag{3-22}$$

选择流体的滞止焓 B 作为声学变量，其定义为

$$B = h + \frac{v^2}{2} \tag{3-23}$$

式中，v 是流动的速度。

为了推出 Howe 的对流波动方程，首先写出 Crocco 形式的动量方程为

$$\frac{\partial \boldsymbol{v}}{\partial t} + \boldsymbol{\nabla} \frac{\boldsymbol{v}^2}{2} + \boldsymbol{\omega} \times \boldsymbol{v} = T \boldsymbol{\nabla} s - \boldsymbol{\nabla} h \tag{3-24}$$

应用方程（3 - 23），则动量方程可以表示为

$$\frac{\partial \boldsymbol{v}}{\partial t} + \boldsymbol{\nabla} B = -\boldsymbol{\omega} \times \boldsymbol{v} + T \boldsymbol{\nabla} s \tag{3-25}$$

流体运动的连续方程为

$$\frac{1}{\rho} \frac{\mathrm{D}\rho}{\mathrm{D}t} + \boldsymbol{\nabla} \cdot \boldsymbol{v} = 0 \tag{3-26}$$

假定流体是完全理想流体，即满足

$$p = \rho R T \tag{3-27}$$

式中，$R = c_p - c_V$ 是气体常数，c_p 是气体的定压比热，c_V 是气体的定容比热。气体的内能式（3 - 20）则可表示为

$$\mathrm{d}E = T \mathrm{d}s + \frac{p}{\rho^2} \mathrm{d}\rho \tag{3-28}$$

因为 $E = c_V T$，因此可得

$$\mathrm{d}s = c_V \frac{\mathrm{d}T}{T} - \frac{p}{\rho^2} \frac{\mathrm{d}\rho}{T} \tag{3-29}$$

把方程（3 - 27）代入方程（3 - 29），得

$$\mathrm{d}s = c_V \frac{\mathrm{d}T}{T} - \frac{R}{\rho} \mathrm{d}\rho \tag{3-30}$$

对这个方程积分，可以得到

$$s = c_V \ln \left(\frac{p}{\rho^\gamma} \right) \tag{3-31}$$

式中，$\gamma = c_p / c_V$ 是比热比，对方程（3 - 31）微分可得

$$\frac{\mathrm{D}s}{\mathrm{D}t} = c_V \left(\frac{1}{p} \frac{\mathrm{D}p}{\mathrm{D}t} - \frac{\gamma}{\rho} \frac{\mathrm{D}\rho}{\mathrm{D}t} \right) \tag{3-32}$$

把方程（3 - 26）代入方程（3 - 32），得

$$\frac{1}{p\gamma} \frac{\mathrm{D}p}{\mathrm{D}t} - \frac{1}{c_p} \frac{\mathrm{D}s}{\mathrm{D}t} + \boldsymbol{\nabla} \cdot \boldsymbol{v} = 0 \tag{3-33}$$

因为声速满足 $c^2 = \gamma p / \rho$，因此方程（3 - 33）可写成

$$\frac{1}{\rho c^2} \frac{\mathrm{D}p}{\mathrm{D}t} - \frac{1}{c_p} \frac{\mathrm{D}s}{\mathrm{D}t} + \boldsymbol{\nabla} \cdot \boldsymbol{v} = 0 \tag{3-34}$$

根据方程（3 - 27）和方程（3 - 21），流体的焓可以写为

$$w = \frac{p}{\rho} \frac{\gamma}{\gamma - 1} \tag{3-35}$$

由方程（3 - 23）和方程（3 - 35），可以把声速写为

$$c^2 = \left(B - \frac{v^2}{2}\right)(\gamma - 1) \tag{3-36}$$

取方程(3-25)的散度和方程(3-34)的时间偏导数,并把它们相减,可以得到

$$\frac{\partial}{\partial t}\left\{\frac{1}{\rho c^2}\frac{\mathrm{D}p}{\mathrm{D}t}\right\} - \boldsymbol{\nabla}^2 B = \boldsymbol{\nabla} \cdot \{\boldsymbol{\omega} \times \boldsymbol{v} - T\boldsymbol{\nabla} s\} + \frac{1}{c_p}\frac{\partial}{\partial t}\frac{\mathrm{D}s}{\mathrm{D}t} \tag{3-37}$$

取方程(3-23)的导数,并利用动量方程和方程(3-22)可得

$$\frac{\mathrm{D}B}{\mathrm{D}t} = T\frac{\mathrm{D}s}{\mathrm{D}t} + \frac{1}{\rho}\frac{\partial p}{\partial t} \tag{3-38}$$

再次对方程(3-38)取导数并利用理想气体状态方程(3-27)可得

$$\frac{\mathrm{D}}{\mathrm{D}t}\left(\frac{1}{c^2}\frac{\mathrm{D}B}{\mathrm{D}t}\right) = \frac{\mathrm{D}}{\mathrm{D}t}\left(\frac{1}{\rho c^2}\frac{\partial p}{\partial t}\right) + \frac{1}{c_p(\gamma - 1)}\frac{\mathrm{D}^2 s}{\mathrm{D}t^2} \tag{3-39}$$

由方程(3-37)减去方程(3-39),就可以得到

$$\frac{\mathrm{D}}{\mathrm{D}t}\left(\frac{1}{c^2}\frac{\mathrm{D}B}{\mathrm{D}t}\right) - \boldsymbol{\nabla}^2 B = \boldsymbol{\nabla} \cdot \{\boldsymbol{\omega} \times \boldsymbol{v} - T\boldsymbol{\nabla} s\} + \frac{1}{c_p}\frac{\partial}{\partial t}\frac{\mathrm{D}s}{\mathrm{D}t} + \frac{1}{c_p(\gamma - 1)}\frac{\mathrm{D}^2 s}{\mathrm{D}t^2} +$$
$$\frac{\mathrm{D}}{\mathrm{D}t}\left(\frac{1}{\rho c^2}\frac{\partial p}{\partial t}\right) - \frac{\partial}{\partial t}\left(\frac{1}{\rho c^2}\frac{\mathrm{D}p}{\mathrm{D}t}\right) \tag{3-40}$$

方程(3-40)中的最后两项可利用动量方程重新写出,从而得

$$\frac{\mathrm{D}}{\mathrm{D}t}\left(\frac{1}{\rho c^2}\frac{\partial p}{\partial t}\right) - \frac{\partial}{\partial t}\left(\frac{1}{\rho c^2}\frac{\mathrm{D}p}{\mathrm{D}t}\right) = -\frac{1}{c^2}\frac{\mathrm{D}\boldsymbol{v}}{\mathrm{D}t}(\boldsymbol{\nabla} B + \boldsymbol{\omega} \times \boldsymbol{v} - T\boldsymbol{\nabla} s) \tag{3-41}$$

改写这个方程为如下形式:

$$\left\{\frac{\mathrm{D}}{\mathrm{D}t}\left(\frac{1}{c^2}\frac{\mathrm{D}}{\mathrm{D}t}\right) + \frac{1}{c^2}\frac{\mathrm{D}\boldsymbol{v}}{\mathrm{D}t}\boldsymbol{\nabla} - \boldsymbol{\nabla}^2\right\}B = \boldsymbol{\nabla} \cdot \{\boldsymbol{\omega} \times \boldsymbol{v} - T\boldsymbol{\nabla} s\} - \frac{1}{c^2}\frac{\mathrm{D}\boldsymbol{v}}{\mathrm{D}t}\{\boldsymbol{\omega} \times \boldsymbol{v} - T\boldsymbol{\nabla} s\} +$$
$$\frac{1}{c_p}\left\{\frac{\partial}{\partial t}\frac{\mathrm{D}s}{\mathrm{D}t} + \frac{1}{\gamma - 1}\frac{\mathrm{D}^2 s}{\mathrm{D}t^2}\right\} \tag{3-42}$$

方程(3-42)就是著名的 Howe 对流波动方程,方程的左边描述了时间依赖变量 B 在可压缩介质中的传播,随流导数项 $\mathrm{D}/\mathrm{D}t$ 包括任意流体速度的影响。进行类似的声类比分析,Howe 的对流波动方程(3-42)可看成是描述由涡度和熵的变化以及其相互间作用而发声的声学普遍方程。由于这个方程是非线性方程,因此它也描述了与声音关联的非线性相互作用,如不存在气流的旋涡和熵梯度,就不会产生声音,这也说明,声源只是集中在那些存在有涡度和熵梯度的流动区域。

3.3 Lighthill 方程解

3.3.1 Kirchhoff 积分

假定方程(3-13)中的声源项 q 是一个已知的作为时间和空间的函数,那么从经典数学理论和声学理论就可以获得方程一般形式的解。对于声源区域是由包括了稳定固体边界的无限空间包围的情况,当 U_i 等于零时,大气具有均匀声速 c_0,且黏性应力可以忽略不计,即 $\tau_{ij} = 0$,则可以得到声场中任意一点 x_i 处压力脉动量 $p'(x_i, t) = p(x_i - t) - p_0$ 的 Kirchhoff 积分:

$$p'(x_i,t) = \frac{1}{4\pi}\int_v \frac{1}{r}\left[\frac{\partial^2 q_{ij}}{\partial y_1 \partial y_j}\right]dV(y_i) + \frac{1}{4\pi}\int_v \frac{1}{r}\left[\frac{\partial q_i}{\partial y_i}\right]dV(y_i) +$$

$$\frac{1}{4\pi}\int_s \left\{\frac{1}{r}\left[\frac{\partial p}{\partial n}\right] + \frac{1}{r^2}\frac{\partial r}{\partial n}[p] + \frac{1}{c_0 r}\frac{\partial r}{\partial n}\left[\frac{\partial p}{\partial t}\right]\right\}dS(y_i) \qquad (3-43)$$

图 3-4 给出了上式的符号说明。体积积分可以限制在仅包含湍流的体积 V_0 内，$r = |r_i|$ $= |y_i - x_i|$ 是声源点 y_i 到声场观测点 x_i 的辐射距离，公式中的方括号表示其中包含项的计算必须按照延迟时间计算，即

$$t_r = t - r/c_0 \qquad (3-44)$$

它考虑了声波从声源位置 y_i 传播到观测点位置 x_i 所需的时间，积分式(3-43)在任意位置都是有效的，即使在图 3-4 中的声源区域，V_0 也是有效的。后面将会看到，当采用远场近似假设时，就需要 x_i 远离 V_0 区域。

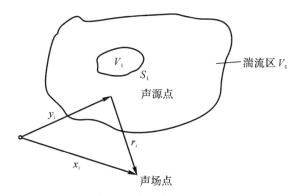

图 3-4　声源点、声场点和辐射距离的说明

从方程(3-43)可以看出，在声场观测点 x_i 处的声压脉动由包括声源项 q_{ij} 和 q_i 的体积积分及压力 p 的面积积分(忽略了表面的黏性剪切应力)所构成，$\partial/\partial n$ 表示向外的表面法向方向的梯度，q_{ij} 和 q_i 是声源位置 y_i 的函数。Lighthill(1952)首先研究了空气动力噪声中体积积分源项，Curle(1955)则首先研究了空气动力噪声中有关面积积分源项。

3.3.2　Curle 对气动声学方程的积分解

在飞机噪声问题的研究中，气体与固体表面相互作用产生的流动噪声问题是最常见的飞机噪声问题。由古典声学的基本理论可知，固体散射表面对声场具有重要的影响，这个影响与固体表面的大小以及它的形状等密切相关。英国科学家 Curle(1955)第一个考虑了固体表面对流动噪声的影响，他推导出了包括有稳定固体表面存在的流场噪声辐射 Lighthill 方程的完整积分解。Curle 的积分解说明，在流场中的硬壁物体(即刚性物体)对流动噪声的影响就等效于分布在固体表面上的一个表面声学偶极子，如果固体的表面尺寸相对于声场的声波波长比较小，这个表面偶极子就相当于一个偶极子点声源，其强度正比于物体表面的流体作用力。Curle 对有固体表面的湍流流动噪声的分析表明，有固体表面存在的流动噪声辐射强度与流体速度的 6 次方成正比关系，因此，对于低速的流动噪声源，由固体表面上的偶极子辐射的噪声是主要的。Curle 关于 Lighthill 方程的积分解公式成功地解释了诸如由气流绕流圆柱产生的脱落涡噪声等问题。在气动声学领域，现在都把 Curle 的积分解看作是对 Lighthill 声类比

理论第一次成功的发展。

根据 Curle 的推导方式,在声场解式(3-43)中关于固体边界的面积分可以写成如下更简化的形式:

$$p'(x_i,t) = \frac{1}{4\pi} \frac{\partial^2}{\partial x_i \partial x_j} \int_V \frac{[q_{ij}]}{r} dV(y_i) + \frac{1}{4\pi} \frac{\partial}{\partial x_i} \int_V \frac{[q_i]}{r} dV(y_i) - \frac{1}{4\pi} \frac{\partial}{\partial x_i} \int_S \frac{[f_i]}{r} dS(y_i)$$

$$(3-45)$$

第三个积分项表示每一个面源 $dS(y_i)$ 辐射的基本声波与强度是 $-f_i dS(y_i)$ 的偶极子声源辐射的噪声波相同。其中 f_i 表示流体作用在固体边界单位面积上的力,且

$$f_i = -n_i(p - p_0) + n_j \tau_{ij} \qquad (3-46)$$

式中,n_i 是垂直于固体表面的单位矢量,τ_{ij} 是作用在固体表面的黏性应力张量。

声场解式(3-45)表明声场是由空间分布的四极子 q_{ij}、空间分布的偶极子 q_i 和面积分布的偶极子 f_i 等所产生的,同样,式中的方括号表示其中的声源计算须在由式(3-44)定义的延迟时刻计算。声场解式(3-45)对于空间任意观测点 x_i 都是有效的。

必须注意,辐射到不同于自由空间的任意空间的声场解与上述解的形式是不同的,辐射到圆形管道的声场解就是一个典型的例子(由 Goldsterin(1974)提出)。

3.3.3 对流 Lighthill 方程的解

Michalke 和 Michel(1979)给出了对流波动方程的解,对于包含静止固体边界的声场,其解的形式为

$$p'(x_i,t) = \frac{1}{4\pi} \frac{\partial^2}{\partial x_i \partial x_j} \int_V \frac{[q_{ij}]}{r_0 D_f} dV(y_i) + \frac{1}{4\pi} \frac{\partial}{\partial x_i} \int_V \frac{[q_i]}{r_0 D_f} dV(y_i) - \frac{1}{4\pi} \frac{\partial}{\partial x_i} \int_S \frac{[f_i]}{r_0 D_f} dS(y_i)$$

$$(3-47)$$

在空间任意位置 x_i,这个针对压力脉动的声场解都是有效的,不管是在包含湍流流动的空间 V 之内还是之外。与声场解式(3-45)相比可以看出,式(3-45)中的观测点距离 r 在式(3-47)中用 $r_0 D_f$ 所代替,其中 D_f 是 Doppler 因子,其定义是

$$D_f = 1 - Ma_f \cos \theta_0 \qquad (3-48)$$

其中流动(或飞行)马赫数 $Ma_f = U_f/c_0 < 1$。辐射距离 r_0 和辐射角度 θ_0 的定义如图 3-5 所示。

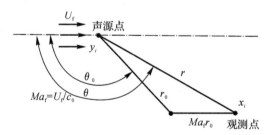

图 3-5 在风洞坐标系中声源与观测点关系

在图 3-5 中,在喷流流场中的声源点是 y_i,在流场之外的声场观测点是 x_i,r 则是这两个点之间的距离,θ 则是辐射矢量相对流动上游方向的夹角,r_0 是在运动介质中传播而达到观测

点的声波传播距离，$Ma_f r_0$ 就是在声波传播时间内由于外部流动使得声波向下游对流移动的距离，θ_0 是垂直于传播波波前的角度，它也被称为波法线角（wave-normal angle）（由 Morfey（1979）提出）。在这里，也使用了辐射角的概念，因为它是声波从声源辐射的角度。

在计算分析中选择辐射坐标 $(r_0，\theta_0)$ 而不是观测点坐标 $(r，\theta)$，其原因是为了使得方程（3 - 47）结构紧凑。观测点坐标和辐射坐标可以互相转换，即

$$r_0 = \frac{r}{\sqrt{1 - Ma_f^2 \sin^2\theta} - Ma_f\cos\theta} \tag{3-49}$$

$$\cos\theta_0 = \cos\theta\left[\sqrt{1 - Ma_f^2 \sin^2\theta} - Ma_f\cos\theta\right] + Ma_f \tag{3-50}$$

同样可以给出上述关系的反运算式：

$$r = r_0\sqrt{1 - 2Ma_f\cos\theta_0 + Ma_f^2} \tag{3-51}$$

$$\cos\theta = \frac{\cos\theta_0 - Ma_f}{\sqrt{1 - 2Ma_f\cos\theta_0 + Ma_f^2}} \tag{3-52}$$

在方程（3 - 47）中方括号内的项的计算是在延迟时间 t_r 时刻进行，其计算式为

$$t_r = t - r_0/c_0 \tag{3-53}$$

式中，t 是观测点时间。

必须指出，方程（3 - 47）中的 Doppler 因子 D_f 并不表示当外部流体运动时，声源的声强度增加了，这一项表示的是当一个声功率相对平均流动传输时，声波的压力幅值增大了。

3.3.4　远场近似

在几乎所有的气动声学理论实际应用中（例如喷流噪声、机体噪声、螺旋桨噪声、旋翼噪声和发动机噪声等），人们关心的总是从声源处向远场处的声辐射。在这种情况下，计算声场时就可以采用如下两个近似：

（1）观测点 x_i 在声学远场（acoustic far field，即观测点到声源距离大于声波波长）。这时方程（3 - 47）中的空间导数项 $\partial/\partial x_i$ 和 $\partial^2/(\partial x_i \partial x_j)$ 就可以用如下形式的时间导数代替：

$$\partial/\partial x_i = (1/(c_0 D_f))\partial/\partial t$$

（2）观测点 x_i 在几何远场（geometric far field，即观测点到声源距离大于声源的几何尺寸）。这时可以认为对于所有声源点 y_i，方程（3 - 47）中的 $r_0 D_f$ 项都是完全相同的，它可以用声源区域中的参考声源点 $y_{i,ref}$ 与观测点 x_i 之间的波法线距离 r_0 计算。

用参考声源位置定义坐标系的原点，$y_{i,ref} = 0$，则方程（3 - 47）可以简化为

$$p'(x_i,t) = \frac{x_i x_j}{4\pi c_0^2 (r_0 D_f)^3}\int_V \left[\frac{\partial^2 q_{ij}}{\partial t^2}\right]dV(y_i) + \frac{x_i}{4\pi c_0 (r_0 D_f)^2}\int_V \left[\frac{\partial q_i}{\partial t}\right]dV(y_i) -$$
$$\frac{x_i}{4\pi c_0 (r_0 D_f)^2}\int_S \left[\frac{\partial f_i}{\partial t}\right]dS(y_i) \tag{3-54}$$

式中，方括号内项计算的延迟时间定义（由 Michalke 和 Michel（1979）提出）为

$$t_r = t - \frac{r_0}{c_0} + \frac{y_{r_0}}{c_0 D_f} \tag{3-55}$$

式中，最后一项表示的是实际声源点 y_i 与参考点 $y_{i,ref}$ 延迟时间的差，如图 3 - 6 所示。

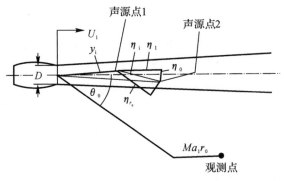

图 3-6　几何远场近似下声源和观测点的几何位置

对于无飞行速度的情况(即 $U_f = 0$),除了方程中第二项考虑的湍流内密度梯度产生的体积偶极子声源项以外,方程(3-54)与 Curle 推导的方程完全相同。

方程(3-54)可以写成从物理上更容易理解的形式:

$$p'(x_i, t) = \frac{1}{4\pi c_0^2 r_0 D_f^3} \int_V \left[\frac{\partial^2 q_q}{\partial t^2} \right] \mathrm{d}V(y_i) + \frac{1}{4\pi c_0 r_0 D_f^2} \int_V \left[\frac{\partial q_d}{\partial t} \right] \mathrm{d}V(y_i) -$$

$$\frac{1}{4\pi c_0 r_0 D_f^2} \int_S \left[\frac{\partial f_{r_0}}{\partial t} \right] \mathrm{d}S(y_i) \tag{3-56}$$

公式中三个声源项分别定义如下:

$$q_q = \rho_0 u_{r_0}^2 \left(1 + \frac{p'}{\rho_0 c_0^2} \right) - \left(1 - \frac{\rho_0}{\rho} \right) p' \tag{3-57}$$

当声源区的压力脉动 p' 较小且 $\rho = \rho_0$ 时,四极子声源项可以近似为

$$q_q = \rho_0 u_{r_0}^2 \tag{3-58}$$

可以看出 q_q 主要取决于指向观测点方向(波法线角 θ_0)的速度脉动。

偶极子的定义如下:

$$q_d = p' \frac{\partial}{\partial y_{r_0}} \left(\frac{\rho_0}{\rho} \right) \tag{3-59}$$

它表明如果体积偶极子是重要的声源,那么在波法线方向 θ_0 的密度梯度必须具有一定的数量值。

f_{r_0} 是作用在流体上单位面积表面力 f_i 在相对观测点波法线方向上的分量,且

$$f_{r_0} = -\frac{x_{0i}}{r_0} [n_i(p - p_0) + n_j \tau_{ij}] \tag{3-60}$$

式中,x_{0i} 是观测点在波法线方向上的位置。

从以上讨论可以得到如下结论:

(1)方程(3-56)中第一个积分描述了由声源区相对观测点的波法线方向上速度脉动产生的声波。

(2)方程(3-56)中第二个积分描述了相对观测点的波法线方向上由于密度梯度产生压力波动而产生的声波。

(3)方程(3-56)中第三个积分描述了固体表面作用在流体上的力在相对观测点的波法线方向上的分量产生的声波。

3.4　时间平均解

气动声学方程的求解结果是声压的时域解,但是,在声学研究中,人们往往对由大量数据描述的压力脉动的时间历程并不感兴趣,更感兴趣的是声压脉动的均方根值和声压频谱。通常可以从声压的时间序列数据获得平均值,但是,人们更希望从时间平均源项获得封闭形式的时间平均解,因为,这种形式的解使得人们可以直接研究对声辐射具有重要影响的声源干涉效应,而从声压时间序列信号中是无法识别气动声源的干涉效应的。

3.4.1　自相关函数

压力脉动的时间相依关系可以应用自相关函数描述。自相关函数的定义是

$$R_{pp}(x_i,\tau) = \overline{p'(x_i,t)p'(x_i,t+\tau)} = \frac{1}{t_2-t_1}\int_{t_1}^{t_2} p'(x_i,t)p'(x_i,t+\tau)\mathrm{d}t \qquad (3-61)$$

当 $\tau=0$ 时,这个函数就是压力脉动的均方值,即

$$\overline{p'^2} = R_{pp}(x_i,0) \qquad (3-62)$$

为了进一步研究 R_{pp} 的性质,对于稳态静止的空间声源和表面声源的远场噪声三个积分计算式(即式(3-56)中三个积分)分别进行研究,即

$$p'(x_i,t) = p'_q(x_i,t) + p'_d(x_i,t) + p'_f(x_i,t) \qquad (3-63)$$

式中,$p'_q(x_i,t)$ 是对四极子源项 $\partial^2 q_q/\partial t^2$ 的空间积分,$p'_d(x_i,t)$ 是对偶极子源项 $\partial q_q/\partial t$ 的空间积分,$p'_f(x_i,t)$ 是对偶极子源项 $\partial f_{r_0}/\partial t$ 的表面积分。当将式(3-63)带入方程(3-61)时,就可以得到

$$R_{pp}(x_i,\tau) = R_{ppqq}(x_i,\tau) + R_{ppdd}(x_i,\tau) + R_{ppff}(x_i,\tau) \qquad (3-64)$$

$R_{ppqq}(x_i,\tau)$ 是方程(3-56)中第一项四极子空间积分带入方程(3-61)时计算的结果,$R_{ppdd}(x_i,\tau)$ 和 $R_{ppff}(x_i,\tau)$ 则分别是偶极子空间积分和偶极子表面积分带入方程(3-61)时计算的结果。为了简化,在这里推导时假定三个声源项 $\partial^2 q_q/\partial t^2$,$\partial q_q/\partial t$ 和 $\partial f_{r_0}/\partial t$ 互相之间不关联。如果声源之间相互关联的话,自相关函数中就要考虑由不同声源之间产生的六个互相关函数。

1. 空间四极子项

计算空间四极子声源的自相关函数,可以得到

$$R_{ppqq}(x_i,\tau) = \frac{1}{16\pi^2 r_0^2 c_0^4 D_f^6 (t_2-t_1)}\int_{t_1}^{t_2}\left\{\int_V Q_q(y_{i1},\theta_0,t)\mathrm{d}y_{1i}\int_V Q_q(y_{i2},\theta_0,t+\Delta t_r+\tau)\mathrm{d}y_{2i}\right\}\mathrm{d}t$$

$$(3-65)$$

式中,Q_q 是四极子源的函数式,且

$$Q_q(y_i,x_i,t) = \frac{\partial^2 q_q(y_i,\theta_0,t)}{\partial t^2} = \frac{\partial^2}{\partial t^2}\left\{\rho_0 u_{r_0}^2\left(1+\frac{p'}{\rho_0 c_0^2}\right)-\left(1-\frac{\rho_0}{\rho}\right)p'\right\} \qquad (3-66)$$

Δt_r 是在位置 y_{i2} 和 y_{i1} 之间延迟时间的差值,其定义是

$$\Delta t_r = \frac{\eta_{r_0}}{c_0 D_f} \tag{3-67}$$

图 3 – 7 给出了声源点之间位置间隔矢量 $\boldsymbol{\eta}_i$ 的波法线分量 η_{r_0} 的说明。

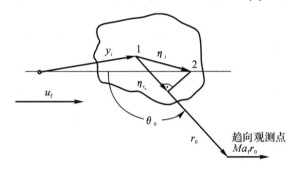

图 3 – 7 声源间距矢量 $\boldsymbol{\eta}_i$ 和 η_{r_0} 的定义

如果声源是平稳随机过程,则方程(3-65)中的积分结果就与初始时间 t_1 无关,令 $y_{1i} = y_i$,$y_{2i} = y_i + \eta_i$,则通过交换积分次序就可以得到

$$R_{ppqq}(x_i, \tau) = \frac{1}{16\pi^2 r_0^2 c_0^4 D_f^6} \iint_V \frac{1}{t_2 - t_1} \int_{t_1}^{t_2} Q_q(y_i, \theta_0, t) Q_q(y_i + \eta_i, x_i, t + \Delta t_r + \tau) dt d\eta_i dy_i$$

$$\tag{3-68}$$

双重空间积分中的时间积分可以用在不同空间位置 y_i,$y_i + \eta_i$ 及式(3-66)表示的四极子声源函数 Q_q 的互相关函数来描述,即

$$R_{qq}(y_i, \eta_i, \theta_0, \tau) = \frac{1}{t_2 - t_1} \int_{t_1}^{t_2} [Q_q(y_i, \theta_0, t) Q_q(y_i + \eta_i, \theta_0, t + \tau)] dt = \overline{Q_q(y_i, \theta_0, t) Q_q(y_i + \eta_i, \theta_0, t + \tau)} \tag{3-69}$$

这个函数的计算要考虑在两个声源位置延迟时间的差 Δt_r,公式中保持参数 θ_0 是为了提示函数 R_{qq} 和 Q_q 的值要取决于辐射角大小。这样方程(3-68)就可以简化为

$$R_{ppqq}(x_i, \tau) = \frac{1}{16\pi^2 r_0^2 c_0^4 D_f^6} \int_V \int_{V_c} R_{qq}(y_i, \eta_i, \theta_0, \tau + \Delta \tau_r) dV_c(\eta_i) dV(y_i) \tag{3-70}$$

由此得出一个重要结论:远场自相关函数可以应用于声源区域的声源函数 Q_q 的互相关函数计算。

式(3-70)积分前的项说明,均方声源反比于波法线距离 r_0 的二次方,这也是容易理解的,因为在几何远场(例如球形声传播),$r_0^2 \overline{p'^2} = r_0^2 R_{pp}(x_i, 0)$ 与 r_0 无关。值得注意的是,在分母中的 Doppler 因子 $D_f = 1 - Ma_f \cos\theta$ 以 6 次方形式出现,因为在飞行方向的前弧区(即向着飞行方向,$\theta_0 < 90°$),$D_f < 1$;而在飞行方向的后弧区(即 $\theta_0 > 90°$),$D_f > 1$,因此飞行速度引起四极子声源产生的声压在前弧区急剧增大,而在后弧区急剧减小。这个公式解释了曾经长时间没有被人们所理解的飞行中喷流噪声具有强烈的前弧区放大效应的现象。

2. 空间偶极子源项

对空间偶极子声源项的自相关函数可以采用类似的处理方法得到

$$R_{ppdd}(x_i, \tau) = \frac{1}{16\pi^2 r_0^2 c_0^2 D_f^4} \int_V \int_{V_c} R_{dd}(y_i, \eta_i, \theta_0, \tau + \Delta t_r) dV_c(\eta_i) dV(y_i) \tag{3-71}$$

式中,R_{dd} 是在不同空间位置 y_i,$y_i + \eta_i$ 处偶极子声源的互相关函数,且

$$R_{dd}(y_i, \eta_i, \theta_0, \tau) = \frac{1}{t_2 - t_1} \int_{t_1}^{t_2} \left[Q_d(y_i, \theta_0, t) Q_d(y_i + \eta_i, \theta_0, t + \tau) \right] dt =$$

$$\overline{Q_d(y_i, \theta_0, t) Q_d(y_i + \eta_i, \theta_0, t + \tau)} \tag{3-72}$$

空间分布的偶极子源函数是

$$Q_d(y_i, \theta_0, t) = \frac{\partial q_d(y_i, \theta_0, t)}{\partial t} = \frac{\partial}{\partial t} \left[p' \frac{\partial}{\partial y_{r_0}} \left(\frac{\rho_0}{\rho} \right) \right] \tag{3-73}$$

与空间四极子声源计算公式中 Doppler 因子 6 次方不同的是,空间偶极子声源声场声压自相关函数中的 Doppler 因子的指数是 4 次方,这意味着飞行速度对偶极子噪声前弧区放大效应要小于对四极子噪声的放大。

3. 表面偶极子源项

因为表面偶极子中的积分是面积分,因此表面偶极子声源项的自相关函数与空间偶极子有一些差异,即

$$R_{ppff}(x_i, \tau) = \frac{1}{16\pi^2 r_0^2 c_0^2 D_f^4} \int_S \int_{S_c} R_{ff}(y_i, \eta_i, \theta_0, \tau + \Delta t_r) dS_c(\eta_i) dS(y_i) \tag{3-74}$$

式中, R_{ff} 是在不同空间位置 $y_i, y_i + \eta_i$ 处表面偶极子声源的互相关函数,且

$$R_{ff}(y_i, \eta_i, \theta_0, \tau) = \frac{1}{t_2 - t_1} \int_{t_1}^{t_2} \left[Q_f(y_i, \theta_0, t) Q_f(y_i + \eta_i, \theta_0, t + \tau) \right] dt =$$

$$\overline{Q_f(y_i, \theta_0, t) Q_f(y_i + \eta_i, \theta_0, t + \tau)} \tag{3-75}$$

表面分布的偶极子源函数是

$$Q_f(y_i, \theta_0, t) = \frac{\partial f_{r_0}(y_i, \theta_0, t)}{\partial t} \tag{3-76}$$

4. 相关体积和有效声源体积

为了初步估算远场声压均方根值,对式(3-70)中的内积分有时可以采用空间位置 y_i 处四极子声源的自相关函数和相关体积 V_{cq} 乘积计算,即

$$\int_{V_c} R_{qq}(y_i, \eta_i, \theta_0, \tau) dV_c(\eta_i) = V_{cq} R_{qq}(y_i, 0, \theta_0, \tau) \tag{3-77}$$

注意,在这个简化计算过程中忽略了滞后时间差的影响,因此这个简化值适用于小相关体积(相关体积尺寸远小于声波波长)和低马赫数的情况。

同样,对式(3-68)中的外积分可以用在参考位置 $y_{i,ref}$ 的声源值和有效声源体积 V_{sq} 来计算,即

$$\int_V V_{cq} R_{qq}(y_i, 0, \theta_0, \tau) dV(y_i) = V_{sq} V_{cq} R_{qq}(y_{i,ref}, 0, \theta_0, \tau) \tag{3-78}$$

则方程(3-68)就可以简化成

$$R_{ppqq}(x_i, \tau) = \frac{1}{16\pi^2 r_0^2 c_0^4 D_f^6} V_{sq} V_{cq} R_{qq}(y_{i,ref}, 0, \theta_0, \tau) \tag{3-79}$$

四极子源产生的远场均方声压 $\overline{p_q'^2(x_i)} = R_{ppqq}(x_i, \tau)$ 正比于声源区参考位置声源函数的均方值、相关体积和有效声源体积,在自相关函数 $R_{qq}(y_{i,ref}, 0, \theta_0, 0)$ 中的变量 θ_0 表明声源函数的均方值也具有指向性。但是必须注意,应用上述简化过程以后,滞后时间差对声辐射的影响就忽略掉了,因此使用上述简化计算公式时必须谨慎。

采用类似简化假设可以得到空间偶极子和表面偶极子声源辐射声场计算式为

$$R_{\text{ppdd}}(x_i,\tau) = \frac{1}{16\pi^2 r_0^2 c_0^2 D_f^4} V_{\text{sc}} V_{\text{cd}} R_{\text{dd}}(y_{i,\text{ref}},0,\theta_0,\tau) \qquad (3-80)$$

$$R_{\text{ppff}}(x_i,\tau) = \frac{1}{16\pi^2 r_0^2 c_0^2 D_f^4} S_{\text{sf}} S_{\text{cf}} R_{\text{ff}}(y_{i,\text{ref}},0,\theta_0,\tau) \qquad (3-81)$$

3.4.2 功率普密度

在声学研究中，自相关函数并不是描述远场声压脉动时间历程的常用方法，更容易理解和常用的是应用功率谱密度函数表示的声压脉动的频谱。功率谱密度函数描述的是声压脉动均方值是如何在频率域分布的，而且，我们将会看到功率谱密度函数特别适用于对声干涉问题的分析。

在远场点 x_i 的声压脉动的功率谱密度函数可以通过应用对式(3-61)表示的自相关函数的 Fourier 转换得到，即

$$W_{\text{pp}}(x_i,f) = \int_{-\infty}^{\infty} R_{\text{pp}}(x_i,\tau)\exp(\text{i}2\pi f\tau)\text{d}\tau \qquad (3-82)$$

就像自相关函数一样，功率谱密度函数 $W_{\text{pp}}(x_i,f)$ 是实数且包含三种分布声源的贡献，在假设三种声源之间互不相关的情况下，对稳态静止声源可以得到类似式(3-64)形式的功率谱密度函数

$$W_{\text{pp}}(x_i,f) = W_{\text{ppqq}}(x_i,f) + W_{\text{ppdd}}(x_i,f) + W_{\text{ppff}}(x_i,f) \qquad (3-83)$$

由四极子声源在远场点 x_i 产生的声压脉动的功率谱密度函数 $W_{\text{ppqq}}(x_i,f)$ 由下列的双重积分表示，即

$$W_{\text{ppqq}}(x_i,f) = \frac{1}{(4\pi r_0 c_0^2 D_f^3)^2} \int_V \int_{V_c} W_{\text{qq}}(y_i,\eta_i,f)\exp(\text{i}\psi_r)\text{d}V_c(\eta_i)\text{d}V(y_i) \qquad (3-84)$$

式中，W_{qq} 是两个声源点 y_i 和 $y_i+\eta_i$ 的互谱密度函数，且

$$W_{\text{qq}}(y_i,\eta_i,f) = \int_{-\infty}^{\infty} \overline{Q_q(y_i,t)Q_q(y_i+\eta_i,t+\tau)}\exp(\text{i}2\pi f\tau)\text{d}\tau \qquad (3-85)$$

式中，Q_q 如式(3-66)所示，f 是固定在声源坐标系下的频率参数。

式(3-84)中的相位差 ψ_r 是由两个声源点 y_i 和 $y_i+\eta_i$ 的滞后时间差决定的，且

$$\psi_r = 2\pi f \Delta t_r = 2\pi f \frac{\eta_{r_0}}{c_0 D_f} \qquad (3-86)$$

式中，η_{r_0} 是声源间距矢量 $\boldsymbol{\eta}_i$ 在波法线方向 θ_0 的分量，如图 3-7 所示。

W_{qq} 是一个复数，可以应用它的模和相位表示，即

$$W_{\text{qq}} = |W_{\text{qq}}(y_i,y_i+\eta_i)|\exp(\text{i}\psi_q) \qquad (3-87)$$

除了与声源位置 y_i 和 $y_i+\eta_i$ 有关外，W_{qq} 还与频率 f、辐射角 θ_0 以及其他所有影响湍流的参数有关。

通过引入在两个声源位置 y_i 和 $y_i+\eta_i$ 的 Q_q 的相干函数 $\gamma_{q12}(y_i,y_i+\eta_i)$，式(3-84)就可以表示成

$$W_{\text{ppqq}}(x_i,f) = \frac{1}{(4\pi r_0 c_0^2 D_f^3)^2} \int_V \int_{V_c} \sqrt{W_{\text{qq}1} W_{\text{qq}2}}\, \gamma_{q12}\exp[\text{i}(\psi_q+\psi_r)]\text{d}V_c(\eta_i)\text{d}V(y_i)$$

$$(3-88)$$

式中，$W_{qq1} = W_{qq}(y_i, y_i)$ 是在声源位置 y_i 声源 Q_q 的功率谱密度（定义如式（3-66）所示），$W_{qq2} = W_{qq}(y_i + \eta_i, y_i + \eta_i)$ 是在声源位置 $y_i + \eta_i$ 声源 Q_q 的功率谱密度，这两个量描述了作为频率函数的声源 Q_q 的强度。

式（3-88）中的相干函数 γ_{q12} 表明，只有在两个位置压力脉动的相干部分才对远场声压辐射有贡献。如图 3-8 所示，湍流场中相干函数是随着声源距离的增加而衰减的，对于给定频率，衰减率与湍流尺度密切相关。式（3-88）中对坐标 η_i 的积分只需要在相干函数 $\gamma_{q12} > 0$ 的区域进行，这个区域也称为相干体积。

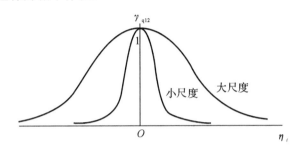

图 3-8　在两个声源间的相干函数随声源间距变化的衰减

式（3-88）中的声源干涉项 $\exp[i(\psi_q + \psi_r)]$ 描述的是不同声源位置的相位关系，相位 ψ_q 考虑的是流动中脉动传播效应的影响，描述这些脉动的控制方程是运动方程，控制方程也同时描述了流动中不稳定波的运动。轴向位置相差 η_1 的两个声源的相位差可以近似地由不稳定波传播推导出，即

$$\psi_q = 2\pi f \frac{\eta_1}{U_p(f, y_i, \eta_i)} \tag{3-89}$$

式中，$U_p(f, y_i, \eta_i)$ 是在位置 y_i 和 $y_i + \eta_i$ 之间相关频率分量在 η_1 方向的平均相速度。

式（3-88）中的相位 ψ_r 表示的是在两个声源位置滞后时间差的影响，由式（3-86）计算。

与互相关函数式（3-66）相比较可以看出，互功率谱密度函数式（3-88）中显式地包含了声源区域重要声源干涉项，这是用互功率谱密度函数描述声场的优点。

相干函数和干涉函数的乘积对声辐射具有非常大的影响，在喷流噪声研究中，将会发现喷流混合噪声的指向性就是由这种影响所决定的。

相应地可以得到式（3-83）中其他两项功率谱密度函数，空间偶极子源项的声场功率谱密度函数是

$$W_{ppdd}(x_i, f) = \frac{1}{(4\pi r_0 c_0 D_f^2)^2} \int_V \int_{V_c} \sqrt{W_{dd1} W_{dd2}}\, \gamma_{d12} \exp[i(\psi_d + \psi_r)]\, dV_c(\eta_i) dV(y_i)$$

$$\tag{3-90}$$

式中，W_{dd} 是空间偶极子源函数 Q_d 的功率谱密度，计算式是式（3-73）。

表面偶极子源项的声场功率谱密度函数是

$$W_{ppff}(x_i, f) = \frac{1}{(4\pi r_0 c_0 D_f^2)^2} \int_S \int_{S_c} \sqrt{W_{ff1} W_{ff2}}\, \gamma_{f12} \exp\{i(\psi_f + \psi_r)\}\, dS_c(\eta_i) dS(y_i)$$

$$\tag{3-91}$$

式中，W_{ff} 是表明偶极子源函数 Q_f 的功率谱密度，计算式是式（3-76）。

3.5 静止固体边界对气动声源声辐射的影响

3.5.1 引论

如前所属,Curle(1955)首先研究了固体表面对气动声场的影响,他推导出了式(3-45)中的偶极子面积分作为远场声压的附加声源。Curle 指出,如果声波波长大于声源区域几何尺寸,则面积分的偶极子声源将是支配噪声源。偶极子声源项是分析具有静止固体边界的流动噪声问题的基础,例如 Phillips(1956)对风声单音(eolian tone)的计算以及 Sharland(1964)对喷流中小平板辐射的宽频噪声的计算等,都是利用了 Curle 偶极子声源分析公式。

但是,在固体表面的尺寸比声波波长大的情况下,流动噪声的辐射问题变得更为复杂,这时 Curle 的量刚分析就不再适用,不能再用简单的偶极子分析流动噪声。因为这时由固体壁面的边缘产生的流动噪声散射,会影响流动噪声的主要声学辐射特征。正如世界著名的流体力学和气动声学专家 Crighton (1971)所指出的,对于固体表面尺寸比声波波长大的流动噪声问题,简单地应用单极子或偶极子的分布来分析,而不考虑声场产生的细节,就会导致错误的结论。

因此,在 Curle 的工作之后,许多研究者开始研究不同表面尺度的物体对流动噪声的影响问题,其中后缘噪声问题,即非定常气流与具有尖锐边缘物体的干涉噪声问题(诸如飞机机翼、襟翼等的噪声问题),是研究最多的问题之一。Powell (1960)最先分析了后缘噪声辐射现象,他应用一个位于后缘附近平板上的假定的偶极子源研究这一问题,并推出后缘噪声强度与流动速度的 4.6 次方成正比。但是 Powell 的模型不能给出后缘噪声的形状以及飞行速度对其的影响。

世界著名的气动声学专家 Ffowcs Williams 和他的学生 Hall (1970)首次对后缘噪声在理论上作了实质性的研究。他们的理论是基于适当的 Green 函数对 Lighthill 声类比方程的求解,Ffowcs Williams 和 Hall 的研究表明,湍流流过后缘所产生的噪声强度与流动速度的 5 次方成正比,噪声场的指向性具有 $\sin^2(\theta/2)$ 的形式(θ 是远场观察点与流动速度矢量的夹角)。在 Ffowcs Williams 和 Hall 之后,许多研究者采取了不同的研究方法对后缘噪声的机理和预测方法等继续进行深入的研究,这些研究方法之间既有相互一致的部分,又有相互矛盾的地方。1978 年,Howe 对各种后缘噪声的方法进行了综合分析和比较,并从声类比理论的对流波动方程出发,得到了关于后缘噪声的一般控制方程。Howe 的理论使得不同研究方法互相协调起来,考虑到了各种影响后缘噪声的因素,给出了后缘噪声清晰的物理图画。

本节将分析无限平板表面边界层噪声和有限平板边缘对流动噪声的影响等。

3.5.2 无限平板表面边界层噪声分析

1. 功率谱密度

可以通过求解非齐次波动方程(3-11)来计算存在固体边界时的流动噪声。为了考虑大气均匀运动对流动噪声的影响,这里采用对流形式的 Lighthill 波动方程(3-13),其解由式(3-47)给出。根据 3.4.2 小节的分析,可以知道在声学远场观测点的压力脉动的功率谱密度函数 $W_{pp}(x_i, f)$ 为

$$W_{pp}(x_i, f) = W_{ppqq}(x_i, f) + W_{ppdd}(x_i, f) + W_{ppff}(x_i, f) \quad (3-92)$$

有三个声源对远场声功率谱具有贡献,即空间四极子 $W_{ppqq}(x_i, f)$、空间偶极子 $W_{ppdd}(x_i, f)$ 和表面偶极子 $W_{ppff}(x_i, f)$。在几何远场假设下,它们分别是

$$W_{ppqq}(x_i, f) = \frac{1}{(4\pi r_0 c_0^2 D_f^3)^2} \int_V \int_{V_c} \sqrt{W_{qq1} W_{qq2}} \, \gamma_{q12} \exp\left[i(\psi_q + \psi_r)\right] dV_c(\eta_i) dV(y_i) \quad (3-93)$$

$$W_{ppdd}(x_i, f) = \frac{1}{(4\pi r_0 c_0 D_f^2)^2} \int_V \int_{V_c} \sqrt{W_{dd1} W_{dd2}} \, \gamma_{d12} \exp\left\{i(\psi_d + \psi_r)\right\} dV_c(\eta_i) dV(y_i) \quad (3-94)$$

$$W_{ppff}(x_i, f) = \frac{1}{(4\pi r_0 c_0 D_f^2)^2} \int_S \int_{S_c} \sqrt{W_{ff1} W_{ff2}} \, \gamma_{f12} \exp\left[i(\psi_f + \psi_r)\right] dS_c(\eta_i) dS(y_i) \quad (3-95)$$

W_{qq},W_{dd} 和 W_{ff} 是声源函数 Q_q,Q_d 和 Q_f 的功率谱密度函数。

式(3-92)与式(3-93)、式(3-94)和式(3-95)是 Lighthill 方程的准确解,对声源采用的稳态随机过程假设,使得上述计算结果限定在固体表面为固定静止的情况。在计算公式中积分符号前面的计算项包含了对应辐射距离 r_0 和辐射角度 θ_0 的 Doppler 因子 $D_f = 1 - Ma_f \cos\theta_0$,Doppler 因子的影响使得在前弧区域($\theta_0 < 90°$)的噪声辐射增加,Doppler 因子对四极子的影响最大,对空间偶极子和表面偶极子的影响相同。

2. 无限平板表面边界层噪声分析

方程(3-92)也描述了湍流边界层产生的噪声。湍流边界层噪声是固体物体可能产生的最低噪声级(例如飞机机体可能产生的最小噪声),对于无限长平板湍流边界层噪声问题,几何远场假设条件不再满足。在这里,假定随着两个声源点之间距离 $|\eta_i|$ 的增加,声源相干函数 $\gamma_{12}(\eta_i)$ 快速衰减。对于几何尺寸远大于边界层厚度的表面声源噪声辐射问题,这种假设是恰当的。

假定边界层内的湍流运动可以应用不可压运动方程描述,Phillips(1956)在此基础上分析指出,这时没有偶极子声音产生。Powell(1960)应用满足壁面零法向速度边界条件的反射原理也得出了相同的结论,这时只有方程(3-92)中右端前两项对远场噪声辐射有贡献,但其中第二个积分表示的偶极子贡献在那时并未被认识;对于高速边界层,边界层内的平均密度梯度较大,这时这项噪声源将是重要噪声源。

借助于图 3-9,将 Powell 的映射技术应用到方程(3-92)的右端项,在表面上方 y 的正方向上的所有流动变量都用"+"号表示,而在表面下方的所有流动变量都用"-"号表示。

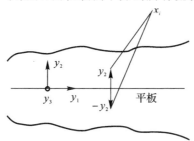

图 3-9　无限平板湍流边界层噪声分析的映射技术

如果湍流速度场被映射到这个表面,在表面上法向速度消失的边界条件自动满足,在位置(x_1,x_2,x_3)和位置$(x_1,-x_2,x_3)$与表面平行的速度分量u_1和u_3完全相等,而垂直于表面的速度脉动量u_2符号为"+"。

方程(3-93)和方程(3-94)的外层体积分$\mathrm{d}V(y_i)$是对包含表面S两边的所有体积的计算,积分直到边界层外边界;同样,方程(3-95)外层面积分$\mathrm{d}S(y_i)$也是对整个表面S的积分。在平板表面两侧的源项q_q,q_d和f_{r_0}分开考虑,即

$$q_q=\begin{cases}q_q^+, & y_2>0 \\ q_q^-, & y_2<0\end{cases} \tag{3-96}$$

$$q_d=\begin{cases}q_d^+, & y_2>0 \\ q_d^-, & y_2<0\end{cases} \tag{3-97}$$

$$f_{r0}=\begin{cases}f_{r_0}^+, & y_2>0 \\ f_{r_0}^-, & y_2<0\end{cases} \tag{3-98}$$

平板两边的四极子项的关系可用图3-10分析。根据式(3-57)的定义,声源项q_q是在波法线方向θ_0上速度脉动的二次方,因为在平板两边三个速度分量脉动的二次方是相同的,因此除了延迟时间有较小的差别外,在平板两侧的四极子源项$\partial^2 q_q/\partial t^2$是相同的,四极子源要辐射到远场。方程(3-93)给出了时间平均的四极子远场解,其中包含对平板两边整个声源空间的双重积分。平板两边声源的相互干涉会影响到远场的指向性,在映射位置之间的相干函数总是$\gamma_{12}=1$,这个效应将增大声波波长大于边界层厚度的声音辐射效率,而降低声波波长小于边界层厚度的声音辐射效率。

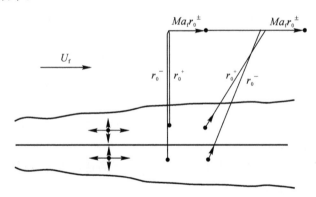

图 3-10 在无限平板湍流边界层内被映射的声源项

Powell(1960)没有考虑偶极子体积源,对于超声速边界层,它们实际上是存在的,密度源项$q_d=p'\partial(\rho_0/\rho)/\partial y_{r_0}$可以应用图3-11分析。在映射位置,$p'$是相等的,在平行于物体表面两边的流体密度梯度大小相等,符号相反。根据方程(2-36),对于映射位置和辐射角$\theta_0=90°$,密度源项将具有相反的符号;而对于平行于表面的辐射,它则具有相同的符号。当垂直于物体表面的声波波长大于边界层厚度时,这个声源就不再产生声的辐射,只在上游或者下游流动方向存在体积偶极子的声辐射。

物体表面两边法向作用力的大小相等,方向相反,因此,对于无限平板,它们就不产生声辐射。面积分就是对表面黏性力的计算,它产生的声辐射类似于体积偶极子项向上游或者下游

流动方向的辐射。

可以推断,对四极子的体积积分仅是黏性力被忽略、没有密度梯度存在时的声辐射,这就是 Powell(1960)给出的结果。

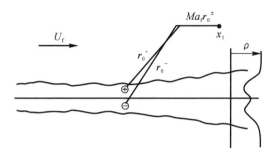

图 3 - 11　在无限平板湍流边界层内被映射的密度源项

类似于对喷流噪声比例律(scaling law)的推导,可以推导出无限平板表面湍流产生的噪声辐射。对于自由流速度 U_f 和自由流密度 ρ_f 边界层,可以认为其湍流脉动速度具有如下关系(这个假设对于由边界层外部区域控制支配的低频速度谱是有效的,而更高的脉动频率接近于表面摩擦速度的尺度 u_r):

$$\tilde{u}' = \frac{u'}{U_f} \tag{3-99}$$

频率应用下式无量纲化,即

$$\tilde{f} = \frac{f\delta^*}{U_f} \tag{3-100}$$

式中,δ^* 是所有长度尺度都无量纲化的边界层位移厚度,时间的无量纲化计算式是 $\tilde{t} = tU_f/\delta^*$。根据方程(3-66),声源项 Q_q 的功率谱密度与速度脉动的二阶时间导数相关联,无量纲化的计算式为

$$\widetilde{W}_{qq1} = \frac{W_{qq1}\delta^{*3}}{\rho_f^2 U_f^7} \tag{3-101}$$

流动中速度脉动的波传播产生的相位角 ψ_q 近似类比方程(3-89),即

$$\psi_q = 2\pi f \frac{\eta_1}{U_p} = 2\pi \tilde{f} \frac{\tilde{\eta}_1}{\tilde{u}_p} \tag{3-102}$$

式中,$\tilde{\eta}_1 = \eta_1/\delta^*$,$\tilde{u}_p = U_p/U_f$,后一个值通常认为接近于 $\tilde{u}_p = 0.8$。

由于方程(3-93)中两个积分体积元的滞后时间差产生的相位角 ψ_r 可由方程(3-86)确定:

$$\psi_r = 2\pi f \frac{\eta_{r0}}{c_0 D_f} = 2\pi \tilde{f} \frac{U_f}{c_0 D_f} [\tilde{\eta}_1 \cos \theta_0 - \tilde{\eta}_n \sin \theta_0] \tag{3-103}$$

则可以将方程(3-93)变为

$$W_{ppqq}(x_i, f) = \frac{\rho_f^2 U_f^7 \delta^* S}{(4\pi r_0 c_0^2 D_f^3)^2} \int_V \int_{V_c} \sqrt{\widetilde{W}_{qq1}\widetilde{W}_{qq2}}\, \gamma_{q12} \exp\left[i(\psi_q + \psi_r)\right] d\widetilde{V}_c(\tilde{\eta}_i) d\widetilde{V}(\tilde{y}_i) \tag{3-104}$$

式中,无量纲化的相干体积元是 $d\widetilde{V}_c = dV_c/\delta^{*3}$,无量纲化的声源体积元是 $d\widetilde{V} = dV/(S\delta^*)$,辐射角 θ_0 和辐射距离 r_0 是由物面中心与观测点位置所决定的。

注意，$\gamma p_0/\rho_f = c_0^2$，其中 γ 是比热比，可以得到

$$W_{ppqq}(r_0,\theta_0,St) = \frac{\gamma^2 p_0^2 \delta^*}{c_0} \frac{S}{(4\pi r_0)^2} D_f^{-6} \left(\frac{U_f}{c_0}\right)^7 \widetilde{G}_{qq}\left(\frac{U_f}{c_0},\theta_0,\widetilde{f}\right) \tag{3-105}$$

式中，$\widetilde{G}_{qq}$ 是无纲化重积分，包含的是滞后时间差和波传播（或者涡运动）等产生的声源干涉效应。

到这里为止，还没有讨论 $\widetilde{G}_{qq}$ 的指向性，但是，可以看出 Doppler 因子 D_f 对声辐射具有很强的影响，它导致在前弧区域声辐射的放大。

对方程(3-105)的所有频率范围进行积分，就可以得到远场均方声压的比例律关系，频率范围随 U_f/δ^* 成正比变化，即

$$\overline{p'^2} = \gamma^2 p_0^2 \frac{S}{(4\pi r_0)^2} \left(\frac{U_f}{c_0}\right)^8 D_f^{-6} \widetilde{G}_q\left(\frac{U_f}{c_0}\theta_0\right) \tag{3-106}$$

非常遗憾的是，到目前为止，还没有有效的关于无限大平板湍流边界层噪声辐射的实验数据，因为湍流边界层噪声的数据总是很容易地被其他噪声源的噪声所掩盖，例如被平板尾缘噪声所掩盖。

3.5.3　具有边缘平板的气动噪声分析

Ffowcs Williams 和 Hall(1970)通过求解方程(3-47)的第一个积分研究了半无限平板噪声辐射问题。他们的研究表明，在平板边缘附近的湍流噪声辐射具有偶极子的特性，这就意味着平板边缘附近湍流噪声的辐射比无限平板湍流边界层噪声辐射强烈。

图 3-12 分别给出了平板前缘、尾缘以及边缘等湍流噪声辐射的示意说明，这时法向速度分量消失的边界条件只是在平板处有效，并且不再满足映射原理；反之，在边缘附近流场要产生一个脉动压力差，脉动的平均速度和脉动速度分量导致在边缘附近脉动的流线曲率。

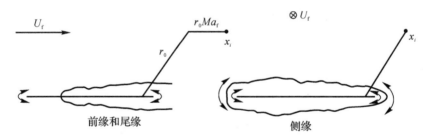

图 3-12　围绕平板边缘的流动脉动过程

1. 尾缘

在尾缘，压力差取决于是否满足 Kutta 条件，如果满足 Kutta 条件，气流就按切线方向离开尾缘，压力差导致流线的弯曲；如果不满足 Kutta 条件，那么因为边界层速度剖面的存在，流线以振荡的角度离开尾缘。

在尾缘附近平板两边的法向表面力大小相等，方向相反，即

$$f_z^- = -f_z^+ \tag{3-107}$$

这意味着表面力的积分没有消失。

式(3-95)给出的是表面偶极子在声学远场和几何远场的声功率谱密度。下面将讨论垂

直于自由流速度矢量的半无限长平板尾缘的情况。根据几何远场条件,只需要研究有限长 L 的尾缘,相干函数 γ_{fl2} 在比 L 短的距离范围内衰减。

为了获得在垂直于尾缘 L 的远场点声压功率谱密度的比例律,首先需要推出在声源区域压力脉动的比例律。假定表面压力脉动具有自由流速度 U_{f} 和自由流密度 ρ_{f} 的尺度(对于压力谱的低频范围这是有效的,但对于压力脉动的高频范围其尺度是摩擦速度 u_{r})。

$$\widetilde{p}' = \frac{p'}{\rho_{\text{f}} U_{\text{f}}^2} \tag{3-108}$$

频率用方程(3-100)无量纲化,其中 δ^* 是无量纲化的边界层位移厚度;时间用 $\widetilde{t} = t U_{\text{f}}/\delta^*$ 无量纲化,则表面压力脉动源项的无量纲化功率谱密度为

$$\widetilde{W}_{\text{ffl}} = \frac{W_{\text{ffl}} \delta^*}{\rho_{\text{f}}^2 U_{\text{f}}^5} \tag{3-109}$$

用方程(3-89)式给出流动中压力波传播的相位,即

$$\psi_{\text{p}} = 2\pi f \frac{\eta_1}{U_{\text{p}}} = 2\pi \widetilde{f} \frac{\widetilde{\eta}_1}{\widetilde{u}_{\text{p}}} \tag{3-110}$$

式中, $\widetilde{\eta}_1 = \eta_1/\delta^*$, $\widetilde{u}_{\text{p}} = U_{\text{p}}/U_{\text{f}}$,这个值通常接近 $\widetilde{u}_{\text{p}} = 0.8$ 。

方程(3-95)中由于两个积分面元滞后时间差产生的相位可由式(3-86)计算,即

$$\psi_{\text{r}} = 2\pi f \frac{\eta_{r_0}}{c_0 D_{\text{f}}} = 2\pi \widetilde{f} \frac{\widetilde{\eta}_1}{c_0 D_{\text{f}}} \widetilde{\eta}_1 \cos \theta_0 \tag{3-111}$$

这样就可以得到无量纲化的方程(3-95),且

$$W_{\text{ppff}}(x_i, f) = \frac{\rho_{\text{f}}^2 U_{\text{f}}^5 \delta^{*2} L}{(4\pi r_0 c_0 D_{\text{f}}^2)^2} \int_S \int_{S_{\text{c}}} \sqrt{\widetilde{W}_{\text{ffl}} \widetilde{W}_{\text{ff2}}} \, \gamma_{\text{fl2}} \exp\left[\text{i}(\psi_{\text{f}} + \psi_{\text{r}})\right] \mathrm{d}\widetilde{S}_{\text{c}}(\widetilde{\eta}_i) \mathrm{d}\widetilde{S}(\widetilde{y}_i) \tag{3-112}$$

式中,无量纲化的相干面元是 $\mathrm{d}\widetilde{S}_{\text{c}} = \mathrm{d}S_{\text{c}}/\delta^{*2}$,无量纲化的积分面元是 $\mathrm{d}\widetilde{S} = \mathrm{d}S/(L\delta^*)$,远场声压的功率谱密度与表面脉动的互谱密度相关联,由尾缘 L 的中心与观察点计算声辐射距离 r_0 和辐射角 θ_0 ,并假定观测点位于垂直于尾缘与表面的平面内。

Yu 和 Tam(1978)应用实验方法研究了表面压力谱与远场声压谱的关系,图3-13给出了其结果,可以看出它们具有非常相似的关系。

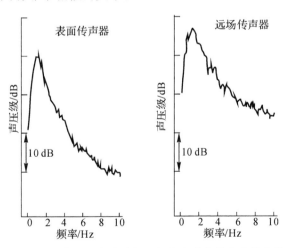

图 3-13　表面压力脉动与远场声压功率谱密度的比较

因为 $\gamma p_0 / \rho_f = c_0^2$，因此得到

$$W_{\mathrm{ppff}}(x_i, f) = \frac{\gamma^2 p_0^2 \delta^*}{c_0} \frac{\delta^* L}{(4\pi r_0)^2} D_f^{-4} \left(\frac{U_f}{c_0}\right)^5 \widetilde{G}_{\mathrm{ff}}(\theta_0, \widetilde{f}) \qquad (3-113)$$

这就是尾缘噪声的比例率关系。方程（3-112）中 $\widetilde{G}_{\mathrm{ff}}(\theta_0, \widetilde{f})$ 是针对表面脉动力时间导数的功率谱密度与相干函数 $\gamma_{\mathrm{fl}2} \exp[\mathrm{i}(\psi_f + \psi_r)]$ 乘积的无量纲化重积分，包括了沿着尾缘的侧向相关和沿着流线方向的轴向相关的影响，也包括了由于声源对流和声波传播的相干效应。

与方程（3-105）相比，面积 S 现在是尾缘处边界层位移厚度 δ^* 与同传播距离相比是小量的单位尾缘长度 L 的乘积，Doppler 因子的指数这时减小到 4，而流动速度或者马赫数 U_f / c_0 的指数变为 5。对于飞机机体噪声的情况，图 3-14 定性地说明了 Doppler 因子产生的前飞效应。

对整个频率范围（正比于 U_f / δ^*）的声压功率谱密度（方程（3-113））进行积分，得到远场均方声压的比例律关系为

$$\overline{p'^2} = \gamma^2 p_0^2 \frac{\delta^* L}{(4\pi r)^2} \left(\frac{U_f}{c_0}\right)^6 D_f^{-4} \widetilde{G}_f \left(\frac{U_f}{c_0} \theta_0\right) \qquad (3-114)$$

式中，$\widetilde{G}_f \left(\dfrac{U_f}{c_0}, \theta_0\right)$ 是指向性函数，因为 δ^* 随 U_f 的增加而减小，对于尾缘噪声，U_f / c_0 的有效指数比 6 小，接近 5.8。

如图 3-15 所示，这个结果与 Brooks 和 Hodgson 的实验结果有一定差异。实验结果表明，对于在 $\theta = 90°$ 的观测点，指数是 5.07 和 5.3。一个可能的解释是，来自于 $\widetilde{G}_f \left(\dfrac{U_f}{c_0}, \theta_0\right)$ 的差异，造成上述与实验结果的差异。

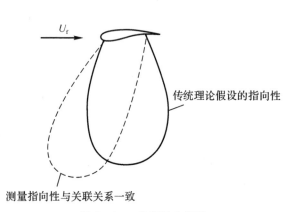

图 3-14　机翼噪声辐射

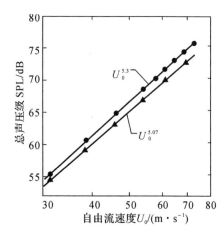

**图 3-15　尾缘噪声声压级与自由
流速度关系**

注：下面曲线对应尖锐尾缘，上
面曲线对应钝体尾缘。

图 3-16 所示是 Brooks 和 Hodgson 给出的对于自由流马赫数 $Ma_f = 0.2$ 的指向性。Howe（1978）推出了针对垂直于尾缘面元方向观测点尾缘噪声的比例律关系：

$$\overline{p'^2} = C\gamma^2 p_0^2 \frac{Ll_3}{4\pi r_0^2} \left(\frac{U_f}{c_0}\right)^6 0.8^2 \frac{\overline{u'^2}}{U_h^2} \frac{\sin^2[(\pi - \theta_0)/2]}{D_f^2 \left(1 - 0.8 \dfrac{U_f}{c_0}\cos\theta_0\right)^2} \qquad (3-115)$$

式中,C 是常数,l_3 是平行于尾缘的相关长度,$\overline{u'^2}/U_h^2$ 是无量纲化的边界层内均方速度的脉动,对流速度与平均速度的比值是 $U_c/U_f=0.8$。假定 $l_3 \propto \delta^*$,在 Howe 的公式中,U_f/c_0 的指数是 4.8,这小于 Brooks 和 Hodgson 的实验测量结果。式(3 - 114)和式(3 - 115)的主要差别就是 U_f/c_0 指数的差别。值得注意的是,Howe 的结果与式(3 - 114)的 Doppler 因子是完全一致的。在 Howe 的结果中,脉动对流速度显式地表示出来了,而在式(3 - 114)中是隐含在 $\widetilde{G}_f\left(\dfrac{U_f}{c_0},\theta_0\right)$ 中的。 Howe 也考虑了 Kutta 条件。Kutta 条件影响声辐射,当满足 Kutta 条件时,声压辐射更低一些。

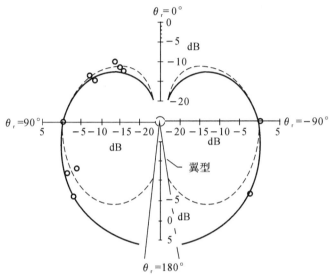

图 3 - 16　机翼尾缘噪声指向性

2. 前缘

自由流湍流产生的前缘噪声与尾缘噪声是相同的,但前缘湍流边界层自由流尺度比尾缘湍流边界层尺度大,因此相比较而言,前缘噪声频率越低,相干尺度越大,噪声辐射越强。

Amiet(1978)预测的边缘噪声是随频率增加而衰减的,尾缘主要影响高频噪声,而前缘主要影响低频噪声。

图 3 - 17 给出了 Amiet 的预测结果。图中虚线为前缘噪声,实线为尾缘噪声。

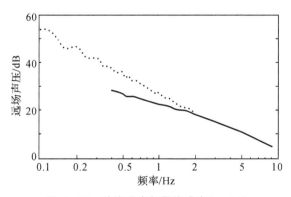

图 3 - 17　前缘噪声与尾缘噪声(Amiet)

3.6 运动固体边界对气动声源声辐射的影响——FW-H方程

如 3.5 节所述,在许多流动噪声问题中,固体边界对流动噪声源声辐射的影响将具有决定性的影响。Curle 应用 Kirchhoff 方法,首先将 Lighthill 气动声学理论推广到了考虑静止固体边界的影响上。Curle 理论成功地解释了圆柱旋涡脱落诱发的噪声、湍流中静止小物体的风声等问题。但是,Curle 理论并未考虑到运动固体边界与流体相互作用的流动发声问题。而对于叶轮机械、螺旋桨和旋翼等航空流体机械而言,研究旋转运动的叶片发声问题具有非常重要的意义。因此,在 Curle 的研究工作之后,许多研究者就试图解决具有运动的固体边界的流动噪声问题。1965 年,Lowson 为了问题的简化,对一个运动奇点的声场特性进行了研究,这个方法被后来一些人用于建立直升机旋翼的噪声分析模型。1969 年,Ffowcs Williams 和 Hawkings 应用广义 Green 函数方法,将 Lighthill 气动声类比理论和 Curle 的理论推广到了有任意运动固体边界存在的流动发声问题中,即物体在流体中运动的发声问题,得到了著名的 Ffowcs Williams - Hawkings 方程(简称 FW - H 方程)。

无论是 Curle 方程还是 FW - H 方程,均假定声源传播的介质是静止的。1975 年,Goldstein 应用广义 Green 函数方法研究了均匀运动介质下运动物体发声问题,得出了 Lighthill 气动声理论更加普遍的形式表达式。

本节将以 Lighthill 气动声理论一般形式解为基础,分别给出在空间固定坐标系下和在运动物体坐标系下的 FW - H 方程,并以旋转转子为例,说明 FW - H 方程中每一个声源项的物理意义。

3.6.1 空间坐标系

方程(3 - 56)给出的远场声压解包括了固体表面的影响,但是它仅仅适用于具有均匀流动和固定声速的流场中的稳态固体表面。对于体积和表面包含运动加速度的远场声场,其解可以表示为

$$p'(x_i,t)=\frac{1}{4\pi}\frac{\partial^2}{\partial x_i \partial x_j}\int_{V(t)}\left[\frac{q_{ij}}{r_0 D_f \mid C \mid}\right]\mathrm{d}V(y_i)+\frac{1}{4\pi}\frac{\partial}{\partial x_i}\int_{V(t)}\left[\frac{q_i}{r_0 D_f \mid C \mid}\right]\mathrm{d}V(y_i)-$$

$$\frac{1}{4\pi}\frac{\partial}{\partial x_i}\int_{S(t)}\left[\frac{f_i}{r_0 D_f \mid C \mid}\right]\mathrm{d}S(y_i)+\frac{1}{4\pi}\frac{\partial}{\partial t}\int_{S(t)}\left[\frac{\rho_0 U_n}{r_0 D_f \mid C \mid}\right]\mathrm{d}S(y_i) \qquad (3-116)$$

Ffowcs Williams 与 Hawkings 首先给出了体积和表面包含运动加速度的声场解,但是他们的解的形式与式(3 - 116)有两点不同:① 在解式中没有包含右端第二个偶极子源项 q_i 的体积积分。通常在一般的螺旋桨等具有加速度物体边界的气动力噪声产生过程中,密度梯度产生的噪声并不重要,只有在燃烧室后的涡轮转子噪声中,密度梯度噪声才需要考虑,但为了完整性,方程(3 - 116)仍然将这一项列出。② 方程(3 - 116)中分别应用辐射距离 r_0 和 Doppler 因子 $D_f = 1 - Ma_f\cos\theta_0$ 考虑均匀外部运动的影响,而 Ffowcs Williams 与 Hawkings 原始解没有分别考虑。

积分量分母中的因子 C 是附加的 Doppler 因子,它考虑了在声源位置 y_i 的体积元或面积元相对观察点 x_i 的运动:

$$C = 1 - U_{r_0}/c_0 \tag{3-117}$$

式中,U_{r_0} 是声源相对于周围气流速度在相对观察点位置的波前方向的分量。

方程(3-116)中积分量的方括号表示其中的物理量是在延迟时间 t_r 已知的情况下计算的。对于运动声源问题,延迟时间要应用一个隐式方程计算,因为在声源位置 y_i 和观测点位置 x_i 之间的波前距离 r_0 必须在未知的延迟时间情况下计算,即

$$t_r = t - \frac{r_0(x_i, y_i(t_r))}{c_0} \tag{3-118}$$

因此这个方程必须通过数值方法计算。

除多了 Doppler 因子 C 之外,方程(3-116)中前三项与方程(3-47)前三项类似,对于转子噪声问题,第三个积分包括了旋转叶片力的影响;最后一个积分是一个新出现的项,它是通过表面 S 的容积流量的时间导数,表面看对于刚体螺旋桨叶,这个导数项将消失,但是实际上这一项仍然对噪声辐射有贡献,其原因是由于不同面积元延迟时间的差异。这可以应用图 3-18 所示的四叶螺旋在对辐射角是 θ_0 的观测点的噪声辐射来说明。

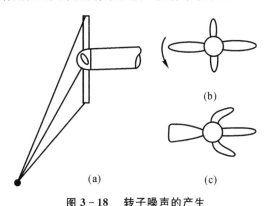

图 3-18　转子噪声的产生
(a) 观测点;　(b) 观察的图像;　(c) 声学图像

图 3-18(a) 表示的是螺旋桨和观测点的相对位置,图 3-18(b) 表示的是由在时间 $t_{r,\text{ref}} = t - r_{0,\text{ref}}/c_0$ 的观测点看到的螺旋桨,式中 $r_{0,\text{ref}}$ 是螺旋桨参考点到观测点之间波前方向的距离。螺旋桨表面每一个位置的延迟时间都是不一样的。例如,螺旋桨叶尖的延迟时间是应用波前距离 $r_0 = r_{0,\text{ref}} + R\sin\theta_0\sin\varphi$ 计算的,式中 R 是螺旋桨叶半径,φ 是叶片的旋转角度(见图 3-18(b))。因此当叶片在圆周上半部时($0 < \varphi < 180°$),螺旋桨叶尖波前距离较大;而在下半部时,波前距离较小。为了在相同的时刻到达观测点,在上半部时,声波必须比参考位置的声波提早 $t_{r,\text{ref}}$ 发射;而在下半部时,声波必须比参考位置的声波推后 $t_{r,\text{ref}}$ 发射。这就意味着在上半部螺旋桨叶尖并未到达图中所示位置,而在下半部螺旋桨叶尖比图中所示位置运动更靠前。

在发射时刻螺旋桨表面的位置如图 3-18(b)、(c) 所示,如果光的传播速度等于声速,那么这就是从观测点观测到的螺旋桨形状。注意,为了改变螺旋桨的形状,螺旋桨叶尖速度必须随周向角度 φ 变换,这也会影响发射时刻螺旋桨叶片的形状,并引起单极子源(在延迟时间坐标系下叶片体积的变化)和偶极子源(在延迟时间坐标系下叶片形状的振荡)。

由于延迟时间的差异，螺旋桨转动时改变了它的声学图像，单个叶片就是一个脉动和振荡物体，就是如图 3-3 所示的单极子源和偶极子源。随着螺旋桨叶尖马赫数的增加，上述效应也增加。对于辐射角 $\theta_0 = 0°$ 和 $\theta_0 = 180°$，螺旋桨叶片延迟时间相同，最后一个积分式就消失了。同时当叶片体积消失时，这个积分式也消失。

方程(3-116)中四个积分表示的声源的物理意义可以总结如下：

(1) 第一个积分表明每个体积元 $dV(y_i)$ 发射一个基本声波，其强度是 $q_{ij} dV(y_i)$ 并与考虑两个 Doppler 因子影响的运动四极子源发射的声波相同。

(2) 第二个积分表示的是强度为 $q_i dV(y_i)$ 的运动偶极子发射的声波。

(3) 第三个积分表明每个面积元 $dS(\eta_i)$ 发射一个基本声波，其与强度是 $-f_i dS(\eta_i)$ 并考虑两个 Doppler 因子影响的运动偶极子源发射的声波相同。f_i 表示单位面积边界作用于流体上的力，这个积分表示固体表面作用于流体上稳态和脉动力发射的声波，稳态力产生声波的原因是它在周期性地改变方向。第三个积分称之为载荷噪声。

(4) 第四个积分表示的是运动体积声源，它被称为厚度噪声。

3.6.2　运动坐标系

对于转子，在固定坐标系下体积积分和面积积分是非定常的，因此将观测点的固定坐标系转换成随转子旋转的 Lagrangian 坐标系是非常诱人的研究工作。经过这样的转换，刚性螺旋桨的声源面积和声源体积将是固定不变的，Goldstein (1974) 给出了在 $U_i = \{U_f, 0, 0\} = 0$(式中 $r_0 = r, D_f = 1$) 情况下的结果：

$$p'(x_i, t) = \frac{1}{4\pi} \frac{\partial^2}{\partial x_i \partial x_j} \int_V \left[\frac{q_{ij}}{r \mid C \mid} \right] dV(\eta_i) + \frac{1}{4\pi} \frac{\partial}{\partial x_i} \int_V \left[\frac{q_i}{r \mid C \mid} \right] dV(\eta_i) -$$

$$\frac{1}{4\pi} \frac{\partial}{\partial x_i} \int_S \left[\frac{f_i}{r \mid C \mid} \right] dS(\eta_i) + \frac{1}{4\pi} \frac{\partial}{\partial x_i} \int_{V_e} \left[\frac{\rho_0 b_i}{r \mid C \mid} \right] dV(\eta_i) +$$

$$\frac{1}{4\pi} \frac{\partial^2}{\partial x_i \partial x_j} \int_{V_e} \left[\frac{\rho_0 W_i W_j}{r \mid C \mid} \right] dV(\eta_i) \tag{3-119}$$

Hanson(1980) 将这个方程推广到了具有平行于螺旋桨轴线大气平均流动速度的情况。

在 Goldstein 的论文中，他应用 Green 函数方法推导了更一般形式的解；对于辐射到无边界空间的声辐射，应用 Green 函数可以获得方程(3-119)。此外 Goldstein(1974)也推导出了在无限圆形管道内声辐射的类似方程。

在方程(3-119)中关于声场 x_i 处的声压 p' 的解，是针对三个不同积分空间的时间函数，如图 3-19 所示。

(1) 前两个体积积分是对螺旋桨表面 S 之外所有空间的积分，它反映的是流体中运动四极子和偶极子产生的声波。

(2) 表面积分考虑的是螺旋桨叶片表面稳态和脉动力的噪声辐射，它就是载荷噪声。

(3) 最后两个体积积分是针对表面 S 包围的内部体积 V_e 的积分。注意，方程(3-116)中明显的单极子声源在方程(3-119)中描述为偶极子和四极子，这两个积分表示的是叶片移动导致的容积移动效应产生的单极子声音；对无限薄叶片或者稳态物体，这项就消失为零。

方程(3-116)和方程(3-119)中所有积分变量的分母中都包含着 Doppler 因子 C，它是随时间变化的。如果在声源任意部分速度 W_i 是超声速,则在一定辐射角度范围 C 会消失为零。这就导致解的奇点,并引起马赫波辐射。 Crighton 和 Parry (1991) 的研究表明,对于超声速螺旋桨,其声辐射是由马赫波所支配的。

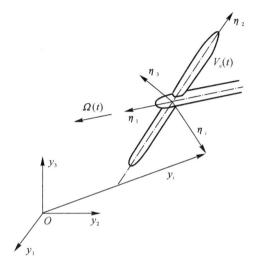

图 3 - 19　固定在转子上的坐标系

方程(3 - 119)推出时应用了笛卡儿坐标系 $\eta_i(y_i, t)$,这个坐标系固定于旋转的螺旋桨,在 η_i 坐标系下表面 S 是稳态不变的,因此这个解对于不改变形状的旋转物体都是有效的。在 y_i 空间,坐标系 η_i 以角速度 $\Omega_i(t)$ 旋转。

在旋转坐标系 η_i 中,固定点的速度 W_i 与空间固定坐标系 y_i 中的速度 U_i 的关系是

$$W_i(t) = U_i(t) + \varepsilon_{ijk}\Omega_j\eta_k \tag{3 - 120}$$

旋转坐标系中的每一个位置 η_i 承受一个向心加速度 b_i,且

$$b_i = -\Omega_j^2\eta_i \tag{3 - 121}$$

积分计算必须考虑 Doppler 因子,即

$$C = 1 - \frac{r_i}{r}\frac{W_i}{c_0} \tag{3 - 122}$$

式中,r_i 是在发射时刻声源位置 y_i 到观测点位置 x_i 的距离,且

$$r_i = x_i - y_i \tag{3 - 123}$$

在方程(3-119)中所有方括号内的项是在延迟时刻 t_r 计算的。对大气速度 U_i 为零的转子,延迟时间应用下列隐式计算,即

$$t_r = t - \frac{|x_i - y_i(\eta_i, t_r)|}{c_0} \tag{3 - 124}$$

第4章 发动机喷流噪声

4.1 引　论

高速喷流产生的噪声很早就引起人们的注意,但是,喷流噪声作为潜在的公害真正为人类所关注,是在第二次世界大战中空气喷气发动机作为军用战斗机的推进系统开始普遍使用的时候。20世纪30年代末,由于战争的需要,航空燃气涡轮喷气发动机发明问世,并于40年代末首先应用于军用飞机。由于喷气发动机的使用,能够大大提高商业飞行的速度和效率,因此,在40年代后期,当空气喷气发动机在战斗机中一开始使用,人们就考虑将其作为未来短程、中程和远程民用飞机的动力装置。但是,喷气发动机高速喷流产生的强烈的喷流噪声,使得人们认识到,要将喷气发动机作为民用飞机的动力装置,必须首先找到降低喷流噪声的有效方法。

但是非常令人意想不到的是,自从19世纪末英国科学家Rayleigh发表《声的理论》,建立经典声学(classical acoustics)理论体系以后,声学领域就很少吸引人们的注意了。因此,尽管流体力学的基本理论对流动区域内的压力脉动有了广泛和深入的研究,现代声学理论对声波产生和传播也有了深入系统的研究,但当面对喷气式发动机产生巨大的喷流噪声问题时,人们才注意到过去对流体发声认识的全部积累还不足以解决飞机的气动噪声问题。空气喷气发动机喷流噪声问题,促使了空气动力学家和声学家在流动噪声领域的理论和实验研究工作,从而也导致了一门新兴的非定常空气动力学与声学的交叉学科——气动声学的诞生。

在当时国际最著名的流体力学家Taylor教授指导下,年轻的Lighthill博士在1949—1952年间以喷流噪声为研究对象,从理论上完成了对喷流发声问题的研究,并建立了后来以其名字命名的气动声学基本方程——Lighthill方程。如前所述,Lighthill气动声学理论是基于精确的流体力学方程的,他指出,由于从非定常流体流动中以声能形式向外辐射的能量仅是流体动能中很小的一部分,因此,在求解脉动量基本方程时所采用的任何一种近似都将导致不正确的声场结果。为此,Lighthill通过引进声类比概念克服了这个困难,这时非定常流动用占据全部流动区域的等效空间分布声源所代替。声类比理论中,声源被镶嵌在静止的均匀介质中,那么所有的流体动力学过程,包括流体中噪声的产生过程、声与流动的干涉过程都包含在一定强度和空间分布的等效声源中。从这个意义讲,Lighthill空气动力噪声理论是准确的理论。Lighthill理论具有预测性的前提是等效声源场必须已知,也就是当非定常流场的特性完全确定以后,声场才能计算出。但是,基于流场特征参数和经验关联参数,可以应用Lighthill理论对辐射噪声场作出较好的估计。

喷气流入静止的或流速较慢的气流时,高速喷流与周围相对静止的介质急剧混合,从而使得喷流边界层中形成强烈的湍流脉动。气体中动量的变化要由作用力来平衡,在无固体边界的纯空气中,该作用力的变化是由压力变化产生的,流动区域内压力起伏引起密度的起伏,并传播到流动区域之外的介质中,这就是喷流混合噪声的来源。在超声速喷流中含有激波,由于激波是从喷流边界折射回来时形成的,而边界层是不稳定的,所以激波也是不稳定的,而且激波与湍流相互作用,从而产生喷流激波噪声。

图 4-1 表示喷流噪声源及喷流噪声谱。对于亚临界工作状态,喷流噪声仅包括混合噪声,喷流噪声谱形状实质上反映了构成湍流混合过程的旋涡的变化,即旋涡尺寸沿喷流方向逐渐增大,旋涡强度由于速度降低而逐渐减小。对于超临界喷流,激波噪声将作为喷流噪声的第二个噪声源而叠加到宽频噪声谱中。

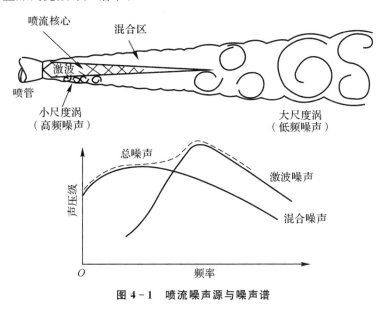

图 4-1　喷流噪声源与噪声谱

Lighthill 气动声学理论成功地对喷流噪声作出了预测,基于 Lighthill 方程(3-9),得出了著名的喷流噪声功率关于喷流速度 8 次方的比例律关系(虽然这个结果仅对密度为常数的喷流场有效)。此外,Lighthill 气动声学理论也解释了为什么在喷流速度矢量方向的后场区的远场声压大于前方区域。但是,也必须看到,Lighthill 理论对其他一些喷流噪声的实验结果不能完全解释,例如对于低速喷流和热喷流,声功率偏离了 8 次方比例律。此外,实验还发现,在喷流后场区噪声频率比前场区噪声频率并不如预测的那样高,由于相对喷流速度减小,飞行状态下的噪声频率并没有达到预测减小的量级。

本章以对喷流噪声产生的物理过程的理解为目的,以 Lighthill 理论对喷流噪声分析的应用为中心展开对喷流噪声的论述。首先以 Lighthill 方程为基础,通过对湍流场的应用,导出著名的 Lighthill 关于喷流噪声声功率是喷流速度 8 次方关系的比例律关系。然后,根据对 Michalke 和 Michel 对流形式的 Lighthill 声类比公式计算结果,进一步说明当给定正确的声源模型,并且考虑偶极子噪声源项时,气动声类比理论完全可以对现有的实验测量结果给出准确预测和解释。从本章的研究内容可以看到,虽然 Lighthill 理论为理解喷流湍流噪声产生的物理过程和喷流噪声向远场辐射特征提供了基本的架构,但这种理论无法分析声场与流场干涉等进一步细致的物理过程,而这种流场声场干涉也导致 Lighthill 理论预测的喷流噪声指向性和辐射声级与实验结果发声偏离。因此,本章将用相当的篇幅论述有关 Lighthill 喷流噪声理论的修正和完善。

4.2 喷流噪声声功率分析

4.2.1 Lighthill 方程对湍流流场的应用

Lighthill 创造性地应用与古典声学类比的方法给出了由运动流体区域所辐射的声场的计算公式,即著名的 Lighthill 方程。对于远场,即观测点与声源点的距离大于声源区域(即无固体边界明显影响流体流动区域),Lighthill 给出的声场求解公式为

$$\rho'(\boldsymbol{x},t) = \frac{1}{4\pi c_0^2} \frac{x_i x_j}{\boldsymbol{x}^3} \int_{v(r)} \frac{1}{c_0^2} \frac{\partial^2 \boldsymbol{T}_{ij}}{\partial t^2} \left(\boldsymbol{y}, t - \frac{\boldsymbol{R}}{c_0}\right) d\boldsymbol{y} \tag{4-1}$$

式中,$\boldsymbol{T}_{ij}$ 表示 Lighthill 应力张量,$\boldsymbol{x}$ 和 $\boldsymbol{y}$ 分别是观测点坐标和声源坐标,$\boldsymbol{R}$ 是观测点到声源的距离。

对于湍流场,$\boldsymbol{T}_{ij}$ 是平稳随机脉动量。因此由式(4-1)可以看出其远场声压也是随机脉动的。很自然,我们关心的是平稳随机过程的平均参数。因此,可以应用声压的自相关函数来确定平均声强和它的频谱,即

$$\boldsymbol{\Gamma}(\boldsymbol{x},\tau) = \frac{\overline{[p(\boldsymbol{x},t+\tau) - p_0][p(\boldsymbol{x},t) - p_0]}}{\rho_0 c_0} \tag{4-2}$$

对于辐射声场,有 $p - p_0 = c_0^2 (\rho - \rho_0)$,则由式(4-1)和式(4-2)得

$$\boldsymbol{\Gamma}(\boldsymbol{x},\tau) = \frac{1}{16\pi^2 c_0^5 \rho_0} \frac{x_i x_j x_k x_l}{\boldsymbol{x}^6} \iint \overline{\frac{\partial^2 \boldsymbol{T}_{ij}}{\partial t^2}(\boldsymbol{y}',t') \frac{\partial^2 \boldsymbol{T}_{kl}}{\partial t^2}(\boldsymbol{y}'',t'')} d\boldsymbol{y}' d\boldsymbol{y}'' \tag{4-3}$$

式中

$$\left.\begin{array}{l} t' = t - \dfrac{|\boldsymbol{x} - \boldsymbol{y}'|}{c_0} \\[3mm] t'' = t + \tau - \dfrac{|\boldsymbol{x} - \boldsymbol{y}''|}{c_0} \end{array}\right\} \tag{4-4}$$

可以证明

$$\overline{\frac{\partial^2 \boldsymbol{T}_{ij}}{\partial t^2}(\boldsymbol{y}',t') \frac{\partial^2 \boldsymbol{T}_{kl}}{\partial t^2}(\boldsymbol{y}'',t'')} = \frac{\partial^4}{\partial t^4} \overline{\boldsymbol{T}_{ij}(\boldsymbol{y}',t') \boldsymbol{T}_{kl}(\boldsymbol{y}'',t'')} \tag{4-5}$$

因为稳态随机函数的自相关函数与时间平移无关,因此有

$$\overline{\boldsymbol{T}_{ij}(\boldsymbol{y}',t') \boldsymbol{T}_{kl}(\boldsymbol{y}'',t'')} = \overline{\boldsymbol{T}_{ij}(\boldsymbol{y}',t) \boldsymbol{T}_{kl}\left(\boldsymbol{y}'',t+\tau+\frac{|\boldsymbol{x}-\boldsymbol{y}'|-|\boldsymbol{x}-\boldsymbol{y}''|}{c_0}\right)} \tag{4-6}$$

又因为

$$|\boldsymbol{x} - \boldsymbol{y}'| = \boldsymbol{x} - \frac{\boldsymbol{x}}{|\boldsymbol{x}|} \cdot \boldsymbol{y}' + O(\boldsymbol{x}^{-1})$$

则对于大的 $|\boldsymbol{x}|$,有

$$\frac{|\boldsymbol{x} - \boldsymbol{y}'| - |\boldsymbol{x} - \boldsymbol{y}''|}{c_0} \sim \frac{\boldsymbol{x}}{|\boldsymbol{x}|} \frac{(\boldsymbol{y}'' - \boldsymbol{y}')}{c_0} \tag{4-7}$$

把以上各式代入式(4-3)得

$$\boldsymbol{\Gamma}(x,\tau)=\frac{1}{16\pi^2 c_0^5 \rho_0}\frac{x_i x_j x_k x_l}{\boldsymbol{x}^6}\frac{\partial^4}{\partial \tau^4}\iint \overline{T_{ij}(\boldsymbol{y}',t)T_{kl}(\boldsymbol{y}'',\tau_0)}\,\mathrm{d}\boldsymbol{y}'\mathrm{d}\boldsymbol{y}'' \tag{4-8}$$

式中

$$\tau_0=t+\tau+\frac{\boldsymbol{x}}{|\boldsymbol{x}|c_0}(\boldsymbol{y}''-\boldsymbol{y}') \tag{4-9}$$

令 $\boldsymbol{\eta}=\boldsymbol{y}''-\boldsymbol{y}'$,将变量 $\boldsymbol{y}''$ 变为 $\boldsymbol{y}'$,则式(4-8)化为

$$\boldsymbol{\Gamma}(\boldsymbol{x},\tau)=\frac{\rho_0 x_i x_j x_k x_l}{16\pi^2 c_0^5 \boldsymbol{x}^6}\frac{\partial^4}{\partial \tau^4}\iint \boldsymbol{R}_{ijkl}\left(\boldsymbol{y}',\boldsymbol{\eta},\tau+\frac{\boldsymbol{\eta}}{c_0}\frac{\boldsymbol{x}}{|\boldsymbol{x}|}\right)\mathrm{d}\boldsymbol{y}'\mathrm{d}\boldsymbol{\eta} \tag{4-10}$$

式中

$$\boldsymbol{R}_{ijkl}(\boldsymbol{y},\boldsymbol{\eta},\tau)=\frac{\overline{T_{ij}(\boldsymbol{y}',t)T_{kl}(\boldsymbol{y}'',t+\tau)}-\boldsymbol{\varphi}_{ijkl}(\boldsymbol{y}',\boldsymbol{\eta})}{\rho_0^2} \tag{4-11}$$

而 $\boldsymbol{\varphi}_{ijkl}$ 是一任意的与时间无关的张量。

对式(4-10)进行 Fourier 变换,可得到声强谱函数为

$$\overline{I_\omega}(\boldsymbol{x})=\frac{\omega^4 \rho_0}{32\pi^3 c_0^5}\frac{x_i x_j x_k x_l}{\boldsymbol{x}^6}\int_{-\infty}^{\infty}\iint \mathrm{e}^{\mathrm{i}\omega[\tau-x/|x|\cdot\boldsymbol{\eta}/c_0]}\boldsymbol{R}_{ijkl}(\boldsymbol{y}',\boldsymbol{\eta},\tau)\cdot\mathrm{d}\boldsymbol{y}\mathrm{d}\boldsymbol{\eta}\mathrm{d}\tau \tag{4-12}$$

方程(4-12)原则上可以用来计算由湍流脉动引起的声场。

4.2.2 运动速度对声强的影响

上述分析并未考虑到声源(旋涡)对流速度的影响,设沿喷流轴向声源运动马赫数为 Ma_c,令

$$\boldsymbol{\eta}=\boldsymbol{\xi}+\mathrm{i}c_0 Ma_c\tau$$

则方程(4-12)变为

$$I_\omega(\boldsymbol{x})=\frac{\omega^4 \rho_0}{32\pi^3 c_0^5}\frac{x_i x_j x_k x_l}{\boldsymbol{x}^6}\iiint\left(\exp\left\{\mathrm{i}\omega\left[(1-Ma_c\cos\theta)\tau-\frac{\boldsymbol{x}}{|\boldsymbol{x}|}\cdot\frac{\boldsymbol{\xi}}{c_0}\right]\right\}\right)\times$$
$$\boldsymbol{R}_{ijkl}(\boldsymbol{y}',\boldsymbol{\xi},\tau)\,\mathrm{d}\boldsymbol{\xi}\mathrm{d}\boldsymbol{y}'\mathrm{d}\tau \tag{4-13}$$

式中,$\cos\theta=x_1/|\boldsymbol{x}|$。

对式(4-13)进行 Fourier 反变换得平均声强为

$$\boldsymbol{\Gamma}(\boldsymbol{x},\tau)=\frac{\rho_0}{16\pi^2 c_0^5}\frac{x_i x_j x_k x_l}{\boldsymbol{x}^6}\int\left(\frac{1}{1-Ma_c\cos\theta}\right)\frac{\partial^4}{\partial t^4}\int\boldsymbol{R}_{ijkl}\left[\boldsymbol{y}',\boldsymbol{\xi},\frac{t+\frac{\boldsymbol{x}}{|\boldsymbol{x}|}\cdot\frac{\boldsymbol{\xi}}{c_0}}{1-Ma_c\cos\theta}\right]\mathrm{d}\boldsymbol{\xi}\mathrm{d}\boldsymbol{y}'=$$

$$\frac{\rho_0}{16\pi^2 c_0^5}\frac{x_i x_j x_k x_l}{\boldsymbol{x}^6}\int\frac{1}{(1-Ma_c\cos\theta)^5}\times$$

$$\left\{\frac{\partial^4}{\partial \tau^4}\int\boldsymbol{R}_{ijkl}\left[\boldsymbol{y}',\boldsymbol{\xi},\tau+\frac{\boldsymbol{x}}{|\boldsymbol{x}|}\cdot\frac{\boldsymbol{\xi}}{c_0(1-Ma_c\cos\theta)}\right]\right\}_{\tau=t/(1-Ma_c\cos\theta)}\mathrm{d}\boldsymbol{\xi}\mathrm{d}\boldsymbol{y}' \tag{4-14}$$

如果 $\boldsymbol{R}_{ijkl}$ 随时间变化缓慢,满足不等式

$$\tau_\xi=\tau+\frac{\boldsymbol{x}}{|\boldsymbol{x}|}\cdot\frac{\boldsymbol{\xi}}{c_0(1-Ma_c\cos\theta)}\gg\frac{l}{c_0(1-Ma_c\cos\theta)}$$

式中,l 是涡流关联特征尺寸,则式(4-14)可写为

$$\boldsymbol{\Gamma}(\boldsymbol{x},\tau)=\frac{\rho_0}{16\pi^2 c_0^5}\frac{x_i x_j x_k x_l}{\boldsymbol{x}^6}\int\frac{1}{(1-Ma_c\cos\theta)^5}\times$$

$$\left[\frac{\partial^4}{\partial\tau^4}\int\boldsymbol{R}_{ijkl}\left[\boldsymbol{y}',\boldsymbol{\xi},\tau\right]\right]_{\tau=t/(1-Ma_c\cos\theta)}\mathrm{d}\boldsymbol{\xi}\mathrm{d}\boldsymbol{y}' \tag{4-15}$$

假定湍流团在当地均匀且不可压，则可引进积分变量

$$\boldsymbol{y}=\left\{y'_1,\frac{y'_2+y''_2}{2},\frac{y'_3+y''_3}{2}\right\}=\left\{y'_1,y'_2+\frac{1}{2}\eta_2,y'_3+\frac{1}{2}\eta_3\right\}$$

因此，式(4-15)可以写成

$$\boldsymbol{\Gamma}(\boldsymbol{x},\tau)=\frac{\rho_0}{16\pi^2c_0^5}\frac{x_ix_jx_kx_l}{\boldsymbol{x}^6}\int\frac{1}{(1-Ma_c\cos\theta)^5}\times\left\{\frac{\partial^4}{\partial\tau^4}\left[\int\boldsymbol{R}_{ijkl}\left[\boldsymbol{y},\boldsymbol{\xi},\tau\right]\mathrm{d}\boldsymbol{\xi}\right]\right\}_{\tau=t/(1-Ma_c\cos\theta)}\mathrm{d}\boldsymbol{y} \tag{4-16}$$

4.2.3 量纲分析

对于具有平行平均流动速度 U 的湍流场，流场速度场 $\boldsymbol{v}$ 与脉动速度场 $\boldsymbol{u}$ 的关系为

$$v_i=\delta_{1i}U+u_i \tag{4-17}$$

对于亚声速喷流，黏性应力 e_{ij} 与雷诺应力 ρu_iu_j 相比可以忽略，莱特希尔应力张量可以简化为 $\boldsymbol{T}_{ij}=\rho u_iu_j$，故可以得到

$$\boldsymbol{R}_{ijkl}=(\overline{u'_iu'_ju''_ku''_l}-\overline{u'_iu'_j}\cdot\overline{u''_ku''_l})+2(U'\delta_{1i}\overline{u'_ju''_ku''_l}+U''\delta_{1k}\overline{u'_iu'_ju''_l})+4U'U''\delta_{1i}\delta_{1k}\overline{u'_ju''_l} \tag{4-18}$$

记

$$\boldsymbol{R}^0_{ijkl}=\overline{u'_iu'_ju''_ku''_l}-\overline{u'_iu'_j}\cdot\overline{u''_ku''_l},\qquad\boldsymbol{R}^0_{ij}=\overline{u'_iu''_l}$$

令 $\overline{I}(\boldsymbol{x}\mid\boldsymbol{y})$ 表示由位于点 $\boldsymbol{y}$ 处的单位体积湍流在观测点 $\boldsymbol{x}$ 处产生的声强，$I_\omega(\boldsymbol{x}\mid\boldsymbol{y})$ 和 $\Gamma(\boldsymbol{x}\mid\boldsymbol{y})$ 表示对应的声强谱和自相关函数，则有

$$\overline{I}(\boldsymbol{x})=\int\overline{I}(\boldsymbol{x}\mid\boldsymbol{y})\mathrm{d}\boldsymbol{y},\quad I_\omega(\boldsymbol{x})=\int I_\omega(\boldsymbol{x}\mid\boldsymbol{y})\mathrm{d}\boldsymbol{y},\quad\Gamma(\boldsymbol{x},t)=\int\Gamma(\boldsymbol{x},\boldsymbol{y},t)\mathrm{d}\boldsymbol{y}$$

对于对称喷流，假设：① 流场中任意两点处速度的联合概率分布近似是常量；② 湍流是不可压的；③ 湍流是各向同性的；则得单位体积环形薄片上轴对称喷流辐射的平均声强为

$$\overline{I}(\boldsymbol{x}\mid\boldsymbol{y})_{\mathrm{av}}=\frac{\rho_0}{16\pi^2c_0^2(1-Ma_c\cos\theta)^5\boldsymbol{x}^2}\times\left(\frac{\partial^4}{\partial\tau^4}\int\boldsymbol{R}^0_{1111}\mathrm{d}\boldsymbol{\xi}\right)_{\tau=0}\left(1+\frac{\cos^4\theta+\cos^2\theta}{2}A\right) \tag{4-19}$$

式中

$$A\equiv\frac{4\left(\frac{\partial^4}{\partial\tau^4}\int U'U''\boldsymbol{R}^0_{11}\mathrm{d}\boldsymbol{\xi}\right)_{\tau=0}}{\left(\frac{\partial^4}{\partial\tau^4}\int\boldsymbol{R}^0_{1111}\mathrm{d}\boldsymbol{\xi}\right)_{\tau=0}}$$

可以证明，$[1+A(\cos^4\theta+\cos^2\theta)/2]$ 项随 θ 的改变与项 $(1-Ma_c\cos\theta)^{-5}$ 相比是小量，因此在量纲分析中可以不计。而项

$$\left(\frac{\partial^4}{\partial\tau^4}\int\boldsymbol{R}^0_{1111}\mathrm{d}\boldsymbol{\xi}\right)_{\tau=0}$$

具有 $(u'^4l^3/\tau_\varepsilon^4)k$ 的量级，其中 u' 是典型的均方根湍流速度，k 是无量纲常数，因此式(4-19)可以变为

$$\overline{I}(\boldsymbol{x}\mid\boldsymbol{y})_{\mathrm{av}}=k\frac{\rho_0(\tau_\xi)^{-4}u'^4l^3}{16\pi^2c_0^2(1-Ma_c\cos\theta)^5\boldsymbol{x}^2} \tag{4-20}$$

对式(4-20)作半径为 r 的球面积分,得单位体积喷流湍流辐射的声功率为

$$\Pi(\boldsymbol{y}) = \frac{k\rho_0 u'^4 l^3}{4\pi c_0^5 \tau_\varepsilon^4} \frac{1 + Ma_c^2}{(1 - Ma_c^2)^4} \tag{4-21}$$

4.2.4　喷流结构及喷流噪声公式

图 4-2 示出直径为 D 的圆形收敛喷口形成的喷流结构。充分发展的湍流分成三个区域:混合区、过渡区和充分发展区。当喷流从喷口进入静止空气时,在运动气体和周围介质之间形成一个环形的混合层,离开喷口 $0.5D$ 处混合层内气流就变为完全湍流。然后混合层的两个边界面线性扩展,到 $(4\sim5)D$ 处内边界就充满整个喷流。混合层的半发射角大约 $8°$。在混合层包围的锥形区域气流运动保持为层流,因此这一锥形区域常称为势流核心。一旦混合层充满喷流,喷流就进入过渡区。在过渡区内喷流平均速度迅速衰减。这一区域大约延伸到 $(8\sim9)D$ 处。之后就是喷流充分发展区,在充分发展区内气流是一种自维持流动,这个区域的边界扩展也是线性的,但与混合层的边界线性增长率是不同的。

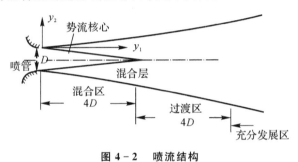

图 4-2　喷流结构

不同位置上的湍流强度是不相同的,这与对应位置的速度梯度有关。最大湍流速度是在混合层中心线附近,与喷流速度的关系近似为

$$u_{max} \approx 0.16U \tag{4-22}$$

在充分发展区湍流强度很小,因此,喷流噪声大部分是由混合区和过渡区的湍流产生的。

在混合区内湍流涡团的尺寸在流动方向被拉长,通常流动方向的关联长度 l_1 是径向关联长度 l_2 的两倍。且 l_1 与 l_2 随 y_1 方向线性增加,即

$$l_1 = 0.2y_1, \quad l_2 = 0.05y_1 \tag{4-23}$$

在混合区内湍流团衰减时间 τ_ε 和对流速度分别有如下近似关系:

$$l_1 \approx 0.2U_j\tau_\varepsilon \tag{4-24}$$

$$U_c \approx 0.62U_j \tag{4-25}$$

式中,U_c 是喷流速度。

对于单位长度的混合区,所辐射的噪声声功率可由式(4-21)乘以混合区截面面积 $A(y_1)$ 得出,即

$$\Pi(y_1) = \frac{k\rho_0 u'^4 l^3}{4\pi c_0^5 \tau_\varepsilon^4} A(y_1) \frac{1 + Ma_c^2}{(1 - Ma_c^2)^4} \tag{4-26}$$

由喷流结构可知

$$A(y_1) = \pi D \times (混合区厚度) = \frac{\pi D y_1}{4}$$

把式(4-22)~式(4-25)代入式(4-26),并应用上式可得到长度混合区辐射的声功率为

$$\Pi(y_1) = 6.5 \times 10^{-7} k \frac{\varrho_0 U_j^8 D}{c_0^5} \frac{1 + Ma_c^2}{(1 - Ma_c^2)^4} \tag{4-27}$$

喷流混合区辐射的总声功率可由混合区长度 $4D$ 乘以上式得到,即

$$\Pi_\omega = 2.5 \times 10^{-6} k \frac{\varrho_0 U_j^8 D^2}{c_0^5} \frac{1 + Ma_c^2}{(1 - Ma_c^2)^4} \tag{4-28}$$

因为上式中 $(1 + Ma_c^2)/(1 - Ma_c^2)^4$ 项随 U_j 变化相对于 U_j^8 随 U_j 的变化来说,是一个缓慢变化的因子,因此可以近似取 $Ma_c = 1/2$ 代替,从而得

$$\Pi_\omega \approx 10^{-5} k \frac{\varrho_0 U_j^8 D^2}{c_0^5} \tag{4-29}$$

对于喷流噪声,由混合区辐射的声功率约占总噪声功率的一半,因此,喷流产生的总噪声功率近似为

$$\Pi_T \approx 2 \times 10^{-5} k \frac{\varrho_0 U_j^8 D^2}{c_0^5} \tag{4-30}$$

由上式可以看出,喷流噪声功率与喷口速度的 8 次方成正比。这就是著名的关于喷流噪声的 Lighthill 8 次方定律。

一些实验结果表明,喷流噪声功率的变化规律非常符合 8 次方定律。但对于不同的场合,其修正系数是不一样的,这需要通过试验确定。图 4-3(a) 所示是实测的喷流噪声总声功率与理论预测的对比,图 4-3(b) 所示则是在不同的方位测得的总声压级与理论结果的对比。根据式(4-20),理论预测的指向因子选为 $(1 - Ma_c \cos\theta)^5$。

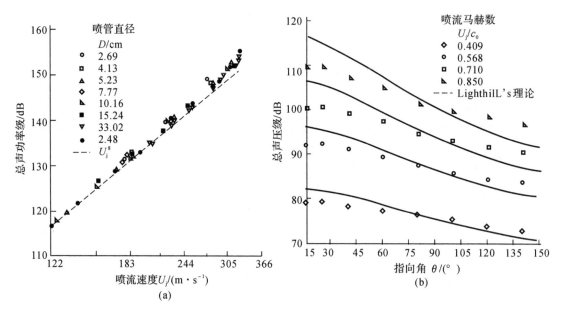

图 4-3 喷流噪声特性

(a)喷流噪声总声功率随喷流速度的变化; (b)喷流噪声的指向性

4.3　喷流噪声远场声压时间平均解

对于气动噪声源,人们往往更加关心时间平均解,例如远场的均方声压或者功率谱密度,从功率谱密度就可以进一步计算 1/3 倍频程频谱。如第 3 章所述,自相关函数是计算和分析声压均方根值和功率谱密度函数的基础。本节将根据第 3 章对流 Lighthill 方程时间平均解的基本关系,分析喷流噪声远场声压时间平均解。

4.3.1　功率谱密度

式(3-83)给出了空气动力噪声源在远场点 x_i 产生的声压脉动的功率谱密度 $W_{pp}(x_i, f)$。对于自由喷流的情况,可以忽略表面脉动力产生的噪声,则喷流噪声功率谱密度函数为

$$W_{pp}(x_i, f) = W_{ppqq}(x_i, f) + W_{ppdd}(x_i, f) \tag{4-31}$$

四极子源的功率谱密度 $W_{ppqq}(x_i, f)$ 由式(3-88)给出,偶极子源的声谱密度 $W_{ppdd}(x_i, f)$ 由式(3-90)给出。它们可分别表示为

$$W_{ppqq}(x_i, f) = \frac{1}{(4\pi r_0 a_0^2 D_f^3)^2} \iint \sqrt{W_{qq1} W_{qq2}} \, \gamma_{q12} \exp\left[i(\Psi_q + \Psi_r)\right] dV_c(\eta_i) \, dV(y_i) \tag{4-32}$$

$$W_{ppdd}(x_i, f) = \frac{1}{(4\pi r_0 a_0 D_f^2)^2} \iint \sqrt{W_{dd1} W_{dd2}} \, \gamma_{d12} \exp\left[i(\Psi_d + \Psi_r)\right] dV_c(\eta_i) \, dV(y_i) \tag{4-33}$$

除了一些次要的假设(例如忽略四极子声源与偶极子声源的干涉等),方程(4-31)与方程(4-32)、方程(4-33)联立计算就是 Lighthill 方程的精确解,方程(4-32)与方程(4-33)的主要差别就是对飞行效应的不同放大率,它是以方程(3-48)定义的 Doppler 因子 D_f 的指数表示的。

如果平均流场是稳态随机过程,则解式(4-32)、式(4-33)有效。为了使喷流流场随机稳定,需要采用固定喷管上的坐标系,如图 4-4 所示。

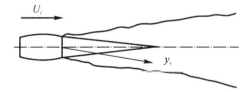

图 4-4　固定在喷管上的坐标系及喷流场

4.3.2　圆形射流的螺旋模态

Michalke(1972)利用圆形喷流时间平均物理量的轴对称性,将声源项的互谱密度函数

$$W_{q_1 q_2}(x_1, r_1, x_2, r_2, \boldsymbol{\nabla}\varphi) = \sqrt{W_{qq1}(x_1, r_1) W_{qq2}(x_2, r_2)} \, \gamma_{q12} \exp(i\varphi_q)(除去由于滞后时间差产$$

生的相位差之外的方程（4-32）中的被积函数）按照方位角展开，则

$$W_{q_1 q_2} = \sum_{m=0}^{\infty} W_{qqm} \cos(m\Delta\varphi) \tag{4-34}$$

$W_{q_1 q_2}(x_1, r_1, x_2, r_2, \boldsymbol{\nabla}\varphi)$ 仅是声源 $dV(\eta_i)$ 和声源 $dV(y_i)$ 轴向位置、径向位置以及两声源之间的方位角夹角 $\Delta\varphi$ 的函数，m 称为方位阶数。

此后，Michalke 又给出了不同方位角位置的远场声功率谱密度 W_{pp}。他的分析表明，只有一小部分以频率和方位描述其特征的湍流成分对远场辐射有重要影响。

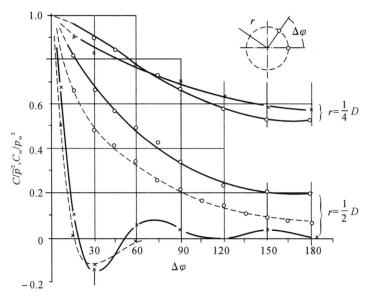

图 4-5　压力和速度脉动的方位关联

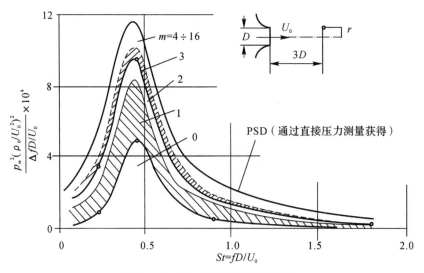

图 4-6　压力脉动的功率谱密度

Michalke 和 Fuchs (1975) 测量了声源区域内脉动压力的互谱密度并按照方位角将其展开,他们认为这与声源强度相关。图 4-5 给出了在 $x_1 = x_2 = 3D$ 和 $r_1 = r_2 = 0.5D$ 位置作为方位角 $\Delta\varphi$ 函数的脉动压力以及速度的变化关系。窄带谱关联数据关系与互谱关联数据相类似,D 为喷管直径,$U_0 = 60\text{m/s}$ 为喷管出口喷流速度。图 4-6 给出了不同方位的分量对压力脉动总功率谱密度的贡献。从图中可以看出,在 Strouhal 数 $St = fD/U_0 = 0.2 \sim 1.0$ 范围内,$1 \sim 4$ 阶方位分量支配声源场。这就说明,远场噪声只由少量方位分量控制。

而方位分量与喷流内不稳定波的螺旋模式有关,这为降低喷流噪声提供了一种可能的方法。如果可以减小一定方位脉动量成分,那么就可以减小远场噪声。比如,在喷流中心的塞锥就能够抑制堵塞表面的径向波动,从而减小高阶 m 分量的噪声辐射。

4.3.3　喷流噪声的指向性

图 4-7 给出了静态喷流噪声声压级 L_p 的典型指向性。从图中可以看出,喷流噪声在喷流方向的后场区声级增加,但在靠近喷流轴线位置有一个凹陷。对方程(4-32)和方程(4-33)进行分析可以看出,影响喷流噪声指向性模式可能会有不同的原因,Doppler 因子 D_f 产生的 Doppler 放大效应只是在飞行状况下出现,静态喷流的指向性受声源功率谱密度 W_{qq} 或 W_{dd} 的指向性(方程(4-32)和方程(4-33)中的均方根)影响,也受声源相干函数 γ_{q12} 或者 γ_{d12} 的指向性影响,或者说是基于指数项 $\exp[\text{i}(\varphi_q + \varphi_r)]$ 或者 $\exp[\text{i}(\varphi_d + \varphi_r)]$ 的声源干涉效应的影响。下面的分析表明,喷流噪声指向性的主要特征可以用声源干扰效应进行解释。

为了简化,声源在径向范围的扩展忽略不计,这样根据方程(3-89)和方程(3-86)就可以得到方程(4-32)干涉函数的相位角为

$$\psi = \psi_q + \psi_r = \frac{2\pi f \eta_1}{c_0}\left[\frac{c_0}{U_f + 0.7(U_j - U_f)} + \cos\theta_0\right]$$

$$(4-35)$$

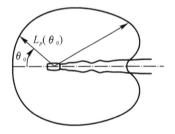

图 4-7　亚声速喷流噪声的指向性

其中应用了相速度计算式 $U_p = U_f + 0.7(U_j - U_f)$,在等温圆形喷流中观测到这个相速度关系,应用线化不稳定理论也可以预测到这个相速度。在飞行方向的前场区(即在喷流方向的反方向)$\theta_0 = 0°$ 时,式(4-35)中方括号内的项达到最大值;而在飞行方向的后场区 $\theta_0 = 180°$ 时,方括号内的项取最小值。对于喷流速度 U_j 较小的情况,方括号中的余弦函数项 $\cos\theta_0$ 的影响相对较小;但对于高速喷流速度情况,其影响相对较大。

乘积项 $\gamma_{q12}\exp[\text{i}(\varphi_q + \varphi_r)]$ 决定了方程(4-32)中声源的干涉效应。图 4-8 给出了在 $U_f = 0$ 时,作为无量纲轴向间隔 $\Delta\xi = 2\pi f \eta_1/c_0$ 函数的相干函数,图中给出了两个辐射角度(分别为 $\theta_0 = 30°$(左端图)和 $\theta_0 = 150°$(右端图))和两个无量纲喷流速度(分别为 $U_j/c_0 = 0.5$(上图)和 $U_j/c_0 = 1.2$(下图))情况下的结果,相干函数选为 $\gamma_{q12} = \exp(-0.05\Delta\xi^2)$。这就决定了图形曲线的轮廓,干涉效应表现为振荡方式,对于高速喷流飞行方向,后场区振荡较小。图中同时给出了曲线的积分值,它是声源辐射效率的一种度量。可以看出,当 $U_j/a_0 = 0.5$ 时,飞行方向前场区和后场区的积分值几乎不发生变化,而当 $U_j/c_0 = 1.2$ 时计算结果变化很大。很明显,方程(4-32)中的积分强烈地受干涉函数振荡的影响。

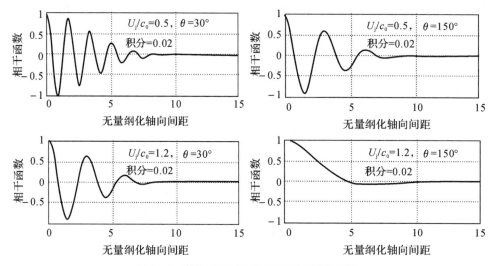

图 4 - 8　静态喷流声辐射不同区域声源干涉

4.3.4　喷流气动声源的波动模型与旋涡模型

在早期的喷流噪声研究中,许多研究者都认为在飞行方向的后场区声辐射增强的原因是由于声源的对流运动。例如,Lighthill(1954),Ffowcs Williams(1963))这些研究者都假定移动的湍流旋涡是气动噪声声源。那么根据 Doppler 频移原理,声源对流运动使得在飞行方向后场区的远场观测点感受的喷流混合噪声频率高于前场区观测点的噪声频率,显然这与实际不相符。这种喷流噪声模型被称为"旋涡模型"。

应用含有限空间干涉的传播波幅值增长或衰减描述流体的运动,Michalke 和 Michel 给出了喷流噪声的积分解。在这种模型中,喷流流场内的波和喷流剪切层内的不稳定性相关,远场噪声频率与辐射角度 θ_0 无关,这与实验结果是一致的。这种喷流噪声模型被称为喷流噪声的"波动模型"。

在旋涡模型与波动模型预测结果中存在的差异,以及预测结果与实验结果存在的差异,都能够借助于上述四极子源积分解式(4 - 32)说明。

在旋涡模型中,将坐标系放置在以对流速度 U_c 运动的旋涡上,那么正确应用对流 Lighthill 方程时,需要一个相对周围环境的均匀负速度 $U_c - U_f$,如图 4 - 9 所示。在喷流中心速度为 $U_j - U_c$,这时声波方程积分解为

$$W_{ppqq}(x_i, f_s) = \frac{1}{(4\pi r_0 a_0^2 D_{fc}^3)^2} \iint \sqrt{W_{qq1} W_{qq2}} \, \gamma_{q12} \exp\left[i(\Psi_{qc} + \Psi_r)\right] dV_c(\eta_i) \, dV(y_i)$$

$$(4 - 36)$$

与方程(4 - 32)对比,其变化在于 Doppler 因子的定义为

$$D_{fc} = 1 + \frac{U_c - U_f}{c_0} \cos \theta_0 \qquad (4 - 37)$$

应用运动坐标系的一个结果就是在干涉函数中的相位角 ψ_{qc} 为零,这也意味着在相关体积中的声源具有同相位,f_s 是在运动声源坐标系中定义的频率。

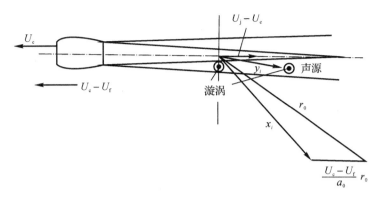

图 4 - 9　固定在运动旋涡上的坐标系

与喷流噪声的波动模型相反，飞行方向后场区的 Doppler 因子 $D_{fc} < 1$，这就导致了静态或者飞行状态下后场区噪声的 Doppler 放大，放大效应是相对对流速度 $U_c - U_f$ 的函数。考虑延迟时间的干涉项简化为 $\exp(i\varphi_r)$，干涉效应取决于相干函数 $\gamma_{q12}(\eta_i)$ 随三个坐标分量 η_i 的衰减，为了简化，可以忽略。

因此可以得出结论，喷流噪声旋涡模型的指向性是由 Doppler 放大效应所决定的，而喷流噪声波动模型的指向性是由干涉效应所决定的。

Doppler 因子 D_{fc} 也可用来计算相对喷管静止的观察点感受到的噪声频率 f：

$$f = \frac{f_s}{D_{fc}} \tag{4-38}$$

Doppler 频移总是指向飞行方向的后场方向（包括飞行状态）。

图 4-10 说明了有关喷流噪声旋涡模型和波动模型的频率差别，图中给出了远场观测点噪声频率与声源频率的比值-辐射角 θ_0 的函数关系，图中的结果对应的是喷流速度 $U_j/c_0 = 1.2$ 和飞行速度 $U_f = 0$ 的情况，并假定喷流内波传播的相速度为 $0.7U_j$。可以看出，对于喷流噪声旋涡模型，预测的飞行方向后场区域的远场噪声频率随辐射角显著增加；而对于喷流噪声波动模型，预测的远场噪声频率在所有角度下都保持常数。实验结果显示，喷流噪声远场噪声频率与波动模型预测结果一致，甚至在后场区域接近喷流轴线位置，远场喷流噪声频率还有所减小，这主要是由于喷流速度分布产生的声折射的结果。Atvars(1965)等和 Grande(1966)的实验结果揭示了这一现象。

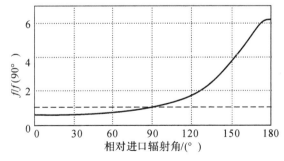

图 4 - 10　波动模型与旋涡模型预测的辐射声频率随辐射角的变化

（实线：旋涡模型；　虚线：波动模型）

表 4-1 列出了喷流噪声波动模型和旋涡模型的不同之处。

表 4-1　喷流噪声波动模型和旋涡模型的对比

项目		波动模型	旋涡模型
Doppler 放大	静止喷流	不考虑	飞行方向后场区域
	飞行状态	飞行方向前场区域	飞行方向后场区域
Doppler 频移	静止喷流	所有方向保持常数	飞行方向后场区域增大
	飞行(风洞)	所有方向保持常数	飞行方向后场区域增大
	飞行(空中)	飞行方向前场区域增大	飞行方向后场区域增大

可以明显看出,在任何飞行速度下旋涡模型预测的远场后场区域频率都是增加的,即使当飞机在空中飞行时,在飞机后方地面观测点接收的噪声频率也是随飞行速度增加的,这与实验结果明显不一致。

在相同的积分下两个不同的声源模型为什么会有如此大的差异?仔细分析就会发现,在旋涡声源模型中,声源分布不是稳态随机过程,这在推导方程(4-32)和方程(3-88)时就可以看出。声源作为时间的函数在移动,如图4-11所示,这就妨碍了方程(4-36)的应用,因而导致了旋涡模型计算结果的无效。

只有当坐标系相对于喷管保持稳定时,声源分布才是稳态随机的,这个发现首先是由 Ribner(1959)提出的,后来被 Michalke 和 Michel(1979)等所采用。

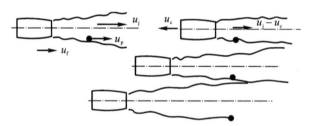

图 4-11　波动模型与旋涡模型坐标系的比较

4.4　喷流噪声比例律关系

4.4.1　喷流流场比例律关系

根据方程(4-31)、方程(4-32)和方程(4-33)计算喷流远场声压,首先需要知道在整个声源区域由方程(3-66)和方程(3-73)定义的关于时间函数的声源项,需要知道整个声源区 y_i 内和所有辐射角 θ_0 情况下的声源项的功率谱密度 W_{qq} 和 W_{dd},以及整个声源区 y_i 内所有的间距矢量下 η_i 及所有的相位角 ϕ_q 和 ϕ_d 下不同声源位置声源之间的相干函数 γ_{q12} 和 γ_{d12}。

当然对于上述声源项的计算,可以通过数值模拟的方法进行,但是就是在目前计算机性能已经发展非常好的情况下,对于实际流动雷诺数和马赫数情况下的整个喷流流场的三维数值计算需求,还是远远超过了现有计算机的能力,是工程上难以接受的。 Michalke 和 Fuchs(1975)的研究表明,大尺度的流动支配着喷流流动过程,而低阶周向模态是最有效的噪声产生源,这就表明对于喷流噪声源采用大涡模拟是足够有效的方法。为了计算远场声功率谱密度,还需要计算声源区域内足够时间区间内的相干函数 γ_{q12} 和 γ_{d12},以及不同扰动之间的相位角 ψ_q 和 ψ_d。从原理上讲,上述喷流噪声源的数据是可以测量出来的,但这是一个非常艰巨的任务。

可以应用 Lighthill 方程解,推导出关于喷流流场声源的比例律关系,这样就可以消除上述数值计算和实验工作的困难。在这种情况下,就仅仅需要知道流场参数是如何随喷流基本参数而变化的。

Michalke 和 Michel(1981)首先引入以下假设:

(1) 喷流速度矢量 $\{U_j,0,0\}$ 和飞行速度矢量 $\{U_f,0,0\}$ 是在相同的方向上。

(2) 圆形喷流的基本比率参数包括完全扩展的喷流直径 D_f(对于超声速喷流,它是与喷口直径不同的)、喷流密度 ρ_j,以及相对喷流速度 $\Delta U = U_j - U_f$。

(3) 如果在相等的位置 $\overline{y_i}$ 上比较,喷流噪声产生区域的无量纲化平均和脉动流动变量的一阶近似量是不依赖于 U_f 变化的,其中相对位置 $\overline{y_i}$ 的定义是

$$\overline{y_1} = \delta y_1/D_j, \quad \overline{y_2} = \delta y_2/D_j, \quad \overline{y_3} = \delta y_3/D_j \qquad (4-39)$$

声源间距矢量 $\overline{\eta_i}$ 也采用相同的定义,其中伸缩因子 σ 的定义是

$$\sigma = 1 + \frac{1}{\tilde{u}_p} \frac{U_f}{\Delta U} \qquad (4-40)$$

式中

$$\tilde{u}_p = \frac{U_p - U_f}{\Delta U} \qquad (4-41)$$

$\overline{u_p}$ 是无量纲化流动扰动相速度。对于圆形和等温喷流,实验结果表明,$\overline{u_p} \approx 0.7$。

图 4 - 12 给出了上述假设的物理描述。

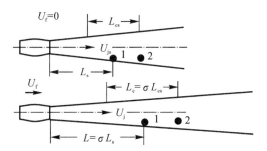

图 4 - 12　飞行速度对声源和喷流相干长度的影响

方程(4 - 32)中的四极子源将用如下无量纲化形式进行描述,即

$$\overline{q_q} = \overline{q_q}(\overline{y_i}, \overline{x_{0i}}) \qquad (4-42)$$

两声源位置之间的相干函数和相速度按照如下形式描述,即

$$\overline{\gamma_q} = \overline{\gamma_q}(\overline{y_i}, \overline{\eta_i}, \overline{x_{0i}}) \qquad (4-43)$$

$$\overline{u_p} = \overline{u_p}(\overline{y_i}, \overline{\eta_i}, \overline{x_{0i}}) \qquad (4-44)$$

实验发现,飞行速度对流场中脉动量无量纲化频率 St 的影响是相似的,对于相对喷口的

固定位置处,无量纲化频率 St 与 σ 成比例增加,即

$$St = \frac{fD_j}{\Delta U} \tag{4-45}$$

Strouhal 数按照下式描述,即

$$\overline{f} = \frac{St}{\overline{\delta}} = \overline{f}(\overline{y_i}) \tag{4-46}$$

飞行效应对声源频率的影响为

$$\frac{f_f}{f_s} = \sigma \frac{U_j - U}{U_j} = \sigma \frac{\Delta U}{U_j} \tag{4-47}$$

对于喷流速度 U_j 是常数的情况,当飞行速度增加时,σ 的增加量大于 ΔU 的减小量。

此外,必须考虑到方程(4-32)和方程(4-33)两个积分体积 V 的长度随着伸缩因子 σ 的增大而增加。

Michalket 和 Hermann(1982)的稳定性分析验证了按照上述方程确定的幅值、相速度和频率的伸缩模型。

4.4.2　喷流噪声声压比例律关系

根据流场的比例律关系,就可以推导出声学远场和几何远场喷流噪声功率谱密度的比例律关系。

根据上述定义的基本流动变量可以对方程(4-32)、方程(4-33)中的相关项进行无量纲化,可以得到

$$W_{pp}(r_0, \theta_0, St) = \frac{\gamma^2 p_0^2 D_j}{c_0} \left(\frac{D_j}{4\pi r_0}\right)^2 \sigma^2 \cdot \left[D_f^{-6} \left(\frac{\Delta U}{c_0}\right)^7 \left(\frac{\rho_j}{\rho_0}\right)^2 \widetilde{G}_{qq} + D_f^{-4} \left(\frac{\Delta U}{c_0}\right)^5 \left(1 - \frac{\rho_j}{\rho_0}\right)^2 \widetilde{G}_{dd} \right] \tag{4-48}$$

在这里 γ 是比热比,"~"号表示的是相对于完全膨胀喷流直径 D_j、喷流密度 ρ_j 和喷流相对速度 $\Delta U = U_j - U_f$ 的无量纲化参数,$\widetilde{G}_{qq}$ 和 $\widetilde{G}_{dd}$ 是针对声源域的双重积分,即

$$\widetilde{G}_{qq} = \frac{1}{\sigma^2} \int_V \int_{V_c} \sqrt{\overline{W_{qq1}} \ \overline{W_{qq2}}} \ \gamma_{q12} \exp\left[i(\psi_q + \psi_r)\right] d\overline{V}_c(\overline{\eta_i}) d\widetilde{V}(\overline{y_i}) \tag{4-49}$$

$$\widetilde{G}_{dd} = \frac{1}{\sigma^2} \int_V \int_{V_c} \sqrt{\overline{W_{dd1}} \ \overline{W_{dd2}}} \ \gamma_{d12} \exp\left[i(\psi_d + \psi_r)\right] d\overline{V}_c(\overline{\eta_i}) d\widetilde{V}(\overline{y_i}) \tag{4-50}$$

式中,$\overline{y_i} = y_i/D_j$,$\overline{\eta_i} = \eta_i/D_j$,$d\widetilde{V} = dV\sigma/D_j^3$。积分前的因子 $1/\sigma^2$ 补偿飞行情况下声源和相干体积的增加效应。为了推导出比例律关系,假设 $\widetilde{G}_{qq}$ 和 $\widetilde{G}_{dd}$ 并不受基本流动参数 D_j,ρ_j,$\Delta U = U_j - U_f$ 和飞行速度 U_f 的影响。对于相干函数,这个假设并不完全满足,因此在指向性中必须予以考虑。

方程(4-49)中的 $\widetilde{G}_{qq}$ 是四极子源函数的互谱密度函数,通过下式计算:

$$Q_q = \frac{\partial^2}{\partial t^2} \left\{ \widetilde{u}_{r_0}^2 \frac{\rho_0}{\rho_j} - \left(1 - \frac{\rho_0}{\rho}\right) \widetilde{p}' \right\} \tag{4-51}$$

$\widetilde{G}_{dd}$ 是偶极子源的互谱密度,通过下式计算:

$$\widetilde{Q}_q = -\frac{\partial}{\partial t} \left\{ \widetilde{p}' \frac{\rho_j^2}{\rho^2} \frac{\partial}{\partial \widetilde{y}_{r_0}} \left(\frac{\rho}{\rho_0 - \rho_j}\right) \right\} \tag{4-52}$$

方程(4-49)和方程(4-50)中积分项的指数决定了声源的干涉,其相位差 ψ_q 和 ψ_d 近似按下式计算:

$$\psi_q = \psi_d = 2\pi St \frac{\tilde{\eta}_1}{\tilde{u}_p + \dfrac{u_f}{\Delta u}} \tag{4-53}$$

式中,$\tilde{u}_p$ 由方程(4-41)定义,St 是无量纲频率,其定义是方程(4-45)。方程(4-49)、方程(4-50)中的相位 ψ_r 描述了时间滞后量的差,即

$$\psi_r = 2\pi St \frac{\Delta u}{a_0 D_f} [\tilde{\eta}_1 \cos \theta_0 - \tilde{\eta}_n \sin \theta_0] \tag{4-54}$$

η_i,η_{r_0},$\boldsymbol{\eta}_1$,$\boldsymbol{\eta}_n$ 的定义如图 3-9 所示。$\boldsymbol{\eta}_1$ 和 $\boldsymbol{\eta}_{r_0}$ 分别是声源间距矢量在负飞行方向和波前方向的分量。$\boldsymbol{\eta}_n$ 垂直于 $\boldsymbol{\eta}_1$,这两个矢量合成了 η_{r_0}。

从方程(4-48)可以推出以下的结论:

(1)喷流噪声(也包括激波噪声)是由四极子源和双极子源产生的。

(2)两种声源的声辐射与相对喷流马赫数 $\Delta U/a_0$ 的关系不同,四极子源和偶极子源声功率谱密度分别正比于 $(\Delta U/c_0)^7$ 和 $(\Delta U/c_0)^5$。

(3)均方声压(通过在整个频率范围内对功率谱密度的积分得到)分别正比于 $(\Delta U/c_0)^8$ 和 $(\Delta U/c_0)^6$。Lighthill 仅预测了第一项(四极子声源)。在高速喷流速度下,四极子源是喷流的主要噪声;但是,在比较小的喷流速度下,偶极子源是喷流的主要噪声。

(4)对于给定的喷流速度 U_j,飞行状态下($U_f > 0$)的 $\Delta U = U_j - U_f$ 比静止状态下($U_f = 0$)的 $\Delta U = U_j - U_f$ 值要小很多,这就意味着飞行状态下偶极子源产生的噪声变得相对重要。

(5)两种声源服从不同的前飞放大效应规律,四极子噪声前飞效应更大一些。

(6)在飞行方向的后场区域,热喷流噪声主要是偶极子噪声,而在高亚声速飞行马赫数下,飞行方向前场区域喷流噪声主要是四极子噪声。

(7)除了 Doppler 因子,四极子源和偶极子源之间的关系还依赖于 ρ_j/ρ_0 的比例和相对喷流速度 $\Delta U/c_0$。

从方程(4-48)还可以推出,如果无量纲化有效喷流速度保持常数,那么四极子噪声源和偶极子噪声源的噪声辐射比例就保持常数。无量纲化有效喷流速度的定义是

$$\frac{U_e}{c_0} = \frac{\Delta U}{c_0 D_f} \tag{4-55}$$

这也就意味着,只要 U_e 是完全相同的,那么按照方程(4-55),在飞行状态下上述两项喷流噪声的比例能够应用不同喷流速度下稳态喷流噪声的比例来描述,或者用不同飞行速度的喷流噪声的比例来描述。这个结论是 Michalke 和 Michel(1979)提出的飞行效应量纲分析的基础。在 θ_0 为 90° 的情况下,U_e 和相对喷流速度 ΔU 相等,而在前场(即指向飞行方向)增大,在后场减小。

由图 4-13 可以识别出四极子源和偶极子源噪声辐射贡献的大小。图中给出了具有不同喷流温度和周围大气温度比 T_j/T_i 的喷流模型产生的噪声强度随无量纲化喷流速度 U_j/a_0 的变化。可以看出,在低速喷流情况下,与 $(\Delta U/c_0)^6$ 成比例的偶极子的噪声辐射起支配作用。对于不加热的喷流,在 $U_j/c_0 < 0.4$ 的范围,偶极子源噪声辐射起支配作用;而对于热喷流,在 $U_j/c_0 < 0.6$ 的范围,偶极子噪声辐射起支配作用。在这些实验中不加热喷流的密度与周围大气的密度是不一致的。对于热喷流,可以观察到在 $U_j/c_0 > 1$ 时存在一个减小的梯度,这可能

是由于声源干涉的结果。

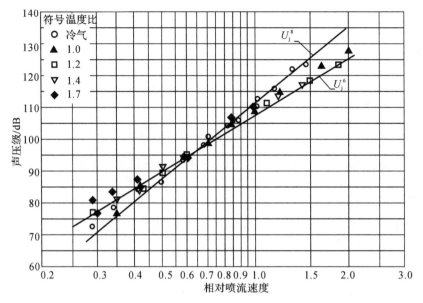

图 4-13　喷流噪声声压级与无量纲化喷流速度的关系

4.5　超声速喷流噪声

4.5.1　马赫波辐射

在方程(4-49)或方程(4-50)中,声源干涉函数的相位 $\psi = \psi_q + \psi_r$ 或 $\psi = \psi_d + \psi_r$ 定义为以下统一形式:

$$\psi = 2\pi St \left[\frac{\tilde{\eta}_1}{\tilde{u}_p + \dfrac{U_f}{\Delta U}} + \frac{\Delta U}{c_0 D_f}(\tilde{\eta}_1 \cos \theta_0 - \tilde{\eta}_n \sin \theta_0) \right] \tag{4-56}$$

式中, $\tilde{\eta}_n$ 是 $\tilde{\eta}_{r_0}$ 垂直于喷流轴方向的分量, $\tilde{\eta}_1$ 是平行于喷流轴的分量(见图 3-6)。

根据方程(4-49)和方程(4-50)可知,最大声辐射出现在 ψ 最小时。如果方程(4-56)中的侧向间距分量 $\tilde{\eta}_n$ 可以忽略不计(像在方程(4-35)中那样),而且方程(4-56)中方括号内的项消失为零,那么对于所有的轴向间距 $\tilde{\eta}_1$ 和所有 St , ψ 就随之消失。当辐射角定义为下式时,对于任意飞行马赫数都会出现上述这种情况,即

$$\cos \theta_{0Ma} = -\frac{1}{\tilde{u}_p \dfrac{\Delta U}{c_0}} \tag{4-57}$$

这种状况导致了所谓的马赫波辐射。马赫波辐射只能发生在方程(4-57)中右边项小于 1 的情况下,即

$$\frac{\Delta U}{c_0} > \frac{1}{\tilde{u}_p} \approx 1.4 \tag{4-58}$$

对于静态喷流,喷流速度至少要是周围速度的 1.4 倍才会出现上述情况。对于给定的喷流速度 U_j,在飞行状况下 $\Delta U = U_j - U_f$ 要比在静止状况下的值小。这就意味着在飞行状态下,由于剪切层中扰动相速度使得马赫波辐射角相对于飞行方向接近于 $180°$,或者说在飞行状态下马赫波辐射消失。

与飞行中的喷流马赫波辐射角相同的静止喷流速度是

$$\frac{U_s}{c_0} = \frac{\Delta U}{c_0} \tag{4-59}$$

在这里,假定两种情况下的无量纲化相速度 $\tilde{u}_p$ 是完全相同的。与方程(4-55)对比,如果应用方程(4-55)来比拟静止喷流噪声与高速飞行中的喷流噪声,明显可以看出有很大的干涉误差,这也就是为什么应用方程(4-55)来计算飞行状态下等效静止喷流时,总会过量预测飞行方向前场区域噪声辐射。

根据方程(4-57),对于非常大的 $\Delta U/c_0$ 值,马赫波角度趋于垂直于喷流轴线。在火箭喷流中,无量纲化喷流速度值达到 $\Delta U/c_0 \approx 7.5$,而由于喷流的低密度,在这种情况下无量纲化的相速度 $\tilde{u}_p = (U_p - U_f)/\Delta U$ 非常小,可能是 $\tilde{u}_p \Delta U/c_0 \approx 3$ 量级,这对应于马赫波辐射角近似是 $110°$。在如此高速的相速度下,辐射效率似乎要急剧降低。此外,如 Sutherland(1993)所指出的,现在还不能解释为什么火箭喷流噪声主要由远离喷管出口下游的湍流喷流所支配。对于火箭喷流,支配声源的区域大概位于喷管下游 20 个喷管直径处出,而不像亚声速喷流起支配声源作用时位置是在 5 倍喷管直径处。在 1/3 倍频程噪声谱中,火箭喷流噪声峰值的频率位于 $St = fD_f/U_j = 0.1$ 处;而对于亚声速喷流噪声,其峰值位于 $St = 1$ 处。

根据 Sutherland(1993)的分析研究,对于火箭噪声,可以应用临界声速 c^* 和有效喷流直径估算。有效喷流直径是指中心线处喷流速度达到亚声速时的直径,大部分火箭发动机喷流噪声的声效率(即声功率与机械功率的比值)在 $0.5\% \sim 1.0\%$ 量级范围。

图 4-14 中给出了在飞行速度 $U_f = 0$ 的情况下,对于不同的 $\Delta U/a_0$ 值的喷流噪声的指向性。

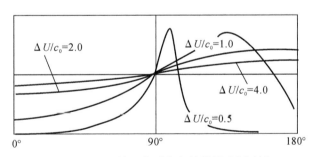

图 4-14　干涉函数对指向性的影响(定性)

作为辐射角 θ_0 函数的峰值宽度取决于干涉模式变化的快慢程度,即从图 4-8 右下方所示干涉模式变向图 4-8 左下方干涉模式的快慢程度。相干长度尺度越大,振荡的抵消效果越明显,振荡消失的变化将越快。因此,对于大尺度湍流,在指向性中的马赫波辐射的峰值明显;而对于小尺度湍流,这将会导致峰值宽度加大。

4.5.2 宽频激波噪声

如果喷流是超声速,而且完全膨胀的喷流马赫数 $Ma_j = U_j/a_j$ 也不等于喷管的设计马赫数 Ma_d,则喷管出口的压力 p_n 就不等于环境大气压力 p_0,这时喷流的平均流动几乎是由如图 4-15 所示的周期性"膨胀腔"(expansion cell)结构所支配的。普朗特应用圆柱涡流面模拟喷流的方法,最先给出了在小压力差 $p_n - p_0$ 情况下"膨胀腔"中平均流动的分析理论;Tam, Jackson 和 Seiner(1985)则研究了包含黏性项的多尺度膨胀,他们的数值计算结果与 Norum 和 Seiner 的实验数据吻合得非常好;Michalke 则在理论上研究了飞行速度、有限剪切层厚度和温度分布对流动的影响。

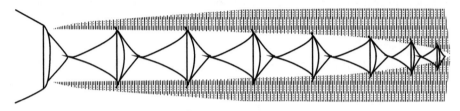

图 4-15   超声速喷流"膨胀腔"结构

压力差可以近似应用一个级数来描述(对于圆形喷流,并不是 Fourier 级数):

$$p - p_0 = \sum_{n=1}^{\infty} p_n(r)\left[\exp\left(\mathrm{i}\alpha_n y_1\right) + \exp\left(-\mathrm{i}\alpha_n y_1\right)\right] \tag{4-60}$$

式中,r 是喷流中的径向位置。

当有"膨胀腔"出现时,对声源函数 Q_q(方程(3-66))和 Q_d(方程(3-73))要用膨胀波进行调节。对于速度脉动,这种假设符合 Seiner,Dash 和 Wolf(1983)的实验结果,对声源函数 Q 的调节可以用一阶近似描述如下:

$$\widetilde{Q} = \sum_{n=0}^{\infty} E_n Q \tag{4-61}$$

式中,当 n 取 0 时,$E_0 = 1$ 是未受膨胀波扰动的项;当 n 取其他值时,E_n 则由下式给出:

$$E_n = a_n(r)\exp\left(\mathrm{i}\alpha_n y_1\right) + b_n(r)\exp\left(-\mathrm{i}\alpha_n y_1\right) \tag{4-62}$$

式中,α_n 与式(4-60)中的 α_n 值相同,根据式(4-61),源函数 $\widetilde{Q}$ 的互谱密度就是

$$\hat{W}_{qq} = W_{qq}\left[1 + \sum_{n=1}^{\infty}\sum_{m=1}^{\infty} E_n(y_i)E_m(y_i + \eta_i)\right] \tag{4-63}$$

W_{qq} 是未受膨胀波干扰的互谱密度,将式(4-62)代入,并应用式(4-61)对式(4-32)进行积分得到

$$\hat{W}_{qq}\exp\left(\mathrm{i}\psi_r\right) = \sqrt{W_{qq1}W_{qq2}}\,\gamma_{q12}\exp\left[\mathrm{i}(\psi_q + \psi_r)\right]\{1 + a_1\exp\left(\mathrm{i}\alpha_1 y_1\right) + b_1\exp\left(-\mathrm{i}\alpha_1 y_1\right) +$$
$$\left[a_1\exp\left(\mathrm{i}\alpha_1 y_1\right) + a_1^2\exp\left(-\mathrm{i}2\alpha_1 y_1\right) + a_1 b_1\right]\exp\left(\mathrm{i}\alpha_1 \eta_1\right) +$$
$$\left[b_1\exp\left(-\mathrm{i}\alpha_1 y_1\right) + b_1^2\exp\left(-\mathrm{i}2\alpha_1 y_1\right) + a_1 b_1\right]\exp\left(-\mathrm{i}\alpha_1 \eta_1\right) + \cdots\}$$
$$\tag{4-64}$$

上式第二行紧跟大括号后面的数字 1 代表未受扰动的积分项,紧接着的两项是附加项,用来修正出现膨胀波时的远场喷流混合噪声。然而这些修正是非常有限的,因为这些项的符号随着

y_1 位置而改变,这就意味着某些声源在 y_1 位置的增大量会被在其他位置的降低量所抵消。

公式中接下来的两行包含一个关于轴间距矢量 η_1 的指数函数,它与第一行的 $\exp[i(\varphi_q + \varphi_r)]$ 项结合就形成一个新的干涉函数

$$\exp(i\psi) = [\exp(i(\varphi_q + \varphi_r) \pm i\alpha_1 \eta_1)] \qquad (4-65)$$

如果声源空间很大一部分出现 $\psi = 0$ 的情况,则将会产生一种辐射马赫波,当忽略式(4-56)中的 $\tilde{\eta}_n$ 项时(就像前面推导式(4-57)),在上述方程式中具有负号的频率项就会产生辐射马赫波,这个结论与相关函数 γ_{12} 的衰减无关,也就是不需要大尺度湍流脉动,这就像 Tam(1991)在宽频激波噪声理论中所描述的那样。

下面给出了描述干涉的喷流噪声源相位角 ψ 的计算方程(与方程(4-35)对应):

$$\psi = \varphi_q + \varphi_r - \alpha_n \eta_1 = \frac{2\pi f \eta_1}{c_0} \frac{\dfrac{2\pi f}{\alpha_n c_0}\left(1 + \tilde{u}_p \dfrac{\Delta U}{c_0}\cos\theta_0\right) - \left(Ma_f + \tilde{u}_p \dfrac{\Delta U}{c_0}\right)D_f}{\dfrac{2\pi f}{\alpha_n c_0}\left(Ma_f + \tilde{u}_p \dfrac{\Delta U}{c_0}\right)D_f} \qquad (4-66)$$

式中,D_f 是由方程(2-25)定义的 Doppler 因子。

当此方程的分子项为 0 时,声源干涉产生的声辐射达到最大值,在某些频率下会出现这种情况,从而导致了附加的声辐射项,即宽频激波噪声项。

根据方程(4-64)和方程(4-48)、方程(4-32)、方程(4-33),可以得到下述结论:

(1)宽频激波噪声与湍流强度成正比。

(2)宽频激波噪声随激波强度增加成正比例增加。

(3)宽频激波噪声与喷流混合噪声一样,也包含偶极子和四极子噪声源项。

(4)飞行效应取决于四极子和偶极子噪声项权重比的大小。

(5)在大尺度结构中可以不予考虑宽频激波噪声的产生。

4.5.3　宽频激波噪声频率

令方程(4-66)的分子项为 0,可以得到最大辐射效率的频率 f_n(在固定喷管坐标系下):

$$f_n = \frac{\alpha_n c_0}{2\pi} \frac{\left(Ma_f + \tilde{u}_p \dfrac{\Delta U}{c_0}\right)(1 - Ma_f\cos\theta_0)}{1 + \tilde{u}_p \dfrac{\Delta U}{c_0}\cos\theta_0} \qquad (4-67)$$

在高空飞行时相应的方程为(观察者在地面,飞机高空飞行)

$$f_n = \frac{\alpha_n c_0}{2\pi} \frac{Ma_f + \tilde{u}_p \dfrac{\Delta U}{c_0}}{1 + \tilde{u}_p \dfrac{\Delta U}{c_0}\cos\theta_0} \qquad (4-68)$$

当飞行马赫数 $Ma_f = 0$ 时,方程简化为

$$f_n = \frac{\alpha_n U_j}{2\pi} \frac{\tilde{u}_p}{1 + \tilde{u}_p \dfrac{U_f}{a_0}\cos\theta_0} \qquad (4-69)$$

最后这个频率计算式与 Harper - Bourne 和 Fisher(1973),Ffowcs Williams 和 Kempton(1978),Tam 和 Tanna(1982)等人的预测结果相吻合,由于本书的公式都是在观察者坐标系

(r,θ) 而非辐射坐标系 (r_0,θ_0) 下得到的，因此要通过对比方程 (4-67) 与 Tam 和 Tanna (1982) 或 Tam (1991) 的结果来分析飞行速度的影响将十分困难，但如果应用方程 (3-49) 和方程 (3-50)，并对方程 (4-68) 和方程 (4-69) 进行转换，就会看到结果完全等同。

频率是对应于扰动相速度的 Doppler 频移频率，即在飞行方向的后场频率高于前场频率，频率的实际值取决于喷流剪切层中扰动无量纲相速度 $\tilde{u}_p$，U_j/c_0 和波数 α_n。根据方程 (4-60)，由用来描述激波平均流场的最低波数 α_1 可以得到基频。

为了计算实际频率，需要一个波数 α_n 的方程，它与激波长度成反比。Tam (1991) 基于 Norum 和 Shearin (1986) 的实验结果，给出了飞行效应关系 $\alpha_n \propto 1/(1 + 0.625Ma_f)$。Michalke (1992) 理论研究了飞行速度、剪切层厚度和温度比等的影响，研究发现了飞行时波数会减少，这进一步证实了 Tam 的结果。当飞行马赫数 Ma_f 趋于 0.9 时，影响明显增加，α_n 随着剪切层厚度变厚而增加，然而它随着喷流温度与环境温度比值的变化几乎不变。Michalke 的理论结果与实验结果的对比如图 4-16 所示。

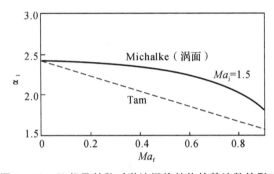

图 4-16　飞行马赫数对激波栅格结构的基波数的影响

对于飞行实验测量，对比任意角 θ_0 时的频率与 θ_0 等于 90° 时的频率是非常有意义的，当坐标系固定在喷管上时（风洞试验中的情况），这个关系为

$$\frac{f_n}{f_{n90}} = \frac{1 - Ma_f\cos\theta_0}{\left(1 + \tilde{u}_p\dfrac{\Delta U}{c_0}\cos\theta_0\right)} \tag{4-70}$$

在高空飞行情况下，相应方程为

$$\frac{f_n}{f_{n90}} = \frac{1}{\left(1 + \tilde{u}_p\dfrac{\Delta U}{c_0}\cos\theta_0\right)} \tag{4-71}$$

方程 (4-71) 揭示了一个很有意义的结果，即在高空飞行情况下，在飞行方向的后场频率较大。在早期的基于"旋涡模型"的喷流混合噪声研究中，一直期望能得到这个结果（见 4.2.4 小节），但不能通过实验去证实；与此相反的是，在前场的喷流混合噪声的频率随飞行马赫数发生 Doppler 频移。

4.5.4　宽频激波噪声频谱峰值宽度

频谱的峰值宽度由相干函数 γ_{12} 和干涉函数 $\exp(\mathrm{i}\psi)$ 的乘积决定，而干涉函数取决于方程 (4-66) 中定义的相位角。正如在 4.5.1 小节所述马赫波辐射的情况，除了当频率接近于方程

（4 - 67）中的频率情况以外，当相干函数随着轴向间距（大尺度湍流脉动）的增加缓慢衰减时，声源干涉相互抵消，这就导致了宽频激波噪声有一个窄的谱峰；相反，当相干函数快速衰减时（小尺度湍流脉动），随着频率相对 f_n 的失谐增加，干扰效应逐渐变化。

　　高空高速飞行试验得到的宽频激波噪声数据如图 4 - 17 所示，第一个谱峰（与波数 α_1 相关）的驻峰很宽，第二个谱峰（与波数 α_2 相关）只有当辐射角 θ_0 为 30° 和 45° 时才可以看到。在许多实验室的实验结果中，波峰宽度基本相似（例如 Norum 和 Seimer(1982)），只有当喷流在很低的雷诺数情况下才出现较窄的波峰，如 Morrison 和 MCLanghlin(1979) 的结果，如图 4 - 18 所示。由此可以得到结论，发动机喷流和许多实验室喷流宽频激波噪声并非由特别大尺度的湍流脉动所产生。

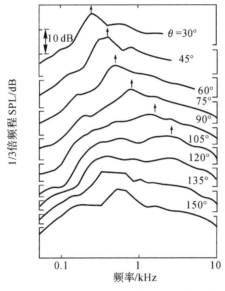

图 4 - 17　喷管固定坐标系下 1/3 倍频程谱（箭头指示第一个宽频激波噪声波峰）

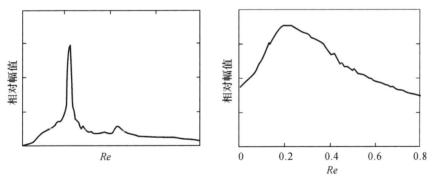

图 4 - 18　雷诺数变化对噪声辐射的影响

4.5.5　宽频激波噪声的飞行效应

　　如果方程(4 - 32)和方程(4 - 33)中的四极子和偶极子声源项是包含方程(4 - 64)所定义

的宽频激波噪声项,则方程(4-32)和方程(4-33)的积分结果就是宽频激波噪声的实际声级。宽频激波噪声主要是由数个喷管直径的喷管下游区域的噪声源产生的,在这个区域,含有较强湍流脉动的径向区域较大,由于大的扰动,在这个区域激波对湍流的调节效应亦最大。

声级取决于激波强度、湍流强度和湍流尺度,根据 Michel 和 Michalke 的分析,可以预计到由于飞行速度造成湍流尺度的加长,通过改变干涉效应将影响激波噪声。在方程(4-32)和方程(4-33)积分式前面的项描述了包含激波噪声的喷流噪声的对流放大效应,根据这些方程式可知,四极子噪声对流放大因子的幂指数比偶极子噪声对流放大因子的幂指数大,因此可以得出结论,宽频激波噪声的飞行效应取决于偶极子噪声的相对强度,而偶极子噪声的相对强度又取决于喷流密度。非常冷的喷流(如许多实验室发动机)和非常热的喷流会包含相对较强的偶极子噪声;而在喷流密度定常的情况下,四极子噪声占主导地位。

4.5.6　超声速喷流的尖叫声

当由于流动的诱导和激发,在喷管唇口产生锁相不稳定波时,超声速喷流会产生尖叫声,在附近没有壁面干扰的自由喷流中,宽频激波噪声是一种可能的激发源。在这种情况下,喷管上游方向的尖叫声频率接近于宽频激波噪声的频率,可以通过令方程(4-67)中 $\theta_0 = 0$ 计算尖叫声频率,即

$$f_s = \frac{\alpha_s \Delta U}{2\pi} \frac{\left(\widetilde{u}_p + \frac{U_f}{\Delta U}\right)(1 - Ma_f)}{1 + \widetilde{u}_p \frac{\Delta U}{c_0}} \tag{4-72}$$

无量纲相速度 $\widetilde{u}_p$ 的值依赖于尖叫的不稳定波,并且与诸如方位角方向上的模态数、喷流和环境大气的密度比、内部剪切层厚度、不稳定波的 Strouhal 数 St 等参数有关。在实验中会经常看到各种不稳定波的相互转换(见 Tam(1991)),在固定喷管坐标系下(风洞试验情况),尖叫声的一个特点是它的频率在各个辐射角度是定值。

在高空飞行时,尖叫声频率是

$$f_s = \frac{\alpha_s \Delta U}{2\pi} \frac{\left(\widetilde{u}_p + \frac{U_f}{\Delta U}\right)(1 - Ma_f)}{\left(1 + \widetilde{u}_p \frac{\Delta U}{c_0}\right)(1 - Ma_f \cos\theta_0)} \tag{4-73}$$

当 $Ma_f = 0$ 时,可以得到静止喷流时的频率为

$$f_s = \frac{\alpha_s U_j}{2\pi} \frac{\widetilde{u}_p}{1 + \widetilde{u}_p \frac{U_j}{c_0}} \tag{4-74}$$

式(4-74)与其他参考文献(见 Tam(1991))中的方程式完全相同。

图 4-19 给出了式(4-72)的计算结果,其中 $(2\pi f_s)/(\alpha_1 c_0)$ 是针对相对喷流速度 $\Delta U/c_0 = (U_j - U_f)/c_0 = 1.0, 1.5, 2.0$ 时计算的,它是飞行马赫数 Ma_f 的函数 $(\widetilde{u}_p = 0.7)$。

可以看到,在高亚声速飞行速度下,频率急剧降低,如果飞机喷管出口压力与周围环境压力不同,则当飞机加速到高的飞行速度时,喷流尖叫声频率将会超过飞机尾部结构的特征频率。

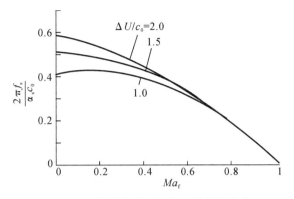

图 4 - 19　尖叫频率随飞行马赫数的变化

4.6　喷流噪声的预测

4.6.1　静止状态喷流混合噪声预测

　　静止状态喷流混合噪声的总声压级和 1/3 倍频程谱可以应用 SAE(SAE - ARP867C(1985))的方法来预测,这个方法引入了 Lighthill 理论的一些基本结果,并应用了大量的实验数据来作经验修正,通过引入一个经验密度指数 ω 考虑偶极子源的影响,根据 Michel 和 Bottcher(1992)的分析,通过 ω 的选择来分别描述四极子源和偶极子源。用 SAE 方法作预测,大致接近真实值,所预测的喷气发动机喷流噪声声压级略低。

　　SAE 方法假设在辐射角 $0° < \theta_0 < 90°$ 范围内,波峰频率和波谱形状保持常数,这与 4.2.4 小节中所讲的波动模型相吻合。对于飞行方向后场较大的辐射角范围,波谱形状逐渐改变,峰值频率降低,这与涡模型正好相反,而波动模型预测结果证实了这一结论。这也进一步证实了喷流噪声波动模型的合理性。

4.6.2　飞行状态喷流混合噪声预测

　　在 SAE 方法中的飞行效应部分既没有考虑由方程(4 - 47)所示的频率增加,也没有明确考虑由方程(4 - 48)所示的前场辐射的 Doppler 放大。在 SAE 方法中对飞行效应的考虑是通过经验方法计算,即计算相同喷流速度 U_j 下的静喷流的声压级,并在经验相对速度指数 $m(\theta_0)$ 基础上减去一个不同的声压级:

$$\Delta L_p = 10 \mathrm{dBlg} \left\{ \left(\frac{U_j}{\Delta U} \right)^{m(\theta_0)} D_f \right\} \tag{4 - 75}$$

　　相对速度指数为负,表示前场扩大。相对速度指数是 Drevet,Duponchel 和 Jacques 等在悬浮列车中模拟飞行试验时最先提出的,试验在纯粹的喷气发动机中进行,其中可能有较强的偶极子噪声源。飞机发动机制造者针对每一类型发动机用他们自己的相对速度指数,将预测方法成功地应用到飞机起飞和着陆时,但在高的亚声速飞行马赫数预测时却失效。

Stone(1976),Stone(1978),Stone 和 Montegani(1980)发展了另外的飞行效应预测方法,他们也是在经验相对速度指数的基础上进行的,不考虑飞行频率的增加和 Doppler 放大,但是这些预测方法考虑了共环式喷流的流动。

在方程(4-48)的基础上,Michel 和 Bottcher(1978)也提出了一个预测方法,这个预测方法根据飞行马赫数 $Ma_f=0.9$ 的飞行试验数据进行了修正。

Morfey,Szewczyk 和 Tester(1978)基于涡模型发展了预测静态喷流噪声的方法。Buckley 和 Morfey 尝试着将这种方法扩展到飞行状态,但是由于 4.3.4 小节所指出的涡模型的本质错误,他们的这种尝试没有成功。

4.6.3　宽频激波噪声

宽频激波噪声可以应用 Tam(1991)的方法来预测,由于这些方程式是在观察者坐标系而非辐射坐标系推出的,因此在应用这些公式时必须仔细。为了适应高速飞行,Michel 和 Bottcher 给出了在辐射坐标系下对 Tam 方程的修正。

4.6.4　空中飞行和风洞试验结果的关系

在高空飞行时,观测者相对于喷管并非静止,而是随着飞行速度 U_f 相对于喷管移动,如图4-20 所示。声场和声压幅值并不随着观测者的移动而发生改变,运动仅仅对移动的观测者所感受到的声的频率 f_{FO} 产生影响,它是风洞试验中的频率 f_{WT} 的 Doppler 频率,即

$$f_{FO}=\frac{f_{WT}}{1-Ma_f\cos\theta_0} \tag{4-76}$$

从而引起了飞行方向前场频率增加。在飞行状态下声压级并不变化,1/3 倍频程中心频率的声压级按照式(4-75)频移。

运动坐标系下声压的功率谱密度将受到影响,这是因为为了保证在所有频率的积分值是常数,就必须通过声压级变化来补偿频移。

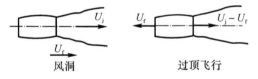

图 4-20　风洞坐标系与飞行坐标系比较

4.7　喷流噪声抑制

根据对喷流噪声产生机理及其噪声辐射特性的理论分析可以看出,要从声源本身出发降低喷流噪声,其方法不外乎从降低喷流速度和改变喷流结构两个方面入手。降低喷流噪声的

主要途径有：

（1）降低排气速度。如采用大涵道比发动机设计、内外涵混合排气等。

（2）调整喷气射流流场。如结构上把喷管细分为许多小喷口，采用波纹形或波瓣形喷管等。

此外，通过对喷流噪声传播过程的控制，也可以降低喷流噪声，其主要途径有：

（1）采用气流屏蔽方式，尤其是采用热气流屏蔽。

（2）采用排气消声器。

4.7.1　大涵道比涡扇发动机的使用

根据 Lighthill 声类比理论的分析，喷流噪声与喷流速度的 6～8 次方成正比，激波噪声也与喷管的可用落压比紧密相关。因此，降低喷流速度是降低喷气噪声的最有效途径。但是，从发动机工作原理可知，降低喷气速度将使得发动机单位推力减小。为了保证所需推力，就必须加大进入发动机的空气流量，因此，为了降低喷流速度，就需要加大涵道比以增加发动机流量，这是在保证所需推力前提下，降低喷流噪声的有效途径。

过去的 50 多年，民用航空发动机经历了从纯喷气发动机，到小涵道比涡扇发动机，再到大涵道比涡扇发动机的发展，正是采用了增大发动机流量，不断降低喷流速度，进而降低发动机喷流噪声这样一条技术途径。对于亚声速飞机，在一定的飞行速度范围内，加大涵道比还可以降低巡航耗油率。图 4 - 21 所示是不同类型航空发动机噪声水平的比较，可以看出，不断提高航空发动机涵道比，可使得航空燃气涡轮喷气发动机噪声辐射显著降低。

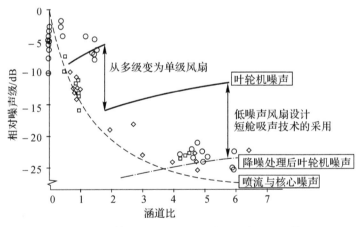

图 4 - 21　不同涵道比航空发动机噪声水平比较

4.7.2　波瓣形喷管降噪

在航空发动机主要循环参数（包括涵道比）已经确定的情况下，喷气速度基本上也是已经确定的，因此，就只能通过改变喷流结构来降低喷流噪声。早期针对纯涡喷和低涵道比涡扇发动机研制的喷气噪声控制设备，有周边压槽喷管（波瓣形喷管）、多支管喷管和引射排气式消声器等。如图 4-22 所示为波瓣形喷管结构。这些方法的降噪机理是加速喷气流与周围大气的混合过程,改善超声速射流的激波结构。其降噪作用来源于:①降低了低频部分的噪声;②使得频谱分布曲线的峰值向高频移动、峰值的大气吸收衰减增加;③在喷管超临界状态工作时减小了激波噪声。

这些早期研制的降噪喷管,在降低噪声的同时,也带来了若干性能方面的损失,使得起飞推力减小,巡航耗油率增加,外部阻力增大和质量的增加等。图 4-23 所示是早期降噪喷管实验的降噪效果与性能代价的关系。注意,现代高涵道比涡扇发动机降噪技术所能达到的降噪量与性能代价之比,比图 4-23 所示高得多。

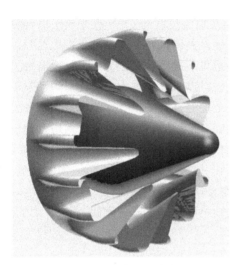

图 4-22　波瓣形喷管

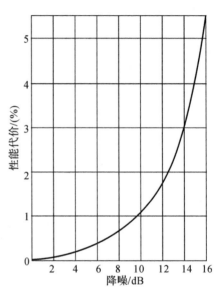

图 4-23　早期降噪措施的性能代价

引射式消声器是借被引射空气与热燃气的掺混降低出口平均气流速度,从而降低喷气混合噪声的。这种简单的引射器,燃气的射流核心区部分产生的噪声基本上不受影响,因而总降噪量不大;若在引射桶内壁加设吸声结构,则可以大大提高降噪量。简单的引射式消声器在大功率状态下还可以增加部分推力,但这种消声器必然会增加较多的质量。由于现代高涵道比涡扇发动机的迅速发展,这种技术未获得实际的商业应用。

4.7.3　新型波纹形喷管降噪

为了减小波瓣形喷管对发动机性能的影响,国外一些新型航空发动机和若干改型发动机均采用新型(波瓣形、波纹形)排气方式,通过优化设计,这种新型排气系统可以降低排气噪声达 4 dB 左右。NASA 刘易斯研究中心的试验结果表明,对混合器气动性能和声学性能影响最大的几何参数是波瓣的出气角度,出气角度过大,将使得高频部分的噪声明显增大。如图4-24所示是几种新型波纹形喷管的结构形式。

采用波纹形或波瓣形喷管是增强混合的主要方式,这种喷管通过增大排气气流与大气的接触面积增强了气流的混合。在波纹形喷口中,自由流的大气沿着外部的波纹流动,并进入排气流,以促进迅速混合。如图 4-25 所示是波纹形喷管喷流流场与普通圆形喷管出口流场的对比。

图 4-24　几种新型波纹形喷管的结构

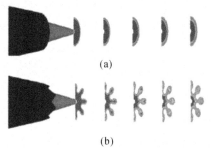

图 4-25　波纹形喷管与普通圆形喷管出口流场比较
(a)普通圆形喷管;　(b)波纹形喷管

在波纹形喷口中,排气被分开,流过各瓣和一个小的中央喷管,形成许多单独的喷气流并迅速与消声器瓣带来的空气混合。这种原理可以扩展到利用一系列管子,使其总面积与基本的圆形喷管相等。深的波纹、波瓣或多个管子使得噪声降低得最多,但是也导致了发动机性能的损失,因此限制了波纹或波瓣的深度和管子的数目等。例如,为了达到所需的喷口面积,消声器的总直径可能不得不增大,这会导致阻力和质量的增加,因此设计必须采取折中的办法,既使得噪声显著降低,同时又尽可能减小发动机推力和耗油率方面的损失和质量的增加。在波瓣形喷管上安装有导流叶片,借助它引导排气平稳地从各瓣通向大气来防止过多的损失。

4.7.4　气流屏蔽和几何偏置喷管

喷气噪声取决于喷气流的速度分布和温度分布,如果在高速燃气流外围包着一股高温低速气流(甚至常温低速气流),则外围气流将对中心燃气流所产生的强噪声起屏蔽作用,尽管附加气流也产生了附加噪声,但是屏蔽作用是主要的,故喷气总噪声是降低的。不过,这种整个环面(360°)包围的气流(例如分开排气的涡扇发动机的同轴外涵气流),由于核心燃气流产生的噪声在其中的对称反射,屏蔽效果相对差些,从降低地面观测点噪声考虑,自然地想到使用半环(180°)气流屏蔽,它的降噪得益于吸声和反射两个方面。图 4-26 示出这种屏蔽结构的实例。图 4-27 所示是这种屏蔽结构对极方向角 45°,90°和 135°位置频谱的影响,可以看出,在所有角度上,高频噪声均有降低。可以预计,通过结构优化设计,降噪量还可以进一步增大。国外一些研究机构正在对这项技术进行系统的研究。

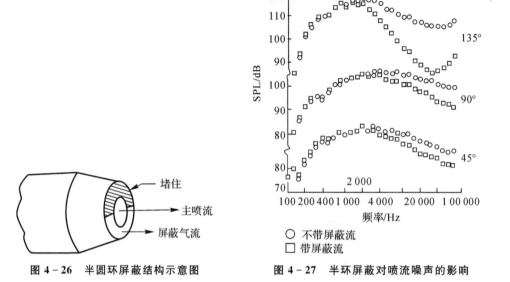

图 4-26 半圆环屏蔽结构示意图 　　　图 4-27 半环屏蔽对喷流噪声的影响

　　与气流屏蔽喷管的降噪思想类似,近年来还出现了几何偏置设计的喷管形状,用于减小喷流噪声向地面的辐射,如图 4-28 所示。尽管还没有总结出通用的准则,但分析和试验表明,主流喷管和外涵喷管形状及位置的优化设计,以及不同排气系统设计,对喷流噪声的影响在 ±2 dB 左右。

图 4-28 几何偏置喷管

4.8 本章小结

本章的分析和研究表明,试验观测到的许多亚声速和超声速喷流噪声特征,都可以基于 Lighthill 的声学类比理论的解进行分析和说明。本章推导出了喷流远场噪声功率谱密度求解公式,给出了针对飞行马赫数和辐射角影响的量纲分析。喷流噪声并非如 Lighthill 所认为的仅仅由四极子源组成,它也包含偶极子源,这在热喷流中很重要,这也进一步解释了为何喷气发动机的噪声和热喷流试验的喷流噪声是近似正比于喷流速度的 6 次方,而不是非要遵循著名的 Lighthill 8 次方定律。

还可以看出,如果对声类比方程的求解在喷流流动为平稳随机过程的坐标系下进行,则通过试验观测到的飞行状态的喷流噪声在前飞方向的扩大与声学类比理论就相吻合。本章也推导出了作为辐射角和飞行马赫数函数的频移计算式;还可以发现,在地面运动声源中得到的常用的 Doppler 频率,对于高空飞行中喷流混合噪声同样有效。早期的理论认为由于涡运动的原因在后场观测到的频率总是较高,频率依赖于辐射角的结论仅仅适用于宽频激波噪声。

本书给出的理论结果并非仅仅局限于低速流动或低飞行马赫数,它涵盖了超声速喷流产生的附加噪声,即宽频激波噪声和尖叫噪声。可以看出,湍流中远场声压取决于声源相关和声源干涉,正是声源之间的干涉,对喷流噪声的指向性有决定性的影响。

第5章 螺旋桨噪声

5.1 引 论

5.1.1 "喷气时代"螺旋桨飞机的重要用途

众所周知,人类的动力飞行是以轻型内燃机的诞生和螺旋桨推进器设计研制成功为基础的,轻型内燃机的诞生为动力飞行提供了保障。莱特兄弟发明的第一架动力飞机,就是采用了一台 8.83 kW 的四缸活塞式汽油发动机驱动直径 2.59 m 的二叶推进螺旋桨作为飞机的动力系统。从莱特兄弟的动力飞行成功一直到第二次世界大战结束(1903—1945 年),活塞式发动机作为飞机动力装置,占据了统治地位,在两次世界大战的推动下,活塞式发动机不断改进完善,得到迅速发展,第二次世界大战结束前后达到其技术的顶峰。活塞式发动机由于不能直接产生飞机所用的推力(拉力),因此必须采用螺旋桨将发动机的输出轴功率转换为飞机飞行所需要的推力。

带螺旋桨的活塞式发动机的最大缺点是飞行速度受到限制:一方面,发动机需用功率与飞行速度 3 次方成比例,随着飞行速度的提高,所需发动机功率急剧增加,而通过增加气缸数目来增加功率所带来的重量负荷飞机不能承受;另一方面,随着飞行速度的提高,螺旋桨的效率急剧下降,并且安全性大大降低。如图 5-1 所示。

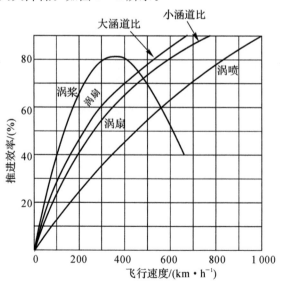

图 5-1 涡桨飞机与喷气飞机推进效率的比较

为了追求更快的飞行速度、更高的飞行高度,第二次世界大战期间产生了燃气涡轮喷气发动机,由于涡轮喷气发动机将发动机与推进器有机地组合在一起,大大改进了飞行器的高空高速性能,使得飞机的速度很快突破声速,特别是第二次世界大战结束以后,随着人类工业技术水平的提高和冷战的需要,喷气发动机的技术水平得到迅速发展,并广泛应用于战斗机上,随后用于轰炸机、运输机和民航客机上,并在 20 世纪 80 年代开始用在巡航导弹上。航空燃气涡轮喷气发动机的出现和发展,引发了一场航空工业的"喷气革命",使得人类航空航天领域进入了"喷气时代"。

但是,具有高速高空优异特性的喷气式航空发动机也具有非常显著的缺点,那就是它具有非常高的耗油率,特别是在亚声速飞行范围内,喷气式发动机的耗油率将是螺旋桨飞机的 2～4 倍,这大大影响了这类发动机的经济性和飞机的巡航距离。因此,在涡轮喷气发动机出现以后,人们很快发明了涡轮螺旋桨推进系统,这种飞机推进系统利用了螺旋桨推进效率高、燃气轮发动机功率大的优点,将两者结合产生了在高亚声速范围内性能非常优良的涡轮螺旋桨推进系统。由于这类发动机改进了传统内燃机螺旋桨飞机高速性能差,又降低了喷气式发动机耗油率高的不足,因此一经出现就很快成为高亚声速运输机推进系统的首选。

目前涡桨飞机作为一大类飞行器,广泛应用于民用运输机、军用运输机、长航时侦察机、空中预警机等领域。与同类涡轮风扇发动机作为动力的运输机相比较,涡轮螺旋桨飞机的耗油率要低 30%。如图 5-2 所示。

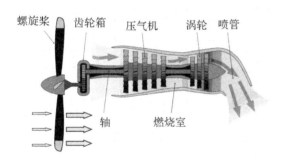

图 5-2　涡桨发动机与飞机

5.1.2　降噪设计是涡桨飞机发展和应用的重要关键技术

与涡轮喷气飞机相比,采用涡轮螺旋桨推进系统的飞行器,螺旋桨产生的巨大噪声辐射及其对舱内工作环境的影响,是该类飞行器的一个主要技术问题。由于高速旋转的桨叶,没有任何屏蔽物的遮挡和包容,其高速旋转产生的巨大噪声辐射直接传向飞机机体表面,进而影响飞机舱内声学环境,如图 5-3 所示。

从飞机的角度来看,当使用螺旋桨推进时,飞机机身将位于螺旋桨所直接辐射的强声场中。此外,如果飞机以翼吊方式安装牵引式螺旋桨,由螺旋桨拖出的涡系可诱发机翼翼面气流脉动,强烈的气流脉动将会以结构噪声形式,传入机身座舱内部,导致舱内噪声加大。

由于飞机直接位于螺旋桨所辐射的声场中,因此螺旋桨辐射的噪声所诱发的结构振动与声疲劳,有可能严重影响飞机的安全性。

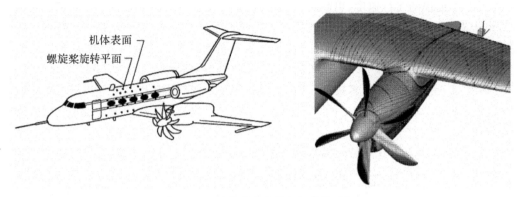

图 5-3　螺旋桨噪声传入机舱的途径

因此,降低涡桨飞机的螺旋桨噪声是该类飞机设计和研发的关键技术之一,涡桨飞机的设计和研制必须解决以下三个方面有关飞机噪声的问题:

一是安全性影响。涡桨飞机设计必须解决保证飞机结构符合声疲劳评定要求的声疲劳问题,这是保证适航安全的重要技术之一。

二是技战术指标影响及舒适性影响。涡桨飞机设计必须解决满足飞机乘坐舒适性的内部噪声问题,这一方面是飞机市场竞争力的主要表现,另一方面,舱内噪声环境也是影响飞机技战术指标的关键,因为恶劣的舱内噪声环境直接影响舱内工作人员的工作效率和质量,特别是对于长航时的空中预警飞机。

三是经济性与适航性影响。对于民用涡桨飞机,还要解决飞机噪声对机场周围环境污染问题,确保民机在起飞、降落阶段的起飞、边线、进场噪声级不超过适航条例 CCAR36 部限制的外部噪声级,这是飞机能否拿到国际适航签证的必要条件,也是民用飞机能否进入市场的门槛。

5.2　螺旋桨噪声机理和特征

5.2.1　螺旋桨噪声的基本特征

从声压频谱图上看,螺旋桨发出的噪声可以分为旋转噪声(离散单音)和宽频噪声两部分。单音噪声是螺旋桨叶片与来流周期性相互作用引起的,而宽频噪声则是叶片与周围流场的随机脉动相互作用产生的。飞行状态下螺旋桨噪声频谱如图 5-4(a)所示,其主要噪声是单音噪声,这时螺旋桨噪声由单音及其谐波(螺旋桨叶通过频率及其倍数)所主导。在低速飞行螺旋桨载荷较轻时(螺旋桨叶尖速度较低),单音噪声则相对较小,这时在单音噪声频谱之间的宽频噪声(如噪声频谱图中所示)将是螺旋桨噪声中的重要分量。当飞机在地面静止状态时(即没有前飞运动),螺旋桨噪声谱仍然是周期性单音噪声,但是会表现为更显著的随机噪声特征(如图 5-4(b)所示),这时分布在螺旋桨通过频率及其谐波频率处的单音噪声的频谱被加宽了(称之为窄带随机噪声),它们不像在高速滑行或飞行状态下所观察到的纯单音噪声。

与宽频噪声相比,单音噪声是螺旋桨的主要噪声源,螺旋桨对飞机舱内巨大的噪声影响也是来自于旋转单音噪声。因此,到目前为止,对螺旋桨以及桨扇的噪声分析研究的绝大部分工作都是围绕确定旋转噪声的数值预测展开的。

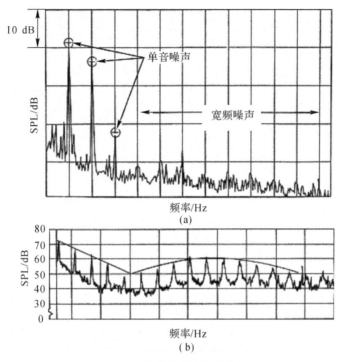

图 5 - 4 螺旋桨噪声频谱特征
(a)飞行状态螺旋桨噪声谱; (b)地面状态螺旋桨噪声谱

单音噪声是一种周期性分量,即它的时域信号能够表示为一个以恒定速率重复的脉冲波。若一个叶片数为 B 的螺旋桨在理想情况下以恒定的转速 N 工作,那么它产生的噪声将以基频为 BN 的信号出现,叶片通过周期为 $1/(BN)$。通常产生的脉冲波并不是一个纯正的正弦信号,因此会存在很多谐波,这些谐波出现在基频的整数倍频率上:第一个谐波出现在基频上,第二个谐波出现在两倍基频上,以此类推。图 5 - 5 显示了单音噪声在时域和频域的特点。

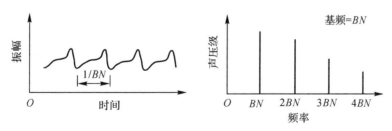

图 5 - 5 螺旋桨单音噪声时域与频域特点

单音噪声进一步可以分为厚度噪声、负荷噪声和非线性(四极子)噪声。厚度噪声是由于旋转叶片附近空气周期性的横向填补现象而造成的,它与叶片的物理容积有关,当叶片旋转时桨叶排开空气,于是每旋转一周就引起压力的脉动,形成周期性的、频率为叶片通过频率的整倍数的离散单音。负荷噪声作为升力和阻力噪声的综合,来源于叶片运动造成的四周压力场分布,这个压力场随着螺旋桨旋转,并由此构成了螺旋桨噪声谱上的一个周期性分量。四极子噪声包括非线性噪声源(莱特希尔应力项)和非线性传播效应两项,它是周期性的,也是以叶片通过频率为基频的单音噪声。四极子噪声只有在叶尖工作的跨声速条件下才显出其重要性。

宽频噪声在本质上是随机的,它在所有频率上都包含分量。图 5-6 所示是一个典型的螺旋桨宽频噪声信号,可以看出其频谱是连续的,但也可以有一个"形状",因为所有频率下的振幅并不会都相同。螺旋桨宽频噪声是叶片上作用着随机脉动力的结果。早期的研究者直截了当地把宽频噪声归因于叶片尾流中的旋涡或叶片脱落涡而造成的叶片环量的变化,目前最新的分析认为宽频噪声的产生是由于叶片与紊流流体的相互作用,或在叶片后缘由于边界层造成的压力脉动,以及尖部旋涡的漂移所造成的。

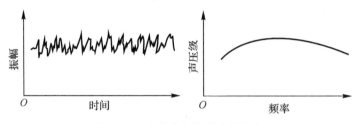

图 5-6　螺旋桨宽频噪声的特点

如前所述,螺旋桨单音噪声还包括一类特殊的窄带随机噪声,这种噪声非常接近周期性的信号,然而对其谐波的分析表明噪声的能量并不是集中在一个单独的频率下,而是展开在一定频率范围内。如图 5-7 所示的信号很接近于周期性信号,但某些分量并没有严格地按时间重复。图中的频谱显示了一些离散分量,但也出现了噪声能量展开的情况,并且在高频时尤为明显。正如图 5-4(b)所说明的那样,窄带随机噪声是螺旋桨在地面无前飞状态下出现的,由于螺旋桨吸入了地面或飞机机身处出现的不稳定的大气旋涡,大气旋涡与叶片干涉产生了近似周期性的叶片载荷(nearly periodic loading),从而产生这种噪声。

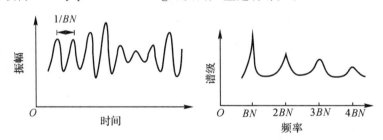

图 5-7　螺旋桨窄带随机噪声的特点

5.2.2　螺旋桨噪声的产生机理

1. 定常声源

定常声源是指那些在旋转叶片上的观察者看来会保持恒定不变的声源。这些声源会产生周期性的信号是因为叶片在旋转。定常声源通常分为三类:厚度声源、载荷声源和(非线性)四极子声源。

厚度噪声是由叶片通过的体积引起的空气横向周期性位移所产生的。这种噪声分量的振幅与叶片体积成正比,其频谱特性依赖于叶片截面(叶型)的形状和转动速度。厚度噪声可以用一个单极子源来表示,而且在叶片高速运动时其在总噪声中所占的比例会很高。薄叶型和叶展后掠都可用来控制这种噪声。

载荷噪声是由推力和扭矩(或者升力和阻力)分量联合产生的,这些力的分量是由包围每个叶片的压力场引起的,同时这些力也导致了叶片的运动。当压力分布在介质中传播时就形成了噪声。在低速和中速时,载荷噪声是一种重要的噪声产生机制。

当叶片截面速度为中等速度时,厚度声源和载荷声源都是线性的并且作用在叶片表面上。但当流过叶片截面的空气速度为跨声速时,非线性的影响会变得很显著。在气动声学理论中,这些非线性影响可以用分布在叶片周围体积中的四极子声源来建立模型。

原则上四极子可以用来解释所有的黏性和传播的影响,而厚度和载荷声源并不涵盖这些影响。然而,四极子项对螺旋桨声学唯一的实用性,是在靠近叶片表面的无黏流中的计算。在叶片截面速度为跨声速时,对于无后掠和高叶尖速度的螺旋桨或者直升机转子,四极子可以增强线性的厚度和载荷声源,并引起噪声的增大。

2. 非定常声源

在旋转叶片参考系下,非定常声源是与时间相关的,进一步又包括了周期性的和随机变化的叶片载荷。关于螺旋桨周期性叶片载荷的一个典型例子是轴攻角的影响。当螺旋桨轴线相对来流倾斜时,每个叶片的攻角都会有一个周期性的变化,其结果就是叶片载荷在每个旋转周期中都会变化。载荷在每个循环中可能变化一次,也可能变化若干次,这取决于来流畸变中的源项。所有不随时间变化的来流畸变,都会导致叶片载荷严格地按螺旋桨旋转周期重复变化。这样产生的周期性非定常载荷噪声,会以叶片通过频率谐波的形式出现。

根据载荷扰动相对于观察者的周向位置,非定常载荷噪声能够从定常载荷噪声中加上或减去。这时噪声的方向不再是轴对称的了,因此需要确定第三个坐标。在噪声谱中则会显示出波瓣——波峰和波谷,其波瓣数取决于畸变的阶数,而与叶片数无关。例如,机翼后面的螺旋桨无论有几个叶片,只可能出现两个波瓣。

在对转螺旋桨中,非定常载荷是一个非常重要的声源。虽然对转螺旋桨没有包含任何附加的或特别的噪声源,但两对转子间的气动干涉会产生明显的非定常噪声级,并且这在低速飞行时尤为明显,例如起飞和降落。每个前面的转子叶片留下的尾迹都会流到后面的转子(该尾迹可能会很复杂,成分中会包括叶片升力引起的下洗,叶型截面引起的速度亏损,以及叶尖涡),这种对流导致了后排转子叶片会产生一连串的升力脉冲。另一种机理是后排转子的势场(来自叶片载荷力)产生的扰动,对前排转子叶片的后面部分产生了影响。这种声源的大小取决于后排转子载荷的大小以及两排转子间的距离。

因为尾迹是周期性的,所以产生的噪声也是周期性的。如果两排转子具有相同的叶片数,并在同一转速下工作,那么定常声源和非定常声源的各个分量会处在相同的频率上,而噪声频谱上就只包含叶片通过频率的谐波。然而,如果前后两排转子的叶片数不同,或者它们的转速不同,那么单个干涉分量(模态)在噪声频谱上会很明显。

图 5-8 显示了气动干涉对于对转螺旋桨噪声的重要性,其中图 5-8(a)显示了单转子螺旋桨(SRP)的噪声频谱,分别为传向前方的噪声,靠近旋转平面的噪声,以及传向后面的噪声,

显而易见的是图中并没有明显的高频噪声;图5-8(b)显示了对转螺旋桨(CRP)的噪声频谱,图中的高频谐波明显更高(相比于单转子螺旋桨);图5-8(c)比较了两种螺旋桨在相同的叶尖速度下工作,且每个转子的功率相等的情况下,单转子螺旋桨(SRP)和对转螺旋桨(CRP)的噪声频谱。为了便于比较总声功率,在SRP的噪声级加了3 dB(即模拟两个转子噪声)。如果对转螺旋桨的两排转子是非耦合的,那么单转子和对转螺旋桨的频谱将是一样的,实际上在叶片通过频率上,两种螺旋桨的噪声级确实非常接近。但是,在更高频率的谐波上,对转螺旋桨则表现出了明显更高的声压级,这说明气动干涉在对转螺旋桨中的影响。

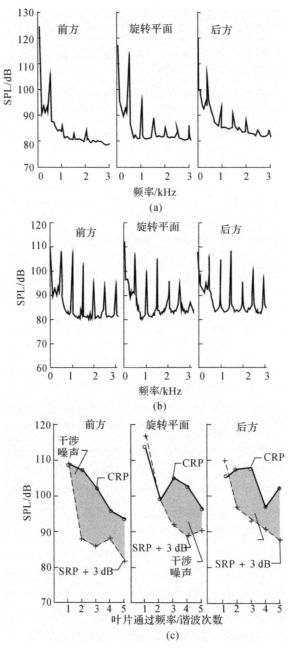

图5-8 对转螺旋桨中的气动干涉噪声

(a)单转子螺旋桨噪声频谱; (b)对转螺旋桨噪声频谱; (c)气动干涉噪声

在低速飞行和飞机、地面静止而螺旋桨旋转时,气动干涉是一个显著的噪声源,在一定条件下,也可能出现接近周期性的叶片载荷。螺旋桨与吸入旋涡就是典型的例子(吸入涡可能是由螺旋桨诱导产生的,并附着在机身或螺旋桨前方),局部流场畸变被螺旋桨吸入,叶片"切"过畸变区并产生了叶片载荷的脉动。由于畸变可能在螺旋桨旋转了数周内一直持续,非定常载荷噪声就可能出现在叶片通过频率的谐波上,但是这些流场畸变往往不是稳定的,因此造成非定常载荷噪声的振幅和相位也发生改变,这些变化延展了噪声频谱,使其成为窄带随机噪声。

在较高的速度时,比如巡航状态下,气动干涉将变得不那么重要,因为此时定常声源(厚度,定常载荷力,以及四极子)将成为主要声源。

3. 随机宽频噪声

随机流动源会产生宽频噪声。对于螺旋桨来说,有两种重要的随机宽频噪声源。第一种宽频噪声源是湍流状态下的来流和叶片前缘相互作用产生的。由于来流是湍流,所以产生的噪声是随机的。这种噪声源的重要程度取决于来流中湍流的强度,如果在低速时遇到高强度湍流,这种噪声就会相当明显。

在第二种宽频噪声的生成机制里,噪声产生于叶片尾缘附近。通常螺旋桨会在叶片表面发展出湍流边界层,这会导致尾缘处叶片载荷的波动,这种噪声的特点由边界层的性质决定。在叶尖处也会出现类似的情况,此时噪声由叶尖涡涡核的湍流与尾缘相互作用产生。

如前所述,对于螺旋桨,在飞行中的宽频噪声源相对来说并不重要,其对总噪声没有显著的贡献。

5.2.3　螺旋桨噪声预测技术发展状况

1. 普通螺旋桨噪声预测研究

由叶片负荷和叶片厚度引起的旋转噪声是螺旋桨最突出的噪声源,因此早期研究的大部分工作是围绕这两部分噪声源进行的。在 20 世纪 30 年代,古廷(Gutin)首次成功地发展了一种螺旋桨噪声预测理论,他把叶片作用在流体的力用分布在螺旋桨旋转面内的振荡力来代替,根据稳定振荡力产生声场的计算结果,应用叠加原理,得到了计算负荷噪声的谐波分析公式,但这种方法未涉及厚度噪声。厄恩斯托森(Ernsthausen)和戴明(Deming)首次认识到厚度噪声的重要性,厄恩斯托森定性地描述了这种噪声产生的机理及特征,戴明则把旋转叶片对流体的扰动分解为叶片每一小段在旋转平面产生的周期性扰动,应用 Fourier 分析和叠加原理等,得到了远场厚度噪声的计算公式。加里克(Garrick)和沃特金斯(Watkins)把螺旋桨噪声预测技术向前推进了一大步,他们把古廷理论推广到飞机飞行的情况中,把螺旋桨噪声源看作是分布在整个旋转平面内,而旋转面内的每一个声源作直线运动,故可用一个简单的几何关系来确定声场计算中要求的声源位置以及声源与观察点的相对关系等。在 50 年代中期,阿诺尔迪(Arnoldi)发展了一种分析厚度噪声的"紧致声源"方法。而早期戴明分析厚度噪声用的是"非紧致声源"方法。相比较而言,阿诺尔迪的方法比较简单,而且也适用于负荷噪声的分析。

60 年代初期,范德伍尔(Vande Vooren)和赞德伯根(Zandbergen)得到了一个在螺旋运动中点源声场的解,他们应用这种解计算了螺旋桨在飞行中的厚度噪声和负荷噪声,虽然他们仅对一个点源进行了分析,但从原理上讲,应用叠加原理,这种方法是可以用来计算分布源声场的,然而这种方法并未得到足够的重视。

从 60 年代开始,人们在噪声机理的深入探讨以及旋转叶片噪声的预测研究方面做了大量的工作,高速数字计算机的发展使得可以应用更接近实际的模型,数学上的一些最新发展成果,如广义函数理论,简化了寻找声学波动方程解的过程,一个成功的应用就是洛森(Lowson)对一个运动声源场的解,他的结果体现了许多典型的数学结论。

2. 先进螺旋桨/桨扇噪声预测研究

20 世纪 70 年代石油危机背景下出现的桨扇推进器,与一般螺旋桨类似,有相似的噪声谱特征以及噪声产生的机理。毫无疑问,桨扇噪声问题的研究可以借鉴和利用已经取得的普通螺旋桨的噪声分析成果。但应当看到,桨扇噪声问题有其特殊性。首先,桨扇具有更多的叶片,且叶片弦长更长,这就需要在相应的气动声学模型中考虑到非紧致的影响,即声源不能假定为集中于叶片的某一点,而应沿弦向和展向分布,且诸点源间发生很大的干扰。其次,桨扇将在高空以 $Ma=0.7\sim0.8$ 的速度巡航,这导致了叶片剖面速度很高而且通常叶尖区来流的相对速度超过声速,致使非线性效应增加(四极子噪声)。最后,为了提高桨扇的气动性能和减小噪声,使用后掠叶片,后掠叶片的声学分析更加复杂。而且还应注意到,桨扇同广泛使用的涡扇发动机相比,无论是远场还是近场噪声都要严重得多,作为新一代的推进装置,为提高其竞争能力,就需要有效地降低声源的强度,设计合理的桨叶厚度及压力分布。为满足这些要求,给出严格的声源模型至关重要,而 70 年代之前的类似工作恰恰不能满足这些要求。

在过去的 20 多年中,气动声学理论取得了巨大的发展。1969 年,福克斯·威廉姆斯(Ffowcs Wilianms)和霍金斯(Hawkings)根据莱特希尔(Lighthill)的声学类比方法,应用更复杂的数学理论推导出了有任意运动固体边界存在的流体发声的声学公式,即著名的 FW-H 方程,它是螺旋桨和桨扇噪声理论发展中的一个重要里程碑。基于 FW-H 方程,已发展了许多种开式转子旋转噪声计算方法。法拉萨特(Farassat)对于应用 FW-H 方程的常用方法已给出了很好的综述。需要指出,尽管他所综述的方法是 70 年代以后发展的,但同样适用于普通螺旋桨。

目前,应用 FW-H 方程的桨扇和螺旋桨旋转噪声最常用和最成功的方法有法拉萨特等的时域法和汉森(Hanson)的频域法,他们分别得到了适用于亚声速、跨声速情况下的积分表达式,并给出了相应的求解方法。奈斯特龙(Nystrom)和法拉萨特在此基础上给出的开式转子噪声计算方法目前已得到了广泛的应用。在这个方法中,在固定于叶片的曲线坐标系中严格地规定了各个叶片的几何形状,并把叶片分解为片条,使用了两种求解方法。如果当地相对速度是超声速,则使用"消失球"方法,若为亚声相对速度则使用直接解法。此方法可计算近场和远场负荷噪声及厚度噪声,不受叶片形状、叶尖速度和前飞速度的限制。目前,此方法已被用于飞机噪声预测程序。

汉森的频域法则是从广义的 FW-H 方程——戈尔茨坦(Goldstein)方程出发,首先对戈尔茨坦方程进行了 Fourier 变换,然后在给定的螺旋坐标系下进行了广义积分。所得结果包括负荷噪声、厚度噪声和四极子噪声的远场和近场计算公式。对亚声速螺旋桨,四极子项被略去,因为它相对于负荷噪声和厚度噪声项是小量。对于跨声条件下的后掠叶片来说,四极子声源是重要的,汉森指出,如果包括四极子源项,计算与测量之间的符合程度将会得到改善。

3. 螺旋桨近场噪声计算的 CFD/CAA 混合计算技术

如前所述,螺旋桨噪声计算方法,大部分都是基于 Lighthill 声类比理论,将螺旋桨流场和声场计算分离,在声场计算分析中假定声波是在自由空间大气中传播。

实际上,由于螺旋桨噪声是其桨叶与周围大气相互作用造成气体流动过程非定常压力脉动,并通过气体的弹性和惯性作用向远离流动区域的空间传播形成的噪声,有关气动声效应是由与描述流体运动过程相同的控制方程所描述的,因此从理论上讲,直接求解非定常 N−S 方程可以同时获得流场和声场。

但是,由于声变量和产生声场的流动变量之间在能量和尺度上差别很大(从非定常流体流动中以声能形式向外辐射的能量仅是流体动能中很小的一部分,而且人们对噪声问题往往需要在较大的空间尺度计算声波的传播),这就使得直接通过在全场中求解 N−S 方程同时获得流场和气动声场,无论是对计算机硬件还是对数值计算方法等都有非常高的要求,是目前工程上难以实现的。

针对以上特点,对气动噪声的研究就出现了流场/声场混合算法的数值计算思想(本书第 8 章还将专门论述)。这种计算方法通常将计算域分成流场和声场两个不同的区域,流场(声源域)和声场(声学传播域)用不同的方程、数值方法和网格来求解。在气动声源域,也就是螺旋桨桨叶的临近区域,流动变量如压力、速度、密度等的非定常分量与流场的定常(时均)分量有相同的量级,因此控制方程是非线性、时间依赖和有旋的,这里的非定常流场需要用大涡模拟(LES)或者雷诺平均(URANS)模拟计算;而在计算声波传播时,应用流场计算的平均流场作为声传播的介质,假定声波分量相比定常流场(平均)量很小,可以近似认为是线性过程,这样可以用更有效的求解线化 Euler 方程的方法求解声波传播(即通常所说的 CAA 方法)。

上述混合算法的关键就是如何将流场与声场计算耦合起来,需要人为划分声场计算的边界,并将流场计算结果准确传到这个边界,再通过使用包围声源的面(Kirchhoff 面)上的声信息作为声模拟的输入边界来直接与传播域耦合。

CFD/CAA 混合计算方法的优点是能够较为准确地模拟螺旋桨周围非均匀大气流场对声波传播的影响,但是,这种方法也有其显著缺点:一是它对计算机软硬件要求较高,计算耗时;二是这种计算方法在构造 CAA 计算的声源项时,由于数值误差,会造成声场计算结果偏差较大,也就是说这种方法的精确性会被本身计算数值误差所消耗。由于螺旋桨噪声本身物理特征的明确性,对于螺旋桨离散单音噪声场的计算,CAA 计算结果的精度并没有基于 Lighthill 声类比计算方法的精度高。因此,尽管在螺旋桨噪声研究中,有一些研究者采用该方法进行了相关计算分析研究工作,但是,大量的螺旋桨噪声计算仍然采用基于 FW−H 方程求解的声类比计算模型,国外航空研究机构和飞机公司也采用了这种成熟的计算方法。本章也将重点针对目前广泛应用的基于 Lighthill 声类比理论的螺旋桨噪声的时域预测方法和频域预测方法进行介绍。

5.3　螺旋桨单音噪声时域预测方法

5.3.1　Farassat 对螺旋桨噪声预测技术的重要贡献

在 20 世纪 70 年代末到 90 年代的十多年的时间里,Farassat 作为第一作者以及合作者发表了大量有关螺旋桨(含旋翼)噪声预测技术的论文,他也是最早采用时域方法来发展螺旋桨噪声预测理论的研究者。Farassat 有关螺旋桨单音噪声预测已经成为目前螺旋桨噪声预测的经典和主要方法,特别是随着计算机技术的迅速发展,Farassat 螺旋桨单音噪声时域预测方法费时的缺点已经不在突出,因此,这种方法在螺旋桨噪声研究中得到了广泛的应用。

在 1975 到 1976 年最初的几篇论文中,Farassat 基于从 FW - H 方程所推导出的方程,给出了直升机旋翼噪声的基本预测方法,之后于 1977 年,他与 Brown 等合作,进一步将该方法应用于具有前飞影响的螺旋桨噪声预测。1977 年,Farassat 与 Pegg 和 Magliozzi 等合作,从理论和实验研究了前飞效应对螺旋桨噪声的影响,并采用时域法对螺旋桨叶片定常载荷噪声以及厚度噪声进行了计算,但并没有考虑四极子非线性源项。同年,Farassat 发表了有关桨叶叶尖超跨声速情况下气动力学和气动声学中的不连续性问题的重要研究论文,该论文研究工作成为他后来进一步发展螺旋桨时域噪声预测方法的重要基础。

1979 年,Farassat 用其发展的理论第一次进行了叶尖速度为超声速的高载荷桨扇噪声预测。1980 年,Farassat 和 Succi 发表了螺旋桨噪声时域方法研究论文,该论文系统地总结了从 Gutin 直到当时的螺旋桨噪声预测理论的研究工作,第一次清晰地说明了前飞效应对螺旋桨噪声的影响,他们同时也认识到由于发动机短舱、机翼和机身等诱导的非对称流动与螺旋桨干涉产生的周期性载荷所产生的螺旋桨噪声。该论文介绍了分别用于叶尖速度为亚声速的螺旋桨噪声预测方法及程序(MIT Program),和叶尖速度为超声速的螺旋桨噪声预测方法及程序(Langley Program)。

1980 年,Nystrom 和 Farassat 合作发表了有关桨扇和螺旋桨噪声时域预测方法的另一种形式的论文,该方法成为后来 Farassat 成功地发展亚声速叶尖速度下螺旋桨噪声预测方法的重要基础。但是,在该文中,作者主要是为了预测超声速叶尖速度桨扇噪声,而由于该方法中数值积分内在的问题导致声波面锯齿状的问题。在后来的公式中这种缺陷得到了修正,尽管如此,该方法成为后来 Farassat 众多螺旋桨噪声理论预测方法的重要基础。

1981 年,Farassat 应用统一的方法推导出了众多研究者的旋翼及螺旋桨离散单音噪声预测公式,包括紧致声源方法和非紧致声源方法。他的推导是从未考虑四极子源项的 FW - H 方程出发,在对众多螺旋桨噪声预测方法总结分析的基础上,他指出,要用某一特定公式来解决所有的转子叶片噪声问题是不可能的,对于特定螺旋桨的噪声预测应选择相应的方法。

1982 年,Farassat 推导出了一个新的用于预测叶尖速度为超声速下的螺旋桨噪声计算公式,他称这个公式为 Formulation 2。这种方法要求螺旋桨叶片为薄叶型,且转速和前飞速度都是常数,也并不包括非均匀进气的情况。这个公式解决了由于积分计算的数值问题而导致声压波形高频振荡的问题,新公式预测出的声压信号更加平滑且与实验数据更吻合。

1983 年,Farassat 发表了 3 篇有关螺旋桨噪声预测方法的论文,其中,与 Succi 合作的论文研究了旋翼转子噪声,一篇论文研究了时域方法的求解,另外一篇论文则给出了一些新的理论结果。其中新的理论方法去除了他 1982 年的方法中的一些限制,使得新公式只需要叶片表面的几何性质和压力分布,并且有望减少 50% 的计算时间,这种新方法同时可以用于预测螺旋桨气动力。

1984 年,Farassat 发表了 5 篇文章,一篇是关于波动方程解的基础性论文;一篇讨论了预测空气动力特性和噪声统一方法;一篇研究了新的噪声预测公式;一篇则介绍了基于最近理论公式计算的螺旋桨噪声预测程序;还有一篇综述了预测先进螺旋桨噪声的时域方法,在这篇综述论文中,讨论了理论公式的计算机程序实现。Farassat 指出,为了完成噪声预测,首先需要指定螺旋桨叶片的几何与载荷情况,以及飞行情况,然后将叶片表面分割成沿展向和弦向的小微元面,如果某一个微元面处于亚声速,则使用公式 1A 来预测该微元面上的噪声分布,如果处于超跨声速,则使用公式 3 或 3M 来预测该微元面上的噪声分布,该论文还应用多个算例说明了新预测方法的有效性。

1985 年,Farassat 发表了 1 篇与 1983 年发表的方法类似的螺旋桨空气动力和噪声预测研究的论文,同年,Farassat 和 Myers 还发表了一篇关于螺旋桨厚度噪声和载荷噪声预测的文章。

1986 年,Farassat 发表了有关其本人发展的螺旋桨噪声时域预测公式的综述论文。他指出,1975 年推导的 Farassat 公式 1,对于亚声速和超声速的旋转叶片都适用,然而,其对应的程序在计算高速叶片时时间消耗很大,并且计算结果对于时间差分的数值偏差非常敏感,这导致了波形的高频振荡。Farassat 公式 1A 用于计算亚声速叶片的噪声,它与 Farassat 公式 1 非常接近。Farassat 公式 2 用于计算超声速叶片,不过使用这个公式时需要三个假设:①叶片为薄翼形,并且处在螺旋桨叶片飞行中形成的螺旋面上;②不变的转速和飞行速度;③稳定的叶片表面压力(无非均匀来流)。Farassat 公式 3 也用来计算超声速叶片,并且适用于实用的叶片而非薄翼形近似。可以综合应用 Farassat 公式 3 与 Farassat 公式 1A,其中 Farassat 公式 3 计算叶片中超跨声速部分,Farassat 公式 1A 则用来计算叶片中亚声速的部分。

1987 年,Farassat 独立或合作又发表了 3 篇螺旋桨噪声预测方法的论文。第一篇回顾了使用声类比方法研究螺旋桨转子噪声的发展情况,值得注意的是,文中的讨论也包括四极子噪声。第二篇介绍了有关螺旋桨噪声工作组的研究结果,该工作组中,有很多世界顶尖的理论气动声学专家讨论了桨扇噪声预测的发展情况。第三篇论文,Farassat 等人则对用于预测先进螺旋桨噪声的计算机程序的性能做了回顾分析。

1992 年,Farassat 发表了 1 篇考虑非均匀进气对螺旋桨噪声影响的研究论文,介绍了预测方法及其计算程序。

5.3.2　Farassat 时域预测方法

设一运动固体物体的表面方程为 $f(x,t)=0$,其中 x 是固定在未扰动介质上的坐标,t 表示时间,为了能够利用无界空间的 Green 函数,引入广义函数,将函数的定义扩展到整个空间,为此,定义在物体表面外,$f>0$;在物体表面内部,$f<0$。则忽略四极子源项 $[T_{ij}]$ 的 FW-H 方程可写为

$$\Box^2 p' = \frac{1}{c^2}\frac{\partial^2 p'}{\partial t^2} - \mathbf{V}^2 p' = \frac{\partial}{\partial t}[\rho_0 v_n |\mathbf{V} f|\delta(f)] - \frac{\partial}{\partial x_i}[l_i |\mathbf{V} f|(\delta(f))] \quad (5-1)$$

式中,p' 是声压;ρ_0 和 c 分别是未扰动介质的密度和声速;$v_n = (\partial f/\partial t)/|\mathbf{V} f|$,是物体表面的法向速度;$l_i$ 是物体表面单位面积上作用在流体上的力。

螺旋桨噪声预测的时域法是建立在求解 FW-H 方程基础之上的。本小节首先讨论具有面源的波动方程的求解,然后给出螺旋桨负荷噪声和厚度噪声的时域计算公式。

1.时域内具有面源波动方程的解

考虑波动方程

$$\Box^2 \varphi = Q(x,t)|\nabla f|\delta(f) \tag{5-2}$$

这个方程与 FW-H 方程具有相似的源项，只是在源项中没有像 FW-H 方程那样对时间和空间的导数。这是一类非奇次波动方程，可利用无界空间波动方程的 Green 函数 $\delta(g)/(4\pi r)$ 进行求解。在 Green 函数中，$g = \tau - t + r$，$r = |x - y|$，其中 x 和 t 分别是观测点位置坐标和时间，y 和 τ 分别是声源位置坐标和声源时间。利用 Green 函数，方程（5-2）的解可写为

$$4\pi\varphi(x,t) = \int \frac{1}{r} Q(y,\tau)|\nabla f|\delta(f)\delta(g)\mathrm{d}y\mathrm{d}\tau \tag{5-3}$$

式中，时间 τ 积分是在 $(-\infty, t)$ 上，空间 y 积分是在无限空间域。由于 Dirac 函数的作用可使积分空间降低一维，于是，这个积分可化为面积分，因此源项为面源项。

将积分变量 τ 变换为 g，并利用 Dirac 函数的性质，$\int\delta(g)\mathrm{d}g = 1$，积分式（5-3）可变为

$$4\pi\varphi(x,t) = \int \frac{1}{r} \left[Q(y,\tau)|\nabla f|\delta(f) \right]_{\mathrm{ret}} \mathrm{d}y \tag{5-4}$$

式中，下标"ret"表示延迟时间。定义面 Σ 为 $F(y;x,t) = [f(y,\tau)]_{\mathrm{ret}} = f(y, t - \frac{r}{c}) = 0$，则方程（5-4）可以写为

$$4\pi\varphi(x,t) = \int \frac{1}{r} \left[Q(y,\tau)|\nabla f| \right]_{\mathrm{ret}} \delta(F)\mathrm{d}y \tag{5-5}$$

应用 Farassat 推出的如下关系式可进行 Dirac 函数的积分。Farassat 给出：

$$\mathrm{d}y = \frac{\mathrm{d}F\mathrm{d}\Sigma}{|\nabla f|} \tag{5-6}$$

$$|\nabla f| = \left[|\nabla f|\Lambda \right]_{\mathrm{ret}} \tag{5-7}$$

$$\Lambda^2 = 1 + Ma_{\mathrm{n}}^2 - 2Ma_{\mathrm{n}}\cos\theta \tag{5-8}$$

式中，$Ma_{\mathrm{n}} = v_{\mathrm{n}}/c$，$\theta$ 是 ∇f 与辐射方向 $r = x - y$ 的夹角。则方程（5-5）可写成在 Σ 面上的积分式：

$$4\pi\varphi(x,t) = \int_{F=0} \frac{1}{r} \left[\frac{Q(y,\tau)}{\Lambda} \right]_{\mathrm{ret}} \mathrm{d}\Sigma \tag{5-9}$$

然而这个方程的意义并不明显，因为 Σ 面是在 $f = 0$ 面上发出的声信号在 t 时刻同时到达观测点 x 的所有点的轨迹，即是 $f(y,\tau) = 0$ 面与 $g = \tau - t + r/c = 0$ 面在 (y,τ) 空间的交线集。但有利的是 Σ 面是很容易构成的。注意到以上推导中 (x,t) 保持不变，因此我们的注意力只集中在 y 和 τ 上。对于固定源时间 $\tau < t$，而 $g = 0$ 是一个球面，其中心在观测点 (x,t)，半径为 $r = c(t - \tau)$，当 τ 从 $-\infty$ 向 t 变化时，这个球的半径逐渐减小为零，在球收缩的过程中，面 $f(y,\tau) = 0$ 与球面相交，对固定 τ 时刻定义这个交线为 Γ，则在空间交线 Γ 的集合构成了 Σ 面，即 $F = 0$ 面。利用以上概念，Farassat 推导出如下的关系式：

$$\frac{\mathrm{d}\Sigma}{\Lambda} = \frac{c\mathrm{d}\Gamma\mathrm{d}\tau}{\sin\theta} \tag{5-10a}$$

$$= \frac{\mathrm{d}s}{|1 - Ma_{\mathrm{r}}|} \tag{5-10b}$$

式中，$\mathrm{d}s$ 是面 $f = 0$ 上的面积元；$Ma_{\mathrm{r}} = v_i \overline{r_i}/c$，其中 v_i 是 $f = 0$ 上的当地速度，$\overline{r_i} = (x_i - y_i)/r$，是单位辐射矢量。应用以上关系，方程（4-9）可以写为

$$4\pi\varphi(x,t)=\int_{\substack{f=0\\g=0}}\frac{cQ(y,\tau)}{r\sin\theta}\mathrm{d}\Gamma\mathrm{d}\tau \tag{5-11a}$$

$$=\int_{f=0}\left[\frac{Q(y,\tau)}{r\,|\,1-Ma_r\,|}\right]_{\mathrm{ret}}\mathrm{d}s \tag{5-11b}$$

因在方程(5-11b)中面积分是固定在物体表面上进行的,而 r 是声源时间的函数,因此 r 要在延迟时间计算。

再回到 FW-H 方程,与方程(5-2)比较,并注意到在 FW-H 方程源项之前出现的导数是广义导数,这些导数可以从解的被积函数中提出。因此,上面介绍的波动方程求解方法可用于对 FW-H 方程的分析。

2. 负荷噪声与厚度噪声的时域计算式

(1) 负荷噪声。负荷噪声就是如下形式波动方程的解:

$$\Box^2 p'_{\mathrm{L}}=-\frac{\partial}{\partial x_i}\left[l_i\,|\,\mathbf{V}\,f\,|\,\delta(f)\right] \tag{5-12}$$

应用方程(5-9)和方程(5-11)可得这个方程的解为

$$4\pi p'_{\mathrm{L}}(x,t)=-\frac{\partial}{\partial x_i}\int_{F=0}\frac{1}{r}\left[\frac{l_i}{\Lambda}\right]_{\mathrm{ret}}\mathrm{d}\Sigma \tag{5-13a}$$

$$=-\frac{\partial}{\partial x_i}\int\frac{cl_i}{r\sin\theta}\mathrm{d}\Gamma\mathrm{d}\tau \tag{5-13b}$$

$$=-\frac{\partial}{\partial x_i}\int_{f=0}\left[\frac{l_i}{r\,|\,1-Ma_r\,|}\right]_{\mathrm{ret}}\mathrm{d}s \tag{5-13c}$$

由于在方程(5-13)中存在对空间的导数,因此使用并不方便,几乎没有人直接使用这种形式的解。如果把对空间的导数转化为对时间的导数,则能得到非常有意义的结果。只要在进行方程(5-12)求解时,在进行 Dirac 函数 $\delta(f)$ 和 $\delta(g)$ 积分之前,利用关系式

$$\frac{\partial}{\partial x_i}\left[\frac{\delta(g)}{4\pi r}\right]=-\frac{1}{c}\frac{\partial}{\partial t}\left[\frac{\hat{r}_i\delta(g)}{4\pi r}\right]-\frac{\hat{r}_i\delta(g)}{4\pi r^2} \tag{5-14}$$

则方程(5-13)可写为

$$4\pi p'_{\mathrm{L}}(x,t)=\frac{1}{c}\frac{\partial}{\partial t}\int_{F=0}\frac{1}{r}\left[\frac{l_r}{\Lambda}\right]_{\mathrm{ret}}\mathrm{d}\Sigma+\int_{F=0}\frac{1}{r^2}\left[\frac{l_r}{\Lambda}\right]_{\mathrm{ret}}\mathrm{d}\Sigma \tag{5-15a}$$

$$=\frac{\partial}{\partial t}\int_{\substack{f=0\\g=0}}\frac{l_r}{r\sin\theta}\mathrm{d}\Gamma\mathrm{d}\tau+\int_{\substack{f=0\\g=0}}\frac{cl_r}{r^2\sin\theta}\mathrm{d}\Gamma\mathrm{d}\tau \tag{5-15b}$$

$$=\frac{1}{c}\frac{\partial}{\partial t}\int_{f=0}\left[\frac{l_r}{r\,|\,1-Ma_r\,|}\right]_{\mathrm{ret}}\mathrm{d}S+\int_{f=0}\left[\frac{l_r}{r^2\,|\,1-Ma_r\,|}\right]_{\mathrm{ret}}\mathrm{d}S \tag{5-15c}$$

在这些方程中, $l_r=l_i\hat{r}_i$ 是单位面积上声辐射方向的作用力。其中 $\hat{r}_i$ 为单位辐射矢量, l_i 为叶片作用于流体单位面积上的力强矢量。

式(5-15)即为螺旋桨负荷噪声的时域计算公式,其中式(5-15a)可称为 Σ 面公式,式(5-15b)可称为消失球公式,式(5-15c)可称为延迟时间公式。利用式(5-10)可实现上述三个公式之间的相互转化。在式(5-15a)、式(5-15b)和式(5-15c)中,式(5-15c)数值计算最快,但在 Ma_r 为跨声速条件下会出现积分的奇异性,因此需要其他公式计算,故在时域计算螺旋桨旋转噪声的数值计算程序中往往需要公式的交替使用。

一些研究者直接从式(5-15b)和(5-15c)出发,给出了螺旋桨声场的数值解。但是,由于方程的解的合理性很大程度上取决于给定的时间差分精度,因此,目前广泛应用的求解形式是

将时间导数移到积分号之内。利用微分的连锁规则 $\dfrac{\partial}{\partial t} = \dfrac{\partial \tau}{\partial t}\dfrac{\partial}{\partial \tau}$，并注意到

$$\frac{\partial \tau}{\partial t} = \frac{1}{1 - Ma_r} \tag{5-16}$$

因此有

$$\frac{\partial}{\partial t} = \frac{1}{1 - Ma_r}\frac{\partial}{\partial \tau} \tag{5-17}$$

并建立如下关系：

$$\frac{\partial r}{\partial \tau} = -v_r$$

$$\frac{\partial \hat{r}_i}{\partial \tau} = \frac{\hat{r}_i v_r - v_i}{r}, \quad v_i = \frac{\partial r_i}{\partial \tau} = \frac{\partial x_i}{\partial \tau} \tag{5-18}$$

式中，$\hat{r}_i = (x_i - y_i)/r$，为辐射方向单位矢量。

$$\frac{\partial Ma_r}{\partial \tau} = \frac{1}{cr}\left[r_i\,\frac{\partial v_i}{\partial \tau} + v_r^2 - v^2 \right], \quad v^2 = v_i v_i \tag{5-19}$$

利用上述关系对式(5-15c)进行求导，最后结果是

$$4\pi p'_L(x,t) = \frac{1}{c}\int_{f=0}\left[\frac{l_i \hat{r}_i}{r(1-Ma_r)^2} \right]\mathrm{d}s + \int_{f=0}\left[\frac{l_r - l_i Ma_i}{r^2(1-Ma_r)^2} \right]\mathrm{d}s +$$

$$\frac{1}{c}\int_{f=0}\left[\frac{l_r(rMa_i\hat{r}_i + cMa_r - cMa^2)}{r(1-M_r)^2} \right]_{\text{ret}}\mathrm{d}s \tag{5-20}$$

式中，l_i 为相对于时间 τ 的负荷导数。

（2）厚度噪声。厚度噪声是如下形式波动方程的解：

$$\square^2 p'_T = \frac{\partial}{\partial t}\left[\rho_0 v_n |\boldsymbol{\nabla} f| \delta(f) \right] \tag{5-21}$$

与负荷噪声的计算方法相似，利用方程(5-9)和方程(5-11)可得厚度噪声的计算式为

$$4\pi p'_T(x,t) = \frac{\partial}{\partial t}\int_{F=0}\frac{1}{r}\left[\frac{\rho_0 v_n}{\Lambda} \right]_{\text{ret}}\mathrm{d}\Sigma \tag{5-22a}$$

$$= \frac{\partial}{\partial t}\int\frac{\rho_0 c v_n}{r\sin\theta}\mathrm{d}\Gamma\mathrm{d}\tau \tag{5-22b}$$

$$= \frac{\partial}{\partial t}\int_{f=0}\left[\frac{\rho_0 v_n}{r|1-Ma_r|} \right]_{\text{ret}}\mathrm{d}s \tag{5-22c}$$

同样将时间导数移到积分号内，式(5-22c)可变为

$$4\pi p'_T(x,t) = \int_{f=0}\left[\frac{\rho_0 \dot{v}_n(rMa_i\hat{r}_i + cMa_r - cMa^2)}{r^2(1-Ma_r)^3} \right]_{\text{ret}}\mathrm{d}s + \int_{f=0}\left[\frac{\rho_0 v_n}{r(1-Ma_r)^2} \right]_{\text{ret}}\mathrm{d}s \tag{5-23}$$

式中，$\dot{v}_n = \partial v_n/\partial \tau$。通常在厚度噪声公式中，忽略了 $\dot{v}_n$ 这一项，这实际上意味着假定螺旋桨作定常运动。于是，通常将厚度噪声时域计算公式写成

$$4\pi p'_T(x,t) = \int_{f=0}\left[\frac{\rho_0 v_n(rMa_i\hat{r}_i + cMa_r - cMa^2)}{r^2(1-Ma_r)^3} \right]_{\text{ret}}\mathrm{d}s \tag{5-24}$$

在应用延迟时间公式式(5-15c)、式(5-20)、式(5-23)以及式(5-24)等计算螺旋桨噪声时，因为叶片表面 $f=0$ 上的每个微元声源的被积函数都是取为各自相应的延迟时间 τ 时刻的值，即声压 $p(x,t)$ 是叶片表面所有微元声源在各自不同的延时时间 τ 发射，但却同时到达同

一观测点 x 的声信号之和,所以,在计算噪声之前,需要首先求解延迟时间方程 $g=0$。如前所述,延迟时间方程表示"消失球"的球面。对于跨声速螺旋桨,由于延迟时间公式被积函数会出现奇异性,因此常采用消失球公式式(5-15c)、式(5-22b)与延迟时间公式交替使用来计算螺旋桨的噪声。图 5-9 给出了 nystrom 和 Farassat 应用时间导数放在积分号外的公式式(5-15b)、式(5-15c)、式(5-22b)和式(5-22c)计算某桨扇噪声的声压时间历程和频谱的结果。频谱结果是通过对随时间变化的声压 $p(x,t)$ 进行 Fourier 分析得到的。

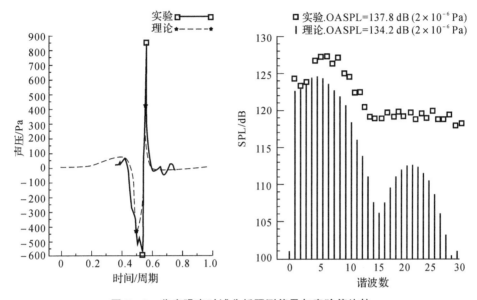

图 5-9　桨扇噪声时域分析预测值及与实验值比较

5.4　螺旋桨单音噪声频域预测方法

5.4.1　Hanson 对螺旋桨噪声预测技术的重要贡献

最早的螺旋桨噪声频域预测理论是由 Gutin 在 20 世纪 30 年代提出的,在 70 年代末到 90 年代的十多年的时间里,Hanson 以求解 Goldstein 广义气动声学方程为基础,作为第一作者以及合作者发表了大量有关螺旋桨(含旋翼)单音噪声频域预测技术的论文,对螺旋桨噪声频域预测方法进行了深入研究和推广。由于 Hanson 螺旋桨单音噪声频域预测方法相较时域预测方法具有公式物理意义明显、计算快捷等优点,因此也是目前螺旋桨噪声预测的经典和主要方法。

1976 年,Hanson 发表了第一篇螺旋桨噪声研究论文,发展了一种飞行状态下单个螺旋桨近场噪声的预测理论,该方法实际上还是采用了时域预测技术,没有考虑相对厚度噪声项为小量的非线性四极子噪声源项。1978 年,Hanson 和 Fink 在 FW-H 方程中考虑了四极子非线性源项,并研究了四极子源项对螺旋桨噪声的影响情况,他们在文中评述到,如果叶片采用后掠结构或者马赫数为亚临界状态,则四极子噪声是可以忽略的。

1979 年,Hanson 首先提出了螺旋桨远场单音和谐波噪声的螺旋面理论,在该理论中噪声源分布在一个由螺旋桨叶片在飞行中扫过的面所确定的螺旋面上,其中四极子项用一种跨声速翼型分析软件来计算,计算出的四极子源在翼型周围的分布是非常合理的。同年,Hanson 发表了一篇通用性更强的论文,讨论了很多重要设计参数对螺旋桨远场噪声的影响,也论证了对于处在不同工作条件下的不同类别的桨扇/螺旋桨,声源的非紧致性对厚度噪声分量和载荷噪声分量的影响。

1983 年,Hanson 进一步提出了可压缩螺旋升力面理论,这是一种既可用于螺旋桨的空气动力预测又可以用于螺旋桨远场噪声预测的统一理论,研究内容包括声学方程、失速颤振,以及螺旋桨的稳态性能。他整理分析了早期的大量研究结果,并分析了其都可以看作是其统一理论的特例,最后也指出了该理论进一步发展方面。同年,Hanson 提出了螺旋桨近场噪声预测的频域理论,但其文章发表于 1985 年,该理论基于螺旋升力面理论,对于一个后掠叶型的桨扇,即使没有考虑四极子声源,其理论预测结果也和实验结果吻合得很好。

1984 年,Hanson 进一步将其理论推广到对转螺旋桨噪声预测,该理论给出了对转转子非定常干涉空气动力学模型和非定常叶片载荷噪声模型,前 4 阶谐波噪声级预测结果与实验测量结果吻合良好,但是在螺旋桨前飞区域高频噪声预测精度较差,特别是对由于对转结构非定常干涉产生的非定常载荷噪声预测值太低,以至于无法捕获,因此,Hanson 指出需要改进空气动力学干涉模型。1985 年 Hanson 和 McColgan 进一步说明了如何改进对转螺旋桨的噪声预测方法。

1986 年,Hanson 发表了计算由叶尖径向力产生的噪声的计算理论,这个噪声源是由于叶片压力面与吸力面压差在叶尖形成的绕流所产生的。他指出,非后掠叶片的这种噪声要比后掠叶片的严重。

1987 年,Hanson 参加了"桨扇气动声学——理解/应用"工作组,在这个工作组中,可以看到他重要的理论贡献。1989 年,Hanson 研究了前飞状态下螺旋桨声功率和波阻预测理论,他指出,采用后掠叶片的良好设计桨扇,其总声功率小于其轴功率的 1%,但是对于没有采用后掠叶片的桨扇结构,声辐射损失可能对气动性能产生明显影响。1992 年,Hanson 与其他作者合作以 NASA 报告的形式系统总结了他的桨扇空气动力学性能和噪声预测理论和方法。

1990 年,Hanson 研究了周向进气流对螺旋桨声源的影响,研究表明,当螺旋桨旋转轴相对气流倾斜时,产生的周向气流及非定常载荷引起了螺旋桨噪声增加。论文仅对载荷噪声进行了研究,但是 Hanson 指出应该考虑对厚度噪声的影响。

1992 年,Hanson 在 AIAA 学术期刊进一步发表了周向气流对螺旋桨噪声影响的研究理论,这个理论考虑了螺旋桨转轴倾斜以及伴随螺旋桨叶片表面偏移的非定常厚度和非定常载荷等的影响,新的理论对于前飞方向和后区的噪声预测结果与近场实验测量结果相当吻合。1992 年,Hanson 和 Parzych 还合作发表了另外一篇关于周向流动影响的螺旋桨噪声研究报告,重点描述了螺旋桨噪声预测计算机程序及相关计算分析。

5.4.2 Hanson 频域预测方法

如前所述,Hanson 基于 Goldstein 广义气动声学方程,采用薄翼假设,把桨扇或螺旋桨叶片用向前运动的螺旋面代替,给出了由叶片厚度、稳态载荷及四极子项产生的远场噪声的频域表达式。1983 年 Hanson 应用类似方法,把三维薄翼理论中的加速度势技术用于一般的螺旋桨和桨扇之中,应用螺旋参考面代替机翼理论中的二维表面,获得了分析桨扇稳态性能、非失速颤振和气动噪声的通用螺旋面理论,给出了作为厚度、稳态载荷及四极子项函数的声压积分方程和作为厚度、稳态和非稳态载荷分布的函数的下洗速度积分方程。在此通用理论的基础上,1985 年 Hanson 由积分方程推出了桨扇近场噪声的频域表达式,并应用此积分方程重新推导出了桨扇远场噪声的频域公式。

Hanson 螺旋面理论的基本思路是,基于 Goldstein 积分形式气动声学方程,采用薄翼假设,首先把 Goldstein 的积分方程改写为在螺旋坐标系内沿螺旋面的一个体积积分方程,然后把积分方程的被积函数(声源项)沿螺旋线进行 Fourier 变换,并在一系列复杂数学推导过程之后给出用声源各种频率分量表示的声压积分方程,基于此积分方程可得出桨扇噪声的各个频率分量。

Hanson 频域理论的最突出的优点是给出的噪声公式物理意义十分明确,公式中各种设计参数诸如叶片后掠、倾斜、厚度分布、载荷分布等对噪声的影响能明显地表现出来,非常易于进行声学机理分析和降噪设计。从计算角度讲,虽然频域公式需要处理复杂的特殊函数,但它避免了时域法中的数值差分和延迟时间方程求解,公式中也不存在奇异积分问题,而且频域法易于计入四极子项的影响。

下面首先介绍 Hanson 螺旋面理论中的声压积分方程,然手分别给出近场和远场噪声的频域表达式。

1. 基本方程

频域法预测螺旋桨噪声所用基本控制方程是 Goldstein 形式的声类比理论基本方程,即

$$\rho'(x,t) = -\frac{1}{c^2}\int_{-T}^{T}\int_{S(\tau)}\left(\rho_0 v_n \frac{\partial G}{\partial \tau} + f_i \frac{\partial G}{\partial y_i}\right)\mathrm{d}S(y)\mathrm{d}\tau + \frac{1}{c^2}\int_{-T}^{T}\int_{v(\tau)} T_{ij}\frac{\partial^2 G}{\partial y_i \partial y_j}\mathrm{d}y\mathrm{d}\tau$$

$$(5-25)$$

这个方程适用于由任一不可渗透的表面 $S(\tau)$ 所围成的物体任意运动时产生的声场计算。单极子源 v_n 是法向表面速度,取物体表面向外法向为正。偶极子源 f_i 是流体作用于单位物体表面上力的第 i 分量(这里 f_i 和 v_n 的符号约定与 Goldstein 原始约定相反)。四极子源 T_{ij} 是包括黏性和非线性影响的 Lighthill 应力张量。对时间 τ 的积分域$(-T,T)$ 要足够大,以保证把所有关心的声源作用时间包括在内。 Green 函数 G 可写成自由空间的函数形式,即

$$G = \frac{\delta(t-\tau-R/c_0)}{4\pi r} \qquad (5-26)$$

式中,$R = |x-y|$,x 和 y 分别是在固定静止介质坐标系内观测点与声源的坐标。

对于前飞螺旋桨,首先引入声源螺旋坐标系 $\gamma_i = (\gamma_0, \xi_0, r_0)$ 代表固定于桨叶的声源笛卡儿坐标系 $y = (y_1, y_2, y_3)$,如图 5-10 所示。两坐标系的关系如下:

$$\left.\begin{aligned} y_1 &= \frac{\Omega r_0 \xi_0}{U_0} - \frac{v\gamma_0}{U_0} \\ y_2 &= r_0 \cos\left(\frac{v\xi_0}{r_0 U_0} + \frac{\Omega\gamma_0}{U_0}\right) \\ y_3 &= -r_0 \sin\left(\frac{v\xi_0}{r_0 U_0} + \frac{\Omega\gamma_0}{U_0}\right) \end{aligned}\right\} \qquad (5-27)$$

$\xi_0 = 0$ 的螺旋面是径向桨距变化轴（PCA）以前飞速度 v 和旋转角速度 Ω 扫过的表面，γ_0 表示在螺旋线方向上的距离，ξ_0 表示在垂直于半径和螺旋线方向上的距离，并且 γ_0 和 ξ_0 同时可作为对应圆柱面上翼型的坐标。为了讨论方便，定义其他基本坐标系：

x,r,φ—— 固定观测者坐标，其中 x 正向表示飞行方向。

x_i,r,φ—— 观测者随动坐标，其中 $x = x_i + vt$。

γ,r,ξ—— 叶片固定坐标，γ_0,ξ_0,r_0 对应于声源坐标。

观测点 (x,r,φ) 与声源点 (γ_0,ξ_0,r_0) 之间的距离由下式给出：

$$R = |x - y| = \left[\left(x - \frac{\Omega r_0 \xi_0}{U_0} + \frac{v\gamma_0}{U_0}\right)^2 + r^2 + r_0^2 - 2rr_0\cos\left(\phi + \frac{\Omega\gamma_0}{U_0} + \frac{v\xi_0}{r_0 U_0}\right)\right]^{1/2}$$

$$(5-28)$$

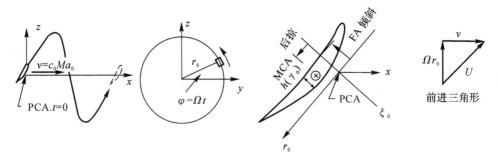

图 5-10　螺旋坐标系

为了使问题简化，采用薄翼理论假设，即叶片上、下表面的边界条件可用满足叶片中心面上的边界条件来代替。因此由实际叶片几何所确定的声源强度 v_n 和 f，其作用点在平均中心螺旋面上。对于这样的面源，其面积元素 $\mathrm{d}S = \mathrm{d}\gamma_0 \mathrm{d}r_0$。而四极子源 T_{ij} 是作用于包围叶片的整个空间，其体积元素 $\mathrm{d}y = \mathrm{d}\xi_0 \mathrm{d}\gamma_0 \mathrm{d}r_0$，因此叶片本身的体积假定可以忽略，积分体积为整个空间。根据这样的假设，方程（5-15）变为

$$c^2\rho(x,t) = -\int_{-\infty}^{\infty}\int_0^T\int_{-\infty}^{\infty}\left(\rho_0 v_n\frac{\partial G}{\partial \tau} + f_i\frac{\partial G}{\partial \gamma_i}\right)\mathrm{d}\gamma_0\mathrm{d}r_0\mathrm{d}\tau_0 + \int_{-\infty}^{\infty}\int_0^{\infty}\int_{-\infty}^{\infty}\int_{-\infty}^{\infty}T_{ij}\frac{\partial^2 G}{\partial \gamma_i\partial \gamma_j}\mathrm{d}\gamma_0\mathrm{d}\xi_0\mathrm{d}r_0\mathrm{d}\tau$$

$$(5-29)$$

为了分析方便，将式（5-29）中的面源用一个体积源代替。在 $\tau = 0$ 时刻的偶极子源 f 可以用下式表示：

$$f_i(y,\tau) = \int f_i(\gamma_0, r_0)\mathrm{e}^{-\mathrm{j}\omega_0\tau}\delta(\xi_0 + \mathrm{FA})\mathrm{d}\xi_0$$

$$(5-30)$$

式中，FA 表示桨叶沿圆周方向的倾斜距离，ω_0 为叶片力的脉动角频率。由于声源以 U_0 速度沿 $-\gamma_0$ 方向运动，因此实际源坐标 γ_0 应用 $\gamma_0 + U_0\tau$ 代替，即为 $f_i(\gamma_0 + U_0\tau)\mathrm{e}^{-\mathrm{i}\omega_0\tau}$。对于定常叶片力 $\omega_0 = 0$。对于单极子源 v_n，假定叶片厚度分布为 $h(\gamma_0 + r_0)$，则利用薄翼假设，物体运动的法相速度 v_n（即单极子源）可表示为

$$v_n = U_0\frac{h'}{\sqrt{1 + h'^2}} \approx U_0 h'$$

$$(5-31)$$

式中，h' 表示叶片中心面在运动方向的斜率，即

$$h'(\gamma_0, r_0) = \frac{\partial}{\partial \gamma_0}h(\gamma_0, r_0)$$

$$(5-32)$$

同样用体积源代替面源,则单极子源可表示为

$$v_{n} = U_{0} h'(\gamma_{0}, r_{0}) = U_{0} \int h'(\gamma_{0}, r_{0}) \delta(\xi_{0} + FA) d\xi_{0} \tag{5-33}$$

如果记 $\overline{H}(\gamma_{0}, r_{0}, \xi_{0}) = h(\gamma_{0}, r_{0}) \delta(\xi_{0} + FA)$,则声源分布可用图 5-11 表示。同样,由于声源以 U_{0} 速度沿 $-\gamma_{0}$ 方向运动,因此实际坐标 γ_{0} 应用 $\gamma_{0} + U_{0}\tau$ 代替,即为 $\overline{H}(\gamma_{0} + U_{0}\tau, r_{0}, \xi_{0})$。

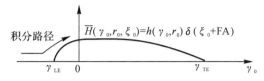

图 5-11 厚度噪声源分布

利用以上关系可把方程(5-29)化为

$$c^{2}\rho'(x,t) = \int_{-\infty}^{\infty}\int_{0}^{\infty}\int_{-\infty}^{\infty}\int_{-\infty}^{\infty}\left\{-\left[\rho_{0}U_{0}h'\frac{\partial G}{\partial \tau} + D\frac{\partial G}{\partial \gamma_{0}} + \Delta P\frac{\partial G}{\partial \xi_{0}} + F_{r}\frac{\partial G}{\partial r_{0}}\right]\delta(\xi_{0} + FA) + \right.$$
$$\left. T_{ij}\frac{\partial^{2}G}{\partial y_{i}\partial y_{j}}e^{-i\omega_{0}\tau}\right\}d\gamma_{0}d\xi_{0}dr_{0}d\tau \tag{5-34}$$

式中,D 和 ΔP 分别表示叶片单位面积上阻力和升力,F_{r} 表示叶片单位面积上沿径向的作用力。利用分部积分法把对 Green 函数的导数移到声源项,并定义组合源函数为

$$g(\gamma_{0}, \xi_{0}, r_{0}) = \left[\rho_{0}U_{0}^{2}\frac{\partial^{2}}{\partial \gamma_{0}^{2}}h(\gamma_{0}, r_{0}) + \frac{\partial}{\partial \gamma_{0}}D(\gamma_{0}, r_{0}) + \frac{\partial}{\partial r_{0}}F_{r}(\gamma_{0}, r_{0})\right]\delta(\xi_{0} + FA) +$$
$$\Delta P(\gamma_{0}, r_{0})\delta'(\xi_{0} + FA) + \frac{\partial^{2}}{\partial y_{i}\partial y_{j}}T_{ij}(\gamma_{0}, \xi_{0}, r_{0}) \tag{5-35}$$

则方程(5-34)可变为

$$c^{2}\rho'(x,t) = \iiint\int g(\gamma_{0} + U_{0}\tau, \xi_{0}, r_{0})e^{-i\omega_{0}\tau}\frac{\delta(t - \tau - R/c)}{4\pi R}d\tau d\gamma_{0}d\xi_{0}dr_{0} \tag{5-36}$$

方程(5-36)对 τ 积分得

$$c^{2}\rho'(x,t) = \iiint g\left(\gamma_{0} + U_{0}t - \frac{U_{0}R}{c}, \xi_{0}, r_{0}\right)\frac{e^{-i\omega_{0}(t-R/c)}}{4\pi R}d\gamma_{0}d\xi_{0}dr_{0} \tag{5-37}$$

应用如下 Fourier 变换对表示声源:

$$\psi\left(\frac{\omega}{U}, \xi_{0}, r_{0}\right) = \int_{-\infty}^{\infty}g(\gamma_{0}, \xi_{0}, r_{0})\exp\left(i\frac{\omega}{U}\gamma_{0}\right)d\gamma_{0} \tag{5-38}$$

$$g(\gamma_{0}, \xi_{0}, r_{0}) = \frac{1}{2\pi U_{0}}\int_{-\infty}^{\infty}\psi\left(\frac{\omega}{U}, \xi_{0}, r_{0}\right)\exp\left(-i\frac{\omega}{U}\gamma_{0}\right)d\omega \tag{5-39}$$

将式(5-39)带入式(5-37)得

$$c^{2}\rho'(x,t) = \iiint\frac{1}{8\pi^{2}U_{0}R}\int\psi\left(\frac{\omega'}{U}, \xi_{0}, r_{0}\right)\exp\left\{i\left[\frac{\omega' + \omega_{0}}{c}R - (\omega' + \omega_{0})t - \frac{\omega'\gamma_{0}}{U_{0}}\right]\right\}d\omega'd\gamma_{0}d\xi_{0}dr_{0} \tag{5-40}$$

对于沿飞行方向运动的观测点 (x, r, φ),有 $x = x_{i} + vt$,则 R 可写为

$$R = \left[\left(x_{l} + vt - \frac{\Omega r_{0}\xi_{0}}{U_{0}} + \frac{v\gamma_{0}}{U_{0}}\right)^{2} + r^{2} + r_{0}^{2} - 2rr_{0}\cos\left(\varphi + \frac{\Omega\gamma_{0}}{U_{0}} + \frac{v\xi_{0}}{r_{0}U_{0}}\right)\right]^{1/2} \tag{5-41}$$

这样在随动坐标系中观测点处的声压(密度扰动)为

$$\rho_{l}(x_{l}, r, \varphi, t) = \rho_{l}(x_{l} + vt, r, \varphi, t) \tag{5-42}$$

现引入数学关系式 Weyrich 公式

$$\frac{\exp\left(\pm ik\sqrt{x^2+R^2}\right)}{\sqrt{x^2+R_0^2}} = \pm\frac{i}{2}\int_{-\infty}^{\infty} e^{\pm i\tau x} H_0^{(1)}\left(R_0\sqrt{k^2-\tau^2}\right)\mathrm{d}\tau \qquad (5-43)$$

和 Bessel 函数补充定理

$$H_0^{(1)}\left(k\sqrt{r^2+r_0^2-2rr_0\cos\varphi}\right) = \sum_{n=-\infty}^{\infty} J_n(kr_<) H_n^{(1)}(kr_>) e^{in\varphi} \qquad (5-44)$$

式中，H 和 J 分别表示 HanKel 函数和 Bessel 函数，$r_<$ 表示 r_0 和 r 两者中的小者，$r_>$ 表示 r_0 和 r 两者中的大者。令

$$X^2 = \left(x_l + vt - \frac{\Omega r_0\xi_0}{U_0} + \frac{v\gamma_0}{U_0}\right)^2$$

$$R_0^2 = r^2 + r_0^2 - 2rr_0\cos\left(\varphi + \frac{\Omega\gamma_0}{U_0} + \frac{v\xi_0}{r_0 U_0}\right)$$

利用式(5-43)和式(5-44)将 $\exp\left[i(\omega'+\omega)R/c_0\right]/R$ 展开并带入式(5-40)得

$$c^2\rho'_l = \iint \frac{i}{16\pi^2 Uv}\int \varphi\left(\frac{\omega'}{U_0},\xi_0,r_0\right)\int\sum_{n=-\infty}^{\infty} J_n\left[r_<\sqrt{\left(\frac{\omega'+\omega_0}{c}\right)^2-\left(\frac{\bar\omega}{v}\right)^2}\right] \times$$

$$H_n^{(1)}\left[r_>\sqrt{\left(\frac{\omega'+\omega_0}{c}\right)^2-\left(\frac{\bar\omega}{v}\right)^2}\right]\exp\left[i\frac{\bar\omega}{v}\left(x_l+vt-\frac{\Omega r_0\xi_0}{U_0}\right)\right] \times$$

$$\exp\left[in\left(\varphi+\frac{v\xi_0}{r_0 U_0}\right)\right]\exp\left[-i(\omega'+\omega_0)t\right] \times$$

$$\int\exp\left[i(n\Omega-\omega'+\bar\omega)\frac{\gamma_0}{U_0}\right]\mathrm{d}\gamma_0\mathrm{d}\omega'\mathrm{d}\bar\omega\mathrm{d}\xi_0\mathrm{d}r_0 \qquad (5-45)$$

利用 delta 函数的性质

$$\delta(\alpha) = \frac{1}{2\pi}\int_{-\infty}^{\infty} e^{i\omega\alpha}\mathrm{d}\omega$$

利用式(5-45)对 γ_0 的积分为 $2\pi U_0\delta(n\Omega-\omega'+\bar\omega)$，这个 delta 函数使对 ω' 的积分很容易求出，从而式(5-45)可变为

$$c^2\rho'_l(x_l,r,\varphi,t) = \frac{i}{8\pi v}\iint\sum_{n=-\infty}^{\infty}\exp\left\{i\left[n(\varphi-\Omega t)-\omega_{0t}\right]\right\} \times$$

$$\exp\left[i\frac{\bar\omega-n\Omega}{v}x_l\right]J_n(\mu r_<)H_n^{(1)}(\mu r_>) \times$$

$$\int\varphi\left(\frac{\bar\omega}{U_0},\xi_0,r_0\right)\exp\left[-i(\bar\omega-n\Omega)\frac{\Omega r_0\xi_0}{vU_0}\right]\times\exp\left[in\frac{v\xi_0}{r_0 U_0}\right]\mathrm{d}\xi\mathrm{d}\bar\omega\mathrm{d}r_0$$

$$\qquad (5-46)$$

式中，用 $\bar\omega-n\Omega$ 代替原式中的 $\bar\omega$，这样做对结果不会产生影响，而

$$\mu = \sqrt{\left(\frac{\omega'+\omega_0}{c}\right)^2-\left(\frac{\omega-n\Omega}{v}\right)^2} \qquad (5-47)$$

式(5-46)即为 Hanson 推出的适用于螺旋桨声学、非失速颤振和定常性能预测的可压缩升力面理论基本公式。在这个理论中，除采用薄翼假设之外，还考虑了非线性影响，适用于任意马赫数和任意叶片型面。

2. 螺旋桨近场噪声的表达式

对于稳态负荷，$\omega_0=0$，因此方程(5-46)变为

$$c^2\rho'(x_l,r,\varphi,t) = \frac{\mathrm{i}}{8\pi u}\iint \sum_{n=-\infty}^{\infty}\exp\left[in(\varphi-\Omega t)\right]\times\int_0^{\infty}\int_{-\infty}^{\infty}\exp\left[i(\overline{\omega}-n\Omega)x_l/v\right]J_n(\mu r_0)H_n^{(1)}(\mu r)\times$$

$$\int_{-\infty}^{\infty}\varphi\left(\frac{\overline{\omega}}{U_0},\xi_0,r_0\right)\exp\left[-\mathrm{i}(\overline{\omega}-n\Omega)\frac{\Omega r_0\xi_0}{vU_0}\right]\times\exp\left[in(v\xi_0/r_0U_0)\right]\mathrm{d}\xi\mathrm{d}\overline{\omega}\mathrm{d}r_0$$

$$(5-48)$$

式中

$$\mu = \sqrt{\left(\frac{\overline{\omega}}{c}\right)^2 - \left(\frac{\overline{\omega}-n\Omega}{v}\right)^2} \tag{5-49}$$

在叶片流场之外区域,声压波动为

$$p = \sum_{m=-\infty}^{\infty}P_{mB}\exp\left[imB(\varphi-\Omega t)\right] \tag{5-50}$$

因此方程(5-48)实际上以谐波系数的形式给出了单叶转子的声压场,谐波次数为 n。

对于具有 B 个叶片的转子,谐波次数为 mB,对应的 n 值应用 nB 代替,声压表达式为

$$p = \sum_{m=-\infty}^{\infty}P_{mB}\exp\left[imB(\varphi-\Omega t)\right] \tag{5-51}$$

为了找出谐波值 P_{mB},定义一个规范化的频率积分变量 k,令 $\overline{\omega}=mB\Omega k$,并定义沿 γ_0 和 ξ_0 方向的波数 k_x 和 k_y 为

$$k_x = \frac{2mBB_DM_Tk}{Ma_r} \tag{5-52}$$

$$k_y = \frac{2mBB_D}{zMa_xMa_r}(Ma_r^2 - kz^2Ma_T^2) \tag{5-53}$$

式中,$B_D=b/(2r_T)$,$Ma_T=r_T\Omega/c$,$Ma_r=U_0/c$,$Ma_x=v/c$,$z=r_0/r_T$。而 X 和 Y 定义为 $X=\gamma_0/b$,$Y=\xi_0/b$,b 为叶片当地弦长,r_T 是叶片半径。应用以上关系不难得出方程(5-38)中含 γ_0 的指数项为

$$\frac{\overline{\omega}\gamma_0}{U_0} = k_xX \tag{5-54}$$

而方程(5-48)中含 ξ_0 的指数项为

$$\left[-(\overline{\omega}-mB\Omega)\frac{\Omega r_0}{vU_0} + mB\frac{v}{r_0U_0}\right]\xi = k_yY \tag{5-55}$$

令由 x_l 引起的相位角为

$$\varphi_x = \frac{2mBMa_T(k-1)}{Ma_x}\frac{x_l}{D} \tag{5-56}$$

式中,D 为叶片直径,即 $D=2r_T$。应用以上关系可得声压谐波值为

$$P_{mB} = \frac{imB^2Ma_T}{8\pi Ma_x}\int_0^{\infty}\int_{-\infty}^{\infty}\mathrm{e}^{i\varphi_x}J_nH_n^{(1)}\int_{-\infty}^{\infty}\varphi\exp(ik_y\xi_0/b)\mathrm{d}\xi_0\mathrm{d}k\mathrm{d}z \tag{5-57}$$

首先集中讨论方程(5-57)的内积分,即

$$I_s = \int_{-\infty}^{\infty}\varphi\exp(ik_y\xi_0/b)\mathrm{d}\xi_0 \tag{5-58}$$

将方程(5-38)带入得

$$I_s = \iint g(\gamma_0,\xi_0,r_0)\exp(ik_x\gamma_0/b)\exp(ik_y\xi_0/b)\mathrm{d}r_0\mathrm{d}\xi_0 \tag{5-59}$$

将方程(5-35)带入上式并忽略径向力项 F_r 以及 T_{ij} 的径向导数项,方程(5-59)变为

$$I_s = \rho_0 U_0^2 \int \frac{\partial^2}{\partial r_0^2} h(\gamma_0, r_0) \exp(\mathrm{i}k_x\gamma_0/b)\mathrm{d}\gamma_0 \times \int \delta(\xi_0 + \mathrm{FA}) \exp(\mathrm{i}k_y\xi_0/b)\mathrm{d}\xi_0 +$$

$$\int \frac{\partial^2}{\partial r_0^2} D(\gamma_0, r_0) \exp(\mathrm{i}k_x\gamma_0/b)\mathrm{d}\gamma \times \int \delta(\xi_0 + \mathrm{FA}) \exp(\mathrm{i}k_y\xi_0/b)\mathrm{d}\xi_0 +$$

$$\int \Delta p(\gamma_0, r_0) \exp(\mathrm{i}k_x\gamma_0/b)\mathrm{d}\gamma_0 \times \int \delta'(\xi_0 + \mathrm{FA}) \exp(\mathrm{i}k_y\xi_0/b)\mathrm{d}\xi_0 \times$$

$$\iint \frac{\partial^2}{\partial y_i \partial y_j} T_{ij}(\gamma_0, \xi_0, r_0)\mathrm{d}\gamma_0\mathrm{d}\xi_0 \tag{5-60}$$

利用分部积分法完成对 delta 函数及各导数的积分后得

$$I_s = \rho_0 U_0^2 \exp[\mathrm{i}\varphi_0]\left(\frac{-k_x}{b^2}\right)\int h(\gamma_0, r_0) \exp(\mathrm{i}k_x\gamma_0/b)\mathrm{d}\gamma_0 -$$

$$\exp(\mathrm{i}\varphi_0)\left(\frac{\mathrm{i}k_x}{b}\right)\int D(\gamma_0, r_0)\exp(\mathrm{i}k_x\gamma_0/b)\mathrm{d}\gamma_0 -$$

$$\exp(\mathrm{i}\varphi_0)\left(\frac{\mathrm{i}k_x}{b}\right)\int \Delta P(\gamma_0, r_0)\exp(\mathrm{i}k_x\gamma_0/b)\mathrm{d}\gamma_0 -$$

$$\frac{k_x^2}{b^2}\iint T_{11}(\gamma_0, \xi_0, r_0)\exp(\mathrm{i}k_x/b)\exp(\mathrm{i}k_y\xi_0/b)\mathrm{d}\gamma_0\xi_0 -$$

$$2\frac{-k_xk_y}{b^2}\iint T_{12}(\gamma_0, \xi_0, r_0)\exp(\mathrm{i}k_x\gamma_0/b)\exp(\mathrm{i}k_y\xi_0/b)\mathrm{d}\gamma_0\mathrm{d}\xi_0 -$$

$$\frac{k_x^2}{b^2}\iint T_{22}(\gamma_0, \xi_0, r_0)\exp(\mathrm{i}k_x\gamma_0/b)\exp(\mathrm{i}k_y\xi_0/b)\mathrm{d}\gamma_0\mathrm{d}\xi_0 \tag{5-61}$$

式中,$\varphi_0 = -k_y\mathrm{FA}/b$ 表示叶片周向倾斜引起的相位变化。

叶片翼型表面厚度分布 h 可以用规范化的形状函数 H 表示为

$$h(\gamma_0, r_0) = bt_b H\left(X - \frac{\mathrm{MCA}}{b}\right) \tag{5-62}$$

式中,t_b 为翼型最大厚度与弦长比,MCA 表示叶片后掠距,如图 5-10 和图 5-12 所示。

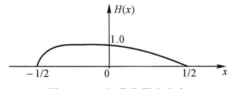

图 5-12　规范化厚度分布

类似的阻力 D 和升力 Δp 也通过阻力系数 C_D 和升力系数 C_L 用规范化的函数表示为

$$D(\gamma_0, r_0) = \frac{\rho_0 U_0^2}{2}C_D f_D\left(X - \frac{\mathrm{MCA}}{b}\right) \tag{5-63}$$

$$\Delta p(\gamma_0, r_0) = \frac{\rho_0 U_0^2}{2}C_L f_L\left(X - \frac{\mathrm{MCA}}{b}\right) \tag{5-64}$$

式中,f_D 和 f_L 沿弦向的积分正好为 1。四极子 T_{ij} 的分量表示为

$$T_{ij}(\gamma_0, \xi_0, r_0) = T_{ij}\left(X - \frac{\mathrm{MCA}}{b}, Y + \frac{\mathrm{FA}}{b}, Z\right) \tag{5-65}$$

把以上关系代入方程(5-61)得

$$I_s = -\rho_0 U_0^2 \exp \mathrm{i}[\mathrm{i}(\varphi_0 + \varphi_s)]\left[k_x t_b \psi_v(k_x) + \mathrm{i}k_x \frac{C_D}{2}\psi_D(k_x) + \mathrm{i}k_y \frac{C_L}{2}\psi_L(k_x) + \psi_Q(k_x, k_y)\right]$$

$$(5-66)$$

式中，$\varphi_s = k_x \mathrm{MCA}/b$ 表示后掠引起的相位变化。其中频域的面源项是

$$\begin{Bmatrix} \psi_v(k_x) \\ \psi_D(k_x) \\ \psi_L(k_x) \end{Bmatrix} = \int_{-1/2}^{1/2} \begin{Bmatrix} H(X) \\ f_D(X) \\ f_L(X) \end{Bmatrix} \exp[\mathrm{i}k_x X]\mathrm{d}X \qquad (5-67)$$

四极子源项是

$$\psi_Q = k_x \psi_{11} + 2k_x k_y \psi_{12} + k_y^2 \psi_{22} \qquad (5-68)$$

式中

$$\psi_{ij} = \iint \frac{T_{ij}}{\rho_0 U_0^2}\exp[\mathrm{i}k_x X] + \exp[\mathrm{i}k_y Y]\mathrm{d}X\mathrm{d}Y \qquad (5-69)$$

最后，将方程(5-66)代入方程(5-57)，得到螺旋桨近场噪声频域声压公式为

$$\begin{Bmatrix} P_{Vm} \\ P_{Dm} \\ P_{Lm} \\ P_{Qm} \end{Bmatrix} = \frac{-\mathrm{i}\rho_0 c^2 mB^2 Ma_T}{8\pi Ma_x}\int_{z_{\mathrm{root}}}^{z_{\mathrm{tip}}} Ma_r^2 \int_{-\infty}^{\infty} \exp[\mathrm{i}(\varphi_0 + \varphi_s + \varphi_x)]\times$$

$$J_{mB}\left[\frac{mBzMa_T}{Ma_x}\sqrt{Ma_x k^2 - (k-1)^2}\right] \times H_{mB}^{(1)}\left[\frac{2mBMa_T}{Ma_x}\frac{y}{D}\sqrt{Ma_x k^2 - (k-1)^2}\right] \times$$

$$\begin{Bmatrix} k_x t_b \psi_V(k_x) \\ \mathrm{i}k_x(C_D/2)\psi_D(k_x) \\ \mathrm{i}k_y(C_L/2)\psi_L(k_x) \\ \psi_Q(k_x, k_y) \end{Bmatrix}\mathrm{d}k\mathrm{d}z \qquad (5-70)$$

在这里

$$P_{mB} = P_{Vm} + P_{Dm} + P_{Lm} + P_{Qm} \qquad (5-71)$$

由桨叶倾斜和后掠引起的相位变化 φ_0 和 φ_s 还可以表示为

$$\varphi_0 = \frac{2mB}{z}\frac{kz^2 Ma_T^2 - Ma_r^2}{Ma_x Ma_r}\frac{\mathrm{FA}}{D} \qquad (5-72)$$

$$\varphi_s = \frac{2mBMa_T k}{Ma_r}\frac{\mathrm{MCA}}{D} \qquad (5-73)$$

3. 螺旋桨远场噪声的表达式

Hanson 用两种方法推导出了螺旋桨远场噪声的表达式。一是从基本方程(5-40)出发，给出远场观测点到声源的距离 R 的近似表达式，直接得到远场结果；另一种方法是从物理上直观。而后一种方法数学上更有逻辑。为了便于理解螺旋桨噪声问题，这里以前一种方法推导出螺旋桨远场噪声的频域计算方法。

对于稳态负荷产生的声场，$\omega_0 = 0$，因此方程(5-40)可以写为

$$p(x,t) = \iiint \frac{1}{8\pi^2 U_0 R}\varphi\left(\frac{\omega}{U_0}, \xi, r_0\right)\exp\left[\mathrm{i}\left(\frac{\omega}{c}R - \omega T - \frac{\omega\gamma_0}{U_0}\right)\right]\mathrm{d}\omega'\mathrm{d}\gamma_0\mathrm{d}\xi_0\mathrm{d}r_0 \quad (5-74)$$

把方程(5-28)用二项式展开，对于远场观测点可略去二阶小量，得到远场观测点的声源

距离的近似表达式为

$$R = r_s - \frac{\Omega r_0}{U}\xi_0\cos\theta + \frac{v}{U_0}\gamma_0\cos\theta - r_0\sin\theta\cos\left(\varphi + \frac{v\xi_0}{Ur_0} + \frac{\Omega r_0}{U}\right) \tag{5-75}$$

式中，$r_s = \sqrt{r^2 + x^2}$ 表示观测点到固定坐标源点的距离，$\cos\theta = \frac{x}{r_s}$，$\sin\theta = \frac{r}{r_s}$，即 θ 是 r_s 与飞行方向的夹角。对于因子 $1/R$，为了简化，用 $1/r_s$ 近似，这样式(5-74)就可写为

$$p(x,t) = \frac{1}{8\pi^2 r_s}\iiiint\frac{1}{U_0}\int\varphi\left(\frac{\omega}{U_0},\xi,\xi_0\right)\exp\left[-i\frac{\omega}{U_0}\left(\gamma_0 + U_0 t - \frac{U_0 R}{c}\right)\right]d\omega d\gamma_0 d\xi_0 dr_0 \tag{5-76}$$

这个方程是一个 Fourier 积分形式，即

$$p(x,t) = \int P(x,\omega)\,e^{-i\omega t}\,d\omega \tag{5-77}$$

因此声压的 Fourier 变换为

$$P(x,\omega) = \frac{1}{8\pi^2 r_s}\iiint\frac{1}{U_0}\int\psi\left(\frac{\omega}{U_0},r_0,\xi_0\right)\exp\left[-i\frac{\omega}{U_0}\left(\gamma_0 - \frac{U_0 k}{c_0}\right)\right]d\omega d\xi_0 d\gamma_0 dr_0 \tag{5-78}$$

将式(5-75)带入式(5-78)得

$$P(x,\omega) = \frac{\exp\left[i\dfrac{\omega r_0}{c}\right]}{4\pi r_s}\iint\psi\left(\frac{\omega}{U_0},r_0,\xi_0\right)\exp\left[-i\frac{\omega}{c}\frac{\Omega r_0}{U_0}\xi_0\cos\theta\right]I\,d\xi_0 dr_0 \tag{5-79}$$

式中

$$I = \frac{1}{2\pi U_0}\int_{-\infty}^{\infty}\exp\left[-i\frac{\omega}{U}(1 - Ma_x\cos\theta)\gamma_0\right]\exp\left[-i\frac{\omega r_0}{c}\sin\theta\cos\left(\frac{\Omega\gamma_0}{U_0} + \frac{v\xi_0}{U_0 r_0} + \varphi\right)\right]d\gamma_0 \tag{5-80}$$

利用 Bessel 函数的如下公式：

$$\exp(iz\cos x) = \sum_{n=-\infty}^{\infty}J_n(z)\exp[in(x + \pi/2)]$$

方程(5-80)的最后一项可作如下变换：

$$\exp\left[-i\frac{\omega r_0}{c}\sin\theta\cos\left(\frac{\Omega\gamma_0}{U_0} + \frac{v\xi_0}{U_0 r_0} + \varphi\right)\right] =$$
$$\exp\left[-i\frac{\omega r_0}{c}\sin\theta\cos\left(\frac{\Omega\gamma_0}{U_0} + \frac{v\xi_0}{U_0 r_0} + \varphi - \pi\right)\right] =$$
$$\sum_n J_n\left(\frac{\omega r_0}{c}\sin\theta\right)\exp\left[in\left(\frac{\Omega\gamma_0}{U_0} + \frac{v\xi_0}{U_0 r_0} + \varphi - \pi/2\right)\right]$$

带入式(5-80)得

$$I = \sum_{n=-\infty}^{\infty}J_n\left(\frac{\omega r_0}{c}\sin\theta\right)\exp\left[in\left(\frac{v\xi_0}{U_0 r_0} + \phi - \pi/2\right)\right]\times$$
$$\frac{1}{2\pi U_0}\int\exp\left\{i\left[\frac{n\Omega}{U_0} - \frac{\omega}{U_0}(1 - Ma_x\cos\theta)\right]\gamma_0\right\}d\gamma_0 =$$
$$\frac{1}{1 - Ma_x\cos\theta}\sum_{n=-\infty}^{\infty}J_n\left(\frac{\omega r_0}{c}\sin\theta\right)\exp\left[in\left(\frac{v\xi_0}{U_0 r_0} + \varphi - \pi/2\right)\right] \tag{5-81}$$

上式说明在辐射角 θ 处的噪声是以 Doppler 频率 $[\Omega/(2\pi)/(1 - Ma_x\cos\theta)]$ 为周期的，如果记离散频谱为多次谐波的和，则有

$$P(x,\omega) = \sum_{n=-\infty}^{\infty} P_n(x)\delta\left(\omega - \frac{n\Omega}{1 - Ma_x\cos\theta}\right) \tag{5-82}$$

式中，P_n 是声压的 n 次谐波的 Fourier 系数，由式(5-79)得

$$P_n(x) = \frac{\exp\left[in\left(\frac{\Omega_D r_s}{c} + \varphi - \pi/2\right)\right]}{4\pi r_s(1 - Ma_x\cos\theta)} \int_0^{\infty} J_n\left(\frac{n\Omega_D r_0}{c}\sin\theta\right)\times$$

$$\int_{-\infty}^{\infty} \varphi\left(\frac{n\Omega_D}{U_0}, \xi_0, r_0\right)\exp\left[-i\frac{n}{U_0}\left(\frac{\Omega\Omega_D r_0}{c}\cos\theta - \frac{v}{r_0}\right)\xi_0\right]d\xi_0\,dr_0 \tag{5-83}$$

式中，$\Omega_D = \Omega/(1 - Ma_x\cos\theta)$。

式(5-83)即是单个叶片螺旋运动产生的远场噪声的一般计算式。对于 B 个叶片螺旋桨，叶片通过频率的 m 次谐波取 $n = mB$，并对式(5-83)乘以 B。其声压用 Fourier 级数表示为

$$p(t) = \sum_{m=-\infty}^{\infty} P_{mB}\exp(-imB\Omega_D t) \tag{5-84}$$

采用与近场表达式类似的推导方法，可得远场噪声表达式为

$$\left\{\begin{matrix} P_{Vm} \\ P_{Dm} \\ P_{Lm} \\ P_{11m} \\ P_{12m} \\ P_{22m} \end{matrix}\right\} = -\frac{\rho_0 c^2 B\sin\theta\exp\left[imB\left(\frac{\Omega_D r_s}{c} + \varphi - \pi/2\right)\right]}{8\pi\frac{r}{D}(1 - Ma_x\cos\theta)}\times$$

$$\int_{z_{root}}^{z_{tip}} Ma_r e^{i(\phi_0 + \varphi_s)} J_{mB}\left(\frac{mBzMa_T\sin\theta}{1 - Ma_x\cos\theta}\right)\left\{\begin{matrix} k_x^2 t_b\psi_V(k_x) \\ ik_x(C_D/2)\psi_D(k_x) \\ -ik_y(C_L/2)\psi_L(k_x) \\ k_x^2\psi_{11}(k_x, k_y) \\ 2k_x k_y\psi_{12}(k_x, k_y) \\ k_y^2\psi_{22}(k_x, k_y) \end{matrix}\right\}dz \tag{5-85}$$

式中

$$k_x = \frac{2mBB_D Ma_T}{Ma_r(1 - Ma_x\cos\theta)} \tag{5-86}$$

$$k_y = \frac{2mBB_D}{zMa_r}\left(\frac{Ma_r^2\cos\theta - Ma_x}{1 - Ma_x\cos\theta}\right) \tag{5-87}$$

$$\varphi_0 = \frac{2mB}{zMa_r}\left(\frac{Ma_r^2\cos\theta - Ma_x}{1 - Ma_x\cos\theta}\right)\frac{FA}{D} \tag{5-88}$$

$$\varphi_s = \frac{2mBMa_T}{Ma_r(1 - Ma_x\cos\theta)}\frac{MCA}{D} \tag{5-89}$$

而

$$P_{mB} = P_{Vm} + P_{Dm} + P_{Lm} + P_{11m} + P_{12m} + P_{22m}$$

图 5-13(a)给出了应用远场公式预测 NASA 的 SR-1 型桨扇噪声的结果及与试验值的比较，图 5-13(b)给出了应用近场公式预测 NASA 的 SR-3 型桨扇噪声的结果及与试验值的比较。图 5-13(c)则是用远、近场公式预测 SR-3 桨扇频谱的比较，可以看出，远、近场预

测结果的差别主要是在低阶谐波。

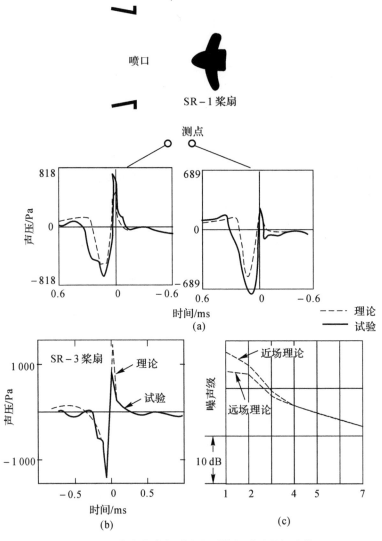

图 5-13 桨扇噪声频域法预测值与试验数据比较

5.5 螺旋桨宽频噪声预测方法

5.5.1 螺旋桨宽频噪声预测方法的发展

对于传统螺旋桨来说，与单音噪声比较，螺旋桨宽频噪声并不是主要声源，但是，针对未来低噪声飞行器设计，螺旋桨宽频噪声仍然会是一个重要声源，需要关注和研究。由于宽频噪声的物理机制要比单音噪声物理机制更加复杂，并且到目前为止，宽频噪声源还不是涡桨飞机的重要声源,因此,螺旋桨宽频噪声的研究工作相对来说要少得多,其噪声理论预测模型的成熟度也要小得多。

早在 1932 年,Obata 等人就开始注意到螺旋桨宽频噪声问题并发展其预测方法。早期,人们将宽频噪声称之为旋涡噪声,因为那时人们认为宽频噪声是由螺旋桨叶片尾缘涡脱落产生的。1935 年,Stowell 和 Deming 测量了圆柱涡脱落噪声。1947 年,Yudin 发表了基于旋转圆柱流场参数化分析的脱落涡噪声预测理论。1953 年,Hubbard 应用 Stowell 等人的实验数据进一步发展了一种脱落涡噪声经验公式。

1955 年,基于 Lighthill 声类比理论的指导和分析,Curle 指出螺旋桨宽频噪声是由螺旋桨与湍流的相互干涉所引起的,同时叶片表面的湍流边界层流经叶片尾缘时也会产生宽频噪声。

对于尾缘噪声,分别发展了两种不同的噪声预测方法。

第一种方法是基于 Curle 的声类比理论,由 Ffowcs Williams 和 Hall 提出的通过求解半平面(half-plane)附近的四极子问题的预测方法。他们认为,湍流流动产生的压力场可以描述成体积四极子源以及表面单极子和偶极子,其中表面单极子和偶极子是为了满足物面边界条件而形成的,而由四极子诱导产生的表面偶极子是尾缘宽频噪声的主要声源,所以这种方法首先计算由四极子产生的表面力,然后再计算噪声。

第二种方法首先假定由湍流对流产生的叶片表面压力场是已知的,当气流对流到尾缘,叶片表面脉动力不再能维持,因此在尾缘就产生了脉动偶极子并向外辐射声波。1972 年,Chase 首先应用这种理论发展了宽频噪声计算方法,后来,Amiet 进一步推广了此方法,在前人方法的基础上,他考虑了平均流动马赫数影响,并且在尾缘处使用了库塔条件,Amiet 的方法使得应用准确叶片表面力来模拟尾缘噪声成为可能。之后,Yu,Joshi,Schlinker,Brooks,Hodgson,Chou 以及 Amiet 等人,围绕尾缘噪声准确预测做了大量的努力,他们希望通过改进叶片表面压力测量数据的拟合来实现对尾缘噪声的准确预测。

对于另外两个宽频噪声源,即来流湍流与叶片干涉噪声以及叶尖局部流动分离区域湍流与叶尖尾缘干涉噪声,由于在飞机飞行状态条件下,这类宽频噪声源并不明显,因此对其的专门预测研究就不多。当然,随着计算机技术和湍流流场数值模拟技术的迅速发展,近年来,基于计算声学技术,对于湍流与叶片干涉宽频噪声也开展了大量的研究工作,特别是针对涡扇发动机叶轮机(风扇/涡轮)的宽频噪声,这种声源得到了广泛研究。感兴趣的读者可以参考本书第 6 章有关内容。

5.5.2　螺旋桨宽频噪声 Amiet 预测方法

1. 宽频噪声物理机制及预测方法分析

声学的基本理论表明,来自物面的噪声是由力(偶极子)和源(单极子)产生的,而这些力和源的产生是为了满足物面的无穿透条件。如果这些声源项是谐波形式的,那么产生的噪声也是谐波形式的。但是,如果物面上出现具有时间随机性的偶极子,那么就产生了宽频噪声(通常不会有具有时间随机性的单极子,因为这需要物面具有明显的发生随机脉动的位置分量)。随机力可以由多种机制引起。如果平均流动中出现明显的湍流,那么叶片就会产生随机脉动力,进而产生宽频噪声。在低频(紧致)情况下,整个叶片都参与了宽频噪声的产生过程。在较高的频率下(声波波长比弦长短),噪声的产生会集中在叶片前缘附近。

如果是无湍流的来流,那么任何随机表面力都一定是其自身诱导出的。例如,湍流流过一块板,会诱导出非定常表面压力。而对于均匀的平均流,湍流可以在湍流边界层中产生。如果湍流不在板的边缘附近,那么就会产生四极子噪声。与偶极子噪声相比,这种噪声一般是比较弱的噪声。然而,当湍流到达并经过尾缘时,边界条件会引起涡量的变化,这是由于叶片表面能够支撑一个力,而尾迹却不能。所以每当一个涡经过叶片尾缘,叶片载荷就会改变,这样就产生了较强的宽频噪声。

如前所述,已经分别发展出了两种计算尾缘噪声的方法。第一种方法是通过求解半平面(half-plane)附近的四极子问题,因为由四极子诱导产生的表面偶极子是主要噪声源,所以这种方法首先计算由四极子产生的表面力,然后再计算噪声。Ffowcs Williams 和 Hall 对这种方法做了分析,该方法在四极子强度已知的情况下非常令人满意。不过,这种方法出现了和在喷流噪声研究中遇到的同一类问题——四极子的分布很难得到,一般来说,人们得不到足够精确的四极子分布。此外,其他的非线性影响也是可能存在的,比如激波(也能用四极子描述)。

针对上述预测方法出现的问题,就发展了第二种尾缘宽频噪声预测方法。与第一种方法相反,这种新方法假设由湍流对流产生的表面压力场是已知的,即假设表面压力场是冻结的,并且以已知的速度 U(或马赫数 Ma)传导,而速度 U(或马赫数 Ma)可以作为频率的函数。在尾缘处,边界条件有所改变(更准确地说,湍流造成的表面压力是由尾缘叶片的上游流动所维持的,而不是由下游的尾迹维持),这种改变会在表面产生脉动的偶极子力,并产生声辐射。

2. Amiet 螺旋桨宽频噪声预测方法

对于尾缘湍流宽频噪声研究,Amiet 引入了一种更通用的方法,包含了平均流动马赫数,并且在尾缘处使用了库塔条件。这个模型非常具有吸引力,因为它和前缘噪声具有对称关系。对于前缘噪声,假定已知入射湍流场的速度,通过采用叶片表面无穿透条件,就能获得叶片表面脉动压力场,并能计算噪声辐射。对于尾缘噪声,Amiet 模型不需要指定四极子体积分布,而是假定已知叶片上表面和下表面的入射表面压力场,为了满足库塔条件,要保证在尾缘轴线下游以及尾缘处的压力差为 0(库塔条件)。

虽然指定表面压力分布很可能要比指定四极子体积源容易得多,但这也绝非是一个简单的工作。Amiet 在研究中使用了平板边界层的表面压力分布,因为平板边界层是一个较为简单和"经典"的例子。需要说明的是,当使用下面有关螺旋桨宽频噪声的计算式时,应该要明白的是,这些表面压力的表达式一般是通过实验数据曲线拟合得到的,它们都并不严格。

采用 Amiet 宽频噪声模型,对于平板的尾缘远场噪声频谱,其预测公式是

$$S_{pp}(x,0,z,\omega) = \left(\frac{\omega bz}{2\pi c_0 \sigma^2}\right)^2 l_y(\omega) s \mid \mathcal{L} \mid^2 S_{qq}(\omega, 0) \qquad (5-90)$$

式中,x,y,z 分别为轴向、垂直于翼型的方向以及展向的坐标;b 是半弦长;s 是半展长;c_0 为声速;l_y 是展向相关长度,它是角频率 ω 的函数;$\sigma^2 \equiv x^2 + \beta^2 z^2$,其中 $\beta^2 \equiv 1 - Ma^2$;$\mathcal{L}$ 是广义升力;S_{pp} 是叶片尾缘附近的上表面或者下表面的压力频谱。如果要计算总噪声,则上、下表面的噪声必须加起来。由于上、下表面的压力频谱一般是不相关的,因此通常可以直接把压力频谱叠加计算(而不用先把压力本身相加)。在高频率条件下(波长远小于弦长),指向性因子由下式给出:

$$\frac{z^2 \mid \mathcal{L} \mid^2}{\sigma^4} = \frac{(1 + Ma_c - Ma)D}{Ma_c \gamma_e^2 K_x^2} \tag{5-91}$$

式中

$$D \equiv \frac{2\cos^2(\theta_e/2)}{[1 - (Ma - Ma_c)\cos\theta_e]^2(1 - Ma\cos\theta_e)} \tag{5-92}$$

式中，$K_x = \omega b/U_c$，γ_e 是从观测点到声源点的延迟半径，θ_e 是从上游轴向所测得的观测点角度。γ_e 和 θ_e 与实际坐标的关系用下式表达：

$$\sigma = \gamma_e(1 - Ma\cos\theta_e), \quad x = \gamma_e(Ma - \cos\theta_e) \tag{5-93}$$

通过进一步的推导可以找到方程(5-92)和方程(5-93)的一个更为一般的形式，这种形式可以用于任何频率，但由于尾缘噪声的主要部分是处于高频范围下的，因此这个更一般的表达式并不常用。展向相关长度 l_y 则以表面压力频谱的形式给出：

$$l_y(\omega) = \frac{1}{S_{pp}(\omega, 0)} \int_0^\infty S_{qq}(\omega, y)\mathrm{d}y \tag{5-94}$$

Corcos 给出了 l_y 的积分结果：

$$l_y \approx \frac{2.1U_c}{\omega} \tag{5-95}$$

对于平板，S_{qq} 的表达式可以通过对数据进行曲线拟合得到：

$$S'_{qq} = \frac{S_{qq}}{\frac{1}{2}(\rho_0 U^2)^2(\delta^*/U)} = \frac{0.000\,02}{1 + \tilde{\omega} + 0.217\tilde{\omega}^2 + 0.005\,62\tilde{\omega}^4} \tag{5-96}$$

式中，ρ_0 是自由流的密度，$\tilde{\omega} = \omega\delta^*/U$（Strouhal 数的一种形式），$\delta^*$ 是湍流边界层的位移厚度，可以近似表达为

$$\frac{\delta^*}{c} \approx 0.047Re_c^{-1/5} \tag{5-97}$$

式中，Re_c 是以弦长为特征长度的雷诺数，对流速度 U_c 的一个合理值为 $U_c = 0.8U$。

只要已知 U，ρ_0，c_0，弦长和展长这些量，就可以通方程(5-90)～方程(5-97)对尾缘噪声作为频率和观测点位置的函数进行计算。当然，如果知道表面压力的准确表达式，也就能够对真实叶片的尾缘噪声进行准确计算分析。在上述方程中，用于计算对流表面压力频谱的方程(5-96)是值得商榷的，虽然这个方程可以适用于零入射角的平板，但这个方程对于真实的叶型是不可能准确的，实验数据也表明叶片载荷加大噪声就会增大，这可能是因为 S_{qq} 或者 δ^* 增大引起的；另外，推导方程(5-96)所用的实验数据并没有考虑边缘影响。由于这些原因，许多人尝试用真实叶型的表面压力数据来修正方程(5-96)。为此，基于对 Ju 等人实验数据曲线拟合（曲线拟合以一个零攻角叶型的测量数据为基础），Schlinker 得到了下面更一般形式的 S_{qq} 计算公式：

$$S'_{qq} = \frac{0.000\,666\tilde{\omega}}{1 - 5.489\tilde{\omega} + 36.74\tilde{\omega}^2 + 0.150\,5\tilde{\omega}^5} \tag{5-98}$$

式(5-98)计算结果比式(5-96)计算的值要稍微大一些，其中最大的差异在 $\tilde{\omega} = 0.18$ 处，为 7.7 dB。需要指出的是，由于缺少足够多的实验数据支撑，仅仅基于零攻角调条件下的叶片表面脉动压力测量数据拟合得到的式(5-96)和式(5-98)并不完全精确。

从完整的噪声预测分析目的来说，尽管上述预测方法并没有解决全部问题，也没有给出预测叶片表面压力的分析模型，但是，在表面脉动压力已知的情况下，上述宽频噪声模型能够给

出噪声近似预测,而且也提供了一个观察理解宽频噪声产生机制的视角。

由于宽频噪声物理机制及其数学模拟的复杂性,特别是基于理论方法所得计算结果的稳定性和计算精度又没有多大提高,因此对于螺旋桨宽频噪声,常采用另一种半经验的预测计算方法。这种方法与上述对叶片表面压力脉动数据拟合的方法不同,它是通过对宽频噪声数据的直接拟合,从而获得螺旋桨宽频噪声的预测公式。螺旋桨宽频噪声的半经验预测方法通常采用 1/3 倍频程频谱噪声级的拟合公式,这种方法也在美国飞机适航噪声预测软件 ANOPP 中得到使用。其中 Fink 等给出的螺旋桨宽频噪声 1/3 倍频程噪声的计算公式是

$$\mathrm{SPL}_{1/3} = \mathrm{OASPL} + 10\lg\left\{0.613\left(\frac{\widetilde{\omega}}{\widetilde{\omega}_{\max}}\right)^4\left[\left(\frac{\widetilde{\omega}}{\widetilde{\omega}_{\max}}\right)^{3/2} + 0.5\right]^{-4}\right\} \qquad (5-99)$$

式中,$\widetilde{\omega}_{\max}$ 是 $\widetilde{\omega}$ 在谱峰处的值(一般约为 0.1),总声压级 OASPL 为

$$\mathrm{OASPL} = 10\lg\left(Ma^5\frac{\delta^*s}{\gamma_e^2}D\right) + K_1 \qquad (5-100)$$

式中,s 是展长,$K_1 = 141.3$。与实验数据结果对比表明,这种半经验预测模型预测精度比前述的方法更好,当然这种方法缺少对螺旋桨宽频噪声物理机制及产生过程的认识。

第6章 叶轮机噪声

6.1 引　　论

　　航空发动机叶轮机包括风扇、压气机和涡轮,它们均是由在圆形管道中相互靠近的转子和静子叶片排构成的流体机械,气流在旋转的转子和静子叶片排内流动,产生了强烈的单音噪声和宽频噪声,其中,风扇噪声是民用运输机最常用的大涵道比涡轮风扇发动机最重要的噪声源。但是,当发动机在低功率状况下工作时,压气机和涡轮噪声,也会成为发动机的主要噪声源。

　　叶轮机噪声是在起飞和进场过程中飞机外部噪声的主要声源,随着涡轮风扇发动机涵道比的不断提高,相应的发动机排气速度减小,与风扇压气机噪声以及涡轮噪声相比,排气噪声逐渐减小。因此,对于当代大型高涵道比涡扇发动机而言,风扇噪声已经占有突出的地位。如图1-7给出了小涵道比涡扇发动机和大涵道比涡扇发动机各部件声源强度变化的对比。

　　航空发动机风扇叶片广泛采用少叶片数、宽弦长的造型设计,对外场噪声最关心的工作点分别是进场着陆和起飞,叶尖马赫数分别对应的是亚声速和超声速,这时风扇远场噪声谱的特点完全不同。如图6-1所示是不同工作状态下风扇窄带噪声谱。在亚声速叶尖速度下,噪声谱的特征是叶片通过频率单音及其谐波叠加在宽频噪声谱中,而在超声速叶尖速度下,出现了所有轴频率噪声。这种轴频率噪声称为多重单音噪声或"锯齿噪声",主要是在飞机起飞时从发动机风扇进口辐射。压气机单音噪声从进口辐射,它可能与风扇单音干涉或被风扇单音散射而产生和、差频率,涡轮单音从发动机核心喷管辐射出,由于涡轮叶片数多,因此涡轮噪声频率比风扇基频要高。

　　本章首先讨论叶片非定常气动力响应过程,将用第2章管道声学中已经学习过的知识,研究非定常流动在管道内的声学耦合过程,然后分析管道内声传播过程,包括分析叶片排的影响、声处理壁面影响和声向远场的辐射,最后介绍以叶轮机声学设计为目标的叶轮机噪声预测分析模型和预测方法。

　　在这一章里,对单转子和转静干涉作用产生声

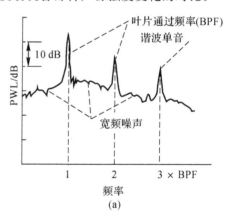

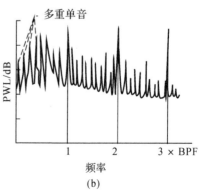

图6-1　典型的叶轮机噪声功率谱
(a)亚声速叶尖速度; (b)超声速叶尖速度

模态的描述,与 Tyler – Sofrin(1962)的经典分析非常类似。

6.2　叶轮机流动噪声源和噪声传播物理过程分析

6.2.1　叶轮机流动噪声产生和传播过程

第 2 章讨论了具有均匀平均流动的矩形和圆形管道中声的传播。我们知道,对于包含平均流动速度和温度梯度影响的管道中的声传播,其控制方程是一个齐次波动方程。由于刚性管道壁面边界条件的影响,在由声源激发的脉动中,只有一部分特定类型的波动才能沿着管道传播,传播的管道声模态的特性由取决于管道几何形状和尺寸的幅值剖面外形所描述。在圆形管道中,管道声模态由围绕管道轴线旋转的旋转运动和由 Bessel 函数描述的径向幅值剖面所描述;另外,由于模态的叠加,声压幅值可能沿周向方位角而变化。

航空发动机叶轮机(风扇、压气机和涡轮)均是由在圆形(或环形)管道中相互靠近的转子和静子叶片排构成的流体机械,气流在旋转的转子和静子叶片排内流动产生了强烈的单音噪声和宽频噪声,这些噪声将通过圆形管道传播出去,形成主要的飞机噪声源。

关联叶轮机流场非定常力与远场噪声的物理过程可以用图 6 – 2 所示的流程图表示。

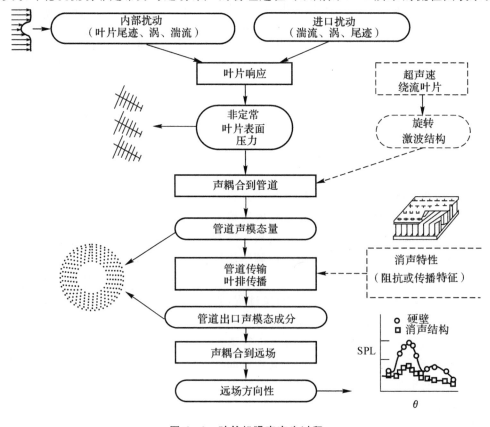

图 6 – 2　叶轮机噪声产生过程

图 6-2 中,椭圆形图形中的元素表示的是矩形图形中所示过程的输入或输出。叶轮机噪声产生包含四个物理过程:叶片非定常气动力响应过程、非定常流动在管道内的声学耦合过程、管道内声传播过程(可能包含其他叶片排和声处理壁面)以及声向远场的辐射。为了联系不同的物理过程并获得最终的输出(即远场声频谱和指向性),需要知道有关输入和输出的知识,包括叶片承受的非定常流动脉动、脉动叶片表面力、进出口管道声模态分量等。在超声速叶片相对速度情况下,转子中出现叶片锁定的激波,激波与管道的耦合取决于非线性和叶片之间的差异。对激波噪声,在图 6-2 右侧虚线框图内进行了说明。

从实验的观点看,图 6-2 中内部的输入、输出通常是不存在的,对于特定的叶轮工作点,只有远场的噪声测量值。事实上,对每一个物理过程应用理论分析的最大障碍之一,就是缺少在交界面上关键输入、输出量的确定。流场扰动量、叶片表面压力以及模态分量的诊断测量可以弥补这些不足。

6.2.2　叶轮机流动噪声源

根据气动声学基本理论,可以对叶轮机内部气动噪声源进行归类总结,将叶轮机内部噪声分为单极子噪声源、偶极子噪声源和四极子噪声源等,如图 6-3 所示。

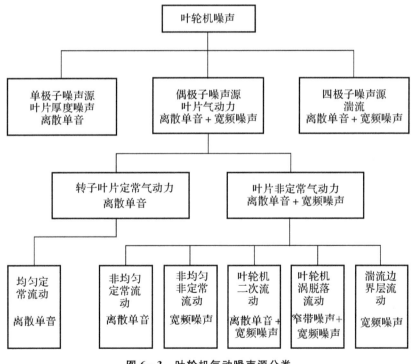

图 6-3　叶轮机气动噪声源分类

单极子噪声源(叶片厚度噪声)不是叶轮机的主要噪声源,其噪声辐射量级不大,一般可以不予考虑。根据气动声学基本方程(见第 3 章),Lighthill 应力张量的体积积分,形成了四极子的流动噪声源。Ffowcs Williams 和 Hawkings 等对流体声源的量纲分析表明,偶极子的脉动力辐射噪声的声强度与流体速度的 6 次方成比例。而四极子的脉动应力辐射噪声的声强度与流体速度的 8 次方成比例。实验测量表明,叶轮机随机噪声与流动速度 6 次方成正比。因此,对于叶轮机械,与偶极子的脉动压力产生的声辐射相比,可以忽略四极子脉动应力产生的随机声辐射。

Ffowcs Williams 和 Hawkings 同时指出,在高速叶轮机械中(叶片的叶尖马赫数大于 0.8),由于四极子脉动应力产生的离散单音噪声也是叶轮机重要的离散单音噪声源,其产生的根源是进气畸变流场与旋转叶片势流场干涉。

偶极子噪声源又可进一步分为定常叶片力噪声源和非定常叶片力噪声源。从流动的本质看,叶片表面的非定常力又可以分为周期的和随机的,因此产生了叶轮机的宽频随机噪声和离散单音噪声。

6.3　叶轮机定常和非定常气动力产生的单音噪声

在讨论叶轮机噪声产生的物理机制之前,首先回顾一下在第 3 章气动声学理论中介绍的 Ffowcs Williams 和 Hawkings 方程,即考虑运动固体表面影响的气动声学方程。对于叶轮机噪声问题,考虑声源区域和大气中密度梯度影响的声源项 q_i 通常可以忽略不计,这样,FW-H 方程就可以写成

$$p'(x_i,t) = \frac{1}{4\pi}\frac{\partial^2}{\partial x_i \partial x_j}\int_V \left[\frac{q_{ij}}{r\mid C\mid}\right]\mathrm{d}V(\eta_i) - \frac{1}{4\pi}\frac{\partial}{\partial x_i}\int_S \left[\frac{f_i}{r\mid C\mid}\right]\mathrm{d}S(\eta_i) -$$

$$\frac{1}{4\pi}\frac{\partial}{\partial x_i}\int_{V_c}\left[\frac{\rho_0 b_i}{r\mid C\mid}\right]\mathrm{d}V(\eta_i) + \frac{1}{4\pi}\frac{\partial^2}{\partial x_i \partial x_j}\int_{V_c}\left[\frac{\rho_0 W_i W_j}{r\mid C\mid}\right]\mathrm{d}V(\eta_i) \qquad (6-1)$$

如前所述,这个方程首先是由 Ffowcs Williams 和 Hawkings(1969)推导出来的,但是,在这里是以 Goldstein(1974)给出的形式写出的。f_i 是固体边界作用在流体上单位面积的力的分量,C 是 Doppler 因子,r 是声源点 y_i 到观测点 x_i 的空间矢量,η_i 是在随固体表面运动坐标系内声源的坐标,W_i 和 b_i 分别表示具有体积 V_c 的固体表面的速度和加速度。式(6-1)中所有方括号内的项的计算必须在运动声源坐标系下及延迟时间 t_r(即声辐射时间)时刻计算。

应用方程(6-1)研究叶轮机噪声的主要优点是它可以帮助分析具有运动固体表面的气动噪声源的机理。方程右端第一项近似于无边界流动过程中的 Lighthill 积分,对湍流剪切应力张量体积积分的双重导数表示了由于体积源声的产生,这个声源等效于强度是 $q_{ij}\mathrm{d}V$ 运动的四极子声源,因此由湍流剪切应力产生的噪声称之为四极子噪声。式(6-1)右端第二个积分描述的是由于固体表面作用在流体上的力产生的噪声,因为作用力可以看作是强度为 $f_i\mathrm{d}S$ 的运动声学偶极子,因此这个噪声源称为偶极子噪声。

方程(6-1)最后两项表示的是由于运动表面空间位移产生的噪声,这等效于单极子噪声源,但式(6-1)中体积位移效应表示为正比于表面加速度 b_i 的偶极子和强度是 $\rho_0 W_i W_j$ 的四极子源。

在本章的讨论中,叶轮机气动噪声产生的过程被归类成上述三个气动噪声源产生机理。6.3.1 小节分析由于体积位移产生的噪声(单极子噪声)和由于叶片作用在流体上定常力产生的单音及随机噪声(偶极子噪声),6.3.2 小节和 6.3.3 小节讨论由于叶片作用在流体上的非定常力产生的单音及随机噪声(偶极子噪声),6.3.4 小节则讨论由于激波运动产生的叶轮机

噪声。

6.3.1　转子叶片厚度噪声及定常叶片力噪声

通常将由于转子叶片体积空间置换造成对空气的扰动而产生的噪声称为叶片厚度噪声，它是由于旋转的叶片排出流体的质量造成了气流压力的周期脉动。在 20 世纪 30—40 年代 Ernsthausen 和 Deming 等人就认识到厚度噪声对螺旋桨噪声的重要性，Deming 将旋转叶片对流体的扰动分解为叶片每一小段在旋转平面产生的周期性扰动，应用 Fourier 分析和叠加原理等，得到了螺旋桨远场厚度噪声的计算公式。

叶片体积造成气流压力扰动的方位相速度等于转子叶片轴速度，流体管道内部声场传播分析模型表明，以壁面马赫数小于 1 旋转的压力场在轴向迅速地衰减，即所谓"截止"，叶片通过频率的单音及其谐音的声源必须具有以声速的相对速度旋转的压力振型才能从管道中辐射出来。对于亚声速周向相速度的厚度噪声源，由于在声源声学近场区域当地的异相抵消，故厚度噪声源向外噪声辐射的效率非常低。而且，由于叶片厚度噪声的强度取决于叶片横截面面积大小，故对于大部分的大涵道比涡轮风扇发动机，即使是超跨声高速叶轮机械，转子叶片的厚度噪声也并不是主要噪声源。

在空间均匀稳态流场工作条件下，风扇（压气机、涡轮）叶片承受着稳态（定常）的气动力作用，如图 6-4 所示。

但是，对于上述稳态叶片气动力，如果一个观测者在固定坐标系下，就会感受到叶片通过频率及其谐波的周期性压力脉动，这种脉动压力也就是产生的声压。Gutin(1936)首先研究了由于螺旋桨叶片稳态气动力产生的声辐射，他用了偶极子声源分布描述叶片稳态气动力。

就像转子叶片厚度噪声一样，叶片定常力扰动的相速度是转子叶片的轴速度，因此，对于亚声速叶轮机械，其远场噪声辐射是很弱的。但是，对于超声速转子，叶片稳态力噪声就成为一种强烈的噪声辐射源。这时，由于相对叶片的气流是超声速的，因此在每个叶

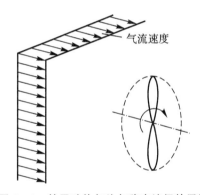

气流速度

图 6-4　转子叶片与均匀稳态流场的干涉

片前部产生了一道类似于超声速飞机情形的激波，如果每个叶片前部的激波完全相同，在远场就产生了叶片通过频率及其谐波的单音噪声场。但是，在实际叶轮机械中，由于每一个叶片之间的微小差异，将导致远场噪声频率特性表现为以叶轮机轴速度的频率及谐波形式，这种现象称为"多重单音"或"锯齿噪声"，将在后面专门介绍。

6.3.2　非定常叶片气动力噪声

在稳态工作状态下的转子叶片工作在空间非均匀流场环境中，如图 6-5 所示。由于作用于叶片的来流速度和方向的变化，每一个转子叶片会承受非定常气动力的作用，这种非定常力产生的噪声场的频谱特征是叶片通过频率及其谐波。

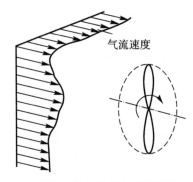

图 6-5　转子叶片与非均匀稳态流场的干涉

　　风扇转子和进气流的湍流畸变干涉是典型的转子叶片非定常气动力噪声源。实验发现，在发动机地面试车或飞机进场时，发动机噪声往往由风扇转子与进气畸变干涉产生的叶片通过频率上的单音所支配。这种干涉的机理在于转子叶片周期性切割湍流团，因为叶片通过频率往往会大于湍流团通过叶片的频率。因此这种干涉辐射的噪声能量集中在叶片通过频率及其谐波上，更确切地说这是一种窄频带噪声。如图 6-6 所示为进口湍流与转子叶片干涉产生的噪声谱特征。

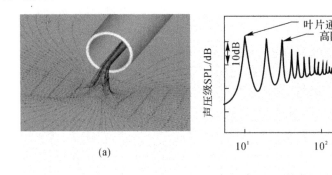

图 6-6　转子叶片与湍流干涉及产生的噪声
（a）发动机吸入湍流；　（b）噪声谱

　　在叶轮机械中，除了上述转子叶片与非均匀来流干涉产生叶片表面非定常力噪声源以外，由于叶轮机叶片排之间的相互干涉，在转子叶片和静子叶片中都会产生这种非定常力噪声源。如图 6-7 所示，通常，在转子和静子之间存在 6 种非定常干涉机制：

　　（1）静叶势流场与转子干涉在转子叶片产生非稳态力。

　　（2）转子叶片势流场与静叶干涉在静叶产生非稳态力。

　　（3）静叶势流场与转子干涉而在转子叶片后缘诱导的脱落涡与静叶干涉在静叶产生的非稳态力。

　　（4）转子叶片势流场与静子干涉而在静叶后缘诱导的脱落涡与转子叶片干涉在静叶产生的非稳态力。

　　（5）静叶切割转子叶片尾迹在静叶产生非稳态力。

　　（6）转子叶片切割静叶尾迹在转子叶片产生非稳态力。

　　其中（3），（4）两种干涉机制分别是（1），（2）两种干涉的二次影响，因此往往是可以忽略的。

转子和静子之间的相互干涉在叶片上产生周期性变化的非稳态气动力是风扇/压气机离散噪声产生的主要原因。

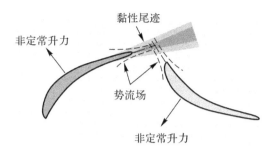

图 6 - 7　转子、静子之间的干涉机制

动、静叶之间的距离是干涉噪声的重要参数,当这一距离很小时,势流干涉和尾迹切割都会产生严重的干涉影响。另外,叶片也有可能作为声屏障而影响邻近叶片排上升力脉动产生的声辐射,而这个影响取决于与升力脉动有关的声波波长和作为屏障的叶片尺寸之比。当动、静叶之间的距离增加时,势流干涉影响的减小将比尾迹速度变化的影响快得多,叶片作为声障作用也会减小。

Tyler 和 Sofrin 深入研究了叶轮机内部非定常力方位相速度的特征,认为非定常叶片力的方位相速度远高于叶片转子速度,往往会达到超声速,因此,根据流动管道声学的理论,非定常叶片气动力是非常强烈的叶轮机噪声源。

6.3.3　非定常叶片气动力旋转模态分析

如前所述,对于亚声速叶轮机械,定常叶片气动力并不是主要噪声源,产生叶片通过频率及其谐波的单音噪声源主要是来自于非定常叶片气动力。Tyler 和 Sofrin 首次研究了叶轮机内部叶片非定常气动力旋转模态特征,其研究结果已经成为当代航空燃气涡轮发动机气动声学设计的主要理论基础之一。

Tyler 和 Sofrin 的分析表明,非定常叶片气动力会产生不同于定常气动力的高速旋转压力模态,其中某些非定常气动力模态会表现为以大于转子速度的角速度旋转的压力图谱。这种物理现象可以用一架电影摄影机给旋转的轮子照相的情形类比分析。轮子投影运动的角速度可以与轮子真实速度有很大差别,它取决于轮子角速度、轮子辐条数目以及摄影机每秒钟所摄画面的数目。对于风扇/压气机,非均匀流主要是由叶片的尾迹与势流场的干涉引起的,这种非均匀流中的传播模态主要是由转子和静子的叶片数目、转子旋转速度以及绝对气流速度等因素决定的。下面用一种简单的模型对风扇/压气机非均匀传播模态进行说明。

如图 6 - 8 所示,因为转子叶片通过静子叶片流场时,在静子叶片上产生一个干涉"脉冲",如果假定动叶数目是 4,静叶数目是 1,则在每 1/4 转内就有一个干涉"脉冲",即在静子叶片位置将产生一个频率为转子叶片通过频率的单音声源,如果具有两个等间隔的静子叶片,则上述干涉过程在两个静子叶片上同时发生,因此产生两个频率为转子叶片通过频率的单音声源。如果具有 4 个等间隔的静子叶片,则产生 4 个频率为转子叶片通过频率的单音声源。这种"多源"(multisource)模式使得问题复杂化了,因为在远场由于声源之间的干涉效应会导致噪声的放大或抵消。

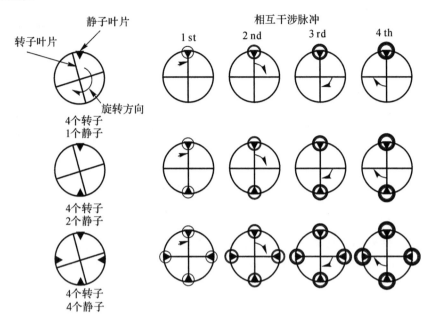

图 6-8　转子-静子干涉图示(一)

对于一般的风扇/压气机,静子叶片数目与转子叶片数目不是成准确的倍数关系,这时的物理现象更加复杂。如果静子叶片数目比转子叶片数少 1 个,如图 6-9 所示,则转子叶片每 1/4 转诱导出 3 个干涉脉冲,这 3 个不同空间位置上的脉冲时间上等间隔,并且依次按转子旋转方向出现,因此,转子每旋转一周,不仅在每一个静叶上产生 4 次干涉,而且产生一个附加的与转子旋转方向一致的高速旋转的压力模态(4 倍旋转速度),即使转子叶尖速度是亚声速,4 倍的旋转速度的旋转压力模态的速度也可能为超声速。有趣的是,当静子叶片数目比转子叶片数目多 1 个时,同样会产生一个 4 倍旋转速度的旋转压力模态,但这时旋转压力模态与转子旋转方向相反。这一点对于控制风扇/压气机单音通过上游叶片排的传播和辐射是有重要意义的。

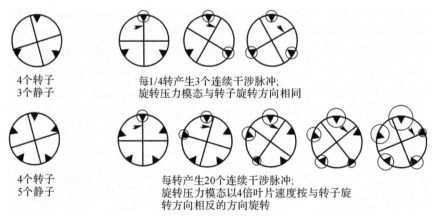

图 6-9　转子-静子干涉图示(二)

上述旋转压力模态可以用一个相当简单的方式描述。如果转子叶片数目是 B, 静子叶片数目是 V, 则转子-静子干涉形成的旋转压力模态的 n 次谐波的周向阶数为

$$m = nB \pm kV \qquad (6-2)$$

式中, k 是任意常数, 表示静子产生的畸变的空间谐波。由此得出干涉旋转压力模态旋转速度与转子旋转速度的比值为

$$nB/m = nB/(nB \pm kV) \qquad (6-3)$$

例如对转子叶片数为 4, 静子叶片数为 3 的情况, 当 $n=1$ 和 $k=1$ 时, 旋转压力模态的旋转速度将是转子旋转速度的 $4/(4-3)$ 倍(即 4 倍)。

虽然上式是根据转子和静子的干涉建立的, 但对于进气畸变同样正确, 不过这时 V 将代表畸变的周向阶数。

对于一般情况, 用 p 表示静子或畸变引起的空间谐波数, 则干涉压力模态的旋转角速度为

$$\Omega_p = \frac{nB}{nB - p}\Omega \qquad (6-4)$$

式中, Ω 为转子旋转角速度。由管道声学分析可知, 这一旋转压力模态所产生的相应声模态传播条件应为 $\Omega_p r_0 > c$, 即

$$\Omega r_0 / c > \left| 1 - \frac{p}{nB} \right| \qquad (6-5)$$

式中, r_0 是叶尖半径。上式说明, 即使是亚声叶尖速度的风扇／压气机, 也可能产生传播模态。反之, 如果

$$\left| 1 - \frac{p}{nB} \right| > \Omega r_0 / c \qquad (6-6)$$

则旋转压力模态被"截止"(cut-off)。上述不等式也称为风扇/压气机噪声的截止条件。"截止"条件在现代风扇/压气机声学设计中起着十分重要的作用。仅仅通过合理地选择转子和静子叶片数目, 就可获得可观的降噪效果。Tyler 和 Sofrin 的这一重要发现已成为当今风扇/压气机设计必须考虑的一个重要因素。

6.3.4　超声速转子激波噪声

前面已经指出, 对于超声速转子, 定常叶片气动力以激波形式出现, 会产生一种噪声谱特征为"多重单音"的强烈噪声, 这种"多重单音噪声"实质是由于超声速转子叶片前缘激波引起的, 所以也称"激波噪声"。图 6-10 给出了这种噪声产生的物理机制。对于理想的叶片二维叶栅, 假定各叶片完全相同, 叶片间距相等, 来流也完全均匀, 当超声速转子旋转时, 在每个叶片前缘产生一道外伸激波, 外伸激波沿来流马赫数方向向前传播形成声压场。图 6-10(a)右边的曲线表示在叶片前部由传声器感受到的激波压力场的时间历程。但是对于实际的风扇/压气机, 由于叶片和叶片间距离之间的差异以及来流的随机脉动, 引起各叶片前缘外伸激波强度和方向的差异, 因此在传播过程中出现激波的追赶、相交和归并现象, 激波数逐渐减少, 导致了频谱图与压力时间历程的改变, 如图 6-10(b)所示。进一步分析发现, 上述的声压在转子每一次转动时都重复出现, 而且在每个叶片叶尖前缘部分产生一道激波, 因此是有序的, 但声压主频分布存在随机性, 通常发生在轴通过频率及其倍频处。因此这种噪声是以轴通过频率的特征出现的, 通常称之为多重单音噪声(multiple pure tone noise)、组合单音噪声

（combination tone noise）或蜂鸣噪声（buzz noise）。

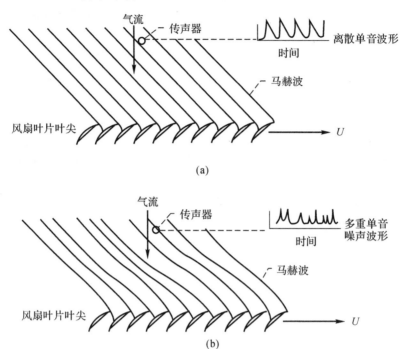

(a)

(b)

图 6 - 10　多重单音噪声产生机理

（a）理想声波模式；　（b）实际声波模式

由于在叶片出口位置相对于叶片的气流通常是低速亚声速流动,因此"多重单音"噪声主要是发生在叶片的进气边。图 6 - 11 给出了一种典型的超声速转子"多重单音"噪声谱。通常,对于当代大涵道比航空燃气涡轮风扇发动机,在高功率工作状态（飞机起飞状态）下,风扇转子叶片的工作状态一般都是超声速工作状态,这时会产生巨大的"多重单音"噪声。

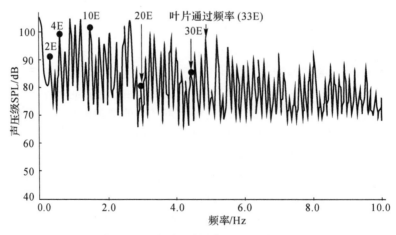

图 6 - 11　超声速转子多重单音噪声谱

6.4　叶轮机随机非定常流动产生的宽频噪声

6.4.1　宽频随机噪声的理论分析

叶轮机随机宽频噪声频谱的特征是夹杂有丘峰或者尖峰的连续噪声。气动声学的基本理论分析指出,在包含有固体边界的流动噪声中,主流是亚声速情况下的宽带噪声主要是偶极子型,叶轮机宽带噪声主要是由有随机特性的叶片脉动力所引起的。叶轮机内部有多种典型的脉动力形成机制,如图 6-12 所示的二维叶片表明了随机气流脉动的情况,一是沿叶片表面发展的湍流边界层引起的表面压力脉动;二是在运动气体中物体表面的旋涡脱落引起的压力脉动,这种随机脉动将引起叶片局部升力的变化;三是叶片与来流湍流的干涉,如叶片与进气湍流、下游叶片与上游叶片尾迹湍流的干涉等。对于三维叶片,由于沿叶片径向气流的变化,还存在叶尖间隙随机气流脉动等三维非定常流动效应。

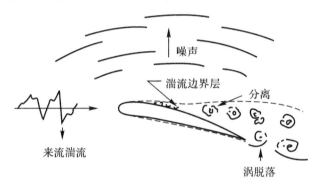

图 6-12　二维叶片宽频噪声源

Sharland 首次对叶片随机噪声进行了理论分析和实验测量研究,基于考虑了固体边界影响的 Curle 气动声学基本方程,在忽略了单极子和四极子声源的情况下,Sharland 给出了叶片表面偶极子辐射噪声的远场声强的计算公式:

$$I = \frac{\overline{p'^2}}{\rho_0 c_0} = \frac{1}{16\pi^2 \rho_0 c_0^3} \frac{x_i x_j}{x^4} \int_{s'} \int_s \overline{\frac{\partial f_i}{\partial t'}\left(y'_i, t' - \frac{r'}{c_0}\right) \frac{\partial f_i}{\partial t}\left(y_i, t - \frac{r}{c_0}\right)} dS' dS \qquad (6-7)$$

假定气流脉动压力对时间的导数仅在有限的流动区域范围内相关,并且相关的流动范围与声波相比是小量,则可以忽略上述公式中由于时间滞后造成的积分量的差别,双重面积(协方差)积分可以用关联面积 S_c 代替,即

$$\int_{s'} \int_s \overline{\frac{\partial f_i}{\partial t'}\left(y'_i, t' - \frac{r'}{c_0}\right) \frac{\partial f_i}{\partial t}\left(y_i, t - \frac{r}{c_0}\right)} dS' dS = S_c \overline{\left[\frac{\partial f_i}{\partial t}\left(y_i, t - \frac{r}{c_0}\right)\right]^2} \qquad (6-8)$$

引入单位叶片展长的脉动升力:$L = c f_i$(其中 c 为叶片弦长),并将式(6-8)代入到式(6-7)中,对整个球面积分,得到叶片随机噪声辐射声功率:

$$P = \frac{1}{12\pi\rho_0 c_0^3} \overline{\left[\frac{dL}{dt}\right]^2} l l_c \qquad (6-9)$$

式中,l 是叶片的展长,l_c 是脉动力展向关联尺度。

式(6-9)说明从整个叶片的声辐射实际就是从叶片内多个展向范围是长度为 l_c 的叶片噪声辐射的总和(关联范围个数是 l/l_c)。因此,从声学辐射的角度看,采用紧致声源假设并不需要整个叶片展长必须小于声波波长,只要脉动力的关联尺度小于声波波长即可,即 $l_c \ll \lambda$ 和 $c \ll \lambda$。

式(6-9)可以进一步写成频谱形式,即

$$\frac{\mathrm{d}P}{\mathrm{d}\omega} = \frac{l l_c(\omega)}{12\pi\rho_0 c_0^3}\omega^2 G_{\mathrm{L}}(\omega) \tag{6-10}$$

式中,$G_{\mathrm{L}}(\omega)$ 是叶片表面脉动力功率谱密度。根据叶片表面随机脉动力的功率谱密度函数,应用式(6-10)就可以计算远场声功率谱。在叶轮机气动声学研究中,早期普遍采用上述 Sharland 的公式计算湍流边界层、进口湍流和脱落涡等随机流动产生的宽频噪声。但是,必须注意,上述计算方法并没有考虑管道声传播对噪声辐射的影响,因此,近年来,随着气动声学理论研究的不断深入,许多研究者在探索采用管道声学模型分析叶轮机随机宽频噪声的计算方法。

6.4.2 叶轮机不同随机噪声的分析比较

1. 吸入湍流噪声

由于来流速度场随机脉动会在叶片表面产生随机的压力脉动,因而也产生辐射的随机噪声场。Sharland 最先注意到了这种由于叶轮机吸入湍流产生的宽频随机噪声,他用实验方法系统地研究了宽带噪声的机理,通过测量处于平稳气流和湍流中的平板噪声,得到了有关叶轮机宽频噪声的基础知识。Sharland 的主要结论包括 3 点:①当平板处于尺度与平板弦长可比的湍流中时,垂直于平板的湍流速度脉动引起的噪声占优势;②当平板大部分面积处于稳态流中时,主要噪声级是由尾缘涡脱落引起的升力脉动;③边界层压力脉动产生的噪声与其他两种声源强度相比可以忽略。之后,Sharland 进一步探讨了风扇中进气湍流噪声与尾迹涡脱落噪声的关系,指出宽带噪声是由尾缘处脱落涡产生的叶片升力脉动所引起的,但叶片前任何大尺度湍流将产生附加升力脉动,从而使宽带噪声明显增加。图 6-13 是 Sharland 测得的结果。Mugridge 和 Morfey 进一步观察了风扇内叶尖二次流动对宽带噪声的影响,指出与叶尖间隙和管道壁面边界层有关的二次流是一种湍流源,因而也是一种宽带噪声源,因为叶尖间隙和端壁边界层厚度对二次流具有相反的作用,因此可以最佳化处理,以减小附加的噪声辐射。

2. 湍流边界层噪声

即使是在完全稳态的流场状态下,由于在湍流边界层内的气流压力脉动,叶轮机叶片表面也会承受气流的随机压力脉动作用。但是,离开叶片前后缘的湍流边界层内的四极子声源并不直接辐射噪声(或者说它不能有效辐射噪声),而湍流边界层与叶片尾缘的相互干涉产生的偶极子声源才是湍流边界层辐射噪声的主要根源,叶片的边缘将不能有效辐射的湍流脉动压力近场扩散成传播的声场。

早期 Powell 和 Ffowcs Williams 等人研究了湍流边界层噪声辐射问题,后来 Mugridge (1971)给出了根据压力测量估计的叶片表面非定常力,计算湍流边界层与叶片尾缘干涉辐射的噪声计算模型。Mugridge 的计算分析表明,叶片表面湍流边界层噪声远小于叶片的脱落涡噪声和来流湍流与叶片相互干涉噪声(见图 6 – 13)。Schlinker 和 Brooks(1982)以及 Chou(1990)等人以后又对叶轮机转子叶片湍流边界层与尾缘的干涉噪声进行了详细的分析。

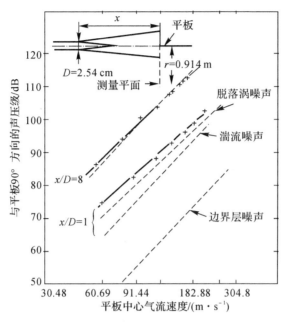

图 6 – 13　Sharland 宽带噪声的实验结果

3. 脱落涡噪声

当旋涡离开叶片表面时,围绕叶片的流动环量发生变化,在叶片表面诱导出压力脉动。脱落涡噪声的典型例子就是风吹圆柱体时在圆柱表面形成的 Karman 涡街以及辐射的单音噪声。在叶轮机叶片中,存在两种形式的涡脱落现象,即从叶片钝尾缘产生的层流边界层脱落涡和湍流边界层脱落涡。基于 Sharland 理论分析模型,Fukano,Kodama 和 Senoo 等人对叶轮机宽频噪声的研究表明,在没有湍流吸入的情况下,轴流风扇宽频噪声主要来自于脱落涡噪声。

层流边界层脱落涡噪声主要是由于叶片吸力面的层流边界层内的不稳定波以及层流边界层通过叶片尾缘时产生的压力脉动。边界层与叶片尾缘干涉产生的压力脉动一方面产生了声辐射,另一方面向上游传播加强了边界层内部的不稳定波,从而在叶轮机内部产生了气动力学-声学反馈循环。图 6 – 14 给出了这种复杂流场-声场物理机制的图形。研究表明,脱落涡噪声的频谱是典型的窄带频谱,并分布在很宽的频率范围内。Schlinker 和 Brooks(1982)指出,由于脱落涡产生的近乎周期性的叶片表面压力脉动,因此噪声呈现出相当尖但仍然是连续的频谱形状。对于转子叶片,由于叶片当地速度的改变导致一定范围的窄带频率谱的产生,因此,远场接收到时就具有了宽频噪声谱的特征。层流边界层噪声可以通过将层流边界层提早转捩成湍流边界层而降低。

湍流脱落噪声产生的机理与层流脱落涡噪声不同,从钝的叶片尾缘脱落的湍流涡噪声是叶轮机转子高频随机噪声的主要声源。图 6 – 15 的实验结果显示了叶片尾缘厚度对湍流脱落噪声的影响。图 6 – 15 表明,尽管叶片尾缘厚度仅仅是湍流边界层位移厚度的几分之一,但其对噪声谱的影响仍然是很显著的。

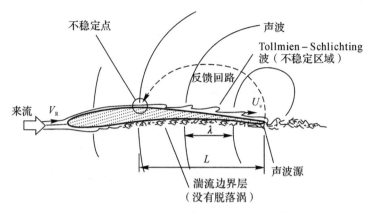

图 6-14　层流边界层中声场-流场耦合反馈过程

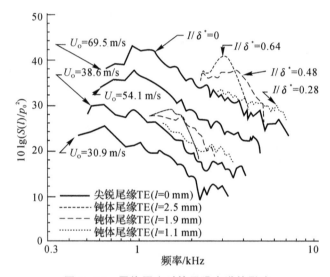

图 6-15　尾缘厚度对转子噪声谱的影响

4. 流动分离噪声

图 6-16 说明在高攻角情况下叶型表面流动分离状态,在轻度失速状态(见图 6-16(a)),失速区发生在近叶片尾缘局部区域,同时注意在叶片前缘区还存在一个小的分离泡。如果来流攻角进一步增大,则流动分离点向叶片前缘方向移动并形成一个很大的前缘涡(图 6-16(b)),分离流在叶片表面产生大的脉动压力,从而产生随机噪声。图 6-17 给出了叶轮机转子失速状态和非失速状态下噪声谱的对比。可以看出,转子非失速状态下的噪声主要由叶片通过频率及其谐波作支配,而失速状态的转子噪声几乎完全是宽频噪声谱。

5. 叶尖涡噪声

在轴流叶轮机械中,复杂的二次流动同样在叶片表面产生了压力脉动,从而辐射随机噪声。如图 6-18 所示,由于转子叶片叶尖间隙的存在,在叶片压力面与吸力面之间压力差的作用下,在叶片叶尖区域形成了附着在叶片吸力面的间隙涡。此外,由于叶片进出口之间压力差的存在,在整个转子周向叶尖间隙区域还会形成复杂的二次流,如图 6-19 所示。

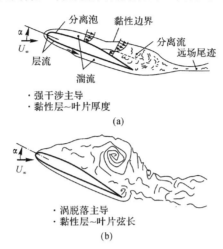

·强干涉主导
·黏性层~叶片厚度
(a)

·涡脱落主导
·黏性层~叶片弦长
(b)

图 6-16 大攻角下的叶片流动分离

(a)轻失速(尾缘分离); (b)深失速

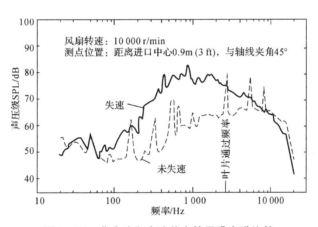

图 6-17 非失速和失速状态转子噪声谱比较

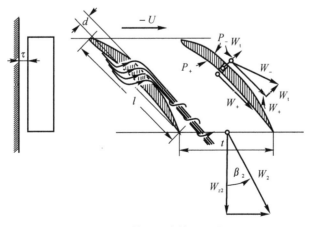

图 6-18 轴流风扇转子间隙涡

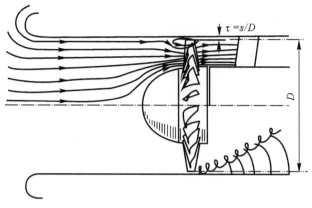

图 6 - 19　叶尖区域的二次流

　　研究表明,当叶片叶尖间隙超过一定值后,叶尖间隙噪声会成为叶轮机重要的宽频噪声源。图 6 - 20 给出了叶尖间隙大小变化对轴流风扇噪声谱的影响实验测量结果(间隙用绝对间隙与叶片直径比值表示)。可以看出,在高频范围内,随机噪声声压级随叶尖间隙增加均匀地增大,但对于低频区的声压谱,间隙增大可能造成某种频率噪声级急剧增加,如图 6 - 20 所示,当间隙从 0.001 3 增大到 0.005 3 时,在比叶片通过频率低的频率 370 Hz 处声压级增大了近 20 dB。

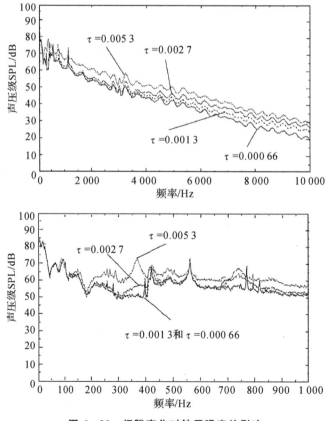

图 6 - 20　间隙变化对转子噪声的影响

6.5　叶轮机管道声模态的产生

前面仅仅说明了有关叶轮机噪声源的流动物理机制,并未分析这些非定常气动力声源是如何在管道内耦合成声模态并向外传播的问题。在这一节,将讨论叶轮机械中气动声源是如何产生管道声模态的,并将分别讨论单独转子、转子与静子干涉以及对转转子等产生管道声模态的机理。

6.5.1　单转子产生的模态

考虑具有 Z 个均匀间隔排列叶片的转子,在具有均匀稳态平均流场的同心管道中旋转。在这种情况下,当位于固定参考坐标系下的观测器逐渐接近转子时,就能够感受到由于叶片运动对当地流体位移产生的气流压力脉动(即叶片厚度噪声)和由于稳态叶片气动载荷产生的气流压力脉动(即 Gutin 噪声)。

以上两种波动都锁定在转子上,因此在固定坐标系下,它们都是以转子旋转角速度 $\Omega = 2\pi n$($n=$转子旋转速度)旋转,在方位角 θ 以及时间 t 的压力脉动就可以表示成周向传播波的形式,描述为

$$p(\theta,t) = p(\theta - \Omega t) \tag{6-11}$$

这个表达式反映了在特定截面和时刻的压力经过 θ 角度到达另一个位置时,其时间上滞后 θ/Ω。

因为叶片锁定的压力是以转子几何特征 $2\pi/Z$ 为周期的周期性压力,因此周向压力分布就可以用如下的 Fourier 级数表示:

$$p(\theta,t) = \mathrm{Re}\left\{ \sum_{h=1}^{+\infty} a_h \mathrm{e}^{\mathrm{j}[-hZ(\theta-\Omega t)+\Phi_h]} \right\} \tag{6-12}$$

式中,a_h 和 Φ_h 是 Fourier 分量的幅值和相位角(叶片谐波)。为了简便,以后的讨论中将省略实部符号 $\mathrm{Re}\{\ \}$,所有这些谐波的角速度都等于转子角速度 Ω。到现在为止,还没有涉及波动压力的径向分布,压力波动的径向分布可以通过让每一个谐波的振幅和相位作为径向坐标的函数来描述,这样方程(6-12)就变为

$$p(\theta,t) = \sum_{h=1}^{+\infty} a_h(r) \mathrm{e}^{\mathrm{j}[-hZ(\theta-\Omega t)+\Phi_h(r)]} \tag{6-13}$$

则每一个 Fourier 分量的压力就可以写成

$$p(\theta,t) = a_h(r)\mathrm{e}^{-\mathrm{j}hZ\theta+\mathrm{j}hZ\Omega t+\mathrm{j}\Phi_h(r)} \tag{6-14}$$

比较方程(6-14)与方程(2-156)就可以发现,每一个叶片谐波实质上就是角频率为 $\omega=hZ\Omega$、周向波数为 $k_\theta=hZ$ 以及周向相速度为 $a_\theta=\omega/k_\theta=\Omega$ 的管道声模态。

如前面所介绍的,一个周向阶数为 m 的模态,必须以轮缘马赫数(管壁马赫数)$a_\theta R/c_0 \geqslant Ma_{mn}^c > 1$ 旋转,才能作为声波通过管道传播。由转子叶片产生的模态的轮缘马赫数就等于转子的叶尖速度马赫数,即 $Ma_a = U/c_0 = \Omega R/c_0$。因此,由亚声速叶尖速度的转子产生的模态将不能传播,它们仅仅在紧靠转子的近场区域能够感受到。而在环形管道内的前三个高阶周向

模态 $m = 1, 2$ 和 3 的临界马赫数分别为 $Ma_{1n}^c = 1.84, Ma_{2n}^c = 1.53$ 和 $Ma_{3n}^c = 1.40$。

6.5.2　非传播模态的衰减

非传播模态的衰减率是由方程(2-156)中的传播项决定的,应用方程(2-161)与方程(2-163)就可以重写成

$$e^{j(\omega t - k_{xmn}x)} = e^{j(\omega t - \sqrt{k^2 - k_{rmn}^2})x} = e^{j[\omega t - \sqrt{(\omega^2 - \omega_{mn}^c)}x/c_0]} \tag{6-15}$$

当频率低于截止频率$(\omega < \omega_{mn}^c)$时,则传播项就变成阻尼项的形式,即

$$e^{j(\omega t - k_{xmn}x)} = e^{j\omega t - \sqrt{(\omega_{mn}^c - \omega^2)}x/c_0} \tag{6-16}$$

由上式可以明显看出,模态随距声源的距离 x 的增大而衰减(消失模态 evanescent modes)。Tyler 和 Sofrin(1962)计算了作为管壁马赫数 $a_\theta R/c_0$ 函数的空心圆形管道和环形管道中不同阶数 m 模态的衰减率,计算结果如图 6-21 所示。对于所有的管道形式,一般地,周向模态阶数 m 越高,模态幅值衰减得就越快。另一方面,周向模态阶数 m 越高,临界马赫数 Ma_{mn}^c 越小。由图 6-21 还可以看出前面介绍的结果,即环形管道内外径比值越大,临界马赫数 Ma_{mn}^c 就越小。

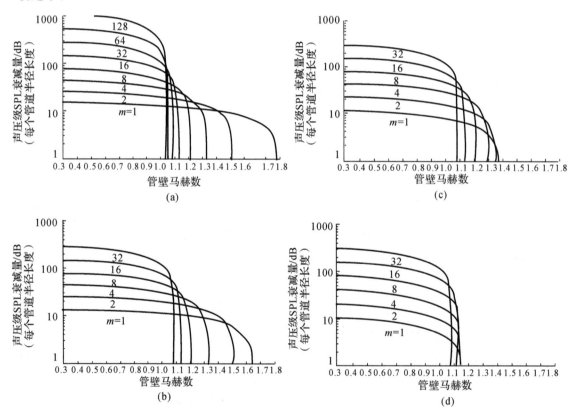

图 6-21　圆形和环形管道中高阶模态的衰减率(Tyler 和 Sofrin(1962))

(a)圆形管道衰减率 $\sigma = 0$;　(b)圆形管道衰减率 $\sigma = 0.50$;

(c)圆形管道衰减率 $\sigma = 0.25$;　(d)圆形管道衰减率 $\sigma = 0.75$

6.5.3　转静干涉产生的模态

转静干涉的流动物理机制以及声场产生的物理机制在 6.3.2 小节和 6.3.3 小节中作了介绍,这里讨论转静干涉产生的声模态。

为了讨论转静干涉产生的周向模态,考虑具有 Z 个均匀间隔排列叶片的转子和具有 V 个均匀间隔排列叶片的静子,静子既可以放置在转子的上游,也可以放置在转子的下游。图 6 - 22 表示 $Z=8$ 的转子与叶片分别是 $V=6$(见图 6 - 22(a)) 和 $V=9$(见图 6 - 22(b)) 的静子干涉情况。图中转子叶片用在中心的 8 个轮辐表示,静子叶片位于同中心的转子周围。

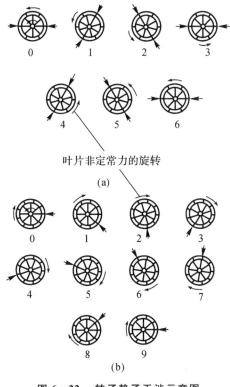

图 6 - 22　转子静子干涉示意图

(a)$V = 6$;　(b)$V = 9$

转子在静子位置产生的压力脉动以叶片通过的频率重复发生,因此,这种压力波动在时间上是周期性的,其基频就等于转子角速度 Ω 乘以转子叶片数 Z,这个周期性的压力波动可以由下面的 Fourier 级数形式来描述:

$$p(\theta,t) = \mathrm{Re}\left\{ \sum_{h=1}^{+\infty} a_h(\theta) \mathrm{e}^{\mathrm{j}[-hZ\Omega t + \Phi_h(\theta)]} \right\} \tag{6-17}$$

式中,$a_h(\theta)$ 和 $\Phi_h(\theta)$ 分别是叶片单音谐波 h 的幅值和相位,它们随周向角而变化。随周向角变化的叶片单音谐波的复数值 $\underline{a_h}(\theta) = a_h(\theta)\exp[\mathrm{j}\Phi_h(\theta)]$ 可以展开成模态幅值为 a_{mh}、相位为 Φ_{mh} 的一组周向模态波,即

$$\underline{a}_h(\theta) = \sum_{m=-\infty}^{+\infty} a_{mh} e^{j(m\theta+\Phi_{mh})} \qquad (6-18)$$

将方程(6-18)代入方程(6-17),可得

$$p(\theta,t) = \sum_{h=1}^{+\infty} \sum_{m=-\infty}^{+\infty} a_{mh} e^{j(m\theta-hZ\Omega t+\Phi_{mh})} \qquad (6-19)$$

方程(6-19)可以被解释为是由转子叶片与一个静子叶片(标号为1号)相互作用产生的在位置 θ 处的压力时间历程。对每一个静子叶片,都是如此产生压力波动,那么转子与所有静子叶片干涉产生的压力波动,就是按照适当的空间相位和时间延迟,对单个叶片作用产生的压力波动时间历程的叠加。对于某个特定转子叶片,从静子叶片1转到静子叶片2,转动的角度是 $\Delta\theta = 2\pi/V$,则相应的时间延迟是 $\Delta t = \Delta\theta/\Omega = 2\pi/V\Omega$。也就是说,同一个转子叶片,与静子叶片2干涉产生的压力波动和与静子叶片1干涉产生的压力波动是相同的,但是,周向位置是在 $\theta-\Delta\theta$,时间是在 $t+\Delta t$。为了预测在位置 θ 与时间 t 时,转子叶片与静子叶片2干涉产生的压力波动,只需要在方程(6-19)中用 $\theta-\Delta\theta$ 与 $t-\Delta t$ 代替 θ 和 t。因此,转子与第 $l-1$ 个静子叶片干涉对在位置 θ 与时间 t 压力波动的贡献,就可以通过在方程(6-19)中用 $\theta-l\Delta\theta$ 与 $t-l\Delta t$ 代替 θ 和 t 获得。将转子叶片与所有 $l=1 \sim V$ 静子叶片干涉产生的压力波动叠加,就可以得到

$$p(\theta,t) = \sum_{h=1}^{+\infty} \sum_{m=-\infty}^{+\infty} a_{mh} \sum_{l=1}^{V} e^{j[m(\theta-l\Delta\theta)-hZ\Omega(t-l\Delta t)+\Phi_{mh}]} \qquad (6-20)$$

重新整理可得

$$p(\theta,t) = \sum_{h=1}^{+\infty} \sum_{m=-\infty}^{+\infty} a_{mh} e^{j(m\theta-hZ\Omega t+\Phi_{mh})} \times I_{int} \qquad (6-21)$$

其中干涉项是

$$I_{int} = \sum_{l=1}^{V} e^{j[2\pi l(hZ/V-m/V)]} \qquad (6-22)$$

应用下述条件:

$$I_{int} = \begin{pmatrix} V & s = hZ/V - m/V \\ 0 & s \neq hZ/V - m/V \end{pmatrix}, \quad s = \cdots, -1, 0, 1, \cdots \qquad (6-23)$$

则转子、静子干涉产生的压力波动为

$$p(\theta,t) = V \sum_{h=1}^{+\infty} \sum_{m=-\infty}^{+\infty} a_{mh} e^{j(m\theta-hZ\Omega t+\Phi_{mh})} \qquad (6-24)$$

由于干涉项的特点,压力波动周向模态的阶数限制为下列数值:

$$k_\theta = m = hZ - sV \qquad (6-25)$$

周向相速度为

$$a_\theta = \frac{hZ\Omega}{hZ - sV} \qquad (6-26)$$

现在将方程(6-25)和方程(6-26)应用到图6-22所示的转子、静子干涉的实例中。在图6-22(a)的位置,标记的转子叶片与右手方向的静子叶片位置一致,同样在相对的一边也是如此。叶片重合用箭头表示出来,连续的叶片重合(箭头标示)位置清楚地表明转子、静子叶片干涉(重合)旋转速度要比转子自身的旋转速度更快。图6-22(a)的实例对应的转子、静子干涉旋转速度是转子旋转速度的4倍。对 $h=1$(叶片通过频率)和 $s=1$,方程(6-25)预测 $m=$

$8-6=2$，这可以解释为沿着管壁的波瓣数目（即转子、静子干涉次数）；而由方程（6-26）可以预测得到周向相速度为 $a_\theta=4\Omega$。

相似地，图 6-22(b) 表示 8 个转子叶片与 9 个静子叶片的干涉。因此，沿着管壁方向只有一个转子叶片与一个静子叶片重合（干涉），并且叶片干涉模式（重合模式）以与转子旋转方向相反的方向旋转，其旋转速度是转子旋转速度的 8 倍。根据方程（6-25）和方程（6-26），当 $h=1$，$s=1$ 时，$m=-1$，$a_\theta=-8\Omega$。

对于转子叶片与非均匀流场（流场畸变）干涉产生的压力波动的周向模态阶数和旋转角速度，令 $V=1$，就可以通过方程（6-25）与方程（6-26）求得。

对于转子在均匀流场中旋转的情况，则令 $V=0$，同样由方程（6-25）与方程（6-26）可以获得旋转压力模态参数。在这种情形下，周向模态阶数 $m=hZ$，角速度等于转子的角速度，$a_\theta=\Omega$。

von Heesen 和 Reiser(1991) 应用实验研究了恰在截止频率上或者恰在截止频率下的高阶管道声模态，对于叶轮直径 $D=630$ mm、转子叶片数 $Z=8$、静子叶片数 $V=9$ 的轴流风扇，图 6-23 表示的是其出口消声管道测量的声压谱。风扇速度从 2 387 r/min 细微增加到 2 518 r/min 时，导致叶片通过频率噪声级的急剧增加。根据方程（6-25），由转静干涉产生的叶片通过频率的最低周向模态阶数是 $m=Z-V=-1$。对于直径是 630 mm 的管道，这个模态的截止频率是 319 Hz。而当转速是 $n=2$ 387 r/min 时，风扇叶片通过频率是 318.3 Hz；当转速是 $n=2$ 518 r/min 时，风扇叶片通过频率是 335.7 Hz。也就是说，在上述低速旋转时，叶片通过频率恰好低于截止频率；而在高速旋转时，叶片通过频率恰好高于截止频率。

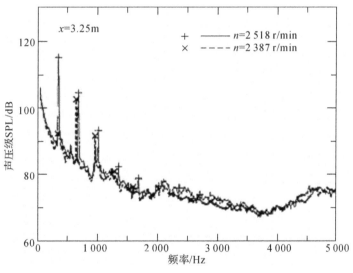

图 6-23　轴流风扇出口管道声压谱

图 6-24 给出了上述风扇叶片通过频率声压级随旋转速度的变化，图中同时给出了距离转子叶片轴向两个 x 位置处的测量结果。图中垂直线标记的是叶片通过频率的 (1,0) 模态开始传播的旋转速度。在声学远场（$x=3.25$ m）的测量结果中可以清楚地看到"截止效应"和"传播效应"；但是在声学近场（靠近转子叶片 $x=1.1$ m），即使在截止频率以下，单音频率的声压级仍然是很强的，这是因为在截止频率以下，(1,0) 模态是随声源距离的增加而迅速衰减的，

因此在两个不同测量位置,声压级是有显著差异的。

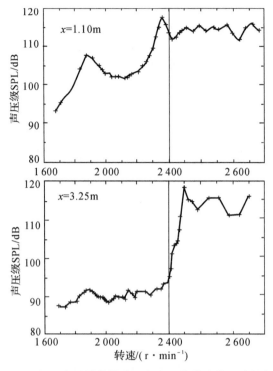

图 6-24 不同距离测量的轴流风扇出口管道叶片通过频率声压级

6.5.4 对转风扇转子干涉产生的模态分析

Holste 和 Neise(1992) 用与 Tyler 和 Sofrin(1962) 分析转子与静子干涉相似的方法,首次研究了对转风扇转子干涉产生的模态。他们考虑的是两个转子叶片数目相同、旋转方向相反但转速相同这种特殊的情况。由于两个转子都有相同的叶片数,那么由于转子 1 与转子 2 干涉产生的压力脉动在时间上就是周期性的,基频就等于转子角速度 Ω 乘以叶片数 Z,因此就可以用转静干涉类似的情形来描述,即用方程(6-17)描述。同样,根据方程(6-18),叶片单音的谐波幅值 $\underline{a}_h(\theta)=a_h(\theta)\exp\left[\mathrm{j}\Phi_h(\theta)\right]$ 可以展开成一系列的周向模态,并且最终可以得到由一个转子产生的压力脉动方程(6-19)。

对于转子-转子干涉情况,方程(6-19)表示的是由转子 2 与转子 1 中的一个叶片干涉产生的在位置 θ 与时间 t 的压力时间历程。因为两个转子具有相同的叶片数和方向相反的相同速度,那么在一周的旋转过程中,由于转子-转子干涉产生的压力模态就重复 $2Z$ 次。因此,如果转子 2 在 $\Delta t=\Delta\theta/\Omega$ 的时间段里移动了 $\Delta\theta=2\pi/(2Z)$ 角度,那么它与转子 1 的下一个叶片干涉产生的压力波动就与方程(6-19)所描述的完全一致,但是位置偏离了 $\theta'=\theta+\Delta\theta$,时间偏移了 $t'=t+\Delta t$。为了估计这个干涉对于在位置 θ 与时间 t 时的压力波动的贡献,就需要用 $\theta-\Delta\theta$ 和 $t-\Delta t$ 分别代替 θ 和 t。同样,转子 2 与转子 1 的第 $l-1$ 个叶片干涉的贡献,就可以通过在方程(6-19)中用 $\theta-l\Delta\theta$ 与 $t-l\Delta t$ 分别代替 θ 和 t 来获得。将所有可能的干涉各项综合,即 $l=1\sim 2Z$,则可以得到

$$p(\theta,t) = \sum_{h=1}^{+\infty} \sum_{m=-\infty}^{+\infty} a_{mh} \sum_{t=1}^{2Z} e^{j[m(\theta-l\Delta\theta)-hZ\Omega(t-l\Delta t)+\Phi_{mh}]} \qquad (6-27)$$

式中，$\Delta\theta = 2\pi/(2B)$，$\Delta t = \Delta\theta/\Omega$。重新整理后得

$$p(\theta,t) = \sum_{h=1}^{+\infty} \sum_{m=-\infty}^{+\infty} a_{mh} e^{j(m\theta-hZ\Omega t+\Phi_{mh})} \times I_{int} \qquad (6-28)$$

其中干涉项是

$$I_{int} = \sum_{l=1}^{2Z} e^{j[2\pi l(h/2)-m/(2Z)]} \qquad (6-29)$$

应用下面得条件：

$$I_{int} = \begin{pmatrix} 2Z, & s=h/2-m/(2Z) \\ 0, & s \neq h/2-m/(2Z) \end{pmatrix}, \quad s=\cdots,-1,0,1,\cdots \qquad (6-30)$$

可以得到反转转子干涉产生的周向模态阶数：

$$m = Z(h-2s) \qquad (6-31)$$

Hanson(1985)应用不同于上述的方法，获得了无涵道对转螺旋桨噪声模态的相似结果。

6.6　叶轮机管道声模态的传播和辐射

6.6.1　叶片排中声波的传播

当声模态在叶片排生成并向发动机管道上下游传播时，它们会遇到其他叶片排，这些叶片排会同时反射和散射声能。例如转子黏性尾迹和叶尖涡与静子干涉产生的上游传播模态，在到达进口和向远场辐射之前必须穿过转子。一些模态能流被反射回静子，但它们在通过管道出口辐射出去之前必须穿过静子。转子也会把入射模态分散到其他周向阶次，结果模态能量就被转移到叶片通过频率的谐波上去了。如果入射到转子的模态量是从不同角速度转动的下游转子生成的，那么上游转子就能够把从下游入射的模态分散成两者频率的和与差。

Mani 和 Horvay，Kaji 和 Okazaki，Amiet，Cumpsty 等人分别发展了不同的叶排声传播分析方法，其中 Mani 和 Horvay 基于 Wiener – Hopf 方法发展了考虑谐波散射的传播分析方法，Kaji 和 Okazaki 发展了考虑稠度和不考虑稠度影响的二维叶栅声波传播分析方法，Cumpsty 则发展了可以考虑径向效应的叶片排声传播分析模型和方法。基于这些模型，人们对声波在叶片排中的传播规律有了深刻的认识。这里简要分析声在叶片排中的传播过程。

1. 能量反射和传播

图 6-25 给出了声传播与沿着叶片弦长的相对马赫数 Ma_r 和二维叶栅几何的依赖关系。声波相对叶片弦线的入射角是 α，而叶栅安装角是 χ。需要注意，入射波方向是用表示波能流的群速度矢量定义的，图中横坐标是相对于管道轴向的入射角，$\delta = \chi - \alpha$。当声波与叶片平行，即 $\delta = \chi$ 时，声传播就完全独立于 Ma_r。相对马赫数 Ma_r 越低，传播效率越高；当 $Ma_r \to 0$ 时，传播系数接近 1，这时叶片表面的散射偶极子的轴线平行于叶片弦线。

真实的风扇／压气机安装角从轮轴（低 χ）到叶尖（高 χ）是连续变化的，因此沿径向每个叶

栅"片条"对声波的传播都是不同的。有些研究者试图采用"片条"理论近似分析实际环形管道声模态的传播,可以采用截止率表示传播声波角度和传播系数。但是,对于有旋流存在的特殊情况,例如在转子和静子之间的通道,截止率变得更加复杂。对一个薄的环形几何,可以用三维矩形管道近似,则截止频率计算式为

$$\frac{1}{\xi_s^2} 2Ma_y \left(\frac{sm}{kR}\right) = Ma_y^2 \left(\frac{sm}{kR}\right)^2 + \frac{1}{\xi^2} \qquad (6-32)$$

式中,对于反旋模态,$s=-1$;对于同向旋转模态,$s=1$。ξ_s 是有旋流的截止率,Ma_y 是周向马赫数,R 是环的平均半径。

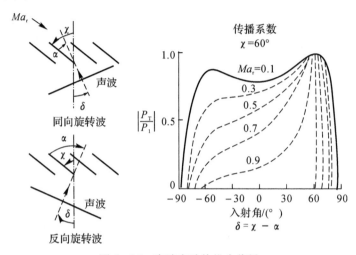

图 6-25 声波在叶片排中传播

2. 多级传播

已有研究者研究了声波通过多级轴流叶轮机械的传播,基于电传输线性类比(四极子理论),环形管道用适应于高轮毂比的"片条"理论处理,分析了带有平均轴向气流和旋流的非均匀环形管道中的声传播,不考虑模态失真,λ 大于 2 倍的叶距。研究发现,在低频情况下存在较大叶栅耦合效应(非线性),而旋流影响截止率(如方程(6-32)所示)和声波传播。

6.6.2 管道中声波的传播及辐射

发动机管道吸声衬垫结构是发动机降噪的主要措施,对吸声衬垫的分析不是本书的重点。因此在这一小节,将主要研究硬壁面管道中声波的传播,按照截止率进行声波传播的描述。这个方法与射线声学(ray acoustics)相符合,而且有利于根据波振面和射线直观认识物理机理。此外,本小节还将介绍如何根据远场声压的方向性或模态分量,识别发动机噪声源。正像叶片排能够分散声波入射能量,产生新的声波模态那样,管道的面积变化也会使得声波模态散射,特别是在管道面积的轴向梯度很高的情况下。

1. 入口——上游传播

如果所有叶排传播的影响都已经被考虑进去了,那么叶轮机噪声的传播问题主要就是声波模态通过有气流流动的面积变化管道的传播,并通过非均匀流场从管道开口辐射出去。对

发动机进口辐射,有两种不同的流场情况,一种是在发动机静止试验情形下,此时存在较大的径向势流;另一种是在飞行状况下,这时进入发动机的气流流管仅仅比风扇进口直径稍大。适用于可忽略进气唇口厚度的 Wiener‐Hopf 方法,已经被应用到两种理想化流动的情况中。一种情况是外部和内部流动是均匀的且具有相同的马赫数,另一种情况是外部流动具有定常马赫数,其边界用一个马赫数更高的均匀内流管道连接,这个内流管道是发动机进口的延伸。前者是对飞行状态的近似,但是后者并不代表真实进气道流动。下面用上述两种方法分析进气道声辐射。第一种方法使用基于射线声学的简化假设,而第二种方法则完全采用对真实流场和进口唇口几何的数值求解。

应用声模态截止率 ξ 发展了进口噪声辐射的近似表达式,在声模态截止率计算公式中采用的一项关键简化就是,认为具有相同频率 $\eta = fD/c$ 且具有相同截止率 ξ 的所用模态向远场传播结果相类似,这个假设已经被无流动带凸缘管道声辐射的实验结果所证实,对主波瓣辐射预测也相当精确。两个重要的管道声模态传播角 ϕ_x 和 ψ_x 分别定义为

$$\cos \phi_x = \frac{-Ma_D + S}{1 - Ma_D S} \tag{6-33}$$

和

$$\cos \psi_x = \frac{S\sqrt{1 - Ma_D^2}}{\sqrt{1 - Ma_D^2 S^2}} \tag{6-34}$$

式中

$$S = \sqrt{1 - (1/\xi^2)}$$

式中,Ma_D 是管道内轴向流动马赫数,ϕ_x 和 ψ_x 分别是垂直于波振面(波前)的矢量与管道轴线的夹角和声波群速度矢量与管道轴线的夹角。方程(6-34)给出的管道声模态角 ψ_x 近似等于远场主波瓣的角度位置,通过对均匀流条件的 Wiener‐Hopf 解中指向性系数的观察就可以得出这个结论,其主波瓣角度的表达式与方程(6-34)完全一致。管道声模态角度和远场主波瓣辐射角度近似相等这个结论,表明可以应用射线声学理论关联非均匀流动条件下的上述两个角度。

射线声学思想已经被用于研究远场气流速度远小于管道内气流速度情况下的管道声辐射问题,其极限情况是远场速度为零的静止情况。射线声学理论表明,与马赫数相比,势流中的折射是二阶影响因素,因此基于射线声学理论,可以假设波振面从管道未弯曲地辐射到远场,也就是假设 ϕ_x 是不变的。因为在马赫数为零时,ϕ_x 和 ψ_x 完全相等,因此在远场的群速度就必须改变。在 $Ma_D = -0.4$ 且 $\xi \approx 1$(即接近截止)时,当管道中群速度以 $\psi_x = 90°$ 传播时,计算的辐射峰值是在 66° 位置。风扇实验观察结果表明,接近截止模态的声波在远场峰值就是在接近 66° 的位置。然而,必须看到,由于上述理论忽略了管道唇口的形状影响,因此计算峰值位置结果与实验观察到峰值位置结果的一致性会导致误解。在实际噪声控制研究中,通常可以用非常厚的管道唇口控制主波瓣位置;在面积变化较缓的管道的传播分析也显示,模态特性被维持(也就是说没有散射等发生)。因此,当声模态从进气道喉道向外传播时,ξ 的增加会导致 ϕ_x 和 ψ_x 的减小。声学射线理论对无旋流管道声传播的分析表明,在传播过程中,是群速度矢量而非波振面的法线矢量不变化。以上两个假设之间的差异是非常明显的,例如预测的接近截止模态声波远场峰值分别在 66° 和 90°,目前的实验证明,群速度保持常数的假设更准确。

2. 数值模型

现已经成功地发展了计算实际发动机进口几何和流动状态下，声波在进气道内和进气道外传播的混合数值方法和计算程序。之所以称为混合方法，是因为这种方法对管道内声近场传播计算采用有限元方法，而对远场声辐射的计算则采用积分辐射方法。为了匹配远场、近场交接面的计算结果，计算需要迭代。对实际进口几何的管道内流场采用势流假设计算，忽略了黏性边界层影响。这个计算方法的输入就是在风扇源环面给定声模态的压力分布剖面。随着马赫数增高和声模态频率增大，这种方法计算需要的空间和计算时间也增大。

图 6-26 给出了 JT15D 发动机进口单音声波辐射的指向性数值预测结果及与实验测量结果的比较，图中给出的是以风扇叶片通过频率基频传播的模态 (13,0)。可以看出，与无限薄唇口假设下的 Wiener-Hopf 解的结果比较，混合数值计算方法与实验数据吻合得相当好。实验中进气道唇口厚度与直径之比为 0.5，可以看出厚唇口使得声波辐射峰值向轴线方向移动。图 6-27 进一步说明了唇口厚度对声波辐射指向性的影响，可以看到很明显的屏蔽效应。图中 Ma_0 是飞行马赫数，$\overline{Ma}$ 是进气道内气流马赫数。数值结果显示，当凸缘变薄时，辐射峰值向后移动。对于厚度与直径比为 0.1 的情况，声辐射指向性与图 6-26 中 Wiener-Hopf 解（零厚度）结果吻合得很好，而混合数值计算方法则是预测"真实"发动机进气道声辐射的强有力工具。

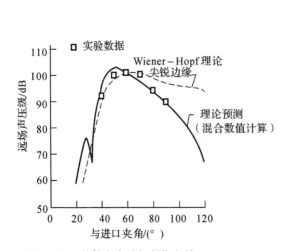

图 6-26 单模态声波辐射指向性
理论预测与实验结果对比

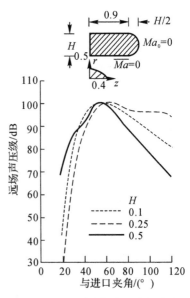

图 6-27 进气道唇口厚度对声
波辐射指向性影响

3. 排气辐射

与复杂的进口流场相比，忽略掺混的排气流简单得多，风扇排气可以被看作是被以自由流马赫数 Ma_∞ 运动的均匀流包围的以 Ma_D 运动的圆柱射流，排气流动条件符合精确 Wiener-Hopf 辐射解的计算要求。可以采用辐射声学和模态截止率的近似求解方法对排气声波辐射进行预测。图 6-28 给出了单模态向后辐射声波的指向性近似求解结果及与 Wiener-Hopf

解的比较,可以看出两者结果有较好的一致性,这使得采用近似解的简化方法更加可信。但是,在寂静区域,Wiener - Hopf 解中可预测有限的声级。

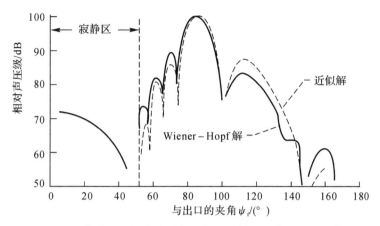

图 6 - 28　排气出口单模态声波辐射指向性精确计算及近似计算结果

基于近似理论,可以得到静止状态($Ma_\infty = 0$)远场主波瓣的位置 ψ_{fp} 为

$$\cos\psi_{fp} = \frac{-Ma_D + \xi\sqrt{\xi^2 - 1}(1 - Ma_D^2)}{\xi(1 - Ma_D^2)(\xi + Ma_D\sqrt{\xi^2 - 1})} \qquad (6-35)$$

对 $Ma_D = 0.6$ 和 $\xi = 1$ 的情形,$\psi_{fp} = 160°$,这表明对于截止频率附近的声模态,从排气管道的声辐射主波瓣趋向发动机进口区域。与发动机进口声波辐射的分析(方程(6 - 33))比较可以看出,在截止频率附近,声模态峰值仍然在进口区域。这样,无论声从哪里发出,发动机进口区域都包含着截止频率附近的模态峰值。

图 6 - 29 给出了从发动机进口或排气口辐射声波声压级峰值(主波瓣)的位置,该结果将截止率和主波瓣角度位置直接关联起来。注意,对于低截止率,它同几乎与管道轴正交的模态传播相联系,这种情况有利于采用管道声衬进行吸声;相反,高截止率与接近轴向的声模态传播相联系,这种情况下,壁面处理的吸声效果就不太好。图 6 - 29 的结果表明,从排气管道辐射的声波模态主导着对飞行噪声有很重要影响的角度范围内的主波瓣峰值。

4. 宽频噪声辐射

前面对声辐射的讨论都是针对仅含少量或者说有限模态数的单音噪声,但是,对于宽频噪声,它是由关于时间和空间都是随机分布的声源所产生的,这时所有的传播模态都会被激励,研究的问题就是要估计不同管道模态的能量分布。对于涡扇发动机所产生的高频噪声,其包含的模态数量将是巨大的。对于宽频噪声,普遍采用理想化模型,即假定每个模态都有相同的振幅或每个模态都有相同的能量。基于噪声源的随机特性,假设每个模态具有相同能量是合理和可信的。事实上,Dyer(1958)的研究已经表明,在环形管道中的随机声源在模态中形成等能量分布。

另外,因为随机宽频噪声含有能量的模态数量巨大,因此,可以采用连续性假设,用对模态声能的积分近似总能量求和。基于模态连续性假设和均等能量假设,Rice(1978)推出了宽频带噪声远场分布的简单关系式,$P \approx \cos\psi$。这个辐射的指向性与宽频进口辐射实验数据对比,一致性非常好。Rice(1980)采用相似的方法研究了排气管道宽频噪声的辐射。应用相同的方法分析随机进口畸变噪声时,还采用模态连续性假设,但是能量分布向截止模态集中。实验结果都证实,上述的近似分析结果与实验数据有合理的一致性。

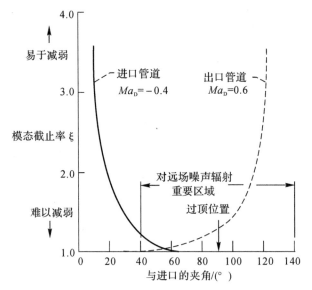

图 6-29 单个模态峰值声压位置与截止率关系

6.7 叶轮机管道声学模型

6.7.1 叶轮机噪声分析模型概述

实际风扇/压气机中气流的干涉是非常复杂的,高涵道比涡扇发动机叶片一般是高负荷的,气流通过叶片不但有显著的压力变化,而且还有大的气流转折。叶片尾迹明显不同于孤立翼型的情况,由于场间速度的径向变化,尾迹是扭转的,故在叶尖或叶根附近,二次流与下游叶排会产生干涉等。由于问题的复杂性,叶轮机噪声预测分析模型经历了一个从简单到完整的发展过程。随着计算技术的不断发展,叶轮机噪声模型越来越完整精确,并逐渐趋于接近真实情况。迄今,在理论方面,针对风扇/压气机噪声预测所建立的分析模型大致可以分为 4 类,即自由声场模型、叶片排模型、管道声场模型和流场/声场统一模型。

(1)自由声场模型假定叶排位于自由空间,并假定介质是静止的,它实质上借鉴了早期螺旋桨噪声研究方法。Hetherington,Wright 和 Hanson 等人分别从不同的出发点发展了这种方法。对于来流马赫数不高的远场噪声计算,自由声场模型取得了与试验趋势基本一致的效果。但是,自由声场模型具有两个无法克服的缺陷,其一是它没有考虑运动介质和管道对声波的影响,其二是它不能预测叶片排对声波的堵塞作用。

(2)叶片排模型用二维无限平面叶栅模拟转子或静子叶排对声波的干涉。有两种基本方法,即紧致源方法和分布源方法。Kaji,Whitehead 和 Smith 等人应用分布源方法讨论了声波在叶排中的传播;而 Kaji,Osborne 等人则着重分析了转子和静子叶片排耦合干涉问题,其中 Kaji 应用分布源方法,Osborne 应用紧致源方法。Kaji 还对分布源模型和紧致源模型的预测结果作了比较。对转子与进气畸变干涉问题,点源模型可能产生较大误差。而用紧致源方法与分布源方法计算叶排与声波干涉时没有出现过大偏差。可以看出,叶排模型与风扇/压气机工作的物理环境相比过于简化,因此,采用叶排模型的大部分工作主要集中在叶栅对声波传递、反射的影响等机理性研究方面,很少用作噪声预测。

(3)管道声学模型通常假定转子和静子位于等截面、两端无声波反射的管道内,应用气动声学基本方程,给出风扇/压气机内非定常负荷产生的声辐射。Goldstein 在其经典性的著作 *Aeroacoustics* 中讨论了应用管道声学模型计算转子/静子干涉及进气畸变与转子干涉的噪声方法。由于管道声学模型考虑了流动介质、管道对声波传播的影响,考虑的叶片模型与实际转子和静子相似,因此这一模型更接近于实际。在过去的几十年时间里,有关航空燃气涡轮发动机气动声学分析的研究工作大部分都是基于这个模型发展起来的,许多航空研究机构基于这种模型发展了叶轮机噪声计算程序,这些程序一方面用于预测叶轮机噪声特征,另一方面用于指导叶轮机降噪设计工作。

(4)流场/声场统一求解是研究航空发动机噪声问题的一个重要的方法。与"声类比"方法相比,由于可以从一个方程出发同时得到流场和声场的解,因此物理上显得更加直观、清晰和可靠。与基于声类比理论的管道声学模型相比,这种方法具有两个明显的优点:第一,由于该类方法对流场和声场的计算从基本方程出发,因此不需要采用过多的简化假设,计算模型更接近实际;第二,这种方法能够完整描述叶轮机内部复杂的流场、声场以及流场和声场相互作用等物理过程,因此能够用于研究一些运动物体的发声机理,如声波在叶片排中的传播和反射问题。随着计算机技术和流体力学计算技术(CFD 技术)的迅速发展,这类叶轮机噪声计算方法越来越得到人们的重视,它是目前正在蓬勃发展的一类航空发动机气动声学理论分析方法。

本节首先介绍在叶轮机声学设计中曾经发挥了重要作用的管道声学模型,下一节则介绍目前正在迅速发展的流场/声场混合计算模型。

6.7.2　叶轮机管道声学模型的基本方程

如图 6 - 30 所示,叶轮机气动声学模型假定风扇(压气机、涡轮)位于圆形(或环形)管道内。

在叶轮机管道声学分析模型中,进一步假定:

(1)管道为无限长,进出口无声波反射;

(2)管道内有亚声速的均匀轴向流动,设流动速度为 U;

(3)管道壁面为硬壁,即壁面无声波的透射。

由气动声学基本理论知,均匀流内有运动固体边界存在的气流噪声控制方程为

$$\rho'(\boldsymbol{x},t) = \frac{1}{c_0^2}\int_{-T}^{T}\int_{v(\tau)} \frac{\partial^2 G}{\partial y_i \partial y_j}T'_{ij}\,\mathrm{d}\boldsymbol{y}\mathrm{d}\tau + \frac{1}{c_0^2}\int_{-T}^{T}\int_{s(\tau)} \frac{\partial G}{\partial y_i}f_i\,\mathrm{d}s(\boldsymbol{y})\mathrm{d}\tau +$$

$$\frac{1}{c_0^2}\int_{-T}^{T}\int_{s(\tau)} \rho_0 v'_n \frac{\mathrm{D}_0 G}{\mathrm{D}\tau}\,\mathrm{d}s(\boldsymbol{y})\mathrm{d}\tau \qquad (6-36)$$

式中,$\boldsymbol{x}$ 和 $\boldsymbol{y}$ 分别是观测点坐标和声源坐标,t 是观测点接声时间,τ 是声源时间,$v(\tau)$ 表示除固

体边界之外的气流空间,$s(\tau)$ 表示整个固体边界表面,c_0 是声速。式中的随流导数算子为

$$\frac{D}{D\tau} \equiv \frac{\partial}{\partial\tau} + U\frac{\partial}{\partial y_1} \qquad (6-37)$$

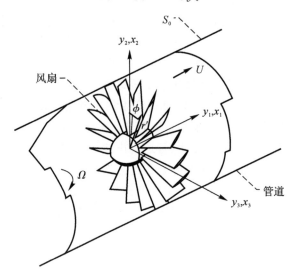

图 6-30   风扇/压气机声学模型示意图

Lighthill 应力张量为

$$T'_{ij} = \rho v'_i v'_j + \delta_{ij}\left[(p-p_0) - c_0^2(\rho-\rho_0)\right] - e_{ij} \qquad (6-38)$$

式中

$$v'_i = v_i - \delta_{1i}U \qquad (6-39)$$

而

$$v'_n = v_n - n_1 U \qquad (6-40)$$

设 G 为 Green 函数,满足

$$\left.\begin{array}{l}\nabla^2 G - \dfrac{1}{c_0^2}\dfrac{\partial^2 G}{\partial\tau^2} = -\delta(t-\tau)\cdot\delta(\boldsymbol{x}-\boldsymbol{y}) \\[3mm] G = \dfrac{DG}{D\tau} = 0 \quad (t < \tau)\end{array}\right\} \qquad (6-41)$$

在上述假设条件下,管道内有固体边界影响的 Green 函数可表示为如下形式:

$$G(\boldsymbol{y},\tau/\boldsymbol{x},t) = \frac{i}{4\pi}\sum_{m,n}\frac{\Psi_{m,n}(y_2,y_3)}{\Gamma_{m,n}}\Psi^*_{m,n}(x_2,x_3) \times$$

$$\int_{-\infty}^{\infty}\frac{\exp\left\{i\left[\omega(\tau-t) + \dfrac{Mak_0}{\beta^2}(y_1-x_1) + \dfrac{k_{n,m}}{\beta^2}|y_1-x_1|\right]\right\}}{k_{n,m}}d\omega \qquad (6-42)$$

式中,$Ma = U/c_0$ 表示轴向来流马赫数,k_0 表示波数,$k_{n,m}$ 表示特征值,$k_0,\beta,k_{n,m}$ 分别是

$$\left.\begin{array}{l}k_0 = \omega/c_0 \\[2mm] \beta = \sqrt{1-Ma^2} = \sqrt{1-(U/c_0)^2} \\[2mm] k_{n,m}(k_0) = \sqrt{k_0^2 - \beta^2\kappa_{m,n}^2}\end{array}\right\} \qquad (6-43)$$

特征函数 $\Psi_{m,n}$ 为

$$\Psi_{m,n} = J_m \left(\kappa_{m,n} r' \right) e^{-im\bar{\varphi}} \tag{6-44}$$

式中

$$r' = \sqrt{y_2^2 + y_3^2} \tag{6-45}$$

$$\bar{\varphi} = \arctan \frac{y_3}{y_2} \tag{6-46}$$

J_m 是 m 阶的 Bessel 函数，$\kappa_{m,n}$ 是如下形式方程的 n 次根：

$$J'_m \left(\kappa_{m,n} r_d \right) \equiv \frac{\mathrm{d} J_m(x)}{\mathrm{d}x} \bigg|_{x=\kappa_{m,n} r_d} = 0 \tag{6-47}$$

式中，r_d 是圆形通道的半径。式（6-42）中 $\Gamma_{m,n}$ 为

$$\Gamma_{m,n} = \pi \left(r_d^2 - \frac{m^2}{\kappa_{m,n}^2} \right) J_m^2 \left(\kappa_{m,n} r_d \right) \tag{6-48}$$

在以上式子中，$m = 0, \pm 1, \pm 2, \cdots$；$n = 1, 2, \cdots$。

对方程（6-36）中的表面积分，可表示为管壁表面积分与叶片表面积分之和，即

$$\left. \begin{aligned} \int_{s(\tau)} \frac{\partial G}{\partial y_i} f_i \mathrm{d}s(\boldsymbol{y}) &= \int_{S_D} \frac{\partial G}{\partial y_i} f_i \mathrm{d}s(\boldsymbol{y}) + \int_{S_F} \frac{\partial G}{\partial y_i} f_i \mathrm{d}s(\boldsymbol{y}) \\ \int_{s(\tau)} \rho_0 v'_n \frac{D_0 G}{D\tau} \mathrm{d}s(\boldsymbol{y}) &+ \int_{S_D} \rho_0 v'_n \frac{D_0 G}{D\tau} \mathrm{d}s(\boldsymbol{y}) + \int_{S_F} \rho_0 v'_n \frac{D_0 G}{D\tau} \mathrm{d}s(\boldsymbol{y}) \end{aligned} \right\} \tag{6-49}$$

因为表面力为 $f_i \equiv n_i(p - p_0) + n_j e_{ij}$，在管道壁面 S_D 上，f_i 的压力分量是法线方向，而 Green 函数 G 在 S_D 表面法向导数为 0，因此有

$$\int_{S_D} \frac{\partial G}{\partial y_i} f_i \mathrm{d}s(\boldsymbol{y}) = \int_{S_D} \frac{\partial G}{\partial y_i} e_{ij} n_j \mathrm{d}s(\boldsymbol{y}) \tag{6-50}$$

这一项表示 S_D 表面上边界内的脉动黏性应力产生的声压。对于高雷诺数流动情况，此项对声场的贡献可以忽略。在管道壁面 S_D 上，有 $n_1 = v_n = 0$，因此有

$$\int_{S_D} \rho_0 v'_n \frac{D_0 G}{D\tau} \mathrm{d}s(\boldsymbol{y}) = 0 \tag{6-51}$$

由方程（6-48）～方程（6-51）可把方程（6-36）化简为

$$\rho'(\boldsymbol{x}, t) = \frac{1}{c_0^2} \int_{-T}^{T} \int_{v(\tau)} \frac{\partial^2 G}{\partial y_i \partial y_j} T'_{ij} \mathrm{d}y \mathrm{d}\tau + \frac{1}{c_0^2} \int_{-T}^{T} \int_{S_F(\tau)} \frac{\partial G}{\partial y_i} f_i \mathrm{d}s(\boldsymbol{y}) \mathrm{d}\tau +$$
$$\frac{1}{c_0^2} \int_{-T}^{T} \int_{S_F(\tau)} \rho_0 v'_n \frac{D_0 G}{D\tau} \mathrm{d}s(\boldsymbol{y}) \mathrm{d}\tau \tag{6-52}$$

式中，$v(\tau)$ 表示通道内除叶片占据空间之外的区域。第一项表示四极子噪声源，第二项表示叶片作用在流体上脉动力的偶极子声源，第三项表示叶片体积移动产生的单极子声源。

对于实际风扇／压气机，可以忽略单极子声源项和四极子声源项，因此可得

$$\rho'(\boldsymbol{x}, t) = \frac{1}{c_0^2} \int_{-T}^{T} \int_{S_F(\tau)} \frac{\partial G}{\partial y_i} f_i \mathrm{d}s(\boldsymbol{y}) \mathrm{d}\tau \tag{6-53}$$

将叶片上的力分解为轴向推力 f_T 和周向阻力 f_D，则作用力矢量为 $\boldsymbol{f} = \{ f_T, -f_D \sin \bar{\varphi}, f_D \cos \bar{\varphi} \}$，得

$$f_i \frac{\partial}{\partial y_i} = \frac{f_D}{r'} \frac{\partial}{\partial \bar{\varphi}} + f_T \frac{\partial}{\partial y_1} \tag{6-54}$$

式中，$r' = \sqrt{y_2^2 + y_3^2}$，$\bar{\varphi} = \arctan(y_3/y_2)$。在固定坐标系内引入柱坐标 $r = \sqrt{x_2^2 + x_3^2}$，$\varphi = \arctan(x_3/x_2)$，应用 Green 函数式（6-42），可将式（6-53）化为

$$\rho' = \frac{1}{4\pi c_0^2} \sum_{m=-\infty}^{\infty} \sum_{n=1}^{\infty} \frac{J_m(\kappa_{m,n}r)\,\mathrm{e}^{\mathrm{i}m\varphi}}{\Gamma_{m,n}} \int_{-\infty}^{\infty} \frac{\mathrm{e}^{-\mathrm{i}(\gamma_{n,m}^{\pm}x_1 + \omega t)}}{k_{n,m}} \times$$

$$\int_{-T}^{T} \int_{S_F(\tau)} J_m(\kappa_{m,n}r')\,\mathrm{e}^{-\mathrm{i}m(\bar{\varphi} - \gamma_{n,m}^{\pm}y_1)} \left(\frac{m}{r'}f_D - \gamma_{m,m}^{\pm}f_T\right) \mathrm{e}^{\mathrm{i}\omega}\,\mathrm{d}\tau\,\mathrm{d}s(\mathbf{y})\,\mathrm{d}\omega \qquad (6-55)$$

式中

$$\gamma_{n,m}^{\pm}(k_0) = \frac{Mak_0}{\beta^2} \pm \frac{k_{n,m}(k_0)}{\beta^2} \qquad (6-56)$$

式中，正号表示 $x_1 < y_1$，即观测点在叶排上游；负号表示 $x_1 > y_1$，即观测点在叶排下游。

引入与叶片一起旋转的圆柱坐标系 $\xi(r',y_1,\varphi')$，有 $\varphi' = \bar{\varphi} - \Omega t$，则对叶片表面的面积分与 τ 无关，式(6-55)可化为

$$\rho' = \frac{1}{4\pi c_0^2} \sum_{m=-\infty}^{\infty} \sum_{n=1}^{\infty} \frac{J_m(\kappa_{m,n}r)}{\Gamma_{m,n}} \int_{-\infty}^{\infty} \frac{\mathrm{e}^{-\mathrm{i}(\gamma_{n,m}^{\pm}x_1 + \omega t)}}{k_{n,m}} \times \int_{S_F(\tau)} J_m(\kappa_{m,n}r')\,\mathrm{e}^{-\mathrm{i}m(\bar{\varphi} - \gamma_{n,m}^{\pm}y_1)} \times$$

$$\int_{-T}^{T} \left(\frac{m}{r'}f_D - \gamma_{m,m}^{\pm}f_T\right) \mathrm{e}^{\mathrm{i}(\omega - m\Omega)\tau}\,\mathrm{d}\tau\,\mathrm{d}s(\xi)\,\mathrm{d}\omega \qquad (6-57)$$

将叶片叶背表面用上标(1)表示，叶盆表面用上标(2)表示，把对叶片表面的积分表示为对叶片在旋转面上的投影面的积分，则方程(6-57)可表示为

$$\rho' = \frac{1}{4\pi c_0^2} \sum_{m=-\infty}^{\infty} \sum_{n=1}^{\infty} \frac{J_m(\kappa_{m,n}r)\,\mathrm{e}^{\mathrm{i}m\varphi}}{\Gamma_{m,n}} \int_{-\infty}^{\infty} \frac{\mathrm{e}^{-\mathrm{i}(\gamma_{n,m}^{\pm}x_1 + \omega t)}}{k_{n,m}} \times \int_A J_m(\kappa_{m,n}r')\,\mathrm{e}^{-\mathrm{i}m\varphi'} \times$$

$$\int_{-T}^{T} \left(\frac{m}{r'}g_D^{\pm} - \gamma_{n,m}^{\pm}g_T^{\pm}\right) \mathrm{e}^{\mathrm{i}(\omega - m\Omega)\tau}\,r'\,\mathrm{d}\tau\,\mathrm{d}r'\,\mathrm{d}\varphi'\,\mathrm{d}\omega \qquad (6-58)$$

式中

$$g_\alpha^{\pm} \equiv \frac{f_\alpha^{(1)}}{|n_1^{(1)}|}\mathrm{e}^{\mathrm{i}\gamma_{n,m}^{\pm}y_1^{(1)}} + \frac{f_\alpha^{(2)}}{|n_1^{(2)}|}\mathrm{e}^{\mathrm{i}\gamma_{n,m}^{\pm}y_1^{(1)}}, \quad \alpha = T, D \qquad (6-59)$$

而 $n_1^{(1)}$ 表示叶片叶背表面法向单位矢量 $\mathbf{n}^{(1)}$ 在 y_1 方向的分量。假定叶背和叶盆表面声源的延迟时间可以忽略，则有 $g_\alpha^{\pm} = \bar{f}_\alpha \exp(\mathrm{i}\gamma_{n,m}^{\pm}, y_1^c)$，$y_1^c(r,\varphi')$ 是在旋转坐标系中叶片弦长方向坐标的轴向投影。$\bar{f}_\alpha$ 为

$$\bar{f}_\alpha \equiv \frac{f_\alpha^{(1)}}{|n_1^{(1)}|} + \frac{f_\alpha^{(2)}}{|n_1^{(2)}|}, \quad \alpha = T, D \qquad (6-60)$$

表示在点 (r',φ') 处作用在叶片上单位投影面上的推力或阻力。应用这一近似之后，方程(6-59)可化简为

$$\rho' = \frac{1}{4\pi c_0^2} \sum_{m=-\infty}^{\infty} \sum_{n=1}^{\infty} \frac{J_m(\kappa_{m,n}r)\,\mathrm{e}^{\mathrm{i}m\varphi}}{\Gamma_{m,n}} \int_{-\infty}^{\infty} \frac{\mathrm{e}^{-\mathrm{i}(\gamma_{n,m}^{\pm}x_1 + \omega t)}}{k_{n,m}} \times \int_A J_m(\kappa_{m,n}r')\,\mathrm{e}^{\mathrm{i}(\gamma_{n,m}^{\pm}y_1^c - m\varphi')} \times$$

$$\int_{-T}^{T} \left(\frac{m}{r'}\bar{f}_D - \gamma_{m,m}^{\pm}\bar{f}_T\right) \mathrm{e}^{\mathrm{i}(\omega - m\Omega)\tau}\,r'\,\mathrm{d}\tau\,\mathrm{d}r'\,\mathrm{d}\varphi'\,\mathrm{d}\omega \qquad (6-61)$$

上式即为只考虑偶极子声源项的风扇/压气机噪声分析的管道声学模型的表达式。

6.7.3 风扇/压气机单音噪声计算

方程(6-61)是适用于风扇/压气机宽频噪声和离散单音噪声预测的一般模型。宽频噪声是由叶片表面随机脉动力产生的，而单音噪声是由叶片表面周期性变化的非稳定力产生的。本节仅对在风扇/压气机噪声中占主导地位的单音噪声进行分析。

对单音噪声,因为对应的叶片力是周期性的,因此可以用 Fourier 级数表示为

$$\overline{f}_\alpha = \sum_{p=-\infty}^{\infty} F_p^\alpha \mathrm{e}^{-\mathrm{i}p\Omega\tau}, \quad \alpha = T, D \tag{6-62}$$

其中 Fourier 系数为

$$F_p^\alpha = \frac{\Omega}{2\pi} \int_0^{2\pi/\Omega} \overline{f}_\alpha \mathrm{e}^{\mathrm{i}p\Omega\tau} \,\mathrm{d}\tau \tag{6-63}$$

把式(6-62)代入式(6-61),注意到

$$\lim_{T\to\infty} \int_{-T}^{T} \mathrm{e}^{\mathrm{i}(\omega-s\Omega)\tau} \,\mathrm{d}\tau = 2\pi\delta(\omega - s\Omega) \tag{6-64}$$

并令

$$s = m + p \tag{6-65}$$

如果把对 m 和 p 的求和用对 s 和 p 的求和代替,则可得到声场的 Fourier 级数表示式为

$$\rho' = \sum_{s=-\infty}^{\infty} \rho_s(x) \mathrm{e}^{-\mathrm{i}s\Omega t} \tag{6-66}$$

式中,s 次的谐波为

$$\rho_s(x) = \frac{1}{2c_0^2} \sum_{p=-\infty}^{\infty} \sum_{n=1}^{\infty} \frac{J_m(\kappa_{m,n}r)}{\Gamma_{m,n}k_{n,m,s}} \mathrm{e}^{\mathrm{i}(m\varphi - \gamma_{n,m,s}^\pm x_1)} \times (m\overline{D}_{n,m,p}^\pm - \gamma_{n,m,s}^\pm \overline{T}_{n,m,s}^\pm) \tag{6-67}$$

式中

$$k_{n,m,s} \equiv k_{n,m}\left(\frac{\Omega s}{c_0}\right) = \sqrt{\frac{\Omega^2 s^2}{c_0^2} - \beta^2 \kappa_{m,n}^2} \tag{6-68}$$

$$\gamma_{n,m,s}^\pm \equiv \gamma_{n,m,s}^\pm\left(\frac{\Omega s}{c_0}\right) = \frac{Ma\Omega s}{\beta^2 c_0} \pm \frac{k_{n,m,s}}{\beta^2} \tag{6-69}$$

$$\left.\begin{array}{l} \overline{T}_{n,m,p}^\pm \equiv \displaystyle\int_A J_m(\kappa_{m,n}r') \, \mathrm{e}^{\mathrm{i}(\gamma_{n,m,s}^\pm y_1^c - m\varphi')} F_p^{\mathrm{T}} r' \mathrm{d}r' \mathrm{d}\varphi' \\[2mm] \overline{D}_{n,m,p}^\pm \equiv \displaystyle\int_A J_m(\kappa_{m,n}r') \, \mathrm{e}^{\mathrm{i}(\gamma_{n,m,s}^\pm y_1^c - m\varphi')} F_p^{\mathrm{D}} \mathrm{d}r' \mathrm{d}\varphi' \end{array}\right\} \tag{6-70}$$

式(6-66)说明声压脉动是由无限个关于轴通过频率 Ω 的谐波叠加而成的,而这些单音谐波的幅值由称为"模态"的项按式(6-67)叠加得出。对于具有 B 个相同叶片的转子,各个叶片上非定常脉动力的幅值 F_p^α 是一样的,只差一个相位,假定 $k=1$ 叶片上的作用力为 $f_\alpha^0(r',\varphi',\tau)$,则第 k 个叶片上作用力可表示为 $f_\alpha^0\left[r',\varphi'-\dfrac{2\pi}{B}(k-1),\tau+\dfrac{2\pi}{\Omega B}(k-1)\right]$,则有

$$\overline{f}_\alpha = \sum_{k=1}^{B} f_\alpha^0\left[r',\varphi'-\frac{2\pi}{B}(k-1)\right], \quad \alpha = T, D \tag{6-71}$$

把上式应用于式(6-73),得

$$F_p^\alpha = \sum_{k=1}^{B} \mathrm{e}^{-\mathrm{i}2\pi(k-1)p/B} F_{\alpha,p}^0\left[r',\varphi'-\frac{2\pi}{B}(k-1)\right], \quad \alpha = T, D \tag{6-72}$$

式中

$$F_{\alpha,p}^0(\alpha',\varphi') = \frac{\Omega}{2\pi} \int_0^{2\pi/\Omega} \mathrm{e}^{\mathrm{i}p\Omega\tau} f_\alpha^0(r',\varphi',\tau) \,\mathrm{d}\tau, \quad \alpha = T, D \tag{6-73}$$

把式(6-72)代入式(6-67),并变换积分变量 φ' 为 $\varphi' - 2\pi(k-1)/B$,注意到

$$\sum_{k=1}^{B} \mathrm{e}^{-\mathrm{i}s2\pi(k-1)/B} = \begin{cases} B & s = qB \\ 0 & s \neq qB \end{cases} \quad q = 0, \pm1, \pm2, \cdots \tag{6-74}$$

即只有叶片通过频率 $B\Omega$ 的谐波才对式(6-65)的求和有贡献,得到如下关系:

$$\rho' = \sum_{s=-\infty}^{\infty} \rho_{sB}(x) e^{-isB\Omega t} \tag{6-75}$$

$$\rho_{sB}(x) = \frac{B}{2c_0^2} \sum_{p=-\infty}^{\infty} \sum_{n=1}^{\infty} \frac{J_m(\kappa_{m,n}r)}{\Gamma_{m,n}k_{n,m,sB}} e^{i(m\varphi - \gamma_{n,m,s}^{\pm}B x_1)} (mD_{n,m,p}^{\pm} - \gamma_{n,m,sB}^{\pm}T_{n,m,p}^{\pm}) \tag{6-76}$$

式中

$$\left.\begin{array}{l}
\overline{T}_{n,m,p}^{\pm} \equiv \displaystyle\int_{A_0} J_m(\kappa_{m,n}r') e^{i(\gamma_{n,m,s}^{\pm}y_1^c - m\varphi')} F_{T,p}^0 r' dr' d\varphi' \\[3mm]
\overline{D}_{n,m,p}^{\pm} \equiv \displaystyle\int_{A_0} J_m(\kappa_{m,n}r') e^{i(\gamma_{n,m,s}^{\pm}y_1^c - m\varphi')} F_{D,p}^0 dr' d\varphi'
\end{array}\right\} \tag{6-77}$$

式中,积分域 A_0 表示单个叶片在旋转平面的投影面积。

6.7.4　叶轮机单音噪声传播特性分析

由方程(6-67)和方程(6-68)知,当 $k_{n,m,s}$ 为虚数时,即

$$\beta^2 \kappa_{m,n}^2 > \frac{s^2 B^2 \Omega^2}{c_0^2} \tag{6-78}$$

$\rho'(x,t)$ 将随 $|x_1|$ 的增大以指数规律衰减。所以式(6-78)称为"截止"条件。

当叶片上的作用力仅为稳态力,即 $p=0$ 时,$m=sB$,特征值 $\kappa_{sB,n}$ 由方程 $J'_{sB}(\kappa_{sB,n}\gamma_d)=0$ 确定,因为这个方程的最小根 $\kappa_{sB,1}$ 比 sB/r_d 大,因此截止条件式(6-78)可写为

$$\beta^2 \frac{s^2 B^2}{r_d} > \frac{\Omega^2 s^2 B^2}{c_0^2} \tag{6-79}$$

此式等价于 $Ma_r^2 = Ma_t^2 + Ma^2 < 1$。也就是说,如果相对于叶片的气流马赫数 $Ma_r < 1$,稳态叶片力产生的声波将会被"截止"。对于亚声速风扇/压气机。离散单音噪声是由于非稳态叶片气动力产生的,此时 $p \neq 0$,最小特征值 $\kappa_{m,n}$ 满足 $\kappa_{m,1} > m/r_d$,因此截止条件式(6-78)可写为

$$\beta^2 \left(\frac{sB-p}{sB}\right)^2 > \frac{s^2 B^2 \Omega^2}{c_0^2} \tag{6-80}$$

即

$$\left| \frac{sB-p}{sB} \right| > \frac{Ma_t}{\sqrt{1-Ma^2}} \tag{6-81}$$

上式说明,对于非稳态叶片力,即使在亚声速叶尖速度下也会有声模态传播。

6.7.5　叶轮机辐射声功率计算

根据声强 $\overline{I}_{sB}$ 与声功率 G_{sB} 的关系,可以确定 sB 次谐波的声功率为

$$G_{sB} = \mp \lim_{x_1 \to \mp\infty} 2\int_0^{2\pi} \int_0^r \overline{I}_{sB} r dr d\varphi \tag{6-82}$$

由声强与声压 p_{sB} 和传声介质脉动速度 U_{sB} 的关系得声强 $\overline{I}_{sB}$ 为

$$\overline{I}_{sB} = (1+Ma^2) p_{sB} U_{sB}^* + \frac{Ma}{\rho_0 c_0} |p_{sB}|^2 + \rho_0 c_0 Ma |U_{sB}|^2 \tag{6-83}$$

式中
$$p_{sB} = c_0^2 \rho_{sB} \tag{6-84}$$

$$\frac{\partial p_{sB}}{\partial x_1} = \rho_0 c_0 \left(\frac{\mathrm{i} s B \Omega}{c_0} - Ma \frac{\partial}{\partial x_1} \right) U_{sB} \tag{6-85}$$

由式(6-84)、式(6-85)和式(6-76)得

$$U_{sB} = \frac{1}{\rho_0 c_0} \frac{B}{2} \sum_{p=-\infty}^{\infty} \sum_{n=1}^{\infty} \frac{J_m(\kappa_{m,n} r)}{\Gamma_{m,n} k_{m,n,sB}} \mathrm{e}^{\mathrm{i}(m\varphi - \gamma_{n,m,sB}^{\pm} x_1)} \times \lambda_{n,m,sB}^{\pm} (m D_{n,m,p}^{\pm} - \gamma_{n,m,sB}^{\pm} T_{n,m,sB}^{\pm}) \tag{6-86}$$

式中
$$\lambda_{n,m,sB}^{\pm} = - \frac{\gamma_{n,m,sB}^{\pm} \beta^2}{(\Omega s B / c_0) \pm Ma k_{n,m,sB}} \tag{6-87}$$

把式(6-76)和式(6-87)代入式(6-83),其结果代入式(6-82),得声功率

$$G_{sB} = \frac{B^2 \beta^4}{2\rho_0 c_0} \left(\frac{\Omega s B}{c_0} \right) \sum_{\substack{p,n \text{满足} \\ \beta^2 k_{m,n}^2 < \left(\frac{\Omega s B}{c_0} \right)^2}} \frac{|m D_{n,m,p}^{\pm} - \gamma_{n,m,p}^{\pm} T_{n,m,p}^{\pm}|^2}{\kappa_{m,n} k_{n,m,sB} \left(\frac{\Omega s B}{c_0} \pm Ma k_{n,m,sB} \right)} \tag{6-88}$$

6.8　基于 CFD 技术的叶轮机噪声计算方法

6.8.1　概述

众所周知,Lighthill 声类比理论最关键的一步就是假设由于流体运动产生的声源是预先知道的(即所谓的"拟声源"假设),然后由不同的方法(实验或者数值计算方法)分别得到流场解和声场解,这个至关重要的假设使得 Lighthill 基本理论在实际问题中获得了极其广泛的应用。但是,从另一个方面来看,它也导致了一些新的问题。由于流场和声场控制方程是一致的,理论上可以从基本方程出发直接得到流场解和声场解,将流场和声场人为地分开以后,就相当于人为地忽略了声场和流场之间的相互作用,无法分析声波在流体中如何产生、传播等基本问题,Lighthill 声类比理论实际上是一种"黑箱理论"。

20 世纪 90 年代以前的叶轮机噪声预测主要依赖于经验公式或者基于 Lighthill 声类比理论的管道声学模型等方法,但是,如前所述,这些方法或者缺乏对叶轮机设计参数与噪声结果的关联,或者缺乏对叶轮机内部噪声产生物理机制的刻画,使得这些方法在进行叶轮机低噪声设计等时就受到了很大的限制。因此,在气动声学研究领域,人们一直在发展能够对流体产生声音的内部机制、声波与气流的相互作用等过程进行分析的理论模型和计算方法,直接求解非定常 N-S 方程并同时获得流场和声场的方法是最受关注和得到广泛发展的方法,因为在可压的非定常 N-S 方程数值计算结果中,包含了非定常流场的信息和气动噪声信息。

但是,由于声变量和产生声场的流动变量之间在能量和尺度上差别很大,而且人们对噪声问题关心的范围,往往需要在较大的空间尺度计算声波的传播,这就使得直接通过在全场中求解 N-S 方程并同时获得流场和气动声场,无论是对计算机硬件还是对数值计算方法等都有非常高的要求,是目前工程上难以实现的。为了既能在计算模型中反映叶轮机结构设计参数和气动设计参数变化对噪声的影响,又能保证计算快捷,近年来在叶轮机噪声设计工作中,发展了叶轮机流场/声场混合计算方法(也称之为 CFD/CAA 混合方法)。在这种方法中,计算

域被分成不同的部分,流场(源域)和声场(声学传播域)采用不同的方程、数值方法和网格来求解。由于声传播可以采用线化 Euler 方程,因此,通常的计算方法是首先通过求解非定常 N-S 方程对叶轮机声源部件周围近场流场进行计算,然后通过求解线化 Euler 方程对远场声场进行计算。

如图 6-31 所示的是典型的大涵道比涡轮风扇发动机,在气动声源域,也就是叶片临近区域,流动变量如压力、速度、密度等的非定常分量与流场的定常(时均)分量有相同的量级,因此控制方程是非线性、时间依赖和有旋的。这里的非定常流场需要用大涡模拟(LES)或者雷诺平均(URANS)模拟计算;在风扇上游、内外涵道下游及自由流场等远离叶片的声传播域,非定常成分相比定常(平均)量很小,可以近似认为是线性过程,这样就能够用更有效的线化 Euler 方程(或者常说的 CAA)或解析方法求解。

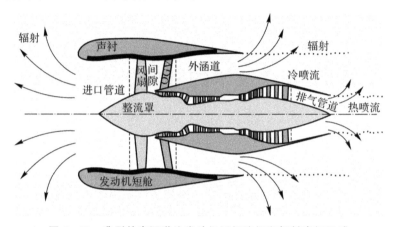

图 6-31　典型的高涵道比发动机近场流场和辐射声场区域

在 CFD/CAA 混合计算方法中,准确预测声辐射的关键是如何将近场流场的计算与远场声场的计算相耦合,也就是如何根据近场流场计算结果获得远场声场计算的声源项。通常用于混合算法的耦合方式可以分成两种策略,即声学边界方法(acoustic boundary conditions)和等效源方法(equivalent sources),如图 6-32 所示。其中声学边界方法是通过使用包围声源的面上的声信息作为声模拟的输入边界来直接与传播域耦合;而等效源方法则是用等价的源分布代替源域,再应用 Lighthill 声类比方法(例如用 FW-H 方程)求解。

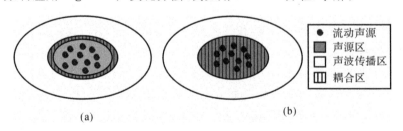

图 6-32　流场/声场声学边界方法和等效源方法

(a)声学边界方法;　(b)等效源方式

等效源方法本质上是基于 Lighthill 声类比理论的基本思想,作为气动声学理论的重要方法,被广泛地应用于流场/声场混合方法中。从声信号传播的角度来看,等效源方法本质就是一种声波信息的间接提取方法。从 CFD 计算结果中提取声源的准确信息是等效源方法的关键,通常采用时域-频域计算公式的转换,实现对宽频率范围内的气动噪声的预测。

声学边界耦合方法是基于在围绕源域边界面的声变量能够从合适的流场域模拟中得到,声信息能够用特定类型的边界耦合到声波传播方程,例如最常见的 Kirchhoff 面积分方法、FW - H pds 面方法(沿可穿透数据面求解 FW - H 方程方法)等。声学边界耦合方法本质就是一种声波信息的直接提取方法,从误差传递的角度考虑,耦合过程产生的误差最小,Lebrun 等人的对比分析表明,用这种方法计算叶轮机单音噪声精度较高。但是,由于实际流场/声场交界面无法选择到使得声学方程与 N - S 方程等价的足够远的声传播区域,交界面上流动在两个区域的不连续会造成非物理反射;另一方面,声源区域的流场计算必须确保声信息准确传播。因此,高精度的声源区域流场计算(无反射边界条件)与合理耦合方式的选择等,是应用声学边界耦合方法的关键所在。目前,对于叶轮机声场计算,最普遍的声学边界耦合方法是压力模态匹配方法(TPP),基于模态匹配方法,就可以从近场流场计算结果中提取出叶轮机各阶管道声模态量。

6.8.2　压力模态匹配方法

叶轮机管道压力模态匹配方法是由 Nick C. Ovenden 和 Sjoerd W. Rienstra 等人于 2003 年提出并发展起来的,它能够从风扇或涡轮管道的复杂流场中精确地提取出转静干涉生成的单音噪声。

为了捕捉所有类型的声源,通过模态分离的方式能够从交界面的 CFD 数据中获取声模态信息,同时移除边界虚假反射。为避免多个变量不一致的情况,通过单变量(压力)来进行匹配,然而在一个轴平面上使用单变量匹配没有足够的信息来分离左伸波和右伸波,所以匹配平面至少需要扩展到 3 个。为了简化,这种方法假设管道中的平均流场为沿截面近似均匀的,轴向速度、平均密度和声速等截面平均值等于非定常 CFD 计算结果的平均值。

首先在叶轮机近场流场管道中选择 3 个相近的轴平面作为流场与声场之间的交接面,如图 6 - 33 所示。为了保证计算精度,在交接面附近的管道截面不能发生大的变化。非定常 CFD 计算得到的交接面处的流场分解为定常(平均流场)和非定常流场部分,理论的线性计算和波分裂都要求数据是在固定的位置和频率下。在转子叶片的非定常 CFD 计算中,频率通过周向谐波来固定(即一阶叶片通过谐波在周向会被静止观测者以 1 倍叶片通过频率听到)。在非线性流场计算中,要求首先进行时间的 Fourier 变换,以得到给定频率的结果。

对声场进行时间和空间 Fourier 分解,如果 $p(x,r,\theta,t)$ 的时间周期为 $2\pi/\Omega$,则可分解成

$$p(x,r,\theta,t) = \sum_{n=-\infty}^{\infty} \sum_{m=-\infty}^{\infty} p_m(x,r;n\Omega) \mathrm{e}^{\mathrm{i}n\Omega t - \mathrm{i}m\theta} \qquad (6-89)$$

对 Fourier 变化的 (ω,m) 成分 $p(x,r)$,能够被写成左伸和右伸模态的求和:

$$p(x,r) = \sum_{\mu=-\infty}^{\infty} A_\mu \psi_\mu(X,r) \mathrm{e}^{-\mathrm{i}\int^x k_\mu(\varepsilon\sigma)\mathrm{d}\sigma} \qquad (6-90)$$

式中,$\mu = 0$ 不包括在内(μ 表示径向模态数)。函数 $\psi_\mu(X,r)$ 代表左伸($\mu > 0$)和右伸($\mu < 0$)缓慢变化压力模态的基函数。

假设三个轴平面 $x = x_0, x_1, x_2 (x_0 < x_1 < x_2)$ 代表匹配区域,在 $x = x_i$,压力的 Fourier 分

解 (ω, m) 分量表示为 $P_i(r)$，就能得到

$$\sum_{\mu=-Ma}^{Ma} A_\mu \psi_i(X, r) e^{-i\int_{x_0}^{x_i} k_\mu(\varepsilon\sigma)d\sigma} = P_i(r) \tag{6-91}$$

传播波、反射波及其变化关系如图 6 - 33 所示。

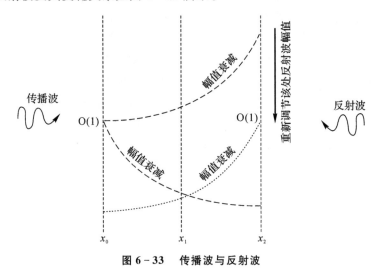

图 6 - 33　传播波与反射波

式 (6-91) 两边各自乘以相应基函数的复共轭，然后在各管道截面积分就得到了 A_μ 为未知量的超定方程组

$$Ma = p_0, \quad Na = p_1, \quad Qa = p_2 \tag{6-92}$$

通过最小二乘法求解得到每个径向模态的波振幅。

该方法最吸引人的地方是它的简单和易于执行性。基于通过匹配交界面三个相邻轴平面上的模态分解，模态振幅通过最小二乘法来确定。该方法的另外一个优点是左伸和右伸波被分离开来，这样使得对计算源域的边界条件敏感度较低。

6.8.3　声传播计算对网格的要求

非定常 CFD 计算能否准确捕捉到声场信息主要受到计算网格和边界条件处理方法等的影响。合理的计算网格设计非常重要，网格过疏，无法准确地模拟声场；网格过密，则会浪费有限的计算资源。

下面以二维流场中声传播和反射为例，说明应用非定常 CFD 计算声场辐射对网格的要求，得到计算误差与网格密度关系图线。对于声场计算，网格尺度主要取决于每个声波波长中网格点数的选取。单位波长网格点数 N_θ 的计算式是

$$N_\theta = \frac{2\pi}{(k_y \Delta y)} \tag{6-93}$$

声波的截止率是

$$\zeta = \frac{(\omega\Delta t)(2\pi/k_y\Delta y)}{2\pi(c\Delta t/\Delta y)\sqrt{1-\overline{Ma}^2}} = \frac{\omega}{ck_y\sqrt{1-\overline{Ma}^2}} \tag{6-94}$$

非定常计算中选择时间方向每周期点数 $N_t = \dfrac{t_{2\pi}}{\Delta t}$，其中时间周期为

$$t_{2\pi} = \frac{N_\theta \Delta y}{\xi c \sqrt{1 - \overline{Ma}^2}} \qquad (6-95)$$

按照表 6-1 中的计算条件，对不同的 N_θ 与 ξ 取值条件下的二维声场进行了计算，每种计算包含了顺流和逆流两种情况，总共 48 个状态。

表 6-1 2D 数值实验计算条件及状态

项目	无量纲量	符号	基本量	计算范围
CFD 程序设置	雷诺数	Re	10^6	
	精度选项		2 阶	
网格设置	单元格长宽比	$\Delta x / \Delta y$	1.0	
	偏斜角 /(°)	α	0.0	
流动依赖参数设置	平均流马赫数	$\overline{Ma}$	0.4	
	每周向波长点数	N_θ	20	5,10,20,40,80,160
	截止率	ξ	1.1	1.1,1.5,3.0,5.0

计算域如图 6-34 所示，计算网格的尺度取典型发动机风扇气动 CFD 数值计算的尺寸，$\Delta y = 2.5 \times 10^{-3}$ m。计算条件是，主流静温为 288 K，主流静压为 101 kPa。输入声波振幅应该充分小，保证能忽略非线性影响，这里的算例取 SPL 为 130 dB，声波峰值压力变化为 $\widetilde{p} = 89$ Pa。所有输入波在 y 方向是正弦形的，在复平面向正 y 方向移动，其复数形式为

$$p = \widetilde{p} \exp(i\omega t - i k_y y) \qquad (6-96)$$

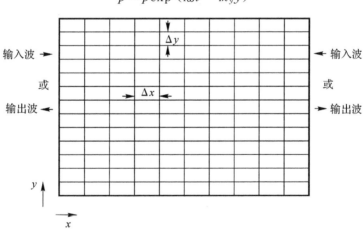

图 6-34 计算网格示例及输入 / 输出(气流方向为从左到右)

计算结果的后处理采用波分裂(wave splitting method)技术，这种方法同样滤除了边界上的虚假反射。得到截通模态振幅误差 $\Delta\varepsilon$ 和单位"真实"波长点数 Nave 的关系之后，对 Nave $= 5 \sim 50$ 之间的数据进行最小二乘拟合，给出拟合直线和拟合系数作为三维计算网格要求的参照。其中 Nave 用下式计算：

$$\frac{1}{\text{Nave}^2} = \frac{1}{\text{pplx}^2} + \frac{1}{\text{pply}^2} \tag{6-97}$$

式中，pplx 和 pply 分别表示轴向和周向单位波长的点数。计算结果如图 6-35 所示，横坐标为单位"真实"波长点数，纵坐标为单位轴向距离 S（垂直于波阵面的"真实"波长）声波幅值的衰减。

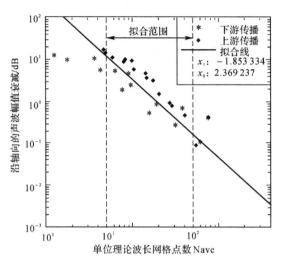

图 6-35　二维流场声波振幅衰减随每波长点数变化

6.8.4　管道声类比法

管道声类比法是以 Goldstein 管道内气动噪声基本方程——声类比基本方程为基础，通过将叶轮机非定常流场数值模拟结果与 Goldstein 方程有效耦合，实现对叶轮机单音噪声的模拟。根据方程（6-53）可知，声场计算主要的输入参数是叶片表面载荷力 $\boldsymbol{F}$ 以及叶片表面几何参数。假设气体是无黏的，叶片表面上的力 $\boldsymbol{F}$ 垂直于叶片表面，即 $\boldsymbol{F} = P\boldsymbol{n}$，$P$ 是叶片表面压力，$\boldsymbol{n}$ 是叶片表面法向量。因此，方程（6-53）可以写成

$$p(\boldsymbol{x}, t) = \int_{-T}^{T} \int_{S_F(\tau)} \boldsymbol{n}(\boldsymbol{y}) \cdot \boldsymbol{\nabla} G(\boldsymbol{x}, \boldsymbol{y}, t-\tau) \cdot P(\boldsymbol{y}, \tau) \mathrm{d}s(\boldsymbol{y}) \mathrm{d}\tau \tag{6-98}$$

将方程（6-42）带入方程（6-98）并进行 Fourier 变换，得到

$$p(\boldsymbol{x}, \omega) = \sum_m \sum_n p_{mn}(\omega) \Psi_{m,n}(\kappa_{m,n} r) \exp(im\phi - i\gamma_{n,m} x_1) \tag{6-99}$$

式中，$\gamma_{n,m} = \dfrac{Mak_0}{\beta^2} \pm \dfrac{k_{n,m}}{\beta^2}$，正号表示观测点在叶排上游，负号表示观测点在叶排下游；$p_{mn}(\omega)$ 是对应频率下 (m, n) 阶模态振幅，其表达式是

$$p_{mn}(\omega) = \frac{1}{2i\Gamma_{m,n}\kappa_{m,n}} \int_{S_F} \{\Psi_{m,n}(\kappa_{m,n}\bar{r}) \cdot \boldsymbol{n} \cdot \boldsymbol{\nabla}[\exp(-im\bar{\phi} + i\gamma_{n,m}y_1)]P(\boldsymbol{y}, \omega - m\Omega)\} \mathrm{d}s(\boldsymbol{y})$$

$$\tag{6-100}$$

式中，Ω 表示转子转速（对于静子而言，$\Omega = 0$）。假设式中的面积积分在 Q 个叶片上进行，为了减小积分的区域，任选一个叶片作为参考叶片，指定该叶片编号为 0，随着 ϕ' 的增大，其他叶片

的编号分别是 1 到 $(Q-1)$。假设叶片 0 上的压力为 $P_l(\boldsymbol{y}, \omega - m\Omega)$，其中 $\boldsymbol{y}$ 是叶片 0 上的点 $(r'$，$y_1, \bar{\phi})$，则第 l 个叶片上对应的点是 $(r', y_1, \bar{\phi} - 2\pi l/Q)$。$Q$ 个叶片对 p_{mn} 的总贡献是

$$p_{mn}(\omega) = \frac{1}{2\mathrm{i}\Gamma_{m,n}\kappa_{m,n}} \int_{S_F} \boldsymbol{\Psi}_{m,n}(\kappa_{m,n}\bar{r}) \cdot \boldsymbol{n}(\boldsymbol{y}) \cdot \boldsymbol{\nabla}\left[\exp\left(-\mathrm{i}m\bar{\phi} + \mathrm{i}\gamma_{n,m}y_1\right)\right] \cdot$$

$$\left[\sum_{l=0}^{Q-1} P_l(\boldsymbol{y}, \omega - m\Omega)\exp\left(\mathrm{i}2\pi ml/Q\right)\right]\mathrm{d}s(\boldsymbol{y}) \tag{6-101}$$

每个模态对应的声功率通量 $W_{mn}(\omega)$ 的表达式可以写成

$$W_{mn}(\omega) = \frac{\pi(r_T^2 - r_H^2)}{\rho_0 U} \cdot \frac{\mp Ma^2(1 - Ma^2)^2(\omega/U)k_{mn}(\omega)}{\left[\omega/c_0 \pm Mak_{mn}(\omega)\right]^2} \cdot p_{mn}(\omega) \tag{6-102}$$

式中，r_T 和 r_H 分别是机匣半径和轮毂半径，ρ_0 是主流密度。$\mp$ 和 $\pm$ 上面的符号表示声源上游（负的 x_1 方向）传播方向，下面的符号表示声源下游（正的 x_1 方向）传播方向。

对所有模态下的声功率通量进行求和，得到某一频率下的声通量 $W(\omega)$，其表达式为

$$W(\omega) = \sum_m \sum_n W_{mn}(\omega) \tag{6-103}$$

对于单音噪声而言，噪声频率位于叶片通过频率以及其高次谐波上，即

$$\omega = sB\Omega \quad s = 1,2,\cdots \tag{6-104}$$

式中，B 是转子叶片数。由管道声学理论可知

$$m = sB \pm qV \quad q = 1,2,\cdots \tag{6-105}$$

式中，V 是静子叶片数。对所有基频及其高次谐波下的声通量进行积分，得到单音噪声总的声功率

$$\text{Power} = \sum_{s_1} W(sB\Omega) \tag{6-106}$$

由式 $(6-101)$ 可知，要计算某个频率下不同模态噪声的振幅 $p_{mn}(\omega)$，需要获得叶片表面对应频率下的气动载荷力。对于单音噪声而言，噪声源是转静干涉产生的周期性非定常气动载荷力（即叶片表面周期性脉动的非定常压力）。

通过 URANS 可以获得叶片表面不同位置处的周期性非定常压力 p_l，如图 6-36 所示。对整个叶片不同位置的周期性非定常压力进行叠加就可以获得整个叶片的周期性非定常载荷力。需要注意的是，这种叠加需要考虑叶片表面不同位置压力脉动的方向和相位。最后利用方程 $(6-101)$ 计算获得对应频率下模态为 (m,n) 的幅值，进而利用方程 $(6-102)$ 与方程 $(6-103)$ 获得该噪声模态对应的声功率通量以及对应频率下的声功率。

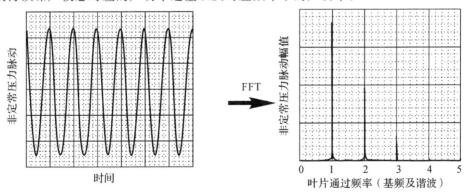

图 6-36　获得叶片表面非定常载荷力基频及其高次谐波流程

6.8.5 计算实例

1.压力模态匹配方法计算实例

在欧洲 TurboNoise CFD 项目中,Rolls-Royce 公司基于真实发动机的几何数据,研究了风扇转静干涉噪声的生成。在该计算实例中,除了出口导叶后的区域,发动机管道沿轴向是明显变化的,如图 6-37 所示,管道为硬壁面。

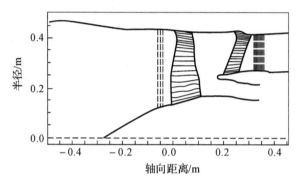

图 6-37　Rolls-Royce 公司计算的风扇/出口导叶几何

该风扇级动叶数 $B=26$,出口导叶数 $V=65$,发动机涵道比为 4.7。Rolls-Royce 公司采用三维 N-S 计算程序 HYDRA 对风扇设计 60％转速(640.377 rad/s)状态下的非定常流场进行了计算,计算采用非结构化网格,选用标准壁面函数的 Spallart-Almaras 湍流模型。一个转子叶片通道计算网格为 220 万节点,一个出口导叶通道计算网格为 136 万节点,计算采用比例为 26/65 的相位滞后周期性边界条件,在计算域进出口则使用一维无反射边界条件。图 6-38 中给出了在 $x=0.340$ m 位置平均流的速度分布。由图 6-38 可以看出,平均流几乎不含有任何旋流,但是在端壁区域包含旋涡流动。平均流动中的平均轴向马赫数 $Ma=0.44$。

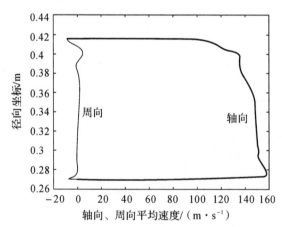

图 6-38　$x=0.340$m 位置轴向和周向平均气流速度分布

基于非定常流场计算结果,采用 TPP 模态匹配方法计算给出了位于出口外涵管道 11 个轴平面声学计算结果。这 11 个轴平面数据位于 $x=0.320$ m 和 $x=0.360$ m 之间,该处管道平均轮毂比为 0.649。图 6-39 和图 6-40 分别给出了该风扇转静干涉二阶叶片通过频率（2BPF）、周向波数 $m=-13$ 噪声源的声压值。图中给出了 5 个截通径向声模态预测的结果。其中，图 6-39 给出了 TPP 方法预测的外机匣上传播声模态和反射声模态振幅比较，可以看出，截通模态的反射波幅值大约是它们相应传播波幅值的 20%，因此不考虑反射波的预测就会导致对传播声场的过高估计。图 6-40 给出了 TPP 方法预测的 5 个截通径向声模态传播波在外机匣不同轴向位置的声压幅值，可以看出，不同模态的声压级有明显差异，一阶、三阶和四阶径向模态声压级较强，而二阶和五阶声模态声压级较弱。

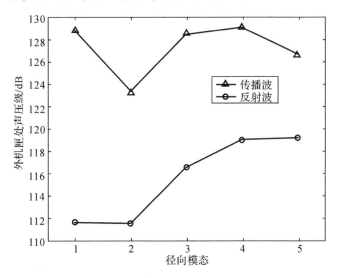

图 6-39　TPP 方法预测的 $x=0.348\mathrm{m}$ 位置外机匣上传播与反射声模态声压级(SPL)

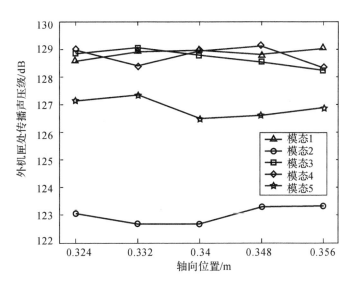

图 6-40　TPP 方法预测的 5 个不同轴向位置径向模态在外机匣的声压级(SPL)

2. 管道声类比方法计算实例

计算对象为西北工业大学单级风扇气动声学试验台，该设备的设计转速为 3 000 r/min，压比为 1.02,直径为 0.5 m,设计流量为 6.3 kg/s。风扇试验台有 19 个转子叶片和 18 个静子叶片,其几何示意图如图 6-41 所示。一个转子叶片通道计算网格为 50 万节点,一个出口导向器叶片通道计算网格为 43 万节点,计算采用比例为 19/18 的相位滞后周期性边界条件。

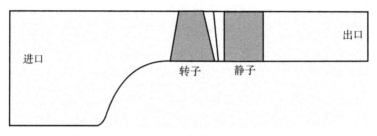

图 6-41　西北工业大学单级风扇几何示意图

图 6-42 给出了使用 CFD 获得的 1BPF 下静子叶片吸力面的非定常载荷分布云图。从图中可以看出,最大的载荷分布在静子叶片前缘,这说明,对于该研究对象来说,静子叶片前缘是单音噪声主要的噪声源。

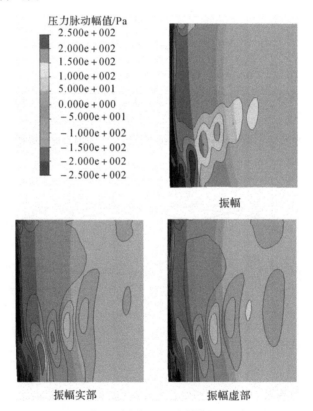

图 6-42　静子叶片表面非定常载荷分布(1BPF)

利用 CFD 计算获得的静子叶片表面周期载荷分布作为输入数据,结合气动声学管道声类比理论,可以计算获得风扇进出口噪声模态幅值以及对应的声功率。表 6-2 给出了使用管道声类比方法对该风扇级在 100% 转速和 80% 转速两个工况下向转子上游传播的单音噪声预测结果。

表 6 - 2 噪声预测结果(向前传播)

频率	模态	100%转速 /dB		80%转速 /dB	
		SPL(机匣)	PWL	SPL(机匣)	PWL
1BPF	(1,1)	111.7	102.0	108.2	98.3
2BPF	(2,1)	107.4	97.5	105.6	96.0
	(2,2)	99.1		102.2	
3BPF	(3,1)	100.8	90.6	90.1	80.3
	(3,2)	90.1		84.6	
	(3,3)	91.0		截止	

为了验证噪声预测结果的合理性,对相应工况下风扇级的单音噪声进行了实验测量,并获得了管道机匣位置不同 BPF 下的周向模态噪声幅值。由 Tyler 和 Sofrin 模态分析理论可知,100%和 80%转速工况下,都处于"截通"的噪声模态有 1BPF 下的(1,1),2BPF 下的(2,1)和(2,2),3BPF 下的(3,1)和(3,2)。由于在 2BPF 和 3BPF 下,不同径向模态的噪声存在相位叠加问题,因此,主要针对 1BPF 下(1,1)模态的噪声强度进行分析。表 6 - 3 给出了 100%设计转速和 80%设计转速下 1BPF 对应的(1,1)噪声模态强度变化的实验测量值和管道声类比法的计算值。

表 6 - 3 不同工况下 1BPF 噪声强度变化

	100%SPL /dB	80%SPL /dB	ΔSPL /dB
实验值	118.9	115.1	3.8
计算值	111.7	108.2	3.5

从表 6 - 3 可以看出,在噪声级上,预测结果与实验测量结果相差达到 7 dB。这一方面有实验测量精度的原因,另一方面,Lebrun M 的研究也表明,相比于声学边界法混合模型和分析模型而言,管道声类比法在预测精度上还需要进一步的改进。但是在噪声强度变化趋势的预测上,管道声类比法的预测结果和实验测量结果相差仅仅 0.3dB。这也表明,管道声类比法可以很好地捕获叶轮机械单音噪声的变化趋势,可以用于进行低噪声叶轮机械三维叶型的详细设计。

6.9 叶轮机噪声控制方法

控制噪声是叶轮机设计的重要内容,本节仅仅讨论如何从叶轮机设计过程中进行噪声控制,也就是讨论如何通过设计,改变气动噪声源的强度。应用消声(例如吸声衬垫)和主动噪声控制等实现的降噪这里不作讨论。在声源设计上进行噪声控制,意味着尽可能多地避免噪声产生的气动过程或降低各种噪声的产生强度,也就是减小脉动力的强度或削弱它们的声学影响。在本节,将通过对不同声源实验结果的分析,给出叶轮机降低噪声设计的方法。

6.9.1 选用合适的动静叶数目降低叶轮机噪声

根据 Tyler 和 Sofrin(1962)发展的经典管道噪声模型可以看出,由 Z 个转子叶片和 V 个静子叶片相互干涉产生的周向声模态的模态数 m 为

$$m = hZ \pm sV \qquad (6-107)$$

式中,$h=1,2,3$ 对应叶片基频和它的谐频;$s=1,2,3,\cdots$。 Tyler 和 Sofrin 已经指出,通过选择合适的动叶数和静叶数,可以使得主要的叶片单音谐波是以非传播(截止)声模态方式产生,也就是主要声模态不向管道外传播,其声波模态是一些随着离开声源距离变化成指数衰减的声模态,这样就能能实现对转静干涉单音噪声级的有效降低。

Ducan,Dawson 和 Hawes (1975) 等采用这种思想有效地降低了一轴流风扇叶片通过频率的噪声级。该风扇直径 $D=105$ mm,转速 $n=21\,000$ r/min。图 6-43 分别给出了在转静叶片数之比 $Z/V=8/7$ 和 $Z/V=10/7$ 两种情况下风扇进出口声压频谱。可以看出,在后一种情况下,叶片通过频率声压级较前者降低了近 20 dB。

在转静叶片数之比 $Z/V=8/7$ 的情形下,叶片通过频率是 2 800 Hz,根据方程(6-107),这时最低周向模态数($h=1$)是 $m=8-7=1$。对于直径是 105 mm 的管道,截止频率是 1 932 Hz(忽略了平均流动的影响)。因此,这种情况下产生的叶片通过频率噪声是传播模态。而在转静叶片数之比 $Z/V=10/7$ 的情形下,叶片通过频率是 3 500 Hz,最低的周向模态数 $m=3$。因为这个模态的截止频率是 4 410 Hz,因此其叶片通过频率噪声不能沿着管道传播。这就是为什么转静叶片数之比 $Z/V=10/7$ 产生了较低的单音噪声的原因。应用同样的方法,可以解释为什么二次谐频($2\times\mathrm{BPF}$, $h=2$)噪声也得到了降低。

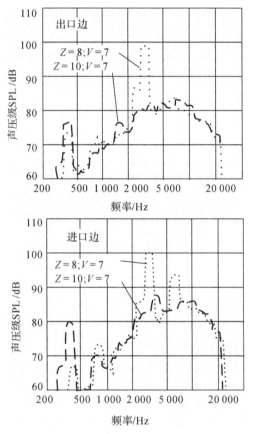

图 6-43 不同转静叶片数之比情况下风扇进出口声压频谱

Ducan,Dawson 和 Hawes(1975)同时也指出,在实际应用中,由于动静叶片间隔上制造公差等因素,不可能获得理论上的最大单音噪声级降低量。

6.9.2 增加转子、静子之间的距离

叶轮机单音噪声的一个重要的生成机理就是运动的转子与静止的导向叶片之间的干涉。通过增加转子与静子之间的距离,就可以减小转静叶片之间势场的相互作用和动叶尾迹冲击静子叶片的效果。图 6-44 为随着转子静子间距变化,上游叶片黏性尾迹变化及与下游叶片干涉示意图,可以看出,随着向下游发展,黏性尾迹迅速衰减。

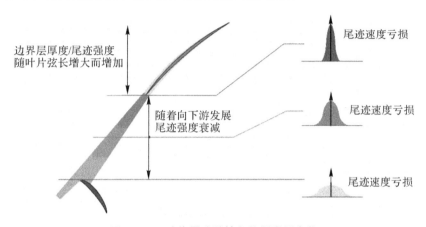

图 6-44 叶片尾迹随轴向位置发展变化

Lowson 总结了早期实验测量的转静叶片间距变化对风扇噪声影响的结果,如图 6-45 所示。当转子与静子的初始间距小于一个叶片弦长时,则间距增加 1 倍,就能实现 4dB 的降噪量。而当转静叶片轴向距离大于一个叶片弦长时,距离翻倍,则仅能降低 2dB 的噪声。图 6-46 是 Benzakein(1972)给出的转静叶片间距变化的实验数据,结果表明当发动机风扇级转静叶片轴向距离 δ 从 0.15 增大到 2 倍动叶弦长时,叶片通过频率的噪声降低了 9dB,而在宽频噪声某些位置上有 5dB 的降低。Benzakein 的实验对象风扇的叶片与径向方向倾斜 30°,如图 6-46 所示。但是,遗憾的是,这些实验结果没有指出增加转子、静子轴向距离是否影响了风扇级的气动性能。

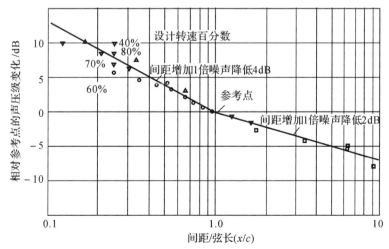

图 6-45 转静间距变化对噪声的影响

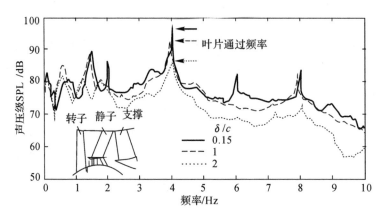

图 6 - 46　加大转静间距对噪声的影响

6.9.3　改变转静干涉的相位分布

另一个降低叶轮机气动声源强度的方法是在转静干涉非定常气动力中引入相位偏移,这种相位偏移可以是轴向、径向或周向的。相位偏移通常采用下面几种方法来实现。

1. 轴向倾斜静子叶片

倾斜静子叶片指的是静子叶片前缘相对于转子平面倾斜,这种倾斜就会使得转子尾迹与下游静子叶片的干涉在径向产生相位偏移。径向干涉相位的存在,使得声源脉动气动力互相抵消,从而减小向远场辐射的叶片通过频率噪声。图 6 - 47 给出了发动机风扇采用倾斜静子叶片噪声降低效果的实验结果(Benzakein(1972))。由图可见,即使在转静轴向间距很大时,在静叶倾斜 30°的情况下,由于径向脉动气动力互相干涉,使得叶片通过频率噪声降低了 12 dB,宽频噪声降低了 8 dB。同样,这个实验结果没有给出倾斜叶片对风扇气动性能的影响。

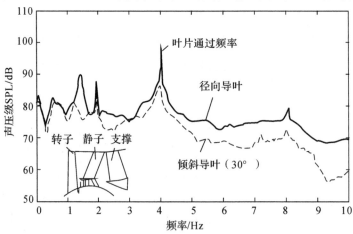

图 6 - 47　倾斜静子叶片对噪声的影响

2. 周向倾斜静子叶片

周向倾斜静子叶片是指静子叶片在周向方向倾斜,而静子叶片与转子叶片的轴向距离沿着整个径向保持不变。这种叶片倾斜设计的目的是使得转子叶片与静子叶片的干涉在周向产生相位偏移。Nemec(1967)在一个带进口叶片的直径 $D=320$ mm 的小型轴流风扇上实验研究了这种降噪设计的效果。图 6-48 给出了在恒定转子叶片数($Z=20$)下和不同的静子叶片数下,叶片通过频率及其他的谐频噪声级实验结果,图中静子叶片周向倾斜用参数 S 表示,其定义如图所示。由图 6-48 首先可以看出,静子叶片数目强烈影响叶片单音噪声级。而对于那些不恰当的动静叶片数目之比产生了很强声压级的情况,采用周向倾斜进口叶片降噪效果最为显著。可以看到,最差情况下($V=22$,直叶片)叶片通过频率声压级与最好情况下($V=30$,倾斜叶片)叶片通过频率声压级之间差别大约有 25 dB。

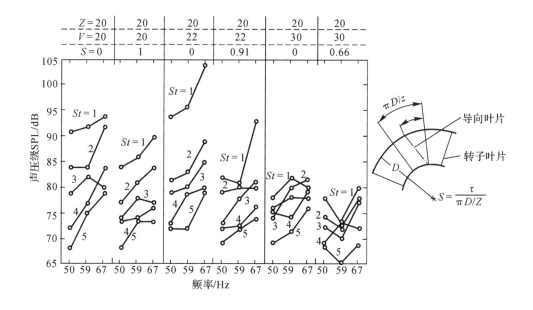

图 6-48　周向倾斜导叶对噪声的影响

Suzuki 和 Kanemitsu(1971)类似地研究了带出口叶片的风扇噪声。当采用周向倾斜 45° 的出口叶片时,能够实现 5 dB 的降噪。但是,他们发现这时最大风扇效率从 0.77 减小到 0.71。

3. 不规则静叶间距

Duncan 和 Dawson(1975)等人研究了使用轴向不规则间隔、周向不规则间隔或者轴向和周向两个方向均是不规则间隔的静子叶片实现在相邻静子叶片上脉动力的相位偏移。图 6-49 给出了一个轴流风扇($D=104$ mm,$Z=24$,$V=22$,转速 $n=11\,000$ r/min)在均匀静叶间隔和非均匀静叶间隔情况下的声压级频谱。非均匀间隔静叶的放置方式是,在每两个静子叶片中间夹的静叶都是置于相邻叶片下游 4 mm 处。由图 6-49 可以看出,非均匀间隔静叶风扇叶片基频声级降低了 7.5 dB,其一阶谐频上降低了 2~3 dB。

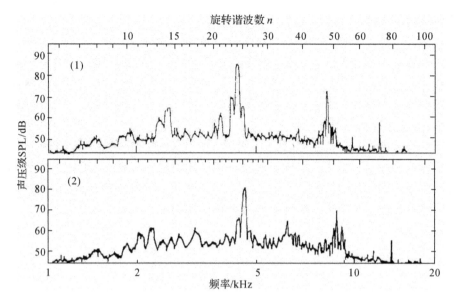

图 6 - 49 轴向不规则间隔静叶对噪声的影响

4. 阶梯静子叶片

Schaub 和 Krishnappa(1977)提出采用阶梯静子叶片降低飞机发动机噪声。所谓阶梯静子叶片就是指静子叶片弦长沿着径向方向是变化的,其结构如图 6 - 50 所示。同样,这种设计方法的目的就是使得转子叶片与静子叶片的干涉在径向产生相位偏移。图 6 - 51 给出某模型风扇在转速分别为 6 000 r/min 和 12 000 r/min 时的实验结果。可以看出,对风扇进口和出口,在很宽的方向范围内,叶片通过频率声压级都显著地降低了。但是,遗憾的是,这种设计也降低了风扇气动性能,压力效率都有明显下降。

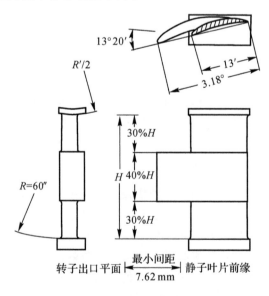

图 6 - 50 阶梯形静子叶片

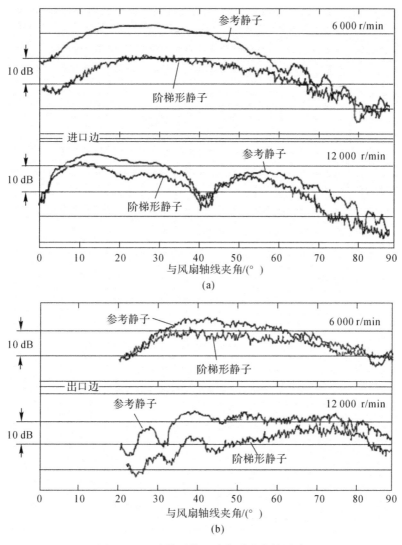

图 6-51 阶梯形静子叶片对噪声的影响

(a)转速为 6 000 r/min； (b)转速为 12 000 r/min

6.9.4 叶片设计

1.不规则动叶间隔

在无导叶的风扇中采用不规则的动叶间隔设计,可以使得单音声能分散到很宽的频率范围,从而降低噪声辐射。但是,总辐射声功率并没有改变。Mellin 和 Sovran (1970)等首先在一个有 5 个动叶的轴流风扇上证明这种方法的有效性。其后 Duncan 和 Dawson (1974)在有出口导向叶片的轴流风扇上使用不规则间距转子叶片进行降噪研究,其基本思想是非对称分布的转子尾迹与邻近静子叶片干涉产生的脉动气动力可以在相位上产生偏移,因此就能降低噪声辐射效率。这种降噪设计,使得总的辐射声都能有效降低。

图 6-52 给出了动叶直径 $D=104$ mm、转速 $n=11\,000$ r/min、静叶数目 $V=22$ 的轴流风扇噪声实验结果。图 6-52(a)表示转子叶片数目 $Z=24$ 且平均分布时测量的噪声频谱。在这个研究工作中,第一步,寻找只产生非传播模态的转子叶片数的范围 $Z_{min} \sim Z_{max}$,在这个叶片数范围内取一个中间值作为改型风扇的叶片数,最终选取的是 $Z=15$。然后按照下述的公式调整叶片的周向位置 θ_q,即

$$\theta_q = \frac{2\pi}{Z}\Big(q + \theta_0 \sin \frac{2\pi q}{Z}\Big) \tag{6-108}$$

式中,θ_q 是从一个参考叶片($q=0$)起到第 q 个叶片的角度距离,位移变量 θ_0 的振幅的选取应使得最小的角位移对应于动叶数最大时的间隔,即 $\theta_{min} \geqslant 2\pi/Z_{max}$,相应最大的角位移对应于动叶数最小时的间隔位移 $\theta_{max} \leqslant 2\pi/Z_{min}$。

图 6-52(b)给出了动叶数是 $Z=15$ 且均匀间隔情形的声压频谱,这时叶片单音基频移到了更低的频率,声压级降低了大约 11 dB。根据 $\theta_q = (2\pi/15)[q + 0.3\sin (2\pi q/15)]$ 规律的不规则动叶间隔的噪声频谱如图 6-52(c)所示,可以看出叶片单音成分呈分散形式,总声压级降低了 2.5 dB。

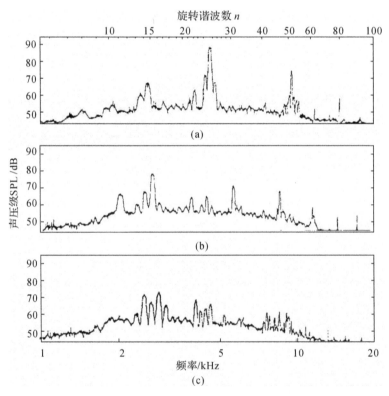

图 6-52 叶片数和不规则动叶对噪声的影响

(a)$Z/V=24/22$,等间隔 $L_P=90$ dB;　(b)$Z/V=15/22$,等间隔 $L_P=84$ dB;　(c)$Z/V=15/22$,非等间隔 $L_P=81.5$ dB

2. 倾斜转子叶片

Suzuki 和 Kanemitsu(1971)研究了轴向前倾动叶对风扇噪声的影响。在他们的研究中,沿展向转子叶片与静子叶片的轴向间距保持恒定,也就是静子叶片也设计成与转子叶片在相

同的方向上倾斜的结构。研究发现,这可以降低噪声级达 6 dB,当然降噪效果与风扇的运行状态有关,主要是降低了低频随机噪声。这种设计的优点是气动性能几乎没有损失,实验结果如图 6-53 所示。可以设想,采用倾斜转子叶片与直静子叶片组合,可能更有利于减小干涉噪声,但是在 Suzuki 和 Kanemitsu 的研究工作中没有对这种组合设计方法进行实验分析。

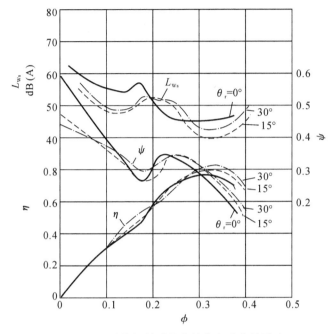

图 6-53　叶片倾斜对风扇性能和噪声的影响

3. 掠型动叶

掠型动叶降噪机理与倾斜动叶降噪机理相似,它们都是通过在转子叶片上非定常气动力引入展向相位偏移进行降噪。Brown(1977)研究了周向前掠叶片的风扇($D=710$ mm,$n=2\,400$ r/min, $Z=15$)的噪声特性。为了维持相同的风扇功率,修改过的叶片必须在比原型风扇高 10% 的转速下运行,但是风扇噪声比原型降低了 7dB(A)。

早期在轴流风扇设计中采用周向掠型叶片技术,造成了轴流风扇气动损失增加。但是,先进气动设计技术的采用已经解决了这些问题。图 6-54 给出了前掠轴流风扇气动与常规轴流风扇气动和声学性能的比较(Stütz(1991)),风扇设计点位于流量系数 $\varphi=0.158$ 处。由图 6-54 可以看出,采用掠型动叶主要是降低了风扇非设计状态的噪声。Ohtsuta,Akishita (1990) 和 Stütz(1991)等的研究表明,从气动和声学两方面考虑,周向前掠叶片都优于周向后掠叶片,原因是对于前掠叶片,边界层中的低动量流体粒子到达叶片尾缘的距离更短,因此产生更小的流动损失。

Müller(1986)采用发展了的设计策略,通过对风扇叶片叶尖形状的优化,降低了风扇噪声 3 dB(A)。Lohmann(1993)采用优化设计策略与数值模拟结合的方法进行风扇叶片气动和声学综合设计。图 6-55 给出了一个带旋转机匣三叶片叶轮的典型设计结果。对于这种 S 形风扇叶片设计方案,数值预测和实验验证都表明,其较常规直叶片风扇可以降低噪声 3 dB(A)。

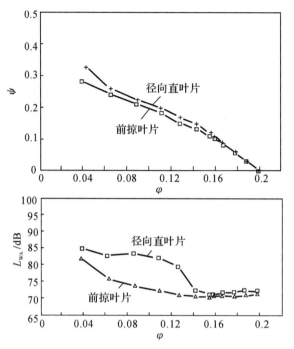

图 6 - 54 前掠叶片对风扇性能和噪声的影响

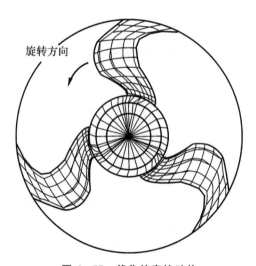

图 6 - 55 优化的弯掠叶片

4. 径向叶片载荷分布的影响

Carolus(1992)等研究了叶片气动载荷径向分布形式对轴流风扇噪声和气动性能的影响，从气动和声学两方面综合考虑，他们发现最优的设计是自由涡设计（即径向平衡方程条件：rc_{u2} = const）与叶根处减小载荷而向叶尖载荷线性增加的方案相结合。图 6 - 56 给出了三种转子设计情况下的风扇性能曲线和典型声频谱曲线。

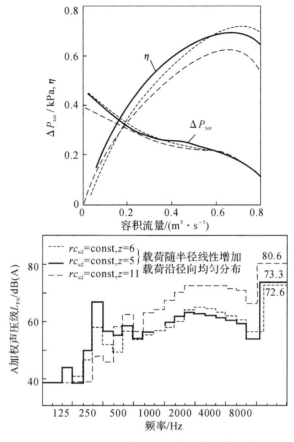

图 6 - 56　三种叶片设计及其噪声级的比较

5. 脱落涡噪声的减小方法

脱落涡噪声是由包含在层流边界层内部不稳定波形成的气动声学反馈循环产生的,并从叶片尾迹辐射。Longhouse(1977)和 Bridelance(1986)的研究表明,可以采用在叶片吸力面放置分离装置的方法破坏上述的反馈循环。Longhouse 用在轴流风扇叶片前缘安装锯齿状结构的方法进行噪声控制。图 6 - 57 给出了锯齿状结构对辐射声频谱的影响,图中同时给出了锯齿状结构的几何草图。可以看出,在中高频范围噪声得到了显著的降低;但是由于 1 000 Hz 频谱附近噪声成分并没有得到有效削减,因此 A 加权噪声级仅仅降低了 2dB(A)。

Bridelance(1986)用在一个轴流风扇叶片距离前缘 30% 弦长位置放置整流线(trip wire)的方法控制脱落涡噪声。研究发现,这种方法对于降低大于设计状态的风扇噪声有效。图 6 - 58 的频谱表明高频噪声有显著的降低,在整体声压降低了 5dB(A)的情况下,没有压力或效率的损失。

以上两种设计使得风扇高频的宽频噪声实现了显著的下降,尤其是流量越高,效果越好。

6. 多孔叶片降噪

Chanaud,Kong 和 Sitterding (1976)等人提出了采用多孔叶片或叶尖降低叶轮机噪声的方法。这种降噪方法的思想是在维持叶片稳态定常载荷做功的前提下,通过减小叶片表面脉动力的方式减小噪声。实验测量结果表明,采用多孔叶片结构,在风扇效率稍微下降的情况下,可以使得风扇总声压级降低 5dB(A)。

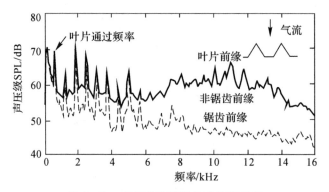

图 6-57　前缘锯齿形叶片的降噪效果

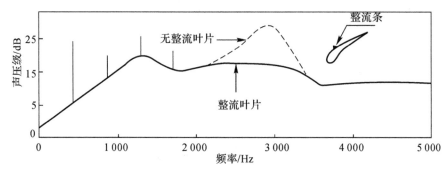

图 6-58　叶片表面整流的降噪效果

7. 叶型设计对轴流叶轮机噪声的影响

许多研究者研究了通过叶片设计减小轴流风扇噪声的方法。例如,Suzuki 和 Kanemetsu(1971)实验对比了不同转子叶片设计对带出口导向叶片的风扇噪声的影响,其结果表明,采用 NACA 65 系列叶形和自由涡设计(rc_{u2}＝const)时结构最好。

Suzuki,Ugai 和 Komatsu(1985)的研究发现,通过使叶片的轴向弦长加倍,可以降低无导向器轴流风扇的某些特定噪声级大约 4dB。他们还研究了叶片扰度对噪声的影响,研究发现 9％最大扰度下,风扇噪声最小。他们还观察了沿叶片表面压力分布对噪声的影响,结果表明沿叶片吸力面"缓和变化"的压力分布形式的叶片(改进的 Göttinger 叶形),其高频区的随机宽频噪声较低。

Sigel(1985)的研究结果指出,把叶片最大扰度布置在叶片前后缘中间位置,能够降低轴流风扇的单音噪声,这个结果是在 NACA 叶形中得到的。

Hay,Mather 和 Metcalfe(1987)发展了对进口气流畸变不敏感的叶片设计方法,其基本设计思想就是,设计风扇使它远离失速线,以允许风扇能够在较宽的工况下运行,从而避免风扇工作到具有较大噪声的失速边界附近。

为了设计出对进口畸变气流低敏感度的风扇,Mugridge(1975)建议在设计风扇时,叶片气流角工作在叶片升力随入射角变化梯度较小的范围,因为研究发现,进口流场畸变噪声与这个梯度成正比例。

6.9.5　叶轮机叶尖间隙噪声减小方法

1. 减小间隙

Maringowski(1953),Longhouse(1978)以及 Fukano,Takamatsu 和 Kodama (1986)等的研究表明,减小风扇叶片叶尖与管道之间的间隙,对轴流风扇气动性能和噪声等两方面都是有利的。图 6-59 给出的是 Longhouse 等对一个无出口导向叶片轴流风扇噪声随叶尖间隙变化的实验结果。可以看出,即使叶尖间隙 $s=0.76$ mm($s/D=0.004\ 3$,$s/c=0.013\ 3$;$c=$叶片弦长)已经是很小间隙值,但是,如果进一步减小风扇叶尖间隙为 $s=0.05$ mm($s/D=0.000\ 28$,$s/c=0.000\ 9$),则风扇的噪声级仍然可以显著地减小,总噪声级最大可以减小 15dB(A)。Fukano,Takamatsu 和 Kodama(1986)等指出,叶尖间隙越小,风扇转子就要求越精确地轴对称,因此叶尖处的边界层越均匀;否则,会比大间隙情况生成更多的噪声。对于无法采用小叶尖间隙的风扇,可以采用旋转叶轮机匣来减小叶尖间隙噪声。但是,旋转机匣不能用在飞机发动机中的风扇设计中。

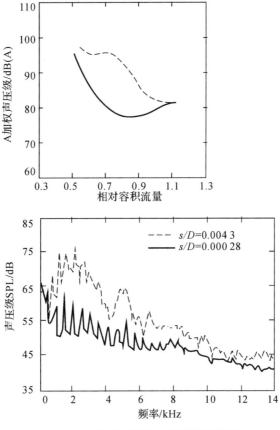

图 6-59　叶尖间隙大小对噪声的影响

2. 间隙流动控制

Kameier 和 Neise(1993)则采用在宽叶尖间隙($\tau=s/D=0.005\ 3$)中嵌入湍流发生器的方式降低风扇叶尖噪声,他们的实验工作是在一个带出口导向叶片的轴流风扇($D=452$ mm,$Z=24$,$n=1\ 400$ r/min)中进行的,图 6 - 60 是它的示意图。间隙湍流发生器采用 Velcro 尼龙搭扣。实验结果表明,这种方法可以使得风扇叶尖间隙噪声显著地降低。图 6 - 61 给出了带和不带湍流生成器风扇气动和声学性能的比较,图中同时给出更小叶尖间隙($\tau=s/D=0.002\ 7$,$0.001\ 3$ 和 $0.000\ 66$)下测得的风扇噪声和性能数据。可以看出,带湍流发生器的风扇增压能力和效率得到了改善,同时噪声也降低了。图 6 - 62 给出了风扇出口管道声压谱的比较,可以看出,在 315 Hz 频率处的窄频叶尖间隙噪声降低了几乎 40 dB。

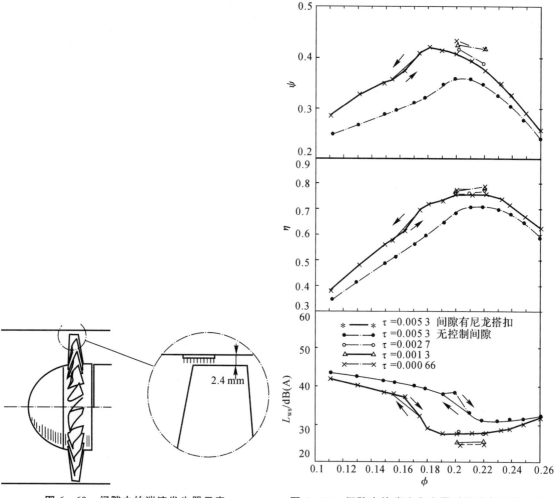

图 6 - 60　间隙中的湍流发生器示意

图 6 - 61　间隙中的湍流发生器对风扇气动性能和噪声的影响

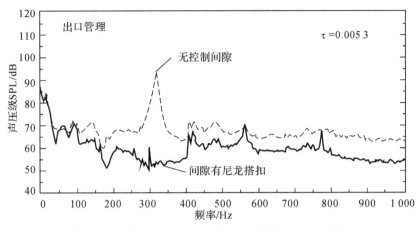

图 6 - 62　间隙中的湍流发生器对风扇管道声压谱的影响

3. 机匣处理

风扇管道边界层内流动空气变化在叶尖产生的脉动叶片力是一种重要的气动噪声源，Moore(1975)采用边界层吸出的方法，降低了叶片通过频率高次谐波上的噪声达 8dB。这种方法需要的抽气量显著，达到 5％的主流流量。Moore 指出，应将研究重点放在均匀地吸出边界层，因为边界层的不均匀性会产生额外噪声。

Sellmann 和 Koch(1984)在一个欧洲专利设计中，在风扇叶轮后采用突然扩散管道或者阶梯扩散段进行噪声控制。他们的实验结果表明，如果与叶轮顶部修圆相结合，能够降低风扇噪声级达 3dB(A)。

6.9.6　结论

控制噪声一般的方法就是尽量避免或者减小可能的噪声生成流动过程。在叶轮机中，主要就是要减小叶片和机匣上的脉动气动力。基于前面对叶轮机内定常和非定常气动力生成过程的讨论，本节介绍了不同的轴流风扇噪声控制方法，并用已经发表的实验数据来描述了这些方法的有效性。

但是必须指出的是，某一控制方法所获得的降噪数据，依赖于风扇试验件的初始构造和实验条件，因此，应用某一控制方法时，不要指望就能得到完全相同的降噪量。同样，几种控制方法的结合，其降噪量一般也不等同于单独控制方法的降噪值总和。也就是说，采用一种风扇改型方法实现了显著降噪效果之后，另外再采用第二或第三种噪声控制方法很可能就不再很有价值。

Tyler 和 Sofrin(1962)等的研究工作真正从物理机理上弄清了管道内转子叶片产生声模态的物理过程，包括对管道内空间均匀稳态流场以及非均匀稳态流场下的模态分析、转子与上游或者下游的静子间的干涉、两个对转的转子干涉等的分析。因为对于叶片单音频谱，不同的干涉机理会产生不同的声模态，那么就可以从测量的模态分布中推断出占支配的噪声生成机理。

6.10 结 束 语

本章首先基于 Tyler 和 Sofrin 管道声学模态的基本理论和叶轮机非定常流动基本原理，归纳总结和系统论述了叶轮机内部各种气动噪声源的物理机制，并介绍了叶轮机噪声在管道内传播和向管道外的辐射机理。

在以上内容分析的基础上，本章后面几节讨论了叶轮机噪声理论分析模型和降噪设计方法。目前的气动声学理论已经能够关联叶轮机内部非定常气流过程与远场噪声辐射。考虑非紧致声源和叶栅效应的三维非定常气动力学理论、耦合了模态和频率散射的叶片排传播模型、声模态从管道口的辐射计算分析模型等的发展，都为解决叶轮机噪声奠定了重要基础。这些理论和模型已经为航空涡轮喷气发动机声学设计和降噪设计做出了重要的贡献，并必将为未来新一代低噪声先进航空发动机的发展提供重要的技术保证。

对于叶轮机噪声问题，目前很难进行定量分析和研究的是宽频噪声，因为我们还不能（很难）识别和描述宽频噪声的主要产生机制。实验研究结果表明，占支配作用的内部噪声源的频谱形状与风扇的流动状态无关。叶片载荷具有影响，但是其细节仍然是难以捉摸的。另外一个需要关注的问题是在转静干涉噪声产生中，叶尖和叶根部位的涡流与叶片尾迹相比的相对重要性，现在不清楚的是对扰动流场的描述，而非阵风与叶片干涉噪声模型。

第7章 发动机燃烧与核心噪声

7.1 引　　论

　　本章将研究航空发动机燃烧室噪声的产生与传播问题。根据发动机内部燃气工作循环过程的不同,航空发动机分为两大类,即往复循环活塞式内燃机发动机和涡轮喷气发动机。内燃机发动机通过带动螺旋桨产生飞行器所需的推力;而燃气涡轮发动机使用空气喷流或者是一个推进器(即涡轮螺旋桨发动机、涡轮轴发动机)或者是两者的组合来产生推力。喷流又分为所有燃气通过发动机核心流道的涡轮喷气发动机喷流,以及部分通过核心燃气与发动机外涵管道中空气相混合形式的涡轮风扇发动机喷流。对于高涵道比涡轮风扇发动机,发动机的大部分推力是由外涵道中的风扇所产生的。由于目前航空发动机广泛采用的是燃气涡轮发动机,因此本章将主要研究航空燃气涡轮发动机燃烧噪声问题。

　　人们对航空发动机燃烧噪声的注意远远迟于对其他部件噪声的注意。随着高涵道比涡轮风扇发动机的广泛使用,喷流噪声相对减小,燃烧噪声才变得重要起来。另一方面,随着对喷流噪声的深入研究,人们才注意到燃烧噪声是发动机噪声的一个重要成分。在发动机低功率状态下的排气噪声明显地偏离 8 次方定律,而在消除了上游湍流扰动的喷管装置上的试验证明了 8 次方定律的合理性。这时人们才认识到发动机的排气噪声中含有其他内部噪声源产生的噪声分量,除了人们已经发现的高频涡轮噪声之外,这些内部声源可能包括燃烧噪声、内部障碍物周围的流动噪声、管壁的摩擦噪声,通常称之为发动机的核心噪声。

　　图 7-1 说明了核心噪声在发动机噪声辐射中的重要性,该图表示了燃气涡轮发动机辐射的低频噪声功率与喷流有效排气速度的函数关系(Reshotko 和 Karchmer)。带三角形符号的实线表示辐射到远场的总声功率,长短线则表示喷流噪声。喷流噪声辐射功率近似是喷流速度 8 次方的关系。这两条曲线随着喷流速度的增加汇合到一起,说明在高喷流速度下,发动机总辐射功率由喷流噪声所支配。但是,在相对低的喷流速度情况下,例如发生在发动机慢车工作状态下(在飞机地面滑行、飞机降落时的发动机状态),发动机排气总噪声远远大于喷流噪声理论所预测的噪声功率。这种"超出的噪声"部分通常就是核心噪声。在图 7-1 中,带有方形标志的实线就是在发动机排气喷管出口处测量的核心噪声。可以看出,在高喷流速度时,喷流噪声占支配地位;但当喷流速度较低时,核心噪声就凸显了出来。

　　进一步的研究发现,早期把发动机核心噪声错误地当作排气混合噪声是可以理解的。因为核心噪声的频谱非常接近排气噪声频谱。图 7-2(a)表示典型的涡扇发动机核心噪声谱(参见 Huff 等的 NASA 报告)。由于核心噪声辐射要通过喷流混合区的剪切层,核心噪声辐射要被折射,使得最大的噪声值出现在相对于进口轴线的 110°～120°之间。图 7-2(b)表示典型的涡扇发动机核心噪声指向特性,从峰值噪声点开始,噪声级随指向角减小迅速衰减,而随着指向角的增大,噪声级差不多维持不变(参见 Huff 等的 NASA 报告)。

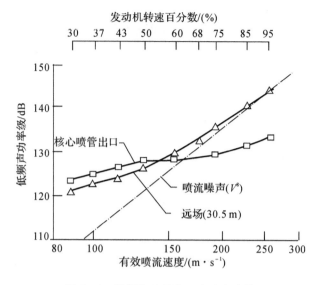

图 7-1　远场和喷管出口声功率比较

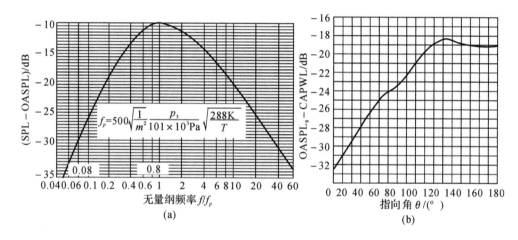

(a)　　　　　　　　　　　(b)

图 7-2　涡扇发动机核心噪声频谱特性和指向特性

(a)频谱；　(b)指向性

　　核心噪声主要是由燃烧过程产生的。典型的燃烧室结构一般分为主燃区和混合区,在主燃区燃油喷入并点火燃烧,燃气温度可高达 2 000 K 以上,混合区冷空气与热燃气混合,降低了燃气温度。为了促进主燃区内燃油与空气混合和混合区内燃气与空气的掺混,整个燃烧过程必须保持强烈的湍流。

　　根据燃烧噪声产生机理的不同,燃气涡轮发动机的燃烧噪声分为直接燃烧噪声和间接燃烧噪声。直接燃烧噪声就是由燃烧过程直接产生的噪声,而间接燃烧噪声则是由燃烧产物(燃气)通过涡轮或者通过排气喷管时产生的噪声。燃气涡轮发动机中的直接燃烧噪声和间接燃烧噪声是通常称之为核心噪声的重要组成部分。不同的著作中,划分核心噪声的方法可能不同,核心噪声可能包括压气机噪声以及与燃烧不相关涡轮部件和流动噪声,但也可能不包括这些噪声。在一些文献中,核心噪声被定义为除了喷流噪声外的所有向燃气涡轮发动机后方辐射的噪声。无论如何,在本章讨论燃烧和核心噪声时,不考虑压气机噪声,但是要考虑由于燃烧过程存在就会产生的涡轮噪声和其他流动噪声,也就是说当没有燃烧过程时,这些涡轮部件噪声和流动噪声也不会出现。如果考虑到这样的限制,严格来讲本章的内容应该简单地称之为"燃烧噪声"。但是,我们仍然将"核心噪声"保留在标题中,这是因为,在绝大部分情况下,尤其如通常所处理的那样,在排除压气机噪声之后,核心噪声是由燃烧噪声所支配的。

7.2　燃烧室几何和工作状态变化对噪声的影响

7.2.1　燃烧室几何变化对噪声的影响

燃气涡轮发动机的热燃气通道的物理几何尺寸,以及这个通道中热燃气的压力、温度和燃烧热量释放的分布形式等,都是对燃烧直接噪声和间接噪声有重要影响的控制因素。燃烧室、燃油和空气入射系统、燃烧室与涡轮的交界面以及涡轮本身等构成了一个声学网络。这个网络对燃烧噪声源流动的响应取决于各独立部件的声学响应以及它们互相之间联结的方式。

图 7-3 表示一个典型涡轮风扇发动机(简称涡扇发动机)剖面图(Krejsa)。燃烧噪声和核心噪声研究的范围,限制在压气机扩散段与喷管出口平面之间的燃气通道内所发生的声学现象。这样的边界划分,就排除了压气机噪声、风扇噪声和喷流噪声,对这些噪声的研究是本书其他章节讨论的范围。任何对燃烧噪声和核心噪声的完整分析,都需要详细指明在这个边界内的声学条件。

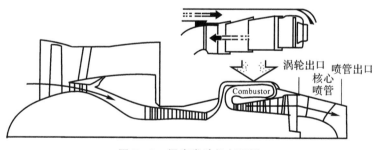

图 7-3　涡扇发动机剖面图

实际发动机中的燃烧室与图 7-3 所示的燃烧系统相比,都可能或多或少有一些变化。扩散段可能长而狭窄,这时对应的相对低的出口速度;或者扩散段可能是短粗型(dump),那么这时接收器内就有一个相对高速度的射流。燃烧室本身可能包括了一列独立燃烧室(称为燃烧筒),或者燃烧是在一个连续环绕发动机的环形区域内进行(环形燃烧室)。燃烧室的变化还包括套管型燃烧室,顾名思义,该燃烧室是环状和筒状燃烧室的混合。随着设计的变化,沿着燃烧室长度方向燃烧,燃料以及冷气空气的分布等都会变化。最后,连接燃烧室与第一级涡轮导向器的转换管道的几何变化通常是非常复杂的,并且对于发动机的设计也会带来很大变化。

7.2.2　燃烧室工作状态变化对噪声的影响

在实际燃气涡轮发动机燃烧室中的燃烧过程是湍流过程。有多个原因说明为什么湍流过程正是所需要的。第一，因为湍流促进了燃油与空气相互的混合，以及与燃烧产物之间的掺混，故湍流火焰会更加紧致，这就使得发动机可以更轻和更小。第二，在燃油喷嘴下游或者火焰稳定器后的湍流尾迹可以将火焰稳定在预先确定好的位置，并且，燃烧产物与主燃区下游所导入的稀释空气的混合的增强，会导致一个更短次流区，也会使得进入涡轮的燃气温度场更加均匀。最后，湍流加强了混合，也就确保了更加完全的燃烧，因此就提高了燃烧效率，并降低了一些有害物的排放。但是，令人遗憾的是，湍流火焰就是固有的噪声源。

燃烧噪声用噪声总辐射功率、频谱以及指向性分布等来描述。决定燃烧噪声总辐射声功率的关键参数是热声效率，它定义为以声能形式向外辐射的燃烧热量释放的比例。一个开放湍流火焰的噪声频谱包含着有关湍流尺度、燃烧器尺寸、对流速度、火焰速度等丰富的信息，利用燃烧噪声的频谱与燃烧过程的关系，人们发展了相应燃烧诊断的学科，即通过对频率范围达数千赫兹以上的噪声频谱形状细节的分析，进行燃烧诊断。但是，由于湍流火焰辐射的声功率主要是由有限频率范围所支配，该部分频谱首先缓慢上升，在 $300 \sim 600$ Hz 范围形成一个鼓包似的峰值（blunt peak），然后随频率增加或多或少地单调减小。图 7 - 4 给出了对应于碳氢燃料预混扩散火焰的开放火焰典型的声压频谱（Strahle）。发动机燃烧噪声的频谱偏离图 7 - 4 所示典型频谱的主要原因在于燃烧系统声学网络的共振模态，因此，对于直接燃烧噪声控制的参数就包括：①决定燃烧过程热声效率的参数；②决定燃烧系统声学响应特征的参数。

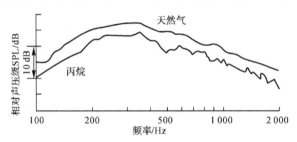

图 7 - 4　开放式火焰典型的声压频谱

当湍流火焰被放置在一个封闭的外罩内时，开式湍流火焰的热声效率通常会发生变化。有两个原因造成了这种变化：

第一个原因是外罩改变了通过火焰的定常流动，因此燃烧过程就发生了本质的变化。这很容易想象，例如，一个外罩就规定了油气的混合方式，并会聚集燃烧热产物，并且，相对于开放火焰的空间尺寸，外罩使得火焰的空间变小，因此使得平均定常流动速度以及对应的湍流强度增加。

第二个原因更加微妙。在一定情况下，燃烧系统声学响应和热释放过程之间存在耦合，这种耦合可能以多种方式产生。例如，实验揭示将合适频率的声能入射到燃气涡轮发动机燃烧室中，就能够加强火焰区下游的混合，从而显著减小涡轮进口温度扩散（Vermeulen 和 Odgers）。针对实验室中的燃烧室，其他一些实验已经研究了将周期声信号入射到混合室火焰区的上游（Riley，Goldschmidt，Lenoard 和 Baade）或直接入射到火焰区（Valk）。前者建立了声诱导混合与热声效率的增强之间清晰的关系,而后者则是对将在下一节详细讨论的另外一种火焰加强的验证。考虑到声诱导混合与热声效率增强之间的关系,就不难想到,湍流燃烧过程本身所生成的声压场,也能够增强混合过程,因而影响燃烧过程的热声效率。但是由于在临界频率火焰区声学粒子速度波腹(压力节点)的存在,要获得这种理想工作状态,需要由燃烧系统几何所决定。

Rayleigh 首先描述了一个虽然不实用但是方法上具有重要意义的经典耦合机理。如果燃烧热量释放过程是周期性的,或者至少有周期性的分量,则火焰所发射的声压波将是具有相同频率的周期型压力波,因为湍流火焰产生的是宽频随机噪声频谱,声能主要集中在低于 1 000 Hz 的频率中。外罩的存在就会导致火焰区生成的压力波在一定的时间延迟后又返回到火焰区,时间滞后取决于燃烧室的长度以及平均声速。对于任意频率,当火焰区声压的瞬时波峰与火焰区热量释放的瞬时波峰相一致时,能量就叠加到了压力波上,如果这种临界情况一直维持,在每一个循环上波幅值就一直增加,直到达到一个极限环,这时损失和非线性抑制进一步增长。类似地,对于任意频率,当火焰区声压的瞬时波峰与火焰区热量释放的瞬时波峰相位上相差 180°时,压力波能量就要减小。

理论上讲,与非定常燃烧相关的压力变化可以达到实际上能够调节进入燃烧室的燃油和空气流量的强度。当发生这种情况时,几乎总有一个火焰区压力振荡与热量释放振荡之间相位角度是 360°的整数倍的频率存在。这自然满足了 Rayleigh 的准则,并且导致了产生了非常大的压力振幅的燃烧不稳定,如 Baade 所描述。在航空燃气涡轮发动机中还没有发生这种反馈不稳定性,但在气体燃料工业燃气涡轮机中可以观测到这种现象(燃料喷管的压力衰减明显小于液体燃料燃气涡轮压力的衰减)。在这种情况下,产生的周期性压力波动足以使得燃烧结构发生疲劳破坏。这个问题通过增加燃油喷管压降可以得到解决。

在燃气涡轮发动机中,对燃烧噪声和核心噪声有着巨大影响的工作变量就是发动机功率。随着发动机功率的增加,通过燃烧室的质量流量和燃烧温度都会增大。如果热声效率保持常数,辐射的声功率就正比于发动机功率。然而,热声效率随燃烧室流量增加而增加。

由于发动机功率变化引起燃烧室温度变化,因此,燃烧噪声频谱分布也随发动机功率变化,当然发动机功率对燃烧噪声频谱的影响是次要的。当燃烧室中的温度随着发动机功率增加而增加时,声速也同样增加(声速与温度均方根成比例)。对于给定燃烧室几何,随着声速的增加,共振模态向更高频率变化。理论上讲,这又会导致热声效率有一个小的上升或是下降,而这取决于声速的变化如何影响在燃烧区内压力波与热量释放之间的时间调配。然而实际上这种影响并不重要。

7.3　燃烧噪声特征和燃烧噪声源分析

7.3.1　燃烧噪声和核心噪声特征

对于发动机环境下燃烧噪声和核心噪声特性的讨论,必须首先从噪声源开始,也就是从燃烧室开始。大部分实用的燃气涡轮发动机燃烧系统是由包括多个单独排列的筒状燃烧室构成的,或者是由环绕发动机内轴线的环形燃烧室构成的。尽管这两种燃烧室可能还存在其他的变化形式,例如套管状的燃烧室,但是,只要对这两种主要燃烧室燃烧噪声特性分析清楚,就足以认识和理解燃气涡轮发动机的燃烧噪声和核心噪声。

图7-4中所示的开放湍流火焰的声压频谱与由喷流湍流所产生的声压频谱非常相似,根据直接燃烧噪声的理论,这种相似毫不奇怪。直接燃烧噪声理论认为,燃烧噪声产生机理伴随着燃烧室热量产生过程的空气和燃油湍流混合。事实上,燃烧噪声频谱曲线的形状和峰值噪声的频率,对于燃烧室的尺寸、功率大小、火焰温度等出乎预料地不敏感,尽管总声压级对这些参数非常敏感。

如图7-4所示,重要的燃烧噪声成分主要限制在几百赫兹数量级的频率范围内。因此,在燃烧室中与燃烧噪声相关的压力脉动的波长总是大于发动机横向尺寸,在这种情形下,燃烧噪声是以平面波的方式向周围传播。它在环形燃烧室内表现为二维模式,即周长与长度尺寸相当;但是,在小直径涡轮和喷管中,有些这种模态会被截止,因此不能有效地以声的形式传播进入大气。

燃烧系统几何、温度分布、两端的声学条件和声源的活动等因素的联合确定了一系列共振频率,这与风琴管的共振频率并不相同。并且,我们已经指出,当发生满足 Rayleigh 准则的频率时,压力脉动会被选择性地放大。因此,在发动机远场所测量的典型核心噪声频谱,一般具有图7-4中所测量的开放火焰噪声频谱的基本特征,但是,在频谱中对应共振频率位置会叠加一些相对的尖峰成分,虽然罕有,但有一个或者更多的频率满足 Rayleigh 准则。

图7-5给出了筒状燃烧室远场噪声典型的1/3倍频程频谱(Shivashankara 和 Crouch)。这个频谱是针对单个筒状燃烧室,其后连接着一个相对短的喷管,而没有连接涡轮。图7-5中背离了图7-4所示开放火焰频谱一般趋势的尖峰,是由于燃烧室共振所致。

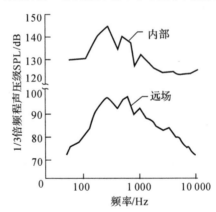

图7-5 筒状燃烧室远场噪声1/3倍频程频谱

环形燃烧室的二维几何结构决定了在环形燃烧室噪声中可能会存在较高阶次的轴向和周向模态。图7-6给出了具有环形燃烧室的发动机在燃烧室出口、涡轮出口、核心喷管出口以及发动机远场所测量的1/3倍频程频压力谱,1 500 Hz 以上的压力波动是由旋转机械(涡轮)产生的。对低于1 500 Hz 以下频谱的对比,可以清楚地看到,并不是燃烧室的所有模态都能以声的形式传播到远场。特别是一些高阶燃烧室压力波动模态,在涡轮与尾喷管内被截止,因此不能传播到大气环境中去。

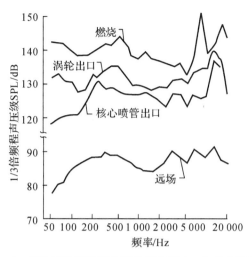

图 7-6　涡扇发动机不同位置测量的噪声 1/3 倍频程频谱

　　燃烧室燃烧噪声和发动机燃烧噪声总声功率的相关性非常相似。通常,燃烧噪声辐射声功率随着流量率的 2~3 次方变化,随燃烧室温升的 2 次方变化。7.2 节所定义的热声效率则随着流量的 2 次方变化,随温升线性变化,热声效率的典型值在 $10^{-6} \sim 10^{-5}$ 之间。

　　核心噪声的指向性主要由排气条件而不是声源活动本身所决定,尽管理论上讲可能会受到频率轻微的影响。通常,在低排气速度和低频率情况下,燃烧噪声指向性表现为球形模式,但是随着速度和频率的增加,一个非球形噪声指向模式就开始出现。对于实际燃气涡轮发动机核心噪声,随频率增加而偏离球形指向模式问题并不重要,因为发动机核心噪声主要是低频噪声。图 7-7 给出了在一定发动机速度范围内燃气涡轮发动机核心噪声指向性(Karchmer,Reshotko 和 Montegani)。排气速度随着发动机速度而增加,噪声指向性谱中的峰值增大并向流动方向上移动,典型的燃烧噪声峰值大约出现在 120°(角度是相对于发动机进口方向定义)的位置上,与最小值相差大约 10 dB。

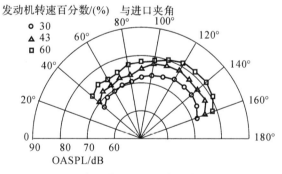

图 7-7　涡扇发动机燃烧噪声总声压级指向性

7.3.2　燃烧噪声源

根据声源特性的不同,可以将燃烧噪声分为直接燃烧噪声和间接燃烧噪声。直接燃烧噪声与燃烧室内所生成的热斑相关,而间接燃烧噪声与这些热斑在其后通过涡轮和排气喷管内剧烈的压力梯度时的流动相关。

直接噪声是一定体积的混合物在燃烧室内燃烧加热发生定压膨胀时所产生的。当地的定压膨胀使得周围较冷的燃气被向后推,这就是所说的膨胀燃气对它的周围做功。做功使得周围燃气产生压力波,这些波以声的形式传播到远场。如前面在声学理论中说明的,这样的声源叫做单极子声源。在这个过程中产生的声学单极子源的强度取决于膨胀功以及做功速度,而做功量取决于在燃烧过程中单位体积内含的热能以及热能转化为功的效率。

在实际航空燃气涡轮发动机燃烧室中,燃油和空气是分开引入的,液体燃油必须被雾化和蒸发产生挥发性的气体,并在被点燃之前与燃烧室内的空气混合(预混)。雾化、蒸发和混合等物理过程都必然是湍流过程,否则燃烧室将会过长,航空发动机设计无法承受。

图 7-8 中给出了一种合理的湍流燃烧模型(Mahan)。该模型包括两个可能的极端情形,以及处在两个极端中间的实际情况。在一种极端情况中,由纯蒸发燃油构成的湍流旋涡进入热燃烧气体区域;另一种极端情况是,由蒸发燃油和燃烧空气混合物构成的湍流旋涡进入燃烧热产物区域。当湍流旋涡穿入热流区域时,就会裹入周围热燃气,形成一种由交互出现的两层结构构成的"焰火轮"(pinwheel,或者"小火焰"(flamelet)),一层是挥发的混合物和燃烧产物,另一层是燃油和热燃烧空气。由于火焰燃烧产生的热气快速径向膨胀,就产生了前面所描述的单极子声源。

在第一种极端情况下,旋涡的耗散是以油气交界面处的当地扩散率进行的;而在第二种极端情形下,旋涡的耗散率仅仅依赖于层流火焰速度。由许多这样的旋涡瞬间燃烧产生的直接燃烧噪声,在整个火焰区内随时间和空间随机分布,预计其峰值频率与一个旋涡的燃烧时间成反比变化关系。但是,当考虑湍流的统计特性时(Mahan),燃烧噪声频谱峰值频率与油气混合物的湍流涡的残存时间的关系就不是那么简单了。无论如何,有两个因素会导致声音的峰值频率在频谱中的分散。第一,旋涡的尺寸是依赖于湍流混合长度的一个统计分布值,对于一个固定燃烧率,这

图 7-8 燃烧噪声模型

就会导致旋涡生存时间的分散。第二,对于给定旋涡尺寸,存在一个如前面所述模型中两个极端情形之间燃烧率的分布值,这也会导致旋涡生存时间分布,因而导致峰值频率进一步的分散。实际上,并不确定到底是哪种机理支配燃烧率、火焰速度或者扩散,而这些大部分都促成了燃烧噪声理论差异的存在。

非常幸运的是,在实际燃气涡轮发动机燃烧室中,总燃烧热的释放分布在大量的小尺度互不相关的"小火焰"内。对于一种简单模型,在一个小火焰形成、燃烧,然后重新形成这样一个连续的循环寿命内,考虑它产生的准周期性的压力场,在燃烧室给定位置,它或多或少是有规律的,这个压力场的 Fourier 级数包含了一个平均分量和无限项周期性分量,这些周期性分量的平均值为零,周期性分量的幅值随着频率单调降低。在声学上,这个空间位置就等价于一个包含了许多质量点源(声学单极子)的紧致声源,每一个质量源以不同的固定频率振荡。在每一个湍流火焰中有许多这样互不相关的位置,每一个都会生成或多或少相同的压力频谱,但它

们的频谱在相位上是无关联的。实际结果(净效应)就是发生在声源区域内的相消干涉,以至于总声源效率相当地低。实际上,前面已经提到,燃气涡轮发动机燃烧噪声的总辐射声功率仅仅是每百万级热功率中的很小一部分。

1972 年 Candel 首次提出了间接燃烧噪声对燃气涡轮发动机核心噪声的贡献。"间接燃烧噪声"这个词是 1973 年 Strahle 首次提出的。Marble 对间接燃烧噪声的理论作了非常好的发展,他从理论上区分了运动学非定常流动与热力学非定常流动。运动学非定常流动中速度脉动产生了压力脉动;在热力学非定常流动中,温度脉动与密度脉动相关联产生了压力脉动。Marble 证实在流场中物体上产生非定常载荷方面,热动力学非定常流动与运动学非定常流动具有同样的效能。简单来说,间接燃烧噪声(或者有时称之为熵噪声)是由湍流燃烧生成的大尺度温度不均匀随着压力梯度对流通过涡轮而产生的。遵照热力学第一和第二定律,这会产生熵的脉动。由于理想气体的密度依靠任意两个独立的热力学变量,比如熵和压力,当熵不均匀地随涡轮级中的压力下降对流通过时,密度脉动就会产生。正像直接燃烧噪声机理,这个密度脉动生成了传播的声波。

在燃气涡轮发动机中直接燃烧噪声与间接燃烧噪声的相对重要性已经被清楚地认识。两种噪声源可能都会显著地影响发动机核心噪声,相对重要性主要依赖于诸如发动机功率、燃烧室和涡轮的设计情况等。两种噪声源的主要频率范围由燃烧室中热斑的生成率、热斑的尺寸分布等所决定。间接噪声的频率对于通过涡轮的对流速度不敏感,这是因为当热斑通过涡轮级时被加速,这就加大了速度与长度的比率,因此它的特性频率基本保持为常数。

直接燃烧噪声与间接燃烧噪声频谱的相似性,使得很难简单地通过研究核心噪声压力频谱来区分两种噪声源机理。但是,Mutbukrishnan,Strahle 和 Neale 等在实验室对单个燃气涡轮燃烧室在降低压力的情况下工作,在近场噪声谱中分离出了直接燃烧噪声和间接燃烧噪声分量。他们是通过将近场声压信号与二次信号(该信号来自于燃烧筒内的压力探针,或者是来自于燃烧筒出口平面上的高频率响应的热电偶)的关联完成了这项工作。在研究中他们认为,来自近场的传声器信号与燃烧筒压力探针信号之间高度相关时,就意味着近场声压信号主要取决于直接噪声;而当近场传声器信号和燃烧筒出口热电偶信号高度相关时,就意味着近场声压信号主要取决于间接噪声。根据这种判断可以发现,当经过燃烧筒下游的喷管或者孔板的压力降增加时,支配近场声压的声源由直接燃烧噪声转换为间接燃烧噪声。根据这个结果,作者推论,对于小压降,近场噪声由直接燃烧噪声所支配;而对于大压降,间接噪声则起支配作用。同时,他们观察到在 200 Hz 以上的信号中,燃烧筒传感器信号和燃烧室出口平面热电偶信号之间相关性很低。根据这个结果,他们认为,在高频范围,直接燃烧噪声和间接燃烧噪声统计理论上相互独立。而另一方面,在 100 Hz 以下观测到这两个信号有很高的相关性,这表明在低频率条件下,这两种燃烧噪声机理是不可分离的。

Muthukrishnan 等的结论是,在实际航空燃气涡轮发动机中,由于涡轮压降相对较大,因此间接燃烧噪声将起支配作用。但是,这个结论的有效性必须根据实验过程中如下两个实际情况来调整。①在燃烧筒出口平面所观测到的温度脉动达到了实际燃气涡轮发动机燃烧室中的 6 倍。可以推断,实验燃烧室近场间接噪声级要高于实际发动机近场间接燃烧噪声级。②实验燃烧室燃气总压只有实际燃气涡轮发动机燃气总压的 10%,毫无疑问,这会使得实验燃烧室直接燃烧噪声低于实际发动机直接燃烧噪声。

Pickett 给出的理论模型,预测间接燃烧噪声功率是随着涡轮级压降的 2 次方而变化。如果这是正确的,那就意味着可以通过增加级数来降低间接燃烧噪声。Cumpsty 研究表明,在实际燃气涡轮后场区域测量的 1/3 倍频程燃烧噪声频谱与间接噪声理论预测的频谱能够很好地吻合,当然理论对于频谱高端和低端的噪声预测比实验测量值低,但对在 100～500 Hz 之间的噪声谱的预测,与实验测量频谱能够很好地吻合。

7.4 燃烧噪声理论分析

7.4.1 燃烧噪声理论的发展情况

基于上述对燃烧噪声源机理的认识,近年来逐渐出现了一些相互之间有一定差异的燃烧噪声理论。许多燃烧噪声理论对所观测到的燃烧噪声和核心噪声特征趋势做出了合理的预测。确实,大多数成功的理论之间的差异常常仅是表面上的,其潜在的物理机理和数学描述在本质上都是相同的。

学术上最严密、严谨和完整的直接燃烧噪声理论就是那些由 Lighthill 气动声学理论所启发而发展的理论。Lighthill 理论应用由剪切层中湍流混合过程所产生的声学四极子,成功地解释了喷流噪声的产生;而那些更有前途的直接燃烧噪声理论,将燃烧噪声产生归结于声学单极子的活动,都具有浓厚的 Lighthill 气动声学理论的特征。

非常遗憾的是,因为湍流流动方程仍然不能求解,而湍流描述正是 Lighthill 理论的核心,从而造成从基本原理出发定量预测燃烧噪声目前仍然不可行。如果对湍流结构及其与非定常热量释放的关系做出适当的假设,基于 Lighthill 理论发展的燃烧噪声理论,最多也只能预测噪声变化趋势。甚至在其中一些理论中,并没有试图去求解这些方程,相反,而是依赖于量纲分析的原理,说明热声效率和峰值频率与燃烧室设计参数和工作参数的关系。

当然,能够成功预测噪声变化趋势的燃烧噪声理论并不都是基于 Lighthill 理论所发展的。另外一种方法就是建立燃烧室非定常单位体积热释放分布与当地流动和热动力学变量之间关系的物理模型。这种模型也是基于与 7.2 节所述类似的关于燃烧噪声的物理描述或实验结果,将引入的燃烧热量释放项代入流体运动能量方程,并与连续方程、动量方程以及状态方程等联立,就构成了描述燃烧室内非定常流动的基本方程。

在定义了非定常单位体积热释放和建立了控制方程之后,就可以继续采用气动声学的基本处理方法:一是采用小扰动假设,对控制方程作线化处理,使得控制方程变成波动形式方程,然后采用数值方法对控制方程进行求解;二是采用量纲分析的方式,在分析方程中各项后,就可以丢弃一些小量项,从而简化控制方程,在这种情形下,通常就可以获得用声源项以及其他物理变量表示的关于声压的封闭形式解,然后就可以得到与体积热源项相容的辐射功率的估计。

不管采用哪种燃烧噪声的理论预测方法,最终取得的结果都要依赖于非定常体积热量释放项的假设形式,并且需要指出,大部分燃烧噪声理论的发展都是企图描述开式火焰辐射的声功率,而非燃烧室内部燃烧辐射的声功率。因此,应用这些理论前,必须考虑燃烧系统的声响应以及通过涡轮和喷管的传播损失。尽管各种理论模型存在差异,但许多理论的预测结果与实验结果比较,都达到了可以接受的准确度。

燃烧噪声理论要预测的三个基本噪声参数分别是辐射声功率(或者是热声效率)、峰值频率和指向性。这三个参数通常表示成回归公式的形式,公式中变量的指数反映了它们对相应噪声量的影响。有一些参数在所有的噪声理论中几乎都是共同的,例如,燃烧室总流量、燃烧室长度和横截面面积、油气比以及一些关于燃油反应的量。作为选择参数,一些理论用燃烧室压降或者燃烧室温升,这些参数与上面所述参数是相互关联的。

实际上,大部分燃烧噪声理论的发展都强烈地依赖于同时代实验数据,强烈受到同时代实验研究的影响。在有些情况下,理论的发展甚至直接使用由实验所确定的系数。起码,实验结果帮助理论工作者从许多方案中选出最好的理论形式。因为这个原因,几乎所有理论至少都能够正确地预测燃烧噪声某个方面的实验观测趋势。考虑到燃烧噪声理论模型和实验结果之间存在的相互作用,因此在下一节讨论燃烧噪声理论模型时,会给出相应的实验研究结果。

7.4.2　燃烧噪声理论及与实验的比较

Bragg 于 1963 年首次给出了有关燃烧噪声理论的模型。Bragg 燃烧噪声理论是建立在直接燃烧噪声源模型基础之上的。在这种模型中,假设火焰区是由相互之间互不相关(独立)的小火焰(flamelet)区域所构成的,小火焰由湍流混合产生,而这些小火焰产生单极子声源。纯物理推理可以得出,湍流火焰的声功率辐射随着燃油反应度(燃油反应性)和混合流动速度的 2 次方而变化。对于典型的碳氢燃料,理论预测其热声效率大约是 $10e^{-6}$,峰值频率大约是在 500 Hz。

Thomas 和 Williams 测量了燃烧混合物充满的燃烧泡辐射的声功率,对于这个简单几何,可以精确计算其辐射的声功率,测量结果与理论吻合得非常好。实验测量和理论预测表明,对于中心点火燃烧泡,热声效率随着火焰速度变化增加两个数量级,大约为 $10e^{-5}$;而对于在外表面或者接近外表面处点燃的燃烧泡,理论预测和实验测量均表明其热声效率将降低一个数量级,而这种情形更加接近于实际湍流火焰情况。已经指出,由于相消干涉的原因,由独立的互不相关的单极子组成的声源区的声辐射效率要比同样强度的单一单极子的声辐射效率低。因为这些原因,由 Bragg 简化理论预测的 $10e^{-6}$ 的热声效率与 Thomas 和 Williams 严格修正后的结果相一致。

作为对 Thomas 和 Williams 工作的一个扩展,Hurle 等基于单个的单极子声源理论,假设开式湍流预混火焰辐射的声压随着反应区自由基(游离基,free radical)热辐射变化而变化。Hurle 等进行理论发展的一个关键实证就是,对于层流和湍流火焰,自由基热辐射强度直接随燃烧混合物的流量增加而增加。乙烯-空气火焰对上述思想的证实,支持了燃烧噪声的单极子源属性和湍流火焰的“小火焰”(或“火焰轮”)模型。这个结果是非常有意义的,因为它直接建立了辐射声压和燃烧热量释放脉动之间的关系。

在大部分基于 Lighthill 理论和上述燃烧噪声机理发展的燃烧噪声理论中,Strable 直接噪声理论是最成熟和著名的。不用热动力学的能量和熵原理,而是严格考虑到在湍流作用区的密度脉动,Strahle 提出了变型的小火焰模型。该模型引入了两个时间尺度,一个对应于对流,一个对应于扩散,从而使得热声效率的表达式中有两个可调整的指数,而这两个指数的值依赖于两个物理变化过程的相对重要性。Strahle 证实,如果选择两个合适的指数值,理论就能对文献中有关开式预混火焰试验趋势进行正确预测。如果所有的 Bragg 假设都被采用了,应用一个常数乘积因子,Strahle 表达式就可以简化成 Bragg 的结果。之后 Strahle(1972)给出了更加成熟的理论形式,其给出的在湍流燃烧区外的远场点的声压密度 ρ' 的表达式是

$$\rho' = \frac{1}{4\pi c_0^2 r} \frac{\partial^2}{\partial t^2} \int_V \rho_T \left(\tau_0, t - \frac{r}{c_0}\right) \mathrm{d}V(r_0) \tag{7-1}$$

式中,c_0 是火焰区外的声速,r_0 是火焰区内的一个点,t 是时间,V 是火焰区的体积。这个计算式假设,在燃烧区内的密度脉动 ρ' 的声压分量比湍流燃烧的密度脉动 ρ_T 要小。

1980 年 Strahle 给出了理论预测与环境阻抗匹配的筒状燃烧室辐射声功率的计算式

$$p_{eq} = a_1 p^{a_2} V_{ref}^{a_3} T_i^{a_4} F^{a_5} N_f^{a_6} A_e^{a_7} (A_e^{1/2})^{a_8} \tag{7-2}$$

式中,p 是燃烧室平均压力(kPa),V_{ref} 是平均流动速度(m/s),T_i 是燃烧室进口温度(K),F 是油气比,N_f 是燃油喷嘴数,A_e 是燃烧室出口横截面面积(cm²),l 是燃烧室长度(cm)。指数值在表 7-1 中给出。Strahle 使用了声源变化范围宽广的燃烧室构造的数据,发展了与上述关系相同并具有一般形式的回归关系,对应的指数也表示在表 7-1 中。如果回归关系中的量用 SI 单位制代替英制单位,则因子 a_1 应为 0.047。

由表 7-1 中的指数比较,可以清楚地看出,除了燃烧室压力和平均速度的指数外,理论与实验结果吻合得很好。Strahle 的实验结果中这两个指数量偏大的原因是,在实验中存在喷流噪声。这种燃烧噪声理论是下面要描述的成功的发动机核心噪声预测方法的基础。

表 7-1　声功率计算式中的指数值比较

项目	a_1	a_2	a_3	a_4	a_5	a_6	a_7	a_8
Experiment	0.91	1.9	3.4	−2.5	1.3	−0.78	1.0	1.0
Theory	—	1	2	−2～−3	2	0～1	1	1

表 7-2 给出了由一些试验获得的燃烧辐射声功率关于燃烧室流量率、进口温度、燃烧室温升等关系的指数值。对于质量流量(或速度),理论支持的指数大约为 2;而从试验趋势来看,指数大约为 3。如 Strahle 所指出的,试验结果要受喷流噪声的污染,而喷流噪声会随着速度的 8 次方变化。Strahle 的理论公式原始形式对燃烧室温升的指数关系也是 2,但在最终形式中这个指数被减小,很显然是将其影响移放到进口温度中去了。燃烧噪声与温度和温升的相关性仍然不清楚。

表 7-2　声功率关于燃烧室流量率、进口温度、燃烧室温升等的指数值

方法创立者	燃烧室类型	指数类型		
		质量流量指数	温升指数	进口温度指数
Shivashankara	筒形	3.4	2.4	0.8
Kazin	环形	3.0	2.0	
Ho 和 Tedrick	环形	1.0	2.0	
Strahle	筒形	2.3～2.7	0～1.5	

7.4.3　燃烧噪声预测方法

基于发动机数据,已经推导出许多有效可用的燃气涡轮发动机燃烧噪声和核心噪声预测方法,其中一些模型受到上面所描述的理论的影响和指导。通常,燃烧噪声预测方法的精度随着方法的通用性增加而降低,发展发动机设计参数在给定范围内变化的精确噪声预测方法相对容易,但是要发展一个对相对精确的针对一定范围的预测方法则是相当困难的。尽管如此,根据很少的设计参数和工作参数,总声压功率精度在 $3 \sim 5$ dB 范围内的通用预测方法仍然是存在的。

根据通用电气公司的核心噪声预测方法(Ho 和 Doyle),发动机核心噪声的总声功率级(OAPWL)是

$$\text{OAWPL} = 10\lg\left(\frac{q_m c_0^2}{p_{\text{ref}}}\right) + 10\lg\left[\left(\frac{T_{\text{out}} - T_{\text{in}}}{T_{\text{in}}}\right)^2 \left(\frac{p_{\text{tin}}}{p_0}\right)^2 \left(\frac{\Delta T_{\text{des}}}{T_0}\right)^{-4}\right] - 60.5\text{dB} \qquad (7-3)$$

式中,q_m 是燃烧室质量流量,T_{in} 是燃烧室进口温度,T_{out} 是燃烧室出口温度,ΔT_{des} 是涡轮的设计点温降,p_{tin} 是燃烧室进口总压,p_{ref} 是参考功率,为 10^{-12} W,下标 0 表示的是标准海平面条件下的参数。涡喷、涡轴、涡扇发动机的核心噪声实验结果与上述计算式的比较如图 7-9 所示,图 7-10 和图 7-11 则给出了通用频谱形状和指向性模式。

尽管图 7-9～图 7-11 中所有发动机均具有传统形式的燃烧系统(即筒状或者环形燃烧室),但上述预测模型也被用来预测具有径向分级的环形燃烧室的发动机燃烧噪声。当然在这种情形下,模型必须修正,以考虑到传统燃烧室与新型燃烧系统的区别。特别的,对于引燃器分级工作时,只能使用引燃器出口温度而不是燃烧室出口混合平均温度。

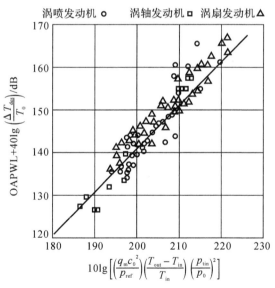

图 7-9　燃烧噪声总声压级预测结果及与实验比较

因为通用公司的燃烧噪声预测方法是完全依赖于发动机实验数据建立的,因此必然包含一些经验常数。这种预测方法的主要优点是使用相对很少的参数,但具有显著的普适性。

PW 公司在理论基础上发展了一种预测方法,它仅依赖于两个实验常数,一个与声源的活动有关,另一个与通过涡轮的传播损失有关。因为这种方法包含了比通用公司预测方法更多的参数,包括一些工作和几何变量,因此这种预测方法具有潜在的更加宽广的适用性。对多种不同发动机在不同工作条件下燃烧噪声功率和峰值频率成功的预测,验证了这种预测方法所采用的基本理论的正确性,因此对这种方法进一步改进和完善具有重要的价值。

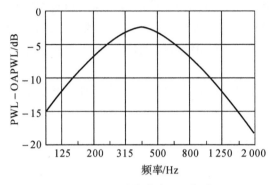

图 7 - 10　燃烧噪声通用频谱

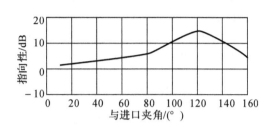

图 7 - 11　燃烧噪声通用指向性

PW 公司燃烧噪声声功率计算式是

$$\text{OAPWL} = 10\lg\left[\frac{1}{N_\text{f}}A^2 p_\text{tin}^2 \left(\frac{m\sqrt{T_\text{tin}}}{p_\text{tin}A}\right)^4 \left(1 + \frac{H_\text{f}F_\text{st}}{c_p T_\text{tin}}\right)^2 F^2\right] + K_3 - \text{TL} \qquad (7-4)$$

其中传播损失是

$$\text{TL} = 10\lg\left[\frac{(1+\zeta)^2}{4\zeta(L/(\pi D))}\right] \qquad (7-5)$$

式中,N_f 是燃油喷嘴数,A 是燃烧室横截面积,p_tin 是燃烧室进口总压,q_m 是燃烧室空气流量,T_tin 是燃烧室进口总温,H_f 是燃油热值,F_st 是化学当量油气比,c_p 是在燃烧区燃气的比定压热容,F 是燃烧室油气比,ζ 是通过涡轮的特性阻抗率,L 声源周向相关长度,D 是涡轮与燃烧室交界面处的外径。所有参数都是英制单位,在由理论发展这个预测方法时,吸收了很多前面所描述的 Strahle 理论的结果。

理论上讲,常数 K_3 是燃油类型以及燃烧室壁面和出口阻抗的函数。实验发现,在所有情

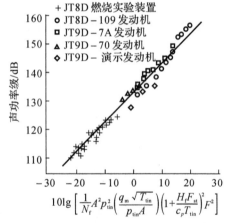

图 7 - 12　燃烧噪声总声功率级预测
结果及与实验比较

况下,比值 $L/(\pi D)$ 取 0.2,常数 K_3 取 132,因此,仅有的两个不是直接依靠理论确定的依赖于设计和工作参数的量,在宽广的范围都保持常数。

图 7 - 12 给出了多种发动机在不同工作条件下,测量的声功率级与预测结果的比较,测量值以 1.7 dB 的标准偏差分布在预测结果附近。

PW 公司的预测方法预测的峰值频率是

$$f_c = K_\text{f} \frac{RH_\text{f}}{c_p}\left(\frac{q_{m\text{f}}}{p_\text{tin}}\right)\frac{1}{Al} \qquad (7-6)$$

式中，R 是空气的气体常数，q_{mf} 是燃油质量流量，l 是燃烧室长度，K_f 是经验常数。$(q_{mf}/p_{tin})_{ref}$ 是针对燃烧室设计点计算的，通常设计点接近发动机起飞状态。

图 7 - 13 给出了测量峰值燃烧噪声频率与预测结果的比较。在预测时，K_f 取 1。预测结果有两条线，分别对应筒形燃烧室和环形燃烧室。但是，如果对于筒形燃烧室 K_f 选 8，而对于环形燃烧室 K_f 选 3，则所有预测数据都会落在同一条线上。

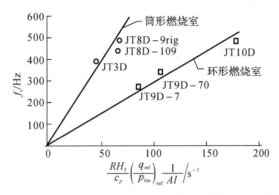

图 7 - 13　燃烧噪声峰值频率预测结果及与实验比较

7.5　燃烧噪声诊断技术

研究燃烧噪声和核心噪声，就需要测量燃气涡轮发动机的总声功率、频谱分布和指向性，而且，必须根据不同声源将总辐射声功率分离成不同噪声成分(燃烧、喷流等)；另外，声源的特性还必须能被分解和刻画出来。这就要求测量发动机内部的动态压力(在发动机燃烧噪声研究领域，将发动机内部的非定常压力称为动态压力，是习惯性的用法，由于这种用法是广泛使用的，而且这种用法也不会引起与动压头的混淆，因此，本章就这样使用了这个术语)。必须测量各种发动机工作状态参数，以便将这些参数与燃烧噪声和核心噪声相互关联。而对发动机工作参数的测量是发动机性能研究的例行程序，不是燃烧噪声研究中独有的实验测量工作，因此这里就不作介绍。这一节将介绍三部分内容：燃烧噪声测量技术、数据分析和应用实例。

7.5.1　燃烧噪声测量技术

采用标准传声器测量远场的声功率。进行这项噪声测量时，燃烧装置或者发动机必须排气到一个消声室。如果没有消声室，那么为了减少反射的影响，燃烧装置或发动机就应该安装在一个非常大的房间内，或者是在室外，这时传声器通常直接齐平地安装在硬地板或者地面上，通过对测量结果减半考虑发射影响。如果没有采取这项预防措施，那么就必须理论分析反射影响，而一个烦琐的分析过程将不可避免地损害结果的置信度。

声源区的动态压力由声学分量和非声学分量构成，声学分量由波方程支配，因此以当地声速传播；而非声学分量就是当地压力脉动，它不传播。为了识别引起声传播的声源特性，就必须测量发动机内的动态压力，并将其分解成声学分量和非声学分量。

　　燃气涡轮发动机燃烧室内的动态压力测量,需要一个能够在高温下工作的测量探针,这种探针的标定结果必须是热力学稳定的,或者至少它必须很容易进行温度校正,并且它必须具有小的温度灵敏性。通常有两种高温燃气动态压力测量方法,一种是研制特种高温压力传感器直接放入燃烧室;另一种是使用常温传感器,但采用对传感器的绝热保护。

　　在燃气涡轮发动机燃烧温度下能可靠和稳定工作的传感器通常必须是定制的,因此,这种传感器往往是昂贵的或者很难使用。这时,因为温度接近或达到燃烧温度,大部分普通传感器的材料力学特性和电学特性会迅速改变。必须使用特殊的材料来确保传感器的力学特性和电学特性。必须在预期的温度范围对传感器进行校准,使用中必须检测温度以便对实验结果进行修正。严格限制的标定、高的成本以及必需的数据后处理等,使得使用这类传感器毫无吸引力了。

　　在研究燃烧噪声时,测量燃烧室动态压力广泛使用另一种方法,就是通过声波导管将燃烧室压力传递到外部室温条件下的动态压力传感器中进行测量。如图 7-14 给出了这种测量系统。它包括一个压力传递管(或者探针),而压力传感器安装在一个支管侧端。探针应尽可能地短,但要保证压力传感器与燃气热隔绝。在传感器之后,探针以相同的内径管道缠绕管延伸出去,这个长缠绕管的作用是防止传感器上的信号被在管道末端的反射所影响,当压力波进入缠绕管到达密封的末端时,就会反射,并返回到传感器。由于缠绕管很长,因此反射波回到传感器位置时就被衰减,反射影响就可以忽略。"无限长"缠绕管的末端或采用密封形式,或者与高压惰性气体(如氮气)源相连接,惰性气体既有助于冷却传感器,又能够清除管道内的污染物(如没有完全燃烧的液体燃油等),使得管道保持洁净。

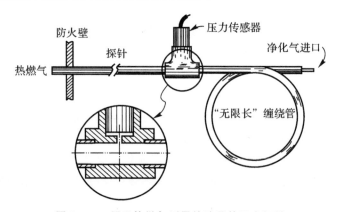

图 7-14　用于热燃气测量的波导管压力探针

　　图 7-15 说明,如果缠绕管太短,则传感器信号受反射波影响发生失真。图中给出使用图 7-14 所示类型的两个探针,同时测量筒形燃烧室动态压力的自功率谱,两个探针完全相同,只是一个探针缠绕管长,一个探针缠绕管短。对于 15 m(50 ft)长缠绕管的探针测量结果,由于系统半波共振,故可以清楚地看到间隔 11.25 Hz 的一系列的波峰。相反,应用 46 m(150 ft)长缠绕管探针测量结果中,几乎看不到间隔 3 Hz 的半波共振波峰。

　　采用缠绕管开式端口,会产生第二种反射波影响。图 7-16 给出了典型探针系统压力传感器信号传递函数的幅值和相位。幅值上的明显波动和相位上可见的波动,是由于压力传感器上随频率增加的交互排列的压力波峰和压力波腹造成的。在一定的频率下,传感器有一个压力节点,在探针开式端口有一个压力波腹,在这种情况下,探针开式端口减小了传感器上的压力,导致传递函数幅值的降低,因此就产生了一个与频率和探针长度相关的测量误差。尽管如此,按照管道声学基本理论,这种误差形式是完全可预测的,并且在典型燃气涡轮发动机燃烧噪声研究中,误差的量级通常是可以忽略的。例如,图 7-16 所描述的是具有代表性的燃烧噪声研究,由于上述反射现象产生的最大误差是 2 dB。

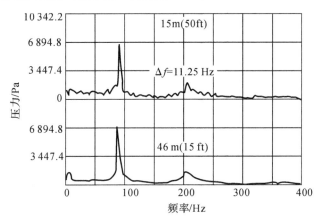

图 7-15　两个不同波导管压力探针测量信号的自相关谱

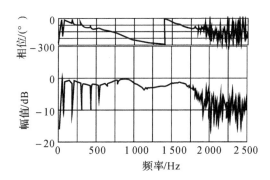

图 7-16　两个不同波导管压力探针传递函数比较

图 7-16 同时给出了应用这类探针的第三种和第四种测量误差。最明显的误差是由于压力波从探针尖端传递到传感器所需有限时间造成的相位误差。尽管这种误差很大,但是如果已知探针内的燃气温度分布,则这种误差完全可以修正或者合理地估计。由于探针内的声速随着绝对温度的 2 次方根变化,因此误差估计非常粗糙。最后一种误差是由于压力波从探针头部传播到传感器过程中的衰减所造成的,如果使用足够大的探针内径(典型值 0.6 cm(1/4 in))和足够短的探针长度(典型值 20~40 cm(8~18 in)),则这种误差就可以忽略。这种误差随着频率也就是管道内波长数目的增加而增加。对图 7-16 所示的典型情况,对于靠近燃烧室噪声频率上限的 1 000 Hz 噪声,衰减误差大约是 1 dB。

总之,在探针类型的动态压力测量系统中,其内在固有误差或者可以忽略,或者可以修正。这样的系统的优点是,既可以在室温下校准,又可以在燃烧温度下使用;并且,这种测量系统所用的传感器相对便宜,容易使用。

Strahle 和 Muthukrishnan 所发展的双线热电偶探针,广泛地用于燃气涡轮和燃烧装置中的燃气动态温度测量,研究熵梯度噪声需要测量这个参数。图 7-17 示出典型的双丝热电偶探针结构(Miles,Wasserbauer 和 Krejsa),它由两个热电偶头和不同尺寸的热线构成,具有不同的时间常数。两个热电偶连接点要足够靠近,以保证两个节点暴露在相同的波动温度场中。这就使得两个热电偶对温度波动响应的差别完全是由两个热电偶的时间常数的差别产生的。一旦热电偶的时间常数已知,则热电偶频域信号就可通过如下关系式校正,即

$$T_m = \frac{T_g}{1 + i\omega\tau} \tag{7-7}$$

式中,T_m 是在频率 ω 上的测量温度,T_g 是在这个频率上的实际燃气温度,τ 是时间常数,而 i 是虚数算子。

7.5.2 数据分析

对燃烧噪声数据的分析,首先采用快速 Fourier 变换(FFT)进行,FFT 可以实现准实时的时域信号分析。在分析中采用了两个假设,第一个假设是认为时域信号是稳定的(例如,它的功率频谱密度与信号采样开始时间无关),信号是以采样长度为周期的信号。第二个假设是要求采样长度至少是希望分析的信号中最低频率分量信号的周期。大部分 FFT 分析都包括反混淆滤波。

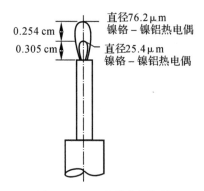

直径76.2μm
镍铬－镍铝热电偶
0.254 cm
0.305 cm
直径25.4μm
镍铬－镍铝热电偶

图 7-17 双丝热电偶探针

压力信号 FFT 分析的主要结果是压力的频谱,该频谱反映了压力频率信号的频率成分。图 7-15 中给出了两个典型脉动压力自功率谱实例。但是,大部分 FFT 分析也包括了对两个或更多信号相互之间统计学特性分析的可能性。现代 FFT 分析系统典型可用的统计特性中,对燃烧噪声研究最有用的是互相关函数、互谱密度函数、传递函数和相干函数。

互相关函数反映了两个信号之间的时间延迟,因此互相关函数可用于度量压力信号从一个传感器传播到另一个传感器所用的时间。互相关函数最典型的应用就是分析一个扰动是否为声学波动,如果两个传感器之间的信号以平均声速传播,则它就是声学波动信号;如果是以平均对流速度传播,则就不是声波。

两个信号的互谱函数就是其相关函数的 Fourier 变换。正因如此,它包含与互相关函数相同的信息,但是它以一种更加方便的形式表现出来。互谱函数包含一个实部和一个虚部,或者说,一个幅值、一个相位。在某个频率处的幅值就表示两个信号具有该频率相同谐波成分的程度,相位则表示在该频率两个信号之间的真实相位角。互谱函数对于研究波传导和识别驻波非常有用。

当把互谱函数应用于相干函数计算时,其作用就更加显著。相干性是对两个信号同一性的另外一种度量方式,通常用 0~1 之间的一个数来表述。在某一个频率上,两个信号的相干函数越大,则表示一个信号是由另一个信号产生的,或者说两个信号由同一个源产生的可能性越大;反之,如果在某个频率上,两个信号的相干函数值很小,则表示两个信号之间是相互独立的,或者说两个通道上信号的信噪比较低。导致两个信号相干函数低的第三种可能原因是非线性关系。在燃烧噪声研究中,相干函数是 0.1 就考虑是较高相关,当然这取决于可用数据的

记录长度。

　　燃烧噪声信号相关研究的典型应用情况就是,一个通道记录燃烧室中的动态压力信号,另一个通道记录喷管出口近场或远场传声器的声压信号。例如,在给定频率下,如果两个信号间的相干性高,而互谱密度低,且相位角与声波传播又一致,那么就可以推断燃烧室中压力波动的声学分量不能很好地传播到远场。一种合理的解释就是,在这个频率下,涡轮的传递函数低,而这可以直接通过使用 FFT 分析仪中传递函数计算功能来检验。传递函数就是在任意频率下两个 Fourier 变换复数的比值。读者如果感兴趣,可以进一步阅读有关 FFT 变换的参考书籍(例如,Bendat 和 Piersol 等人的著作)。

7.5.3　应用实例

　　Muthukrishnan,Strahle 和 Neale 应用两个信号的相关性来分离直接燃烧噪声和间接燃烧噪声。在应用波导型动态压力探针和 FFT 数据处理进行燃烧噪声研究中,Karchmer 成功地获得了放置在全尺寸环形燃烧室周向交角为 θ 的一对探针测量信号的互谱函数,典型数据如图 7-18 所示。应用这些数据,证实了燃烧噪声源区是由随机的、互不相关的单极子源的均相聚集。基于这些假设建立声学模型,并用最小二乘法拟合模型计算的数据重新构建声学特性,与测量的声学特性完全吻合,这被看作是对模型的直接证实。模型一旦被证实,并且用最小二乘法对互谱密度函数的幅值和相位进行了无量纲化处理,就可以用来预测构成燃烧室中压力自相关频谱单个的和各自独立的模态,它们一起弥补了燃烧室中的压力自相关频谱。图 7-19 表示测量压力自相关频谱,以及基于模型预测的构成压力谱的各独立模态的贡献。除了证实燃烧噪声源模型之外,这里获得的最重要结果就是燃烧噪声频谱的特征能够唯一地关联到某一特定模态。

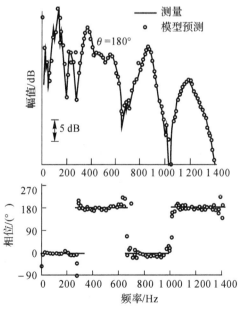

图 7-18　环形燃烧室中两个波导管探针测量信号的互谱函数

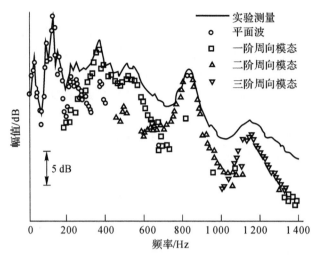

图 7 - 19　测量压力自相关频谱及与预测结果比较

另一个实例就是,Krejas 发展了用于从发动机噪声源中分离出核心噪声的三信号相干技术。三个信号同时测量,两个在发动机核心,另一个在远场的位置。在发动机核心的两个探针在流向上有足够远的分离,确保两个探针信号中的当地伪噪声互不相关(伪噪声是由于与湍流相关的当地非定常流被放入流场中的压力传感器滞止时产生的,当压力传感器不放入流场时,这种压力脉动就不能存在)。远场核心噪声信号的自谱函数由下式计算:

$$|3pF_c(\omega)|^2 = \frac{|G_{p_{exit}pF}(\omega)||G_{p_cpF}(\omega)|}{|G_{p_cp_{exit}F}(\omega)|}$$
(7 - 8)

式中,$|G_{p_{exit}pF}(\omega)|$ 是核心出口压力脉动信号和远场压力脉动信号之间互谱密度函数的幅值,$|G_{p_cpF}(\omega)|$ 是在燃烧室内压力脉动信号和远场压力脉动信号之间互谱密度函数的幅值,$|G_{p_cp_{exit}F}(\omega)|$ 则是核心出口压力脉动和燃烧室内压力脉动信号之间互谱密度函数的幅值。

如果燃烧室中的声模态不能传播到远场,例如,当环形燃烧室中高级模态在涡轮和喷管中被截止时,那么应用这种技术所获得的结果就要受到影响和破坏,因为这种分析技术假设不会发生这样的情况,或者至少存在这种情况时是达到了可忽略的程度。尽管有些证据证实(见图 7-6)燃烧室内高阶模态不能传播到远场,但实际获得的结果仍然倾向于证明上述的假设是合理的。显然,实际上上述影响产生的相关误差很小。

图 7-20 中描述了三信号相干技术的应用实例,图中给出了在与发动机进口轴线夹角为 120°的远场测量的发动机总声压级随发动机转速的变化,以及由三信号相干性技术分离出来的核心噪声分量,同时图中也给出了预测的喷流噪声总声压级(Stone)。在低发动机转速下多出的噪声,早期的研究者都归于燃烧噪声,但图中清楚地说明它实际上是核心噪声与风扇噪声的混合。更重要的是,在发动机转速高时,由喷流噪声掩盖了的核心噪声对发动机总声压级的贡献,在这里被清晰地揭示出来了。

Miles,Wasserbauer 和 Krejsa 联合应用波导管压力探针和双线热电偶探针进行了燃烧噪声研究。燃烧室两个截面彼此靠近,安装一个压力探针和一个温度探针,上游测量平面在燃烧区域,下游测量平面在燃烧室出口。压力信号的时间滞后和温度信号的时间滞后分别应用压力信号的互相关函数和温度信号的互相关函数计算获得。这导致了两个不同的向下游传播的速度,一个是与压力信号相关的声速,一个是与温度不均匀流场向下游对流相关的对流速度。通过对下游截面温度与压力信号的互相关,就确定了温度信号与压力信号的相干性,但是它们之间存在一个与前述两个速度相关的相位迟延。图 7-21 给出了典型的燃烧室出口压力和温度信号的互相关谱。

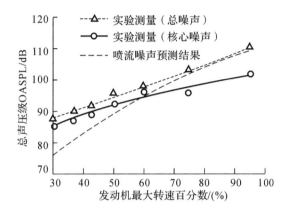

图 7-20 发动机核心噪声随发动机转速变化关系

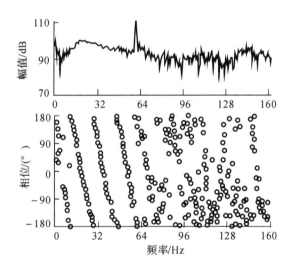

图 7-21 筒状燃烧室出口压力温度信号互谱函数

虽然压力和温度之间存在非零相干和线性相位关系并不自动就是因果关系的证据,但是,这个结果与湍流燃烧脉动造成的温度不均匀所产生噪声的物理模型是一致的,噪声以声速向下游传播,而湍流涡以较低速度向下游对流,但湍流涡在传递中保持了足够的自身特性,当它到达下游位置时,仍然与下游测量的压力信号以一定的滞后时间保持相关。这个实验的意义非常重要,因为它支持了燃烧噪声与湍流燃烧生成的温度不均匀之间的关联关系,而这种关系是大多数燃烧噪声理论的基础。

7.6 燃烧噪声控制

涡轮风扇发动机燃烧噪声主要是通过发动机排气系统向下游传播,并向远场辐射,与其他发动机噪声源相比,对燃烧噪声的控制技术研究得比较少。其原因是:

(1)燃烧噪声的声源处于发动机的"核心",由于燃烧室进口复杂的气流结构和多级压气机叶排的阻挡,向上游传播的燃烧噪声难以通过发动机进气口辐射出去;而向下游传播的燃烧噪声,要经过涡轮和混合器等部件,声能也会衰减,所以在发动机远场噪声中,燃烧噪声一般不是主要噪声。

(2)燃烧噪声主要来源于燃料燃烧和掺混等引起的气流不稳定性,而油气均匀混合,火焰稳定性等已经包含在燃烧室气动性能设计的研究课题中,因而噪声与几何参数、气动参数的相关性研究得很少。

(3)燃烧噪声频谱的峰值所在频率在较大的发动机功率范围内变化不大,因此它的吸声结构的设计简单而有效。

如果燃烧噪声被认为是不可忽略的声源而需要降噪时,可以考虑如下降噪措施:

(1)尽量减小燃烧区中放热率的不稳定性,以使燃气的密度和压力的脉动为最小;

(2)使用尽可能多的喷油嘴,减小相干压力脉动的容积;

(3)采用环形燃烧室;

(4)尽可能使得油气完全混合,保持稳定的火焰;

(5)在排气管道内安置针对燃烧室噪声的吸声装置。

第8章 计算气动声学基础

众所周知,气动声的本质就是,气体流动过程中非定常压力脉动通过气体的弹性和惯性作用向远离流动区域的空间传播形成的声音,因此,有关气动力和气动声效应是由与描述流体运动基本方程相同的方程所描述,即其控制方程是非线性、非定常的 N-S 方程组。理论上讲,直接求解非定常 N-S 方程可以同时获得流场和声场。目前,利用计算流体力学(CFD)技术,已经能够实现对非定常湍流流场的较为准确的数值模拟。

但是,现有的 CFD 计算方法和计算软件还是无法对声波进行准确的数值模拟。这是由于声变量和产生声场的流动变量之间在能量、尺度上差别很大,而且气动声需要考虑的动态频响范围更大。一方面,由于数值计算方法的耗散和频散(色散),目前的 CFD 计算方法还不能准确地模拟声波的传播过程,特别是对于噪声问题人们更关心的是远场噪声辐射特征,需要很大的空间尺度计算声的产生和传播;另一方面,由于从非定常流体流动中以声能形式向外辐射的能量仅是流体动能中很小的一部分,直接通过在全场中求解 N-S 方程同时获得流场和声场,其对计算精度和计算网格的需求量等远远超出了目前的计算能力。

因此,针对气动噪声产生、传播的规律,发展适应声波传播计算的数值计算格式、声场空间的离散格式、声波运动的时间离散格式,探索降低声波计算耗散误差与色散误差的方法,消除计算域边界声波反射的控制方法等,就成为计算流体力学 CFD 领域一个独特的研究方向,也形成了计算流体力学 CFD 的一个独特分支——计算气动声学(CAA)。

本章系统地介绍计算气动声学的基本概念和基本原理。

8.1 计算气动声学的基本概念

计算气动声学(CAA)是计算流体力学(CFD)的一个分支,它具有自己的目标、特性、问题及方法。

CAA 的目标是,理解噪声/声音产生和传播的物理机制,例如环境噪声预测和飞机噪声认证;其特性和问题包括:非定常性、长的传播距离、辐射和出口流动边界条件、固体壁面和阻抗边界条件、声波和平均流动的不一致以及非线性等。

因此,CAA 的数值计算方法需要考虑如下因素:

(1)最小化耗散量和离散误差⇔正确地预测振幅和相位。

(2)特殊的边界条件,例如辐射、出口流动以及最佳匹配层(PML)等。

(3)较少的波长内的网格点数(PPW)。

8.1.1 声学问题的分类

通过研究问题的求解域、描述问题方程的特性以及相应的边界条件对声学问题进行分类。

按照求解域,声学问题可以分为内部问题和外部问题。所谓内部问题,是指内部、封闭或者有界问题(例如管道内声的传播);所谓外部问题,是指外部、开放或者无界问题(例如球面波的辐射)。

按照方程特性,从数学分类上可以将声学问题分为椭圆方程、抛物线方程以及双曲线方程;从物理分类上可以将声学问题分为黏性、非黏性,可压缩、不可压缩,层流、湍流,单相流、多相流。

按照边界条件,可以将声学问题分为 Dirichlet 边界条件($\Phi(\gamma)=p(\gamma)$)、Neumann 边界条件($\partial\Phi(\gamma)/\partial n = q(\gamma)$)和混合边界条件($\partial\Phi(\gamma)/\partial n + h(\gamma)\Phi(\gamma) = w(\gamma)$)。其中,$p(\gamma)$、$q(\gamma)$、$h(\gamma)$ 和 $w(\gamma)$ 是 S 上的已知函数,Φ 是标量值(例如压力、密度等)。

8.1.2 CAA 应用

伴随着 CAA 基本理论方法的建立,CAA 被开始用来研究在包含背景流动的复杂几何管道中声传播问题,如航空发动机风扇管道噪声、空腔流激振发声等非线性发声弦向。图 8 - 1~图 8 - 4 给出了目前 CAA 的主要应用方向。

图 8 - 1　气动噪声

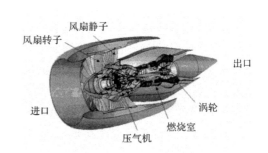

图 8 - 2　发动机噪声

图 8 - 3　环境声学和振动

图 8 - 4　水下声学

8.1.3 区域划分方法

以发动机噪声计算为例,为了计算发动机噪声的分布,将研究对象划分为不同区域是一种常用的方法(分区域法,见图 8-5)。在不同的区域使用不同的数值计算方法。

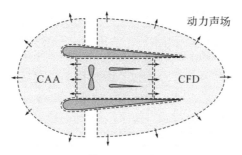

图 8-5　计算发动机噪声的分区域法

在发动机内部,为了获得发动机内部的声源,对细网格使用 CFD 来尽可能精确地求解 N-S 方程,这些方法包括非定常雷诺平均(URANS)、大涡模拟(LES)和直接数值模拟(DNS)。

为了计算发动机外部的声传播,其中还存在边界,平均流动也不是常数,计算出来的声源信息需要在 CAA 方法中使用。对于求解 Euler 方程而言,粗糙网格就可以满足要求。这些方法包括有限元法(FEM),谱元素;非连续 Galerkin 法;导数的任意高阶方法以及有限差分法(FD)。

对平均流动几乎为常数而且没有更远边界的远场而言,可以使用远场近似。这些方法包括等效声源法(ESM)(CAA/CFD 区域内的多级展开)、边界元法(BEM)(Kirchhoff;边界上的极值点)以及 Lighthill 声类比法(FW-H 方程)。

8.1.4　数学分类

守恒方程用偏微分方程(PDE)表示出来。因而,PDE 是计算科学的基础。在研究物理问题中,会遇到各种各样的 PDE,可以根据数学特性或者物理现象的类型对其进行分类。对 PDE 进行分类是很重要的,这是由于求解方法与方程的结构紧密相关。

基本 PDE 经典的数学分类始于对二阶 PDE 的分析:

$$A\Phi_{xx} + B\Phi_{xy} + C\Phi_{yy} + D\Phi_x + E\Phi_y + F\Phi + G = 0$$

物理领域内的特征函数见表 8-1。根据表 8-1 的分类,方程的特性主要由系数确定。

表 8-1　二阶 PDE 的分类

方程根	类　　型	判断依据
$\left(\dfrac{dy}{dx}\right)_{1,2} = \dfrac{B \pm \sqrt{B^2 - 4AC}}{2A}$	椭圆型	$B - \sqrt{B^2 - 4AC} < 0$
	抛物线型	$B - \sqrt{B^2 - 4AC} = 0$
	双曲线型	$B - \sqrt{B^2 - 4AC} > 0$

8.1.5　特征值的定义

特征值是线(2D)或者是面(3D)。在特征线或者特征面上,特定的特性保持常数或者特定的导数存在不连续性。若特征值存在，并且在解区间内是实线，则表示沿着这条轨迹，二次导数可能不连续。

一般的二阶 PDE 是

$$A\Phi_{xx} + B\Phi_{xy} + C\Phi_{yy} + D\Phi_x + E\Phi_y + F\Phi + G = 0$$

微分 $\mathrm{d}\Phi_x = \Phi_{xx}\mathrm{d}x + \Phi_{xy}\mathrm{d}y, \mathrm{d}\Phi_y = \Phi_{yx}\mathrm{d}x + \Phi_{yy}\mathrm{d}y$ 可以表示成线性方程组：

$$\underbrace{\begin{bmatrix} A & B & C \\ \mathrm{d}x & \mathrm{d}y & 0 \\ 0 & \mathrm{d}x & \mathrm{d}y \end{bmatrix}}_{\text{系数矩阵}} \cdot \begin{bmatrix} \Phi_{xx} \\ \Phi_{xy} \\ \Phi_{yy} \end{bmatrix} = \begin{bmatrix} -(D\Phi_x + E\Phi_y + F\Phi + G) \\ \mathrm{d}\Phi_x \\ \mathrm{d}\Phi_y \end{bmatrix}$$

如果系数矩阵的行列式为零，二阶导数（非连续）可能没有唯一解。对系数矩阵使用 Sarrus 定则，可以得到

$$A\mathrm{d}y\mathrm{d}y + C\mathrm{d}x\mathrm{d}x - B\mathrm{d}x\mathrm{d}y = 0$$

$$A\left(\frac{\mathrm{d}y}{\mathrm{d}x}\right)^2 - B\frac{\mathrm{d}y}{\mathrm{d}x} + C = 0$$

$$\left(\frac{\mathrm{d}y}{\mathrm{d}x}\right)^2 - \frac{B}{A}\frac{\mathrm{d}y}{\mathrm{d}x} + \frac{C}{A} = 0$$

这个二次方程的解按照表 8-1 给出，用以确定方程的数学类型（椭圆型、抛物线型或者双曲线型）。

8.1.6 适定性问题

如果某个问题的 PDE 是适定的，则有以下性质：
（1）问题的解一定存在；
（2）问题的解一定唯一；
（3）问题的解一定连续地依赖于初值和边界条件。

8.2 有限差分法

8.2.1 相关定义

一致性：如果随着网格尺寸 $(\Delta x, \Delta y, \Delta z)$ 趋近 0，有限差分方程（FDE）趋近于偏微分方程，那么就说这个偏微分方程的有限差分近似值具有一致性，记为：FDE⇒PDE。

稳定性：如果任何误差源（截断误差、舍入误差、错误误差）不会随着计算的进行进一步扩大，就说这个偏微分方程的有限差分近似值是稳定的。

收敛性：如果随着网格尺寸 $(\Delta x, \Delta y, \Delta z)$ 趋近 0，有限差分方程的解趋近于偏微分方程的解，那么就说这个偏微分方程的有限差分近似值具有收敛性。

松弛等价定理：对于一个适定初值的有限差分方程，其稳定性和一致性是收敛性的充要条件。

8.2.2　Taylor 级数展开

1. 例子

给定一个解析函数 $f(x_l + \Delta x)$ 和 $f(x_l - \Delta x)$，可以展开为关于 x_l 的 Taylor 级数

$$f_{l+1} = f(x_l + \Delta x) = f_l + \left(\frac{\partial f}{\partial x}\right)_l \Delta x + \frac{1}{2!}\left(\frac{\partial^2 f}{\partial x^2}\right)_l \Delta x^2 + \frac{1}{3!}\left(\frac{\partial^3 f}{\partial x^3}\right)_l \Delta x^3 + \cdots$$

$$(8-1)$$

和

$$f_{l-1} = f(x_l - \Delta x) = f_l - \left(\frac{\partial f}{\partial x}\right)_l \Delta x - \frac{1}{2!}\left(\frac{\partial^2 f}{\partial x^2}\right)_l \Delta x^2 - \frac{1}{3!}\left(\frac{\partial^3 f}{\partial x^3}\right)_l \Delta x^3 + \cdots$$

$$(8-2)$$

式(8-1)减去式(8-2)，可以得到

$$\left(\frac{\partial f}{\partial x}\right)_l = \frac{f_{l+1} - f_{l-1}}{2\Delta x} + O(\Delta x^2)$$

这就是著名的三点格式中心差分近似式，它具有二阶精度 $O(\Delta x^2)$。用额外位置的值进行近似还可以获得一阶导数 $\left(\frac{\partial f}{\partial x}\right)_l$ 高阶精度的近似式：

$$\left(\frac{\partial f}{\partial x}\right)_l = \frac{-f_{l+2} + 8f_{l+1} - 8f_{l-1} + f_{l-2}}{12\Delta x} + O(\Delta x^4) \qquad (\text{5 点 4 阶格式})$$

$$\left(\frac{\partial f}{\partial x}\right)_l = \frac{f_{l+3} - 9f_{l+2} + 45f_{l+1} - 45f_{l-1} + 9f_{l-2} - f_{l-3}}{60\Delta x} + O(\Delta x^6) \qquad (\text{7 点 6 阶格式})$$

对于高阶导数，例如 $\frac{\partial^2 f}{\partial x^2}$ 和 $\frac{\partial^3 f}{\partial x^3}$，可以通过推导获得。

2. 一阶导数

通常，在空间间距为 Δx 的均匀网格上使用有限差分公式来研究一阶空间导数 $\frac{\partial f}{\partial x}$ 的近似值：

$$\left(\frac{\partial f}{\partial x}\right)_l = \frac{1}{\Delta x}\sum_{j=-N}^{M} a_j f_{l+j} + O(\Delta x^{N+M}) \tag{8-3}$$

式中，a_j 是需要确定的系数，l 是表示网格点的整数。使用的总点数格式为 $(N+M+1)$ 点格式（见图 8-6）。

图 8-6　$(N+M+1)$ 点格式

利用 Taylor 级数展开可以得到

$$\left(\frac{\partial f}{\partial x}\right)_l = \frac{1}{\Delta x}\bigg[f(x_l)\sum_{j=-N}^{M} a_j + \Delta x \left(\frac{\partial f}{\partial x}\right)_l \sum_{j=-N}^{M} a_j j + \frac{1}{2!}(\Delta x)^2 \left(\frac{\partial^2 f}{\partial x^2}\right)_l \sum_{j=-N}^{M} a_j j^2 + \cdots +$$

$$\frac{1}{(N+M)!}(\Delta x)^{N+M}\left(\frac{\partial^{(N+M)} f}{\partial x^{(N+M)}}\right)_l \sum_{j=-N}^{M} a_j j^{N+M}\bigg] + O(\Delta x^{N+M}) \tag{8-4}$$

对比方程(8-4)的左边和右边可以得到一阶导数的系数：

$$\left. \begin{array}{rl} \displaystyle\sum_{j=-N}^{M} a_j = 0 & \xrightarrow{\text{from}} \quad f(x_L)\Big(\sum_j a_j\Big) = \frac{\partial f}{\partial x} + 0 \cdot f(x_L) \\[3mm] \displaystyle\sum_{j=-N}^{M} a_j j = 1 & \xrightarrow{\text{from}} \quad \frac{\mathrm{d}f}{\mathrm{d}x}\Big|_{x_L}\Big(\sum_j a_j\Big) = \frac{\partial f}{\partial x} \\[3mm] \displaystyle\sum_{j=-N}^{M} a_j j^a = 0 & \xrightarrow{\text{from}} \quad \frac{\mathrm{d}f^n}{\mathrm{d}x^n}\Big(\sum_j a_j j^a\Big) = \frac{\partial f}{\partial x} + 0 \cdot \frac{\mathrm{d}f^n}{\mathrm{d}x^n} \end{array} \right\} \qquad (8-5)$$

因此可以得到用来确定这种格式系数 a_j 的方程组，其中 $j = 2, 3, \cdots, N+M$，进而可以得到 $N+M+1$ 个线性代数方程，其中有 $N+M+1$ 个未知的 $a_j, j = -N, \cdots, M$。唯一解将确定有限差分近似式中的系数 a_j。

根据 Taylor 级数展开式(8-3)，可以得到

$$\frac{1}{\Delta x}\sum_{j=-N}^{M} a_j f(x_l + j\Delta x) = \left(\frac{\partial f}{\partial x}\right)_l + O(\Delta x^{N+M})$$

因此该格式的误差为 $N+M$ 阶。

3. 二阶导数

相似地，对于二阶导数 $\dfrac{\partial^2 f}{\partial x^2}$，有 $\left(\dfrac{\partial^2 f}{\partial x^2}\right)_l = \dfrac{1}{(\Delta x)^2}\displaystyle\sum_{j=-N}^{M} a_j f_{l+j} + O(\Delta x^{N+M-1})$，根据一阶导数，利用 Taylor 级数展开可以得到

$$\left(\frac{\partial^2 f}{\partial x^2}\right)_l = \frac{1}{(\Delta x)^2}\Big[f(x_l)\sum_{j=-N}^{M} a_j + \Delta x\left(\frac{\partial f}{\partial x}\right)_l\sum_{j=-N}^{M} a_j j + \frac{1}{2!}(\Delta x)^2\left(\frac{\partial^2 f}{\partial x^2}\right)_l\sum_{j=-N}^{M} a_j j^3 + \cdots +$$

$$\frac{1}{(N+M)!}(\Delta x)^{N+M}\left(\frac{\partial^{N+M} f}{\partial x^{N+M}}\right)_l\sum_{j=-N}^{M} a_j j^{N+M} \Big] + O(\Delta x^{N+M-1}) \qquad (8-6)$$

经过 Taylor 级数展开之后，对比方程(8-6)左边和右边，可以通过下式确定系数 a_j：

$$\left. \begin{array}{ll} \displaystyle\sum_{j=-N}^{M} a_j = 0, & \displaystyle\sum_{j=-N}^{M} a_j j = 0 \\[3mm] \displaystyle\sum_{j=-N}^{M} a_j j^2 = 2!, & \displaystyle\sum_{j=-N}^{M} a_j j^a = 0 \end{array} \right\} \qquad (8-7)$$

式中，$a = 3, 4, \cdots, N+M$。使用 $N+M+1$ 点格式中二阶导数最高阶精度为 $N+M-1$ 阶，中心差分近似式的精度为 $N+M$ 阶。

对于更高阶的导数，可以使用相同的流程。同样，还可以获得混合偏导数 $\dfrac{\partial^2 f}{\partial x \partial y}$ 的有限差分近似式。

4. 非均匀空间网格点的有限差分

根据下面的流程，可以推导获得二阶导数一阶近似表达式和一阶导数二阶近似表达式。

(1) 对 $f(x + \Delta x)$ 和 $f(x + (1+a)\Delta x)$ 关于 x 进行 Taylor 级数展开。

（2）对 Taylor 级数展开进行求和，由 $-(1+\alpha)f(x+\Delta x)+f(x+(1+\alpha)\Delta x)$，可以得到

$$\frac{\partial^2 f}{\partial x^2}=\frac{f_{i+2}-(1+\alpha)f_{i+1}+\alpha f_i}{\frac{1}{2}\alpha(1+\alpha)(\Delta x)^2}+O(\Delta x) \tag{8-8}$$

（3）使用式（8-8）代替 $f(x+\Delta x)$ Taylor 级数展开式中的 $\left(\dfrac{\partial^2 f}{\partial x\partial y}\right)_i$，可以得到

$$\frac{\partial f}{\partial x}=\frac{-f_{i+2}+(1+\alpha)^2 f_{i+1}-\alpha(\alpha+2)f_i}{\alpha(1+\alpha)\Delta x}+O(\Delta x^2) \tag{8-9}$$

5. 误差和稳定性分析

当盲目地使用有限差分方法时，很容易进入不稳定情况。这时，一个非常小的误差就会不断增大，最终导致解变量崩溃。Neumann 稳定性分析是一种最简单的给出稳定性必要条件的方法。尽管真实的稳定性需求要比 Neumann 稳定性分析得到的限制更严格，但是 Neumann 稳定性分析可以给出关于稳定性要求的很有用的信息。

Neumann 分析是从有限差分方程的 Fourier 级数表达式中推导获得的。振幅因子的衰减和增大分别表示数值方法是否稳定。通常，使用 Neumann 分析需要对方程进行线性化。对于非线性方程而言，需要对其进行局部线性化，过程很简单。

另外，为了给一个给定问题选择一种有限差分法，必须能够评估这种方法的精度。尽管从 Taylor 级数展开中可以确定主要的误差项，但是这种计算仅仅只能提供有限的信息。Fourier 误差分析可以描述有限差分方法中的误差特性。

由于篇幅限制，这里没有给出各种问题稳定性和误差的分析步骤，感兴趣的读者可以查阅相关文献。

8.3　最优的空间和时间离散化

8.3.1　最优的空间离散化

考虑典型的波动方程

$$\frac{\partial U}{\partial t}+c\frac{\partial U}{\partial x}=0 \tag{8-10}$$

其基本解为

$$U(x,t)=\mathrm{e}^{\mathrm{i}(\alpha x-\omega t)} \tag{8-11}$$

为了不失一般性，假定 $c>0$，将式（8-11）带入式（8-10），可得

$$\mathrm{e}^{\mathrm{i}(\alpha x-\omega t)}(-\mathrm{i}+\mathrm{i}c\,\alpha)=0 \tag{8-12}$$

为了使方程（8-12）和方程（8-10）成立，则有

$$\omega=c\,\bar{\alpha} \tag{8-13}$$

这就是典型波动方程理想的色散关系。对其一阶导数在间隔为 Δx 的均匀网格进行空间离散化,可以得到

$$\left(\frac{\partial U}{\partial x}\right)_l \approx \frac{1}{\Delta x}\sum_{j=-N}^{M} a_j U_{l+j} \tag{8-14}$$

式中,$U_{l+j}=U((l+j)\Delta x,t)$,$\left(\dfrac{\partial U}{\partial x}\right)_l = \dfrac{\partial U(l\Delta x,t)}{\partial x}$,$a_j$ 是系数,根据所需的精度和其他特性进行确定。

将方程(8-14)带入方程(8-10),可以得到准离散化的普通微分方程

$$\left(\frac{\mathrm{d}U}{\mathrm{d}t}\right)_l + \frac{c}{\Delta x}\sum_{j=-N}^{M} a_j U_{l+j} = 0 \tag{8-15}$$

给定一个波数 α,可以得到方程(8-15)的一个基本解

$$U_s(l\Delta x,t) = \mathrm{e}^{\mathrm{i}(\alpha l\Delta x - \omega t)} \tag{8-16}$$

式中,s 表示准离散化,以此来将其与方程(8-11)给出的基本解分开。将方程(8-16)带入方程(8-15),可以得到

$$\mathrm{e}^{\mathrm{i}(\alpha l\Delta x-\omega t)}\left(-\mathrm{i}\omega + \frac{c}{\Delta x}\sum_{j=-N}^{M} a_j \mathrm{e}^{\mathrm{i}\alpha j\Delta x}\right) = 0 \tag{8-17}$$

在与原始解式(8-12)的对比中可以看出,有效的数值波数 $\bar{\alpha}$ 定义为

$$-\mathrm{i}\omega + \mathrm{i}c\,\bar{\alpha} = -\mathrm{i}\omega + \frac{c}{\Delta x}\sum_{j=-N}^{M} a_j \mathrm{e}^{\mathrm{i}\alpha j\Delta x}$$

$$\Rightarrow \bar{\alpha} = -\frac{\mathrm{i}}{\Delta x}\sum_{j=-N}^{M} a_j \mathrm{e}^{\mathrm{i}\alpha j\Delta x} \tag{8-18}$$

准离散方程(8-15)的色散关系为

$$\omega = c\,\bar{\alpha} \tag{8-19}$$

根据上述色散关系,可以写出给定波数 α 时准离散方程(方程(8-15))的基本解:

$$U_s(l\Delta x,t) = \mathrm{e}^{\mathrm{i}(\alpha l\Delta x - c\bar{\alpha}t)} = \mathrm{e}^{\mathrm{i}\left[\alpha l\Delta x - c(\bar{\alpha}_r + \mathrm{i}\bar{\alpha}_i)t\right]} = \mathrm{e}^{\mathrm{i}\alpha\left[l\Delta x - c\left(\frac{\bar{\alpha}_r}{\alpha}\right)t\right]}\mathrm{e}^{c\bar{\alpha}_i t} \tag{8-20}$$

式中,$\bar{\alpha}=\bar{\alpha}_r + \mathrm{i}\,\bar{\alpha}_i$。

相位速度 $v_p = c(\bar{\alpha}/\alpha)$ 不再是个常数,除非 $\bar{\alpha}_r = \alpha$(这在数值解中是不可能出现的)。因此,具有不同波数的波以大于或者小于声速的不同速度传播。对于具有不同波数的初始波而言,它的波形不可能保持不变。这就是为什么一个脉冲波不能保持不变的原因。这种现象称为色散。

注意,如果 $\bar{\alpha}_i \neq 0$,另外以不同的速度传播,则具有不同波数的波现在以不同的因子增大或衰减,这种现象称为耗散。在这种情况下,数值波数 $\bar{\alpha}_i$ 的虚部对于下式是很重要的:

$$\left.\begin{array}{ll} c\,\bar{\alpha}_i > 0 & \text{不稳定(增大)} \\ c\,\bar{\alpha}_i < 0 & \text{稳定(衰减)} \end{array}\right\} \tag{8-21}$$

对比准离散化方程(8-20)和解析方程(8-11)的基本解,可以得到

$$\frac{U_s(l\Delta x,t)}{U(l\Delta x,t)} = \mathrm{e}^{\mathrm{i}c(\alpha-\bar{\alpha}_r)t}\mathrm{e}^{c\bar{\alpha}_i t} \tag{8-22}$$

因此,由方程(8-10)空间离散化带来的相位和振幅误差为

$$|\Phi_{s(t)} - \Phi| = |c(\alpha - \bar{\alpha}_r)t| \quad \text{(相位)}$$

$$G(t) = \mathrm{e}^{c\bar{\alpha}_i t} \quad \text{(振幅)}$$

为了使数值计算格式中的色散和耗散误差最小,方程(8-18) 也可以写为

$$\bar{\alpha}\Delta x = -\mathrm{i}\sum_{j=-N}^{M} a_j \mathrm{e}^{\mathrm{i}\alpha j \Delta x} = -\mathrm{i}\sum_{j=-N}^{M}\left[a_j \cos\left(\alpha j \Delta x\right) + \mathrm{i}a_j \sin\left(\alpha j \Delta x\right)\right] =$$

$$\sum_{j=-N}^{M} a_j \sin\left(\alpha j \Delta x\right) - \mathrm{i}a_j \cos\left(\alpha j \Delta x\right) \tag{8-23}$$

考虑到 $\bar{\alpha} = \bar{\alpha}_r + \mathrm{i}\bar{\alpha}_i$,比较方程的左右两边我们发现

$$\bar{\alpha}_r \Delta x = \sum_{j=-N}^{M} a_j \sin\left(\alpha j \Delta x\right) \tag{8-24}$$

$$\bar{\alpha}_i \Delta x = -\sum_{j=-N}^{M} a_j \cos\left(\alpha j \Delta x\right) \tag{8-25}$$

所以最优化的一个目的在于使 $\alpha_r \Delta x \rightarrow \alpha \Delta x$(使得色散误差最小) 和 $\alpha_i \Delta x \rightarrow 0$(使得耗散误差最小)。

为了达到优化的目的,必须定义使整体误差较小的波数范围。在图 8-7 中,为了不失一般性,最优的范围定义为 δ。

为了在给定的波数范围内保证最小的局部截断误差,例如,波长小于 $4\Delta x$(即 $\lambda \geqslant 4\Delta x$) 或者 $\alpha \Delta x \leqslant \dfrac{\pi}{2} = \delta$,整体误差用 Euclidean 范数定义为

$$E := \int_{-\delta}^{\delta}\left|\alpha_r \Delta x - \bar{\alpha}_r \Delta x\right|^2 \mathrm{d}(\alpha \Delta x) + \int_{-\delta}^{\delta}\left|\alpha_r \Delta x + \mathrm{sgn}\left(c\right)\exp\left[-\ln 2\left(\frac{\alpha \Delta x - \pi}{\sigma}\right)\right]\right|^2 \mathrm{d}(\alpha \Delta x) \tag{8-26}$$

式中,第二部分的被加数表示数值波数 $\alpha_i \Delta x$ 的虚部。

现在考虑中心差分格式($\bar{\alpha}_i = 0, M = N$),式(8-26) 可以写成

$$E := \int_{-\delta}^{\delta}\left|\alpha \Delta x - \bar{\alpha}\Delta x\right|^2 \mathrm{d}(\alpha \Delta x) \tag{8-27}$$

为了使 $\bar{\alpha}_i = 0$,系数 a_j 必须是反对称的,即

$$a_0 = 0 \quad a_{-j} = -a_j$$

$$\bar{\alpha}\Delta x = \bar{\alpha}_r \Delta x = \sum_{j=-N}^{N} a_j \sin\left(\alpha j \Delta x\right) = 2\sum_{j=1}^{N} a_j \sin\left(\alpha j \Delta x\right) \tag{8-28}$$

图 8-8 给出了 $\bar{\alpha}\Delta x$ 与 $\alpha \Delta x$ 的关系图。

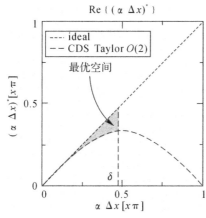

图 8-7　最优空间离散化的波数范围

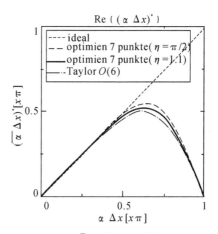

图 8-8　$\bar{\alpha}\Delta x$ 与 $\alpha \Delta x$ 的关系图

将方程(8-28)带入方程(8-27),可以得到

$$E: = \int_{-\delta}^{\delta} \left[\alpha \Delta x - 2 \sum_{j=1}^{N} a_j \sin (\alpha j \Delta x) \right]^2 \mathrm{d}(\alpha \Delta x) \qquad (8-29)$$

E 最小的条件是 $\dfrac{\partial E}{\partial a_j} = 0, j = 1, 2, \cdots, N$。

理论上,对于 N 个系数 a_j 有 N 个方程。如果 a_j 由 Taylor 级数展开单独确定,7 点格式可以达到 6 阶精度。考虑到系数的反对称性 $a_{-j} = -a_j$ 以及 $a_0 = 0$,一阶导数的系数可以通过式(8-5)的方法求得:

$$\left. \begin{aligned} 2\sum_{j=1}^{3} a_j j &= 1 \\ 2\sum_{j=1}^{3} a_j j^3 &= 0 \\ 2\sum_{j=1}^{3} a_j j^5 &= 0 \end{aligned} \right\} \qquad \begin{aligned} a_1 &= \frac{45}{60} \\ a_2 &= -\frac{9}{60} \\ a_3 &= \frac{1}{60} \end{aligned}$$

$$\left(\frac{\partial f}{\partial x} \right)_l = \frac{f_{l+3} - 9f_{l+2} + 45f_{l+1} - 45f_{l-1} + 9f_{l-2} - f_{l-3}}{60\Delta x} + O(\Delta x^6)$$

上述通过结合 Taylor 级数和波数空间最优化方法而得到的数值格式称为色散关系保护格式(DRP),它可以减小色散误差。

8.3.2 最优的时间离散化

有两种准确的时间推进格式,即单步方法(如 Runge-Kutta 方法)和多步方法(如 Adams-Bashford 方法)。这里将讨论多步方法。

假设 $\boldsymbol{u}(t)$ 是一个未知的矢量,时间轴被划分为时间步长为 Δt 的均匀网格。假设在时间层 $n, n-1, n-2$ 和 $n-3$ 上已知 $\boldsymbol{u}$ 和 $\dfrac{\mathrm{d}\boldsymbol{u}}{\mathrm{d}t}$。可以通过下式得到下一个时间步 $n+1$ 的值:

$$\boldsymbol{u}^{(n+1)} = \boldsymbol{u}^{(n)} + \underbrace{\Delta t \sum_{j=0}^{3} b_j \left(\frac{\mathrm{d}\boldsymbol{u}}{\mathrm{d}t} \right)^{(n-j)}}_{\substack{\text{时间导数的加权平均} \\ \text{(4层有限差分近似值)}}} \qquad (8-30)$$

需要确定 b_0, b_1, b_2, b_3 四个参数。对时间导数在 n 层用 Taylor 级数展开,式(8-30)右边最后一项可以写成

$$\Delta t \sum_{j=0}^{3} b_j \left(\frac{\partial \boldsymbol{u}}{\partial t} \right)^{(n-j)} = \Delta t b_0 \left(\frac{\partial \boldsymbol{u}}{\partial t} \right)^{(n)} +$$

$$\Delta t b_1 \left[\left(\frac{\partial \boldsymbol{u}}{\partial t} \right)^{(n)} - \left(\frac{\partial^2 \boldsymbol{u}}{\partial t^2} \right)^{(n)} \Delta t + \frac{1}{2!} \left(\frac{\partial^3 \boldsymbol{u}}{\partial t^3} \right)^{(n)} \Delta t^2 - \frac{1}{3!} \left(\frac{\partial^4 \boldsymbol{u}}{\partial t^4} \right)^{(n)} \Delta t^3 + \cdots \right] +$$

$$\Delta t b_2 \left[\left(\frac{\partial \boldsymbol{u}}{\partial t} \right)^{(n)} - \left(\frac{\partial^2 \boldsymbol{u}}{\partial t^2} \right)^{(n)} (2\Delta t) + \frac{1}{2!} \left(\frac{\partial^3 \boldsymbol{u}}{\partial t^3} \right)^{(n)} (2\Delta t)^2 - \frac{1}{3!} \left(\frac{\partial^4 \boldsymbol{u}}{\partial t^4} \right)^{(n)} (2\Delta t)^3 + \cdots \right] +$$

$$\Delta t b_3 \left[\left(\frac{\partial \boldsymbol{u}}{\partial t} \right)^{(n)} - \left(\frac{\partial^2 \boldsymbol{u}}{\partial t^2} \right)^{(n)} (3\Delta t) + \frac{1}{2!} \left(\frac{\partial^3 \boldsymbol{u}}{\partial t^3} \right)^{(n)} (3\Delta t)^2 - \frac{1}{3!} \left(\frac{\partial^4 \boldsymbol{u}}{\partial t^4} \right)^{(n)} (3\Delta t)^3 + \cdots \right]$$

$$(8-31)$$

把上述表达式代入方程(8-30),得到

$$\frac{\boldsymbol{u}^{(n+1)} - \boldsymbol{u}^{(n)}}{\Delta t} = [b_0 + b_1 + b_2 + b_3] \left(\frac{\partial \boldsymbol{u}}{\partial t}\right)^{(n)} + [-b_1 - 2b_2 - 3b_3] \Delta t \left(\frac{\partial^2 \boldsymbol{u}}{\partial t^2}\right)^{(n)} +$$

$$\left[\frac{b_1}{2!} + \frac{b_2}{2!}(2)^2 + \frac{b_3}{2!}(3)^2\right] \Delta t^2 \left(\frac{\partial^3 \boldsymbol{u}}{\partial t^3}\right)^{(n)} +$$

$$\left[-\frac{b_1}{3!} - \frac{b_2}{3!}(2)^3 - \frac{b_3}{3!}(3)^3\right] \Delta t^3 \left(\frac{\partial^4 \boldsymbol{u}}{\partial t^4}\right)^{(n)} + O(\Delta x^4) \tag{8-32}$$

与 $\boldsymbol{u}^{(n+1)}$ 的 Taylor 级数展开式作对比,其中 $\boldsymbol{u}^{(n+1)}$ 的 Taylor 级数展开为

$$\boldsymbol{u}^{(n+1)} = \boldsymbol{u}^{(n)} + \Delta t \left(\frac{\partial \boldsymbol{u}}{\partial t}\right)^{(n)} + \frac{1}{2!} \Delta t^2 \left(\frac{\partial^2 \boldsymbol{u}}{\partial t^2}\right)^{(n)} + \frac{1}{3!} \Delta t^3 \left(\frac{\partial^3 \boldsymbol{u}}{\partial t^3}\right)^{(n)} +$$

$$\frac{1}{4!} \Delta t^4 \left(\frac{\partial^4 \boldsymbol{u}}{\partial t^4}\right)^{(n)} + O(\Delta t^5) \tag{8-33}$$

令

$$\sum_{j=1}^{3} b_j = 1, \qquad \sum_{j=1}^{3} b_j j = -\frac{1}{2}$$

$$\sum_{j=0}^{3} b_j j^2 = \frac{1}{3}, \qquad \sum_{j=0}^{3} b_j j^3 = -\frac{1}{4}$$

方程(8-30)的四个参数 b_j 可以完全确定。为了构造一个最优的多层格式,选择四个参数中的三个(例如 $j=1,2,3$)

$$\left. \begin{array}{l} \sum\limits_{j=0}^{3} b_j = 1 \\[2mm] \sum\limits_{j=1}^{3} b_j j = -\dfrac{1}{2} \\[2mm] \sum\limits_{j=0}^{3} b_j j^2 = \dfrac{1}{3} \\[2mm] \sum\limits_{j=0}^{3} b_j j^3 = -\dfrac{1}{4} \end{array} \right\} \qquad \begin{array}{l} b_1 = -3b_0 + \dfrac{53}{12} \\[2mm] b_2 = 3b_0 - \dfrac{16}{3} \\[2mm] b_3 = -b_0 + \dfrac{23}{12} \end{array}$$

剩下的参数 b_0 通过优化可以确定。所以时间离散化的精度为 3 阶。

优化是使用有限差分格式的 Laplace 变换来作为偏微分 Laplace 变换的一个很好的近似值。函数 $f(t)$ 的 Laplace 变换及其反函数的关系如下:

$$\left. \begin{array}{l} \widetilde{f}(\omega) = \dfrac{1}{2\pi} \displaystyle\int_0^\infty f(t) \mathrm{e}^{\mathrm{i}\omega t} \, \mathrm{d}t \\[4mm] f(t) = \displaystyle\int_\Gamma \widetilde{f}(\omega) \mathrm{e}^{-\mathrm{i}\omega t} \, \mathrm{d}\omega \end{array} \right\} \tag{8-34}$$

式中,Γ 是半 ω 面上平行于实 ω 轴且在所有极点和奇点上方的逆向等值线,如图 8-9 所示。

用连续变量写出方程(8-30):

$$\boldsymbol{u}(t + \Delta t) = \boldsymbol{u}(t) + \Delta t \sum_{j=0}^{3} b_j \frac{\partial \boldsymbol{u}(t + j\Delta t)}{\partial t} \tag{8-35}$$

对式(8-35)应用 Laplace 变换并使用移位定理:$\widetilde{f}(t + \Delta t) = \mathrm{e}^{-\mathrm{i}\omega \Delta t} \widetilde{f}$,可以得到

$$\tilde{u}e^{-i\omega\Delta t} = \tilde{u} + \Delta t\left(\sum_{j=0}^{3}b_j e^{i\omega j\Delta t}\right)\frac{\partial\tilde{u}}{\partial t} \quad\Rightarrow\quad \frac{\tilde{u}\left[e^{-i\omega\Delta t}-1\right]}{\Delta t\sum_{j=0}^{3}b_j e^{i\omega j\Delta t}} = \frac{\partial\tilde{u}}{\partial t} \qquad (8-36)$$

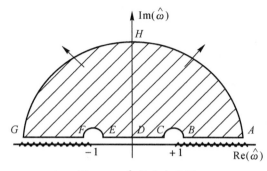

图 8-9 $\hat{\omega}$ 的上半平面

对式(8-36)使用微商定理：

$$\frac{\partial\tilde{u}}{\partial t} = -i\omega\tilde{u} \qquad (8-37)$$

可以得到

$$\frac{e^{-i\omega\Delta t}-1}{\Delta t\sum_{j=0}^{3}b_j e^{i\omega j\Delta t}} = -i\omega \qquad (8-38)$$

比较方程(8-37)和方程(8-38)的两边，可以得到

$$\bar{\omega} = \frac{i(e^{-i\omega\Delta t}-1)}{\Delta t\sum_{j=0}^{3}b_j e^{i\omega j\Delta t}} \qquad (8-39)$$

式中，$\bar{\omega}$ 是有效角频率。这样整体误差 E_1 可以定义为

$$E_1 = \int_{-\eta}^{\eta}\left\{\sigma\left[\mathrm{Re}\,(\bar{\omega}\Delta t - \omega\Delta t)\right]^2 + (1-\sigma)\left[\mathrm{Im}\,(\bar{\omega}\Delta t - \omega\Delta t)\right]^2\right\}\mathrm{d}(\omega\Delta t) \qquad (8-40)$$

式中，$\sigma\in[0;1]$ 是加权因子，η 是频率范围，在该范围内我们希望 $\bar{\omega}$ 和 ω 之间具有很好的近似（这与空间近似中的优化区间 δ 相似）。因此，目标是使得 $\bar{\omega}=\omega$。如果 $\sigma=1$，只需要考虑误差的实部，即色散。如果 $\sigma=0$，只需要考虑误差的虚部，即耗散。

为了得到最小的整体误差，需要关于未知参数 b_0 的条件：$\dfrac{\partial E_1}{\partial b_0}=0$。

对于 $\sigma=0.36$ 和 $\eta=0.5$，可以求得参数为

$$b_0 = 2.302\,558\,088\,8, \quad b_1 = -2.491\,007\,599\,8$$
$$b_2 = 1.574\,340\,933\,2, \quad b_3 = -0.385\,891\,422\,2$$

波群速度考虑：

使 $A(x,t)$ 作为下面波动方程的基本解：

$$\frac{\partial^2 A}{\partial x^2} - \left(\frac{\alpha}{\omega}\right)^2\frac{\partial^2 A}{\partial t^2} = 0 \qquad (8-41)$$

可以得到 $A(x,t) = A_0\cos(\alpha x - \omega t)$，并且可以得到相位速度为 $v_{\mathrm{ph}} = \dfrac{\omega}{\alpha}$。

考虑一个由两个余弦波叠加形成的简单波包：

$$A(x,t) = \cos\left[(\alpha - \Delta\alpha)x + (\omega - \Delta\omega)t\right] + \cos\left[(\alpha - \Delta\alpha)x - (\omega - \Delta\omega)t\right] \tag{8-42}$$

利用三角不等式

$$\cos\left[(\alpha x - \omega t) \pm (\Delta\alpha x - \Delta\omega t)\right] = \cos\left[(\alpha x - \omega t)\cos(\Delta\alpha x - \Delta\omega t) \mp \right.$$
$$\left. \sin(\alpha x - \omega t)\sin(\Delta\alpha x - \Delta\omega t)\right]$$

可以得到

$$A(x,t) = 2\cos(\alpha x - \omega t)\cos(\Delta\alpha x - \Delta\omega t) \tag{8-43}$$

现在将这个波包认为是由一个频率为 ω、波数为 α 的余弦函数通过余弦函数 $\cos(\Delta\alpha x - \Delta\omega t)$ 调制而成的。这个调制函数本身是一个余弦波，其相位速度为 $v = \dfrac{\mathrm{d}\omega}{\mathrm{d}\alpha}$。

波包速度是指波中调制波穿过指定媒介和信息传播的速度。对于 DRP（色散关系保护）格式，波的色散关系为 $\bar{\omega}(\omega) = \omega(\bar{\alpha}(\alpha))$。

假设波只在 x 轴方向传播，波群速度可以表示为

$$v_{\mathrm{gr}} = \frac{\mathrm{d}\omega}{\mathrm{d}\alpha} = \frac{\mathrm{d}\omega}{\mathrm{d}\bar{\omega}}\frac{\mathrm{d}\bar{\omega}}{\mathrm{d}\bar{\alpha}}\frac{\mathrm{d}\bar{\alpha}}{\mathrm{d}\alpha} = \frac{\dfrac{\mathrm{d}\bar{\omega}}{\mathrm{d}\bar{\alpha}}\dfrac{\mathrm{d}\bar{\alpha}}{\mathrm{d}\alpha}}{\dfrac{\mathrm{d}\bar{\omega}}{\mathrm{d}\omega}} \tag{8-44}$$

在允许范围内作近似 $\dfrac{\mathrm{d}\bar{\omega}}{\mathrm{d}\omega} \approx 1$，并且由数值色散关系 $\dfrac{\mathrm{d}\bar{\omega}}{\mathrm{d}\bar{\alpha}} \approx c$，得到

$$v_{\mathrm{gr}} \approx c\frac{\mathrm{d}\bar{\alpha}}{\mathrm{d}\alpha} \tag{8-45}$$

如果 $\dfrac{\mathrm{d}\bar{\alpha}}{\mathrm{d}\alpha} = 1$，这个格式将会拥有与原始偏微分方程一样的波群速度。

最终，这种数值方法能够准确预测的要求是

$$v_{\mathrm{gr}} : \frac{\mathrm{d}\bar{\alpha}}{\mathrm{d}\alpha} \overset{\text{def}}{=\!=\!=} 1, \qquad v_{\mathrm{ph}} : \frac{\bar{\alpha}}{\alpha} \overset{\text{def}}{=\!=\!=} 1 \tag{8-46}$$

8.4 线化 Euler 方程的有限差分解

8.4.1 PDE 的守恒形式

PDE 守恒定义：导数的系数要么是常数，要么不是，当不是常数时，其对应的导数不会出现在方程中。例如，定常二维流动的质量守恒公式写成守恒形式为

$$\frac{\partial}{\partial x}(\rho u) + \frac{\partial}{\partial y}(\rho u) = 0 \tag{8-47}$$

写成非守恒形式为

$$\rho\frac{\partial u}{\partial x} + \rho\frac{\partial v}{\partial y} + u\frac{\partial \rho}{\partial x} + v\frac{\partial \rho}{\partial y} = 0 \tag{8-48}$$

8.4.2 Euler 方程的守恒形式

$$\frac{\partial \boldsymbol{Q}}{\partial t} + \frac{\partial \boldsymbol{E}}{\partial x} + \frac{\partial \boldsymbol{F}}{\partial y} + \frac{\partial \boldsymbol{G}}{\partial z} = 0 \tag{8-49}$$

式中

$$\boldsymbol{Q} = \begin{bmatrix} \rho \\ \rho u \\ \rho v \\ \rho \omega \\ \rho e_t \end{bmatrix}, \quad \boldsymbol{E} = \begin{bmatrix} \rho \\ \rho u^2 + p \\ \rho u v \\ \rho u \omega \\ (\rho e_t + p) u \end{bmatrix}, \quad \boldsymbol{F} = \begin{bmatrix} \rho v \\ \rho v u \\ \rho v^2 + \rho \\ \rho v \omega \\ (\rho e_t + p) v \end{bmatrix}, \quad \boldsymbol{G} = \begin{bmatrix} \rho \omega \\ \rho \omega u \\ \rho \omega v \\ \rho \omega^2 + p \\ (\rho e_t + p) \omega \end{bmatrix} \tag{8-50}$$

另外

$$e_t = e + \frac{1}{2}(u^2 + v^2 + \omega^2) \tag{8-51}$$

在密度为 ρ_0,压力为 p_0,速度为 u_0 的均匀平均流动,仅在其 x 方向添加一个小振幅的扰动。二维扰动的线化 Euler 方程为(假定 $p = \rho R T$, $p/\rho^\gamma = \text{constant}$)

$$\frac{\partial \boldsymbol{Q}}{\partial t} + \frac{\partial \boldsymbol{E}}{\partial x} + \frac{\partial \boldsymbol{F}}{\partial y} = \boldsymbol{H} \tag{8-52}$$

其中

$$\boldsymbol{Q} = \begin{bmatrix} \rho' \\ u' \\ v' \\ p' \end{bmatrix}, \quad \boldsymbol{E} = \begin{bmatrix} \rho_0 u' + \rho' u_0 \\ u_0 u' + p'/\rho_0 \\ u_0 v' \\ u_0 p' + \gamma p_0 u' \end{bmatrix}, \quad \boldsymbol{F} = \begin{bmatrix} \rho_0 v' \\ 0 \\ -p'/\rho_0 \\ \gamma p_0 v' \end{bmatrix} \tag{8-53}$$

各向异性项 H 表示声源。方程(8-52)还能写成

$$\frac{\partial \boldsymbol{Q}}{\partial t} + \frac{\partial \boldsymbol{E}}{\partial \boldsymbol{Q}} \frac{\partial \boldsymbol{Q}}{\partial x} + \frac{\partial \boldsymbol{F}}{\partial \boldsymbol{Q}} \frac{\partial \boldsymbol{Q}}{\partial y} = \boldsymbol{H} \tag{8-54}$$

因此

$$\frac{\partial \boldsymbol{Q}}{\partial t} + \begin{bmatrix} u_0 & \rho_0 & 0 & 0 \\ 0 & u_0 & 0 & \dfrac{1}{\rho_0} \\ 0 & 0 & u_0 & 0 \\ 0 & \gamma p_0 & 0 & u_0 \end{bmatrix} \frac{\partial \boldsymbol{Q}}{\partial x} + \begin{bmatrix} 0 & 0 & \rho_0 & 0 \\ 0 & 0 & 0 & 0 \\ 0 & 0 & 0 & \dfrac{1}{\rho_0} \\ 0 & 0 & \gamma p_0 & 0 \end{bmatrix} \frac{\partial \boldsymbol{Q}}{\partial y} = \boldsymbol{H} \tag{8-55}$$

8.4.3 波分解

函数 $f(x, y, t)$ 的 Fourier 变换及其反变换的定义为

$$\left. \begin{aligned} \widetilde{f}(\alpha, \beta, \omega) &= \frac{1}{(2\pi)^3} \int_0^\infty \int_{-\infty}^\infty \int_{-\infty}^\infty f(x, y, t) e^{-i(\alpha x + \beta y - \omega t)} \, dx \, dy \, dt \\ f(x, y, t) &= \int_\Gamma \int_{-\infty}^\infty \int_{-\infty}^\infty \widetilde{f}(\alpha, \beta, \omega) e^{i(\alpha x + \beta y - \omega t)} \, d\alpha \, d\beta \, d\omega \end{aligned} \right\} \tag{8-56}$$

一般的初值问题可以通过求解下面的方程解决：

$$\frac{1}{2\pi}\int_0^\infty \frac{\partial u}{\partial t}\mathrm{e}^{\mathrm{i}\omega t}\,\mathrm{d}t = -\frac{1}{2\pi}u_{\mathrm{initial}} - \mathrm{i}\omega\widetilde{u} \tag{8-57}$$

因此，方程(8-54)的 Fourier-Laplace 变换可以写成

$$\boldsymbol{A}\widetilde{\boldsymbol{Q}} = \mathrm{i}\left(\widetilde{\boldsymbol{H}} + \frac{\boldsymbol{Q}_{\mathrm{initial}}}{2\pi}\right) \tag{8-58}$$

式中

$$\boldsymbol{A} = \begin{bmatrix} \omega - \alpha u_0 & -\rho_0\alpha & -\rho_0\beta & 0 \\ 0 & \omega - \alpha u_0 & 0 & -\alpha/\rho_0 \\ 0 & 0 & \omega - \alpha u_0 & -\beta/\rho_0 \\ 0 & -\gamma p_0\alpha & -\gamma p_0\beta & \omega - \alpha u_0 \end{bmatrix} \tag{8-59}$$

矩阵 $\boldsymbol{A}$ 的特征值 λ_j 和特征向量 $\boldsymbol{x}_j(j=1,2,3,4)$ 是 $\boldsymbol{A}\boldsymbol{x} = \lambda\boldsymbol{x} \Rightarrow \det(\boldsymbol{A} - \boldsymbol{\lambda}\boldsymbol{I}_n) = 0$。可以得到

$$\left.\begin{aligned} \lambda_1 &= \lambda_2 = (\omega - \alpha u_0) \\ \lambda_3 &= (\omega - \alpha u_0) + c_0\,(\alpha^2 + \beta^2)^{\frac{1}{2}} \\ \lambda_4 &= (\omega - \alpha u_0) - c_0\,(\alpha^2 + \beta^2)^{\frac{1}{2}} \end{aligned}\right\} \tag{8-60}$$

式中，$c_0 = \sqrt{\gamma\dfrac{p_0}{\rho_0}}$ 是声速。特征向量是

$$\boldsymbol{x}_1 = \begin{bmatrix} 1 \\ 0 \\ 0 \\ 0 \end{bmatrix}, \quad \boldsymbol{x}_2 = \begin{bmatrix} 0 \\ \beta \\ -\alpha \\ 0 \end{bmatrix}, \quad \boldsymbol{x}_3 = \begin{bmatrix} \dfrac{1}{c_0} \\ \dfrac{-\alpha}{\rho_0 c_0\sqrt{\alpha^2 + \beta^2}} \\ \dfrac{-\beta}{\rho_0 c_0\sqrt{\alpha^2 + \beta^2}} \\ 1 \end{bmatrix}, \quad \boldsymbol{x}_4 = \begin{bmatrix} \dfrac{1}{c_0} \\ \dfrac{\alpha}{\rho_0 c_0\sqrt{\alpha^2 + \beta^2}} \\ \dfrac{\beta}{\rho_0 c_0\sqrt{\alpha^2 + \beta^2}} \\ 1 \end{bmatrix} \tag{8-61}$$

方程(8-58)可以写成 $\boldsymbol{A}\widetilde{\boldsymbol{Q}} = \widetilde{\boldsymbol{T}}$，其中 $\widetilde{\boldsymbol{T}} = \mathrm{i}\left(\widetilde{\boldsymbol{H}} + \dfrac{\boldsymbol{Q}_{\mathrm{initial}}}{2\pi}\right)$。

由于矩阵 $\boldsymbol{A}$ 可以对角化，写成 $\boldsymbol{A} = \boldsymbol{x}\boldsymbol{\Lambda}\boldsymbol{x}^{-1}$，可以得到 $\boldsymbol{x}\boldsymbol{\Lambda}\boldsymbol{x}^{-1}\widetilde{\boldsymbol{Q}} = \widetilde{\boldsymbol{T}}$，其中 $\boldsymbol{x}$ 和 $\boldsymbol{\Lambda}$ 分别是特征向量矩阵和特征值矩阵，其表达式为

$$\boldsymbol{x} = \begin{bmatrix} \boldsymbol{x}_1 & \boldsymbol{x}_2 & \boldsymbol{x}_3 & \boldsymbol{x}_4 \end{bmatrix}, \quad \boldsymbol{\Lambda} = \begin{bmatrix} \lambda_1 & & & \\ & \lambda_2 & & \\ & & \lambda_3 & \\ & & & \lambda_4 \end{bmatrix}$$

进而可以得到

$$\widetilde{\boldsymbol{Q}} = \frac{c_1}{\lambda_1}\boldsymbol{x}_1 + \frac{c_2}{\lambda_2}\boldsymbol{x}_2 + \frac{c_3}{\lambda_3}\boldsymbol{x}_3 + \frac{c_4}{\lambda_4}\boldsymbol{x}_4 \tag{8-62}$$

式中，c 是系数向量，表达式为 $\boldsymbol{c} = \boldsymbol{x}^{-1}\widetilde{\boldsymbol{T}}$。

方程(8-62)表示解分解成熵波 $\boldsymbol{x}_1$、涡波 $\boldsymbol{x}_2$，以及声波的两个模态 $\boldsymbol{x}_3$ 和 $\boldsymbol{x}_4$。三者具体含义如下：

熵波 —— 它仅仅包含密度脉动,即 $u' = v' = p' = 0$。

涡波 —— 它仅仅包含速度脉动,即 $p' = \rho' = 0$(没有与波模态相关的压力和密度脉动)。

声波 —— 它包含所有物理变量的脉动。

8.4.4　波的传播速度

1. 熵波

$$\tilde{\rho} = \frac{c_1}{\lambda_1} \qquad (8-63)$$

对方程(8-63)进行 Fourier – Laplace 逆变换,可以得到

$$\rho'(x,y,t) = \int_\Gamma \int_{-\infty}^{\infty} \int_{-\infty}^{\infty} \int \frac{c_1}{(\omega - \alpha u_0)} e^{-i(\alpha x + \beta y - \omega t)} \, d\alpha \, d\beta \, d\omega \qquad (8-64)$$

如果 $\omega - \alpha u_0 = 0$(分母为零),方程(8-64)引起积分函数的极值。这导致色散关系变成

$$\lambda_1 = (\omega - \alpha u_0) = 0 \qquad (8-65)$$

在 α 面上,方程(8-64)中被积函数的零点可以这样给出:

$$\alpha = \frac{\omega}{u_0} \qquad (8-66)$$

利用余数定理和 Jordan 引理,可以估计方程(8-64)中关于 α 的积分,因此得到

$$\rho'(x,y,t) = \begin{cases} 2\pi i \int_\Gamma \int_\beta \frac{c_1 e^{i\left(\frac{x}{u_0} - t\right)\omega + i\beta y}}{u_0} d\omega d\beta & x \to \infty \\ 0 & x \to -\infty \end{cases} \qquad (8-67)$$

或者

$$\rho'(x,y,t) = \begin{cases} f(x - u_0 t, y) & x \to \infty \\ 0 & x \to -\infty \end{cases} \qquad (8-68)$$

熵波以平均流速向下游传播。

2. 涡波

通过使用逆 Fourier – Laplace 变换,可以得到

$$\begin{bmatrix} u' \\ v' \end{bmatrix} = \int_\Gamma \int_{-\infty}^{\infty} \int_{-\infty}^{\infty} \begin{bmatrix} \beta \\ -\alpha \end{bmatrix} \frac{c_2}{(\omega - \alpha u_0)} e^{-i(\alpha x + \beta y - \omega t)} \, d\alpha \, d\beta \, d\omega \qquad (8-69)$$

色散关系为 $\lambda_2 = \omega - \alpha u_0 = 0$,令

$$\psi(x,y,t) = \int_\Gamma \int_{-\infty}^{\infty} \int_{-\infty}^{\infty} \frac{-i c_2}{(\omega - \alpha u_0)} e^{i(\alpha x + \beta y - \omega t)} \, d\alpha \, d\beta \, d\omega \qquad (8-70)$$

可以得到

$$u' = \frac{\partial \psi}{\partial y}, \quad v' = -\frac{\partial \psi}{\partial y} \qquad (8-71)$$

可以使用与方程(8-64)相似的方法评估方程(8-70)。可以得到

$$\psi(x,y,t) = \begin{cases} \psi(x - u_0 t, y) & x \to \infty \\ 0 & x \to -\infty \end{cases} \qquad (8-71)$$

与熵波一样,涡波也是以平均流速向下游传播。

3. 声波

声波包括所有物理变量的脉动。其色散关系为

$$\lambda_3 \lambda_4 = (\omega - a u_0)^2 - c_0^2 (\alpha^2 + \beta^2) = 0 \tag{8-72}$$

对其进行逆 Fourier – Laplace 变换,并且按照上述相似的过程可以得到渐近解$(r \to \infty)$

$$\begin{bmatrix} \rho' \\ u' \\ v' \\ p' \end{bmatrix} \sim \frac{F\left(\dfrac{r}{V(\theta)} - t, \theta\right)}{\sqrt{r}} \cdot \begin{bmatrix} \dfrac{1}{c_0^2} \\ \dfrac{\hat{u}(\theta)}{\rho_0 c_0} \\ \dfrac{\hat{v}(\theta)}{\rho_0 c_0} \\ 1 \end{bmatrix} + O(\sqrt{r}) \tag{8-73}$$

式中,$V(\theta)$ 是 θ 方向上的有效传播速度,(r, θ) 是极坐标系,并且有

$$V(\theta) = u_0 \cos\theta + c_0 \sqrt{1 - Ma^2 \sin^2\theta}, \quad Ma = \frac{u_0}{c_0}$$

$$\hat{u}(\theta) = \frac{\cos\theta - Ma\sqrt{1 - Ma^2 \sin^2\theta}}{\sqrt{1 - Ma^2 \sin^2\theta}} - M\cos\theta, \quad \hat{V}(\theta) = \sin\theta \left[\sqrt{1 - Ma^2 \sin^2\theta} + Ma\cos\theta\right]$$

4. 另一种波分解方法

在时间域上,一维均匀流动的 Euler 方程可以写成

$$\frac{\partial \boldsymbol{Q}}{\partial t} + \boldsymbol{A}_0 \frac{\partial \boldsymbol{Q}}{\partial x} = 0 \tag{8-74}$$

其中

$$\boldsymbol{Q} = \begin{bmatrix} \rho' \\ u' \\ p' \end{bmatrix}, \quad \boldsymbol{A}_0 = \begin{bmatrix} u_0 & \rho_0 & 0 \\ 0 & u_0 & \dfrac{1}{\rho_0} \\ 0 & \gamma p & u_0 \end{bmatrix} \tag{8-75}$$

矩阵 $\boldsymbol{A}_0$ 可以对角化为

$$\boldsymbol{A}_0 = \boldsymbol{T} \boldsymbol{\Lambda} \boldsymbol{T}^{-1} = \begin{bmatrix} 1 & \dfrac{\rho_0}{\sqrt{2} c_0} & \dfrac{\rho_0}{\sqrt{2} c_0} \\ 0 & \dfrac{1}{\sqrt{2}} & -\dfrac{1}{\sqrt{2}} \\ 0 & \dfrac{\rho_0 c_0}{\sqrt{2}} & \dfrac{\rho_0 c_0}{\sqrt{2}} \end{bmatrix} \begin{bmatrix} u_0 & 0 & 0 \\ 0 & u_0 + c_0 & 0 \\ 0 & 0 & u_0 - c_0 \end{bmatrix} \begin{bmatrix} 1 & 0 & -\dfrac{1}{c_0} \\ 0 & \dfrac{1}{\sqrt{2}} & \dfrac{1}{\sqrt{2} \rho_0 c_0} \\ 0 & -\dfrac{1}{\sqrt{2}} & \dfrac{1}{\sqrt{2} \rho_0 c_0} \end{bmatrix} \tag{8-76}$$

可以将扰动量 $\boldsymbol{Q}$ 分解成三个对立的特征向量,如

$$\boldsymbol{Q} = s_1 \boldsymbol{x}_1 + s_2 \boldsymbol{x}_2 + s_3 \boldsymbol{x}_3 \tag{8-77}$$

式中,s_1, s_2 和 s_3 是三个方向上的分量。

将方程(8-77)带入方程(8-74),并且考虑到

$$\boldsymbol{A}_0 \frac{\partial \boldsymbol{Q}}{\partial x} = \boldsymbol{A}_0 \frac{\partial s_1 \boldsymbol{x}_1}{\partial x} + A_0 \frac{\partial s_2 \boldsymbol{x}_2}{\partial x} + A_0 \frac{\partial s_3 \boldsymbol{x}_3}{\partial x} = \frac{\partial s_1 \lambda_1 \boldsymbol{x}_1}{\partial x} + \frac{\partial s_2 \lambda_2 \boldsymbol{x}_2}{\partial x} + \frac{\partial s_3 \lambda_3 \boldsymbol{x}_3}{\partial x} \tag{8-78}$$

可以得到

$$\frac{\partial}{\partial t}(s_1\boldsymbol{x}_1)+\lambda_1\frac{\partial}{\partial x}(s_1\boldsymbol{x}_1)+\frac{\partial}{\partial t}(s_2\boldsymbol{x}_2)+\lambda_1\frac{\partial}{\partial x}(s_2\boldsymbol{x}_2)+\frac{\partial}{\partial t}(s_3\boldsymbol{x}_3)+\lambda_1\frac{\partial}{\partial x}(s_3\boldsymbol{x}_3)=0$$

$$(8-79)$$

式中

$$\lambda_1=u_0, \quad \lambda_2=u_0+c_0, \quad \lambda_3=u_0-c_0 \tag{8-80}$$

因此，扰动矢量被分解成三个矢量，这三个矢量分别以 u_0，u_0+c_0 和 u_0-c_0 的速度传播，即熵波随着流体传播，声波相对于流体以声速传播。相似的分析可以应用到多维 Jacobi 矩阵（$\boldsymbol{A}_0$）特征值和特征向量中。

5. Kovasznay 解的模式

声波、熵波和可以由线性项分离开，但是，在非稳定流动中它们是一阶耦合的。

(1) 熵模式。对于 x 方向稳定流动而言，其能量方程可以写成

$$\frac{\partial s}{\partial t}+\boldsymbol{u}\cdot\boldsymbol{\nabla}s=0 \tag{8-81}$$

对方程(8-81)进行线性化($s=s_0+s'$)，可以得到

$$\frac{\partial(s_0+s')}{\partial t}+(\boldsymbol{u}_0+\boldsymbol{u}')\cdot\boldsymbol{\nabla}(s_0+s')=0 \tag{8-82}$$

由于 s_0 在时间和空间上都是常数，则可以得到

$$0=\frac{\partial s'}{\partial t}+\boldsymbol{u}_0\cdot\boldsymbol{\nabla}s'+O(\boldsymbol{u}'s')\approx\frac{\mathrm{D}s'}{\mathrm{D}t} \tag{8-83}$$

对于一维情况而言，$s'=f(x-u_0t)$ 满足这个方程。这就意味着，熵模态表现得和声波一样(熵波的形状保持不变)，但是传播速度为 u_0，而不是 c_0。图 8-10 描述了一维熵波的传播。

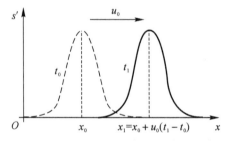

图 8-10 一维熵波的传播

对于二维情况，近似值 $s'=f(x-u_0t,y)$ 满足方程(8-83)。图 8-11 描述了二维熵波的传播。

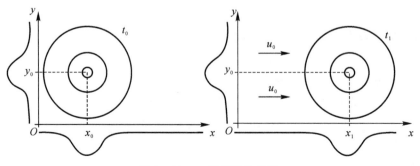

图 8-11 二维熵波的传播

因此,不同于声波,热斑仅仅在平均流动的方向上传播。利用等熵关系 $p'=c^2\rho'$ 代替求解 $\dfrac{\mathrm{D}s'}{\mathrm{D}t}$,熵波可以被"关闭"。

(2) 涡模式。当 $u_0,\rho_0=\mathrm{const}$ 时,动量方程为

$$\frac{\partial u'}{\partial t}+u_0\cdot\nabla u'+\frac{1}{\rho_0}\nabla p'=0 \tag{8-84}$$

求方程(8-84)的旋度,可以得到

$$\frac{\partial\nabla\times u'}{\partial t}+\nabla\times(u_0\cdot\nabla u')+\frac{1}{\rho_0}\nabla\times(\nabla p')=0 \tag{8-85}$$

同时还有 $\nabla\times\nabla=0$ 以及 $\nabla u'=\nabla(u_0\cdot u')-u_0\times(\nabla\times u')$ 和 $\boldsymbol{\Omega}'=\nabla\times u'$,所以方程(8-85)可以写成

$$\frac{\partial\boldsymbol{\Omega}'}{\partial t}+\underbrace{\nabla\times\nabla(u_0\cdot u')}_{=0}-\nabla\times(u_0\times\boldsymbol{\Omega}')=0 \tag{8-86}$$

对最后一项使用变换 $a\times(b\times c)=b(a\cdot c)-c(a\cdot b)$,可以得到

$$\nabla\times(u_0\times\boldsymbol{\Omega}')=u_0(\nabla\cdot\boldsymbol{\Omega}')-\boldsymbol{\Omega}'\underbrace{(\nabla\cdot u_0)}_{=0(当u_0=常数时)} \tag{8-87}$$

将方程(8-87)带入方程(8-86)可以得到

$$\frac{\partial\boldsymbol{\Omega}'}{\partial t}-u_0\nabla\cdot\boldsymbol{\Omega}'=0 \tag{8-88}$$

这个方程与熵波方程(8-83)相似。所以,方程(8-88)的解是 $\boldsymbol{\Omega}'=f(x-u_0t)$。因而,涡波以平均流速 u_0 传播,而声波以 $u_0\pm c$ 传播。能量方程描述熵的运输,动量方程则描述涡的运输。这两种模式被称为流体动力学扰动。缺少的声波没有描述涡和熵的运输。

在流速为 10 m/s 的流动中频率为 $f=100$ Hz 的熵扰动,其熵波波长为 $\lambda_s=\dfrac{u_0}{f}=0.1$ m,对于 $f=1$ kHz,$\lambda_s=0.01$ m;对于 $f=10$ kHz,$\lambda_s=0.001$ m。为了求解这个波,网格距离至少应该为 0.001 m。

注意:

(1) 按照声学的观点来说,流体动力学扰动不是小量。

(2) 对于每个频率:$\lim\limits_{u_0\to 0}u_0\cdot\nabla s'\to\infty$(与 $\boldsymbol{\Omega}'$ 相似)。因此,线性化被合理地限制了。二阶非线性干涉更不能进行线性化。放弃流体动力学扰动是合适的。实际上,仅有一些项隐藏得和 $\dfrac{\partial u'}{\partial y}$ 或者 $\dfrac{\partial v'}{\partial x}$ 一样。

8.5　利用 DRP 方法求解线化 Euler 方程

二维线化 Euler 方程为

$$\frac{\partial Q}{\partial t}+\frac{\partial E}{\partial x}+\frac{\partial F}{\partial y}=H \tag{8-89}$$

其中

$$\boldsymbol{Q}=\begin{bmatrix}\rho'\\u'\\v'\\p'\end{bmatrix},\quad \boldsymbol{E}=\begin{bmatrix}\rho_0 u'+\rho' u_0\\u_0 u'+\rho'/\rho_0\\u_0 v'\\u_0 p'+\gamma p_0 u'\end{bmatrix},\quad \boldsymbol{F}=\begin{bmatrix}\rho_0 v'\\0\\p'/\rho_0\\\gamma p_0 v''\end{bmatrix} \qquad (8-90)$$

以这样的形式重新写方程(8-89),可以得到

$$\boldsymbol{K}=-\frac{\partial \boldsymbol{E}}{\partial x}-\frac{\partial \boldsymbol{F}}{\partial y}+\boldsymbol{H} \qquad (8-91)$$

$$\frac{\partial \boldsymbol{Q}}{\partial t}=\boldsymbol{K} \qquad (8-92)$$

空间离散化上使用 4 阶 7 点最优中心有限差分方法,并且使用 3 阶 4 层最优时间推进方法,有限差分方程可以写成

$$K_{l,m}^{(n)}=-\frac{1}{\Delta x}\sum_{j=-3}^{3}a_j E_{l+j,m}^{(n)}-\frac{1}{\Delta y}\sum_{j=-3}^{3}a_j E_{l,m+j}^{(n)}+H_{l,m}^{(n)} \qquad (8-93)$$

$$Q_{l,m}^{(n+1)}=Q_{l,m}^{(n)}+\Delta t\sum_{j=0}^{3}b_j K_{l,m}^{(n-j)} \qquad (8-94)$$

式中,l,m 和 n 分别是 x,y 和 t 的标志,Δx,Δy,Δt 分别是网格尺寸和时间步长。为了减小数值截断误差,最好先计算较小的系数($a_{\pm 3}$,b_{-3}),然后再计算较大的系数($a_{\pm 1}$,b_0)。

根据初值条件:$Q(x,y,0)=Q_{\text{initial}}(x,y)$,可以得到 $Q_{l,m}^{(0)}=Q_{\text{initial}}$。

当 n 为负值($n=-1,-2,-3$)时 $Q_{l,m}^{(n)}$ 会怎么样呢?

后面将指出当 n 为负值时,$Q_{l,m}^{(n)}=0$。因此,对于 $n<0$,$K_{l,m}^{(n)}=0$ 或者 $K_{l,m}^{(n)}=K_{l,m}^{(0)}$。

8.5.1 问题

数值方法(方程(8-93)和方程(8-94))会不会像原始的偏微分方程(方程(8-91)和方程(8-92))具有相同的色散关系呢?

为了回答这个问题,需要对有限差分方程中的连续变量使用 Fourier-Laplace 变换,可以得到

$$K(x,y,t)=-\frac{1}{\Delta x}\sum_{j=-3}^{3}a_j E(x+j\Delta x,y,t)-\frac{1}{\Delta y}\sum_{j=-3}^{3}a_j F(x,y+j\Delta y,t)+H(x,y,t)$$

$$\qquad (8-95)$$

$$Q(x,y,t+\Delta t)=Q(x,y,t)+\Delta t\sum_{j=0}^{3}b_j K(x,y,t-j\Delta t) \qquad (8-96)$$

$$Q(x,y,t)=\begin{cases}Q_{\text{initial}}(x,y)&0\leqslant t\leqslant \Delta t\\0&t<0\end{cases} \qquad (8-97)$$

在初值条件(方程(8-97))下对方程(8-95)和方程(8-96)应用 Fourier-Laplace 变换,并且对 Laplace 变换使用移位定理:

$$\left.\begin{aligned}&\Delta>0\\&\frac{1}{2\pi}\int_0^\infty f(t+\Delta)\,\mathrm{e}^{\mathrm{i}\omega t}\,\mathrm{d}t=\mathrm{e}^{-\mathrm{i}\omega\Delta}\widetilde{f}(w)-\left(\frac{1}{2\pi}\int_0^\Delta f(t)\,\mathrm{e}^{\mathrm{i}\omega t}\,\mathrm{d}t\right)\mathrm{e}^{\mathrm{i}\omega\Delta}\\&\frac{1}{2\pi}\int_0^\infty f(t+\Delta)\,\mathrm{e}^{\mathrm{i}\omega t}\,\mathrm{d}t=\mathrm{e}^{\mathrm{i}\omega\Delta}\widetilde{f}(w)+\left(\frac{1}{2\pi}\int_{-\Delta}^0 f(t)\,\mathrm{e}^{\mathrm{i}\omega t}\,\mathrm{d}t\right)\mathrm{e}^{\mathrm{i}\omega\Delta}\end{aligned}\right\} \qquad (8-98)$$

可以得到

$$\widetilde{K} = -\frac{1}{\Delta x}\Big(\sum_{j=-3}^{3} a_j e^{ij\alpha\Delta x}\Big)\widetilde{E} - \frac{1}{\Delta y}\Big(\sum_{j=-3}^{3} a_j e^{ij\beta\Delta y}\Big)\widetilde{F} + \widetilde{H} \qquad (8-99)$$

定义 $\bar{\alpha} = \dfrac{-i}{\Delta x}\sum\limits_{j=-3}^{3} a_j e^{ij\alpha\Delta x}$，$\bar{\beta} = \dfrac{-i}{\Delta y}\sum\limits_{j=-3}^{3} a_j e^{ij\beta\Delta y}$，可以得到

$$\widetilde{K} = -i\bar{\alpha}\widetilde{E} - i\bar{\beta}\widetilde{F} + \widetilde{H} \qquad (8-100)$$

和

$$e^{-i\omega\Delta t}\widetilde{Q} - \frac{1}{2\pi}\Big(\int_0^{\Delta t} Q_{initial}e^{i\omega t}\,dt\Big)e^{-i\omega\Delta t} = \widetilde{Q} + \Delta t\sum_{j=0}^{3} b_j\Big[\widetilde{K}e^{i\omega j\Delta t} + \frac{1}{2\pi}\underbrace{\Big(\int_{-\Delta t}^{0} K(x,y,t)e^{i\omega t}\,dt\Big)}_{=0}e^{-i\omega\Delta t}\Big]$$

$$(8-101)$$

方程(8-101)可以整理为

$$(e^{-i\omega\Delta t} - 1)\widetilde{Q} = \Delta t\sum_{j=0}^{3} b_j e^{i\omega j\Delta t}\widetilde{K} + \frac{e^{-i\omega\Delta t}}{2\pi}\Big(\int_0^{\Delta t} Q_{initial}e^{i\omega t}\,dt\Big)$$

$$\Rightarrow (e^{-i\omega\Delta t} - 1)\widetilde{Q} = \Delta t\sum_{j=0}^{3} b_j e^{i\omega j\Delta t}\widetilde{K} + \frac{e^{-i\omega\Delta t}}{2\pi}Q_{initial}\frac{e^{i\omega t}}{i\omega}\Big|_0^{\Delta t}$$

$$\Rightarrow (e^{-i\omega\Delta t} - 1)\widetilde{Q} = \Delta t\sum_{j=0}^{3} b_j e^{i\omega j\Delta t}\widetilde{K} + \frac{Q_{initial}}{2\pi i\omega}(1 - e^{-i\omega\Delta t}) \qquad (8-102)$$

定义 $\bar{\omega} = \dfrac{i(e^{-i\omega\Delta t} - 1)}{\Delta t\sum\limits_{j=0}^{3} b_j e^{i\omega j\Delta t}}$，可以得到

$$\frac{\bar{\omega}\widetilde{Q}}{i} = \widetilde{K} + \frac{Q_{initial}}{2\pi\omega}\bar{\omega}$$

$$\Rightarrow -i\bar{\omega}\widetilde{Q} = \widetilde{K} + \frac{Q_{initial}}{2\pi\omega}\frac{\bar{\omega}}{\omega} \qquad (8-103)$$

于是有

$$\widetilde{K} = -i\bar{\alpha}\widetilde{E} - i\bar{\beta}\widetilde{F} + \widetilde{H} \qquad (8-104)$$

$$-i\bar{\omega}\widetilde{Q} = \widetilde{K} + \frac{Q_{initial}}{2\pi}\frac{\bar{\omega}}{\omega} \qquad (8-105)$$

消除 $\widetilde{K}$：

$$\Rightarrow -i\bar{\omega}\widetilde{Q} = -i\bar{\alpha}\widetilde{E} - i\bar{\beta}\widetilde{F} + \widetilde{H} + \frac{Q_{initial}}{2\pi}\frac{\bar{\omega}}{\omega}$$

$$\Rightarrow -i(\bar{\omega}\widetilde{Q} - \bar{\alpha}\widetilde{E} - \bar{\beta}\widetilde{F}) = \Big[\widetilde{H} + \frac{Q_{initial}}{2\pi}\frac{\bar{\omega}}{\omega}\Big]$$

$$\Rightarrow (\bar{\omega}\widetilde{Q} - \bar{\alpha}\widetilde{E} - \bar{\beta}\widetilde{F}) = i\Big[\widetilde{H} + \frac{Q_{initial}}{2\pi}\frac{\bar{\omega}}{\omega}\Big] \qquad (8-106)$$

$$\Rightarrow \bar{A}\widetilde{Q} = \widetilde{TT} = i\Big[\widetilde{H} + \frac{Q_{initial}}{2\pi}\frac{\bar{\omega}}{\omega}\Big]$$

式中

$$\overline{A} = \begin{bmatrix} \overline{\omega} - \overline{\alpha}u_0 & -\rho_0\overline{\alpha} & -\rho_0\overline{\beta} & 0 \\ 0 & \overline{\omega} - \overline{\alpha}u_0 & 0 & -\overline{\alpha}/\rho_0 \\ 0 & 0 & \overline{\omega} - \overline{\alpha}u_0 & -\overline{\beta}/\rho_0 \\ 0 & -\gamma p_0\overline{\alpha} & -\gamma p_0\overline{\beta} & \overline{\omega} - \overline{\alpha}u_0 \end{bmatrix} \tag{8-107}$$

使用 $\overline{\alpha},\overline{\beta},\overline{\omega}$ 代替矩阵 A 中的 α,β,ω，上面的分析显示 DRP 方法的 Fourier-Laplace 变换与原始偏微分方程的 Fourier-Laplace 变换是相同的。因此，这两种方法一定具有相同的色散关系。

8.5.2 数值稳定性要求（CFL 数）

对熵波和涡波而言，色散关系为 $\overline{\omega} - \overline{\alpha}u_0 = 0$，因此可以得到

$$\overline{\omega}\Delta t = \overline{\alpha}u_0\Delta t \tag{8-108}$$

从图 8-7 可以看出，对任何 α（或者 β）值，下面的不等式都是成立的：

$$\overline{\alpha}\Delta x < 1.7 \quad (\overline{\beta}\Delta y < 1.7) \tag{8-109}$$

从而可以得到

$$\overline{\omega}\Delta t \leqslant \frac{1.7\Delta t}{\Delta x}u_0 \tag{8-110}$$

根据时间离散化的稳定性分析可以看出 $\overline{\omega}\Delta t < 0.4$ 对稳定性是必要的。稳定性与马赫数 Ma 和声速 c_0 的关系为

$$\overline{\omega}\Delta t_{max} = \frac{1.7\Delta t_{max}}{\Delta x}u_0 \tag{8-111}$$

取 $\overline{\omega}\Delta t_{max} = 0.4$，可以得到

$$0.4 = \frac{1.7\Delta t_{max}}{\Delta x}u_0$$

$$\Rightarrow \quad \Delta t_{max} = \frac{0.4}{1.7}\cdot\frac{\Delta x}{u_0} = \frac{0.4}{1.7}\cdot\frac{\Delta x}{Mac_0}$$

$$\Rightarrow \quad \Delta t \leqslant \frac{0.235}{Ma}\cdot\frac{\Delta x}{c_0}$$

进而可以得到 Courant-Friedrichs-Leny 数（CFL 数）为

$$\frac{\Delta t}{\Delta x}c_0 \leqslant \frac{0.235}{Ma} \tag{8-112}$$

对声波而言，色散关系为 $\overline{\omega} = \overline{\alpha}u_0 + c_0\sqrt{\overline{\alpha^2} + \overline{\beta^2}}$，同时，还有

$$\overline{\alpha}\Delta x, \overline{\beta}\Delta y < 1.7$$

$$\overline{\omega}\Delta t < 0.4$$

最大时间步长为

$$\Delta t_{max} \frac{0.4}{1.7\left(Ma + \sqrt{1 + \left(\frac{\Delta x}{\Delta y}\right)^2}\right)}\frac{\Delta x}{c_0} \tag{8-113}$$

最后可以得到

$$\Delta t \leqslant \frac{0.235}{Ma + \sqrt{1 + \left(\dfrac{\Delta x}{\Delta y}\right)^2}} \frac{\Delta x}{c_0} \tag{8-114}$$

8.5.3　数值精度考虑

1. 波群速度考虑

$$\frac{\mathrm{d}\bar{\alpha}}{\mathrm{d}\alpha} \leqslant 1 \pm 0.003 \Rightarrow \bar{\alpha}\Delta x < 0.9 \tag{8-115}$$

（合理精度的波群速度预测，误差为 $\pm 0.3\%$）

2. 时间离散化中的数值阻尼考虑

$$\bar{\omega}\Delta t \leqslant 0.19 \tag{8-116}$$

将方程（8-116）带入方程（8-114），可以得出

$$\Delta t \leqslant \frac{0.211}{Ma + \sqrt{1 + \left(\dfrac{\Delta x}{\Delta y}\right)^2}} \cdot \frac{\Delta x}{c_0} \tag{8-117}$$

（基于精度考虑）

和

$$\Delta t \leqslant \frac{0.235}{Ma + \sqrt{1 + \left(\dfrac{\Delta x}{\Delta y}\right)^2}} \cdot \frac{\Delta x}{c_0} \tag{8-118}$$

（基于稳定性考虑）

数值精度的要求显然比数值稳定性的要求更严格一些。

8.5.4　波群速度

色散关系通常是 $\omega = \omega(\alpha, \beta)$。因此波群速度可以表示为

$$\boldsymbol{v}_{\mathrm{gr}} = \frac{\partial \omega}{\partial \alpha}\hat{\boldsymbol{e}}_x + \frac{\partial \omega}{\partial \beta}\hat{\boldsymbol{e}}_y \tag{8-119}$$

对于熵波和涡波而言，色散关系为 $\omega = u_0\alpha$，可以得到

$$\frac{\partial \omega}{\partial \alpha} = u_0 \qquad \frac{\partial \omega}{\partial \beta} = 0$$

因此，其波群速度为

$$\boldsymbol{v}_{\mathrm{gr}} = u_0\hat{\boldsymbol{e}}_x \tag{8-120}$$

波以平均流动的速度向下游传播。对于声波而言，色散关系是

$$\omega = \alpha u_0 \pm c_0\sqrt{\alpha^2 + \beta^2} \tag{8-121}$$

其波群速度为

$$\boldsymbol{v}_{\mathrm{gr}} = \left[u_0 \pm \frac{\alpha c_0}{\sqrt{\alpha^2 + \beta^2}}\right]\hat{\boldsymbol{e}}_x \pm \frac{\beta c_0}{\sqrt{\alpha^2 + \beta^2}}\hat{\boldsymbol{e}}_y \tag{8-122}$$

对于在 x 方向（$\beta = 0$）传播的声波而言，其波群速度为

$$\boldsymbol{v}_{\mathrm{gr}} = (u_0 \pm c_0)\,\hat{\boldsymbol{e}}_x \qquad\qquad (8-123)$$

8.5.5 DRP 方法的波群速度

DRP 方法的波群速度为

$$\boldsymbol{v}_{\mathrm{gr,DRP}} = \frac{\partial \omega}{\partial \alpha}\hat{\boldsymbol{e}}_x + \frac{\partial \omega}{\partial \beta}\hat{\boldsymbol{e}}_y = \frac{\partial \omega}{\partial \bar{\omega}}\frac{\partial \bar{\omega}}{\partial \bar{\alpha}}\frac{\partial \bar{\alpha}}{\partial \alpha}\hat{\boldsymbol{e}}_x + \frac{\partial \omega}{\partial \bar{\omega}}\frac{\partial \bar{\omega}}{\partial \bar{\beta}}\frac{\partial \bar{\beta}}{\partial \beta}\hat{\boldsymbol{e}}_y = \frac{\dfrac{\partial \bar{\omega}}{\partial \bar{\alpha}}\dfrac{\mathrm{d}\bar{\alpha}}{\mathrm{d}\alpha}}{\dfrac{\mathrm{d}\bar{\omega}}{\mathrm{d}\omega}}\hat{\boldsymbol{e}}_x + \frac{\dfrac{\partial \bar{\omega}}{\partial \bar{\beta}}\dfrac{\mathrm{d}\bar{\beta}}{\mathrm{d}\beta}}{\dfrac{\mathrm{d}\bar{\omega}}{\mathrm{d}\omega}}\hat{\boldsymbol{e}}_y$$

$$(8-124)$$

声波的色散关系是 $\bar{\omega} = u_0\bar{\alpha} \pm c_0\sqrt{\bar{\alpha}^2 + \bar{\beta}^2}$，由此可以得到

$$\boldsymbol{v}_{\mathrm{gr}} = \frac{\left[u_0 \pm \dfrac{\alpha c_0}{\sqrt{\alpha^2 + \beta^2}}\right]\dfrac{\mathrm{d}\bar{\alpha}}{\mathrm{d}\alpha}}{\dfrac{\mathrm{d}\bar{\omega}}{\mathrm{d}\omega}}\hat{\boldsymbol{e}}_x + \frac{\left[\pm \dfrac{\beta c_0}{\sqrt{\alpha^2 + \beta^2}}\right]\dfrac{\mathrm{d}\bar{\beta}}{\mathrm{d}\beta}}{\dfrac{\mathrm{d}\bar{\omega}}{\mathrm{d}\omega}}\hat{\boldsymbol{e}}_y \qquad (8-125)$$

对于 x 方向上传播的声波而言 $(\beta = \bar{\beta} = 0)$，方程 $(8-125)$ 可以写成

$$\boldsymbol{v}_{\mathrm{gr}} = \frac{(u_0 \pm c_0)\dfrac{\mathrm{d}\bar{\alpha}}{\mathrm{d}\alpha}}{\dfrac{\mathrm{d}\bar{\omega}}{\mathrm{d}\omega}}\hat{\boldsymbol{e}}_x \qquad\qquad (8-126)$$

与波解析群速度相比，DRP 在 $\dfrac{\mathrm{d}\bar{\alpha}}{\mathrm{d}\alpha}$ 和 $\dfrac{\mathrm{d}\bar{\beta}}{\mathrm{d}\beta}$ 两项上会带来一定的误差。从上述可知，为了能够提供正确的预测，数值方法需要满足

$$\frac{\mathrm{d}\bar{\alpha}}{\mathrm{d}\alpha} = \frac{\mathrm{d}(\bar{\alpha}\Delta x)}{\mathrm{d}(\alpha\Delta x)} = 1, \qquad \frac{\mathrm{d}\bar{\omega}}{\mathrm{d}\omega} = \frac{\mathrm{d}(\bar{\omega}\Delta t)}{\mathrm{d}(\omega\Delta t)} = 1$$

对于熵波和涡波而言，色散关系是 $\bar{\omega} = u_0\bar{\alpha}$，可以得到

$$\boldsymbol{v}_{\mathrm{gr,DRP}} = \frac{u_0\dfrac{\mathrm{d}\bar{\alpha}}{\mathrm{d}\alpha}}{\dfrac{\mathrm{d}\bar{\omega}}{\mathrm{d}\omega}}\hat{\boldsymbol{e}}_x \qquad\qquad (8-127)$$

8.6 有限差分方法中的短波分量

本节主要介绍考虑不含平均流动的与一维线性 Euler 方程相关的初值问题。

通过使用标准变量得到的无量纲的线性动量方程是

$$u' = U \cdot c_\infty \qquad (x = X \cdot R)$$

$$p' = P \cdot \rho_0 \cdot c_\infty^2 \qquad (\rho_0 = \rho_0 \cdot \rho_\infty)$$

$$t = T\frac{R}{c_\infty^2} \qquad (R \text{ 是一个特定长度})$$

带入到线化动量方程：$\rho_0\dfrac{\partial u'}{\partial t} + \dfrac{\partial p'}{\partial x} = 0$，可以得到

$$\rho_0 \frac{\partial U}{\partial T} \frac{\rho_\infty c_\infty}{R} + \frac{\partial P}{\partial X} \frac{\rho_0 c_\infty}{R} = 0 \tag{8-128}$$

另外,由于 $\rho_0 = 1$ 或 $\rho_0 = \rho_\infty$,得到无量纲线化动量方程

$$\frac{\partial U}{\partial T} + \frac{\partial P}{\partial X} = 0 \tag{8-129}$$

以相同的方式,得到无量纲的线化能量方程

$$\frac{\partial P}{\partial T} + \frac{\partial U}{\partial X} = 0 \tag{8-130}$$

由初值条件 $U(t=0, x) = 0$ 和 $P(t=0, x) = f(x)$,可知其精确解是一平面波:

$$P(x, t) = \frac{1}{2} \left[f(x-t) + f(x+t) \right] \tag{8-131}$$

考虑 Gauss 函数

$$f(x) = \mathrm{e}^{-ax^2} \tag{8-132}$$

及其 Fourier 变换

$$\widetilde{f}(\alpha) = \frac{1}{\sqrt{2a}} \mathrm{e}^{-\frac{\alpha^2}{4a}} \tag{8-133}$$

Gauss 函数 $f(x)$ 的半宽度是 $\frac{\sqrt{\ln 2}}{a} = \omega$,其中 $a = \frac{\ln 2}{d}$,$d = 25, 9, 4, 1, 0.04\cdots$。

使用 7 点格式的 DRP 方法离散化方程(8-129)和方程(8-130),并且使 $\Delta x = 1$,可以得到

$$E_l^{(n)} = -\sum_{j=-3}^{3} a_j p_{l+j}^{(n)} \tag{8-134}$$

$$F_l^{(n)} = -\sum_{j=-3}^{3} a_j U_{l+j}^{(n)} \tag{8-135}$$

$$U_l^{(n+1)} = U_l^{(n)} + \Delta t \sum_{j=-3}^{3} b_j E_l^{(n-j)} \tag{8-136}$$

$$P_l^{(n+1)} = P_l^{(n)} + \Delta t \sum_{j=0}^{3} b_j F_l^{(n-j)} \tag{8-137}$$

初值条件是

$$U_l^{(n)} = 0 \quad n \leqslant 0$$

$$P_l^{(n)} = \begin{cases} \mathrm{e}^{-ax_l^2} & n = 0 \\ 0 & n < 0 \end{cases} \tag{8-138}$$

图 8-12 和图 8-13 分别给出了 $d=25$ 和 $d=9$ 条件下在 $t = 200\Delta t, 2\,000\Delta t, 4\,000\Delta t$($\Delta t = 0.1$)时的数值解,图 8-14 给出了 $d=4,1$ 和 0.04 条件下 $t = 200\Delta t$ 时的数值解。由图可见,数值解的误差随着 ω 的减小而降低。图 8-15 给出了 $\frac{\mathrm{d}\bar{\alpha}}{\mathrm{d}\alpha}$ 与 $\alpha \Delta x$ 的关系图,从中可以看出:短波的波群速度小于 1。高波数分量有负的波群速度。我们定义分散波和寄生波来区分正负波群速度的短波。

$$\frac{\mathrm{d}\bar{\alpha}}{\mathrm{d}\alpha} = \begin{cases} 1.0 & \alpha \leqslant 1.2 \\ \text{分散波} & 1.2 \leqslant \alpha \leqslant 2.0 \\ \text{寄生波} & 2.0 \leqslant \alpha \leqslant \pi \end{cases} \tag{8-139}$$

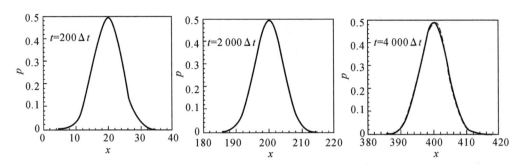

图 8 - 12 $d = 25$ 条件下不同时刻方程的数值解

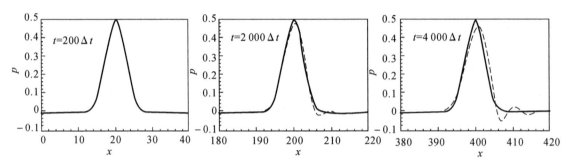

图 8 - 13 $d = 9$ 条件下不同时刻方程的数值解

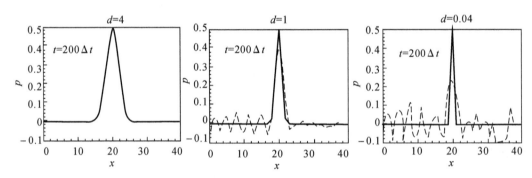

图 8 - 14   不同 d 值下 $t = 200\Delta t$ 时方程的数值解

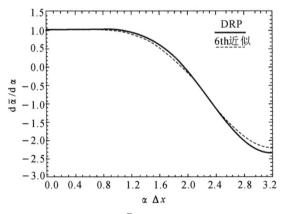

图 8 - 15 $\dfrac{\mathrm{d}\bar{\alpha}}{\mathrm{d}\alpha}$ 与 $\alpha\Delta x$ 的关系图

为了研究有限差分格式的短波传播特性,考虑一个不连续的初始条件(矩形函数):

$$f(x) = H(x+M) - H(x-M) \tag{8-140}$$

式中,M 是一个很大的正数,$H(x)$ 是阶跃函数或是 Heaviside 函数:

$$H(x) = \begin{cases} 0 & x < 0 \\ \dfrac{1}{2} & x = 0 \\ 1 & x > 0 \end{cases} \tag{8-141}$$

对于这样的人工条件,精确解是

$$P(x,t) = \frac{1}{2}\big[H(x-t+M) - H(x-t-M) \big] + \frac{1}{2}\big[H(x+t+M) - H(x+t-M) \big] \tag{8-142}$$

在物理空间和时间上使用 DRP 数值方法的解能够通过 Fourier - Laplace 逆变换得到。

第一步:用连续变量 x,t 写出有限差分方程:

$$\left. \begin{aligned} U(x,t+\Delta t) &= U(x,t) + \Delta t \sum_{j=-3}^{3} b_j E(x,t-j\Delta t) \\ P(x,t+\Delta t) &= P(x,t) + \Delta t \sum_{j=-3}^{3} b_j F(x,t-j\Delta t) \\ E(x,t) &= -\sum_{j=-3}^{3} a_j P(x+j\Delta x,t) \\ F(x,t) &= -\sum_{j=-3}^{3} a_j U(x+j\Delta x,t) \end{aligned} \right\} \tag{8-142}$$

初值条件为

$$U = 0 \qquad t < \Delta t$$

$$P = \begin{cases} H(x+M) - H(x-M) & 0 \leqslant t \leqslant \Delta t \\ 0 & t < 0 \end{cases}$$

第二步:通过 Fourier - Laplace 变换求解上面的初值问题。

第三步:P 的 Fourier - Laplace 变换由下式给出:

$$\widetilde{P} = \frac{i}{2\pi} \left(\frac{\overline{\omega}^2}{\omega} \right) \frac{\widetilde{f}}{\overline{\omega}^2 - \overline{\alpha}^2} \tag{8-143}$$

式中

$$\widetilde{f} = \frac{1}{2\pi} \int_{-\infty}^{\infty} \big[H(x+M) - H(x-M) \big] e^{-i\alpha x}\, dx \, \frac{\sin \alpha M}{\pi \alpha} \tag{8-144}$$

第四步:在物理空间和时间上的解为

$$P(x,t) = \frac{i}{2\pi} \int_{\Gamma} \int_{-\infty}^{+\infty} \left(\frac{\overline{\omega}^2}{\omega} \right) \frac{\widetilde{f}}{\overline{\omega}^2 - \overline{\alpha}^2} e^{i(\alpha x - \omega t)}\, d\alpha\, d\omega \tag{8-145}$$

该解在 $\overline{\omega}(\omega) = \pm \overline{\alpha}(\alpha)$ 中有两个极点,由余数定理($t \to \infty$),可以得到

$$P(x,t) = \frac{1}{2} \int_{-\infty}^{+\infty} \widetilde{f}(\alpha) e^{i(\alpha x - \overline{a}t)}\, d\alpha + \frac{1}{2} \int_{-\infty}^{+\infty} \widetilde{f}(\alpha) e^{i(\alpha x + \overline{a}t)}\, d\alpha \tag{8-146}$$

第五步:评估解 $P(x,t)$。把积分(第一个积分)分成四个单独的积分:

$$P(x,t) = \frac{1}{2}\left[\int_{-\infty}^{-\pi} + \int_{\pi}^{\infty}\widetilde{f}\mathrm{e}^{\mathrm{i}(\alpha x - \bar\alpha t)}\,\mathrm{d}\alpha\right] \qquad I_1$$

$$+ \frac{1}{2}\left[\int_{-\pi}^{-2.0} + \int_{2.0}^{\pi}\widetilde{f}\mathrm{e}^{\mathrm{i}(\alpha x - \bar\alpha t)}\,\mathrm{d}\alpha\right] \qquad I_2$$

$$+ \frac{1}{2}\left[\int_{-2.0}^{-1.2} + \int_{1.2}^{2.0}\widetilde{f}\mathrm{e}^{\mathrm{i}(\alpha x - \bar\alpha t)}\,\mathrm{d}\alpha\right] \qquad I_3 \qquad (8-147)$$

$$+ \frac{1}{2}\left[\int_{-1.2}^{1.2}\widetilde{f}\mathrm{e}^{\mathrm{i}(\alpha x - \bar\alpha t)}\,\mathrm{d}\alpha\right] \qquad I_4$$

式中，I_1 代表超短波的贡献（$\lambda < 2\Delta x$），I_2 代表寄生波的贡献，I_3 代表色散波的贡献，I_4 代表长波的贡献。

为了计算这些积分，需要将 $\bar\alpha$ 表示成 α 的一个函数。为了简化分析，$\dfrac{\mathrm{d}\bar\alpha}{\mathrm{d}\alpha}$ 曲线图由解析方程来近似：

$$\frac{\mathrm{d}\bar\alpha}{\mathrm{d}\alpha} = \begin{cases} 1.0 & （长波） & \alpha \leqslant 1.2 \\ 1 - \dfrac{(\alpha - 1.2)^2}{0.64} & （色散波） & 1.2 \leqslant \alpha \leqslant 2.0 \\ -2.75(\alpha - 2.0) & （寄生波） & 2.0 \leqslant \alpha \leqslant \pi \end{cases} \qquad (8-148)$$

I_1：因为没有求解超短波，它对当前的离散解并不重要，可以忽略；I_4 可以写成

$$I_4 = \frac{1}{2\pi}\int_{-\infty}^{\infty}\left[H(y+M) - H(y-M)\right]\frac{\sin\left[1.2(x-t-y)\right]}{x-y-t}\mathrm{d}y \qquad (8-149)$$

进而可以得到

$$I_4 = \frac{1}{2\pi}\{S_i[1.2(x-t+M)] - S_i[1.2(x-t-M)]\} \qquad (8-150)$$

式中

$$S_i(x) = \int_0^x \frac{\sin y}{y}\mathrm{d}y \qquad (8-151)$$

I_2，I_3 可以通过固定相位的方法来估算大的时间对应的值。

固定相位方法提供了下列公式：

$$\lim_{t\to\infty}\int g(\beta)\mathrm{e}^{\mathrm{i}h(\beta)t}\mathrm{d}\beta \approx \sqrt{\frac{2\pi}{t\,|\,h''(\beta_s)\,|}}\,g(\beta_s)\mathrm{e}^{\mathrm{i}h(\beta_s)t + \mathrm{i}\frac{\pi}{4}\mathrm{sgn}\,(h''(\beta_3))} \qquad (8-152)$$

式中

$$\frac{\mathrm{d}h(\beta)}{\mathrm{d}\beta}\Big|_{\beta=\beta_s} = 0 \qquad (8-153)$$

式中，β_s 是相位函数 h 和 sgn 的固定点。

I_2，I_3 可以写成

$$\int\widetilde{f}(\alpha)\mathrm{e}^{\mathrm{i}\left[\alpha\frac{x}{t} - \bar\alpha(\alpha)\right]t}\mathrm{d}\alpha \qquad (8-154)$$

对于大的 t，相位函数 $h = \alpha\dfrac{x}{t} - \bar\alpha(\alpha)$。固定点由下式给出：

$$\frac{\mathrm{d}h}{\mathrm{d}\alpha} = 0 \quad \rightarrow \quad \frac{x}{t} = \alpha \quad \rightarrow \quad x = \frac{\mathrm{d}\bar\alpha}{\mathrm{d}\alpha}t \qquad (8-155)$$

式中，$\dfrac{\mathrm{d}\bar\alpha}{\mathrm{d}\alpha}$ 是波数为 α 的波的有效传播速度。

对于寄生波而言：

$$\left.\begin{aligned} I_2 &\approx \sqrt{\frac{0.727}{\lambda t}}\ \frac{\sin\left[\left(2.0-\dfrac{x}{2.75t}\right)M\right]}{2.0-\dfrac{x}{2.75t}}\cos\left[\left(2x-1.733t-0.1818\frac{x^2}{t}\right)+\frac{\pi}{4}\right]\\ &-3.139t<x<0 \end{aligned}\right\}$$

(8 - 156)

对于色散波而言：

$$\left.\begin{aligned} I_3 &\approx \sqrt{\frac{0.8}{\lambda t}}\ \frac{1}{\left(1-\dfrac{x}{t}\right)^{\frac{1}{4}}}\ \frac{\sin\left[1.2+0.8\sqrt{1-\dfrac{x}{t}}\,M\right]}{1.2+0.8\sqrt{1-\dfrac{x}{t}}}\times\\ &\cos\left[(x-t)\left(1.2+0.533\sqrt{1-\dfrac{x}{t}}\right)+\frac{\pi}{4}\right]\\ 0&<x<t \end{aligned}\right\}$$

(8 - 157)

8.7　选择性的人工阻尼(SAD)

人工阻尼的目的是去除计算解中多余的数值成分。其要点在于：① 选择性控制短波；② 对长波影响最小。

8.7.1　基本概念

线性 Euler 方程组的无量纲动量方程(无平均流动)是

$$\frac{\partial u'}{\partial t}+\frac{1}{\rho_0}\frac{\partial p'}{\partial x}=D(x)$$

(8 - 158)

对其采用 7 点离散格式，可以得到

$$\frac{\partial u_l}{\partial t}+\frac{1}{\rho_0}\frac{1}{\Delta x}\sum_{j=-3}^{3}a_j p_{l+j}=D_l$$

(8 - 159)

8.7.2　假设条件

在该离散格式中，D_l 是与 u_l 的数值成比例的，即

$$\frac{\mathrm{d}u_l}{\mathrm{d}t}+\frac{1}{\rho_0}\frac{1}{\Delta x}\sum_{j=-3}^{3}a_j p_{l+j}=-\frac{v}{(\Delta x)^2}\sum_{j=-3}^{3}d_j u_{l+j}$$

(8 - 160)

式中，d_j 是加权系数，v 是人工动力黏度，$\left[\dfrac{v}{(\Delta x)^2}\right]=\left[\dfrac{1}{t}\right]$，$d_j$ 是纯数字。

8.7.3 方法

选择 d_j，使得人工阻尼主要对高波数或者短波有效。方程(8-160)连续形式的 Fourier 变换为

$$\frac{\mathrm{d}\tilde{u}}{\mathrm{d}t} + \cdots = -\frac{v}{(\Delta x)^2} \sum_{j=-3}^{3} d_j \mathrm{e}^{\mathrm{i}j\alpha\Delta x}\tilde{u} \tag{8-161}$$

如果忽略上式中没有显示的项，则解为

$$\tilde{u} \sim \mathrm{e}^{-\mathrm{i}\frac{v}{(\Delta x)^2}\tilde{D}(\alpha\Delta x)t} \tag{8-162}$$

式中，$\tilde{D}(\alpha\Delta x) = \sum_{j=-3}^{3} d_j \mathrm{e}^{\mathrm{i}j\alpha\Delta x}$。对于 $\tilde{D}(\alpha\Delta x)$，有三个条件：

(1) $\tilde{D}(\alpha\Delta x)$ 应该是 $\alpha\Delta x$ 的正的偶函数。因此，有

$$\tilde{D}(\alpha\Delta x) = d_0 + 2\sum_{j=1}^{3} d_j \cos\left[j\alpha\Delta x\right] \tag{8-163}$$

(2) 对于长波应该没有阻尼。当 $\alpha\Delta x \to 0$ 时，$\tilde{D}(\alpha\Delta x) \to 0$，这就要求

$$d_0 + 2\sum_{j=1}^{3} = 0 \tag{8-164}$$

(3) 为了方便起见，$\tilde{D}(\alpha\Delta x)$ 被规范化为

$$\left.\begin{array}{l} \tilde{D}(\pi) = 1 \\ \tilde{D}(\alpha\Delta x) = d_0 + 2\left[d_1\cos\alpha\Delta x + d_2\cos 2\alpha\Delta x + d_3\cos 3\alpha\Delta x\right] \end{array}\right\} \tag{8-165}$$

想要得到这样的性质，对于小的 $\alpha\Delta x$，得到小的 $\tilde{D}(\alpha\Delta x)$；当 $\alpha\Delta x \to \pi$ 时，得到大的 $\tilde{D}(\alpha\Delta x)$。

取带有半宽度为 σ，中心点为 π 的 Gauss 函数：$f(\alpha\Delta x) = \mathrm{e}^{-\ln 2\left(\frac{\alpha\Delta x - \pi}{\sigma}\right)^2}$。

当 $\alpha\Delta x = \pi$ 时，$f(\alpha\Delta x) = 1$；当 $\alpha\Delta x = 0$（或更小的数）时，$f(\alpha\Delta x) = 0$（或更小的数）。然后通过使得积分 $\int_0^{\beta} \left[\tilde{D}(\alpha\Delta x) - \mathrm{e}^{-\ln 2\left(\frac{\alpha\Delta x - \pi}{\sigma}\right)^2}\right]^2 \mathrm{d}(\alpha\Delta x)$ 是最小量来确定加权系数 d_j。

由方程(8-164)，方程(8-165)和上面的最小化条件，可以得到系数 d_j。β 是一参数，该参数可以调整使 $\tilde{D}$ 取最理想的值。

对于不连续的解（矩形波问题），有

$$d_0 = 0.327\ 698\ 660\ 8$$
$$\sigma = 0.3\pi \quad d_1 = d_{-1} = -0.235\ 718\ 815$$
$$\beta = 0.65\pi \quad d_2 = d_{-2} = 0.089\ 150\ 669\ 6$$
$$d_3 = d_{-3} = -0.014\ 281\ 184\ 7$$

8.7.4 数值实现

一维 Euler 方程（线性，无平均流动）为

$$
\left.\begin{aligned}
\frac{\partial U}{\partial T} - \frac{\partial P}{\partial X} = 0 \\
\frac{\partial P}{\partial T} + \frac{\partial U}{\partial X} = 0
\end{aligned}\right\} \tag{8-166}
$$

其边界条件是

$$
\left.\begin{aligned}
U &= 0 & t = 0 \\
P &= \begin{cases} H(x+m) - H(x-m) & t = 0 \\ 0 & t < 0 \end{cases}
\end{aligned}\right\} \tag{8-167}
$$

按照下面的方法将 Euler 方程离散化:

$$
\left.\begin{aligned}
U_l^{(n+1)} &= U_l^{(n)} + \Delta t \sum_{j=0}^{3} b_j E_l^{(n-j)} \\
P_l^{(n+1)} &= P_l^{(n)} + \Delta t \sum_{j=0}^{3} b_j F_l^{(n-j)} \\
E_l^{(n)} &= -\sum_{j=-3}^{3} a_j P_{l+j}^{(n)} - \frac{1}{R} \sum_{j=-3}^{3} d_j U_{l+j}^{(n)} \\
F_l^{(n)} &= -\sum_{j=-3}^{3} a_j U_{l+j}^{(n)} - \frac{1}{R} \sum_{j=-3}^{3} d_j P_{l+j}^{(n)}
\end{aligned}\right\} \tag{8-168}
$$

离散化的 Euler 方程,其边界条件为

$$
\left.\begin{aligned}
U_l^{(n)} &= 0 & n \leqslant 0 \\
P_l^{(n)} &= \begin{cases} H(x_l + M) - H(x_l - M) & n = 0 \\ 0 & n < 0 \end{cases}
\end{aligned}\right\} \tag{8-169}
$$

式(8-168)中,$R = \dfrac{c_0 \Delta x}{v}$,它是人工网格雷诺数。首先取 $\dfrac{1}{R} = 0.3$,对比计算结果。

8.7.5　过大的阻尼

本小节主要介绍过大阻尼带来的危害。阻尼过大会导致下面的情况发生:

(1) 阻尼过大可能会导致"人工黏性扩散"。

以下面的例子进行介绍。方程为

$$
\left.\begin{aligned}
\frac{\partial u}{\partial t} + \frac{\partial u}{\partial x} = 0 & \quad -\infty < x < \infty \\
u(x,0) = 0.5 e^{-\ln 2 \left(\frac{x}{5}\right)^2}
\end{aligned}\right\} \tag{8-170}
$$

取 $\dfrac{1}{R} = 5$,Gauss 函数的 Fourier 变换仍是 Gauss 函数。人工阻尼非均匀地降低了波数空间中脉冲的振幅:① 零波数时没有减小;② 随着 α 的增加,减少量也增加。

因此脉冲在波数空间中变得更窄,这导致物理波散布在物理空间中。

(2) 阻尼过大导致"数值不稳定"。

还是以方程(8-170)为例,取 $\dfrac{1}{R} = 15$,方程(8-170)的离散方程的连续形式为

$$u(x,t+\Delta t) = u(x,t) + \Delta t \sum_{j=0}^{3} b_j \kappa(x,t-j\Delta t) \Bigg\}$$

$$\left. \kappa(x,t) = -\frac{1}{\Delta x} \sum_{j=-3}^{3} a_j u(x+j\Delta x,t) - \frac{1}{R} \sum_{j=-3}^{3} d_j u(x+j\Delta x,t) \right\} \tag{8-171}$$

对上述方程进行 Fourier – Laplace 变换：

$$e^{-i\omega\Delta t}\tilde{u} = \tilde{u} + \Delta t \sum_{j=0}^{3} b_j e^{-i\omega j\Delta t}\tilde{\kappa} \Bigg\}$$

$$\left. \tilde{\kappa} = -\frac{1}{\Delta x} \sum_{j=-3}^{3} a_j e^{-i\alpha j\Delta x}\tilde{u} - \frac{1}{R} \sum_{j=-3}^{3} d_j e^{-i\alpha j\Delta x}\tilde{u} \right\} \tag{8-172}$$

消除 $\tilde{\kappa}$，使用

$$\bar{\omega} = \frac{i(e^{-i\omega\Delta t}-1)}{\Delta t \sum\limits_{j=0}^{3} b_j e^{-i\omega\Delta t}} \Bigg\}$$

$$\left. \bar{\alpha}(\alpha\Delta x) = \frac{-i}{\Delta x} \sum_{j=-3}^{3} a_j e^{ij\alpha\Delta x} \right\} \tag{8-173}$$

$$\left. \overline{D}(\alpha\Delta x) = \sum_{j=-3}^{3} d_j e^{ij\alpha\Delta x} \right\}$$

从而得到

$$-i\bar{\omega}\tilde{u} + i\bar{\alpha}\tilde{u} = -\frac{1}{R}\widetilde{D}(\alpha\Delta x)\tilde{u} \tag{8-174}$$

色散关系是

$$\bar{\omega}u = \bar{\alpha} - \frac{i}{R}\widetilde{D}(\alpha\Delta x)u \tag{8-175}$$

对于 $\alpha\Delta x = \pi$ 的波（$\lambda = 2\Delta x$），有

$$\left. \begin{array}{l} \dfrac{\pi}{\alpha} = \Delta x \\[2mm] \pi = \alpha\Delta x \end{array} \right\} \tag{8-176}$$

同时，从前面的介绍可知

$$\left. \begin{array}{l} \bar{\alpha}(\pi) = 0.0 \\ \overline{D}(\pi) = 1.0 \\ \bar{\omega} = -\dfrac{1}{R} \Rightarrow \bar{\omega}\Delta t = -\dfrac{i\Delta t}{R} \end{array} \right\} \tag{8-177}$$

当 $\bar{\omega}\Delta t$ 是复数时，时间离散方案（优化的多时间层方案）是稳定的：

如果 $I_m(\bar{\omega}\Delta t) > -0.29$

$$\Rightarrow \frac{\Delta t}{R} < 0.29 \quad 稳定$$

在所示的数值例子中，$\Delta t = 0.02$ 和 $\dfrac{1}{R} = 0.15$，所以有 $\dfrac{\Delta t}{R} = 0.3$。我们看到了数值的不稳定性！

8.8　DRP 格式的滤波方法

8.8.1　问题说明

如图 8-16 所示，DRP 有一个波长使用范围，被称作长波，它由优化扩展而来。由 Tam 给出的 DRP 方案，空间离散对每波长至少 5.4 个点来说是合适的。如果波的波长达到了非常短的范围，则被称作寄生波，包含时间积分和空间离散化的整个方法是不稳定的。在寄生波和长波之间能找到色散波，其特征是波群速度和波数具有紧密的联系。空间和时间离散化系统可以产生非物理的解，但这是离散化有限差分方程（FDE）的本征解，而不是 PDE 的。短波范围的定义为：将方程一边进行显式时间离散，如果波动随时间不断增大，则说明处于短波范围。

为了解决这个问题，Tam 指出首先要避开这个波数范围，然后使用选择性阻尼。在小于这个特定分辨率条件下，不允许该波传播。按照 Tam 的想法，这种概念应该被看作是动量守恒 Euler 方程的耗散项。在波数图的耗散里通过优化滤波系数以拟合出 Gauss 分布来确定阻尼的选择。然而后面可以看到，这种方法的缺点在于操作的逻辑顺序较难确定，并且耗散较大。

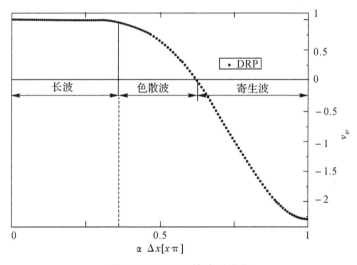

图 8-16　DRP 的波群速度

8.8.2　解决办法——滤波

首先必须考虑操作的顺序。人工阻尼处理起来很困难，因为在 Euler 方程中未滤波域是用来计算通量的，只对部分新域进行滤波，必须对滤波振幅进行调整以适应典型的频率。因此对于每个算例，都要对滤波振幅进行调整，滤波范围也各不相同。然而，原则上每一步都需要添加阻尼，并且在新域内要进行滤波处理。选择正确的滤波振幅，整个方法就能保持稳定。在长波范围,优化过滤的耗散太大了。对于短波低耗散使用的优化方法,即使是在分辨率为32PPW 的情况下,也不能接受在每个时间步中具有 3×10^{-4} 的耗散。图 8 - 17 给出了不同滤波格式下的滤波特性。

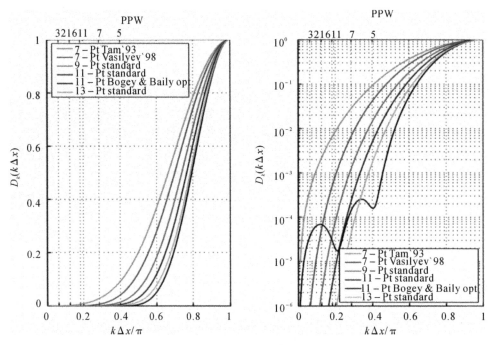

图 8 - 17　不同滤波格式下的滤波特性

现在以批判的角度发展一种新方法。为了寻找新的滤波域,应该对域变量 p' 进行滤波。图 8 - 18 给出了滤波的位置。由于到目前为止我们发展的整个方法是基于显式有限差分近似的,故滤波器也应该是显式的。

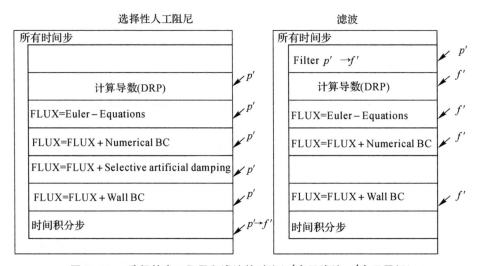

图 8 - 18　选择性人工阻尼和滤波的对比(f' 表示滤波, p' 表示原场)

8.8.3　Taylor 滤波器的推导

假如基于从 $-N$ 到 M 临近点找到 n 点位置处变量 ϕ 的近似点 $\bar{\phi}$，其被认为是滤波域，ϕ 为原场，ω_j 为滤波系数，则有

$$\bar{\phi}_n = \sum_{j=-N}^{M} \omega_j \phi_{n+j} \tag{8-178}$$

在波数空间中这样一种滤波器的误差通常是通过响应在空间中相对波数为 $k\Delta x$ 的谐波激励来获得的，即

$$\Psi = \sum_{j=-N}^{M} \omega_j \exp\,(ijk\Delta x) = \sum_{j=-N}^{M} \omega_j \cos\,(jk\Delta x) + i \sum_{j=-N}^{M} \omega_j \sin\,(jk\Delta x) \tag{8-179}$$

从方程(8-179)能够观察到，当虚部以正弦函数给出时，通过将在零附近为反对称形式的滤波系数($M=N,\omega_j = \omega_{-j}$)进行对称设置可以使虚数部分为零。滤波点的对称分布允许虚数部分为零，因此没有引起相位变化：

$$\omega_j = \omega_{-j} \tag{8-180}$$

因此专注于 $M=N$ 的中心滤波格式，并将方程(8-180)作为滤波格式的初始条件。

对于某一给定的不包含短波的域，一个很好的近似值方法是进行 Taylor 级数展开。由于数字滤波器的开发，这项技术可作为滤波器设计的标准。Taylor 级数展开可以通过相邻点很好地给出给定位置函数值的近似值，它在特定阶数上是光滑的，这个特定阶数由点数 N 确定。因此把方程(8-178)在 x_n 处进行 Taylor 级数展开：

$$
\begin{aligned}
\bar{\phi}_n = {}& \omega-N\left[\phi_n + \frac{\partial \phi_n}{\partial x}(-N\Delta x) + \frac{1}{2!}\frac{\partial^2 \phi_n}{\partial x^2}(-N\Delta x)^2 + \frac{1}{3!}\frac{\partial^3 \phi_n}{\partial x^3}(-N\Delta x)^3\right] \\
& + \omega-N+1\left[\phi_n + \frac{\partial \phi_n}{\partial x}((-N+1)\Delta x) + \frac{1}{2!}\frac{\partial^2 \phi_n}{\partial x^2}((-N+1)\Delta x)^2 + \right. \\
& \left. \frac{1}{3!}\frac{\partial^3 \phi_n}{\partial x^3}((-N+1)\Delta x)^3\right] \\
& \vdots \\
& + \omega_0\left[\phi_n\right] \\
& \vdots \\
& + \omega_{N-1}\left[\phi_n + \frac{\partial \phi_n}{\partial x}((N-1)\Delta x) + \frac{1}{2!}\frac{\partial^2 \phi_n}{\partial x^2}((N-1)\Delta x)^2 + \frac{1}{3!}\frac{\partial^3 \phi_n}{\partial x^3}((N-1)\Delta x)^3\right] \\
& + \omega_N\left[\phi_n + \frac{\partial \phi_n}{\partial x}(N\Delta x) + \frac{1}{2!}\frac{\partial^2 \phi_n}{\partial x^2}(N\Delta x)^2 + \frac{1}{3!}\frac{\partial^3 \phi_n}{\partial x^3}(N\Delta x)^3\right] \\
& + 0(\Delta x^4)
\end{aligned}
\tag{8-181}
$$

更一般地说，我们是在利用距离 x_n 为 $j\Delta x (j=-N,\cdots,N)$ 的多个点来寻找一个在 $k=0$，$\cdots,m$ 范围内无限求和的 Taylor 级数：

$$\bar{\phi}_n = \sum_{j=-N}^{N} \omega_j \left[\sum_{k=0}^{m} \frac{1}{k!}\frac{\partial^k \phi_n}{\partial x^k}(j\Delta x)^k\right] + O(\Delta x^{m+1}) \tag{8-182}$$

根据精度阶数对各个部分进行重新排序，可以得到

$$\bar{\phi}_n = \left[\omega_{-N} + \omega_{-N+1} + \cdots + \omega_0 + \cdots + \omega_{N-1} + \omega_N\right]\phi_n$$

$$+ \left[\omega_{-N}(-N) + \omega_{-N+1}(-N+1) + \cdots + \omega_0 0 + \cdots + \omega_{N-1}(N-1) + \omega_N(N) \right] \frac{\partial \phi_n}{\partial x}$$

$$+ \left[\omega_{-N}(-N)^2 + \omega_{-N+1}(-N+1)^2 + \cdots + \omega_0 0 + \cdots + \omega_{N-1}(N-1)^2 + \omega_N(N)^2 \right] \frac{\partial^2 \phi_n}{\partial x^2}$$

$$+ \left[\omega_{-N}(-N)^3 + \omega_{-N+1}(-N+1)^3 + \cdots + \omega_0 0 + \cdots + \omega_{N-1}(N-1)^3 + \omega_N(N)^3 \right] \frac{\partial^3 \phi_n}{\partial x^3}$$

$$+ O(\Delta x^4) \tag{8-183}$$

变换指数 j 和 k 的求和顺序,方程(8-183)可以写成

$$\overline{\phi}_n = \sum_{k=0}^m \frac{\Delta x^k}{k!} \frac{\partial^k \phi_n}{\partial x^k} \left[\sum_{j=-N}^N (j)^k \omega_j \right] + O(\Delta x^{m+1}) \tag{8-184}$$

如果内部的求和分别为零,则 Taylor 级数的求和为零。为了找到函数值自身的近似值,零阶必须乘以 1。同时,可以得到下面的条件:

$$\sum_{j=-N}^N \omega_j = 1 \tag{8-185}$$

$$\sum_{j=-N}^N (j)\omega_j = 0 \tag{8-186}$$

$$\sum_{j=-N}^N (j)^2 \omega_j = 0 \tag{8-187}$$

$$\vdots$$

$$\sum_{j=-N}^N (j)^{2(N-1)} \omega_j = 0 \tag{8-188}$$

对称条件式(8-180)确保了虚部为零,并且减少了 N 个未知滤波系数。由于对称性,与滤波器系数相乘的奇数指数函数都能满足这个条件。因此只有偶数指数给 ω_j 提供了新的条件。由方程(8-184),只能从未知滤波系数的 $N+1$ 个条件中找到 N 个已知条件,方程(8-185)到方程(8-177)加上对称条件式(8-180)并不能完全确定滤波系数。然而,达到更高精度近似值的进一步的条件还不能满足。由于对称性带来的额外条件,它可能与已有的条件发生冲突。条件数会增加未知系数的个数。换句话说,必须通过增加点数来达到更高阶的精度。$2N+1$ 个点的滤波格式仅仅能够获得函数值 $2N$ 阶的 Taylor 近似值。

对于确定系数阵列的最后一个条件,是由想要达到的滤波特性获得的。短波分量应该从给定域中全部删除,因此使用最短的可分辨波,并且认为滤波器对这种输入的响应应该为零。仅仅通过 2PPW 来分辨最短的波,其结果是一种点到点的网格振荡(见图 8-19),这将被删除。

$$0 = \sum_{j=-N}^N (-1)^j \omega_j \tag{8-189}$$

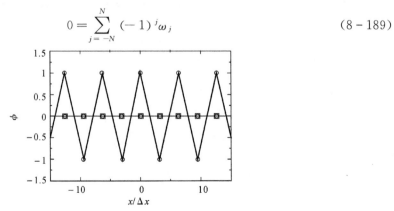

图 8-19　空间点到点振荡(黑圈,方框符号的应删除)

8.8.4　滤波系数的条件

总之,具有 $2N+1$ 个系数的 $2N$ 阶对称滤波条件为

$$\left.\begin{array}{c} \displaystyle\sum_{j=-N}^{N}\omega_j=1 \\[2mm] \displaystyle\sum_{j=-N}^{N}(j)^2\omega_j=0 \\[2mm] \displaystyle\sum_{j=-N}^{N}(j)^4\omega_j=0 \\[1mm] \vdots \\[1mm] \omega_j=\omega_{-j} \\[2mm] \displaystyle\sum_{j=-N}^{N}(-1)^j\omega_j=0 \end{array}\right\} \tag{8-190}$$

在一些公开文献中,滤波器被定义为关于初始值的一种变化:

$$\bar{\phi}_n=\phi_n+\sum_{j=-N}^{M}\omega_j\phi_{n+j} \tag{8-191}$$

图 8-20 给出了两种不同定义下理想滤波器的特性。

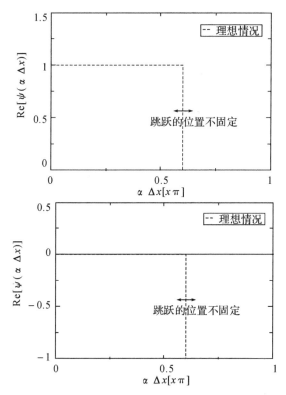

图 8-20　两种不同定义下理想滤波器的特性

从图 8-20 可以看出,由于不同的定义,即使是相似的滤波系统,其滤波特性也正好相反。与更高阶数相同,阶数零的总和必须为零。点到点振荡的响应在考虑的位置为负值,这样在下述条件下可以得到 $\overline{\phi_n} = \phi_n - \phi_n = 0$:

$$
\left.
\begin{aligned}
&\sum_{j=-N}^{N} \omega_j = 0 \\
&\sum_{j=-N}^{N} (j)^2 \omega_j = 0 \\
&\sum_{j=-N}^{N} (j)^4 \omega_j = 0 \\
&\qquad \vdots \\
&\sum_{j=-N}^{N} (j)^{2(N-1)} \omega_j = 0 \\
&\omega_j = \omega_{-j} \\
&\sum_{j=-N}^{N} (-1)^j \omega_j = -1
\end{aligned}
\right\}
\tag{8-192}
$$

这种定义的好处是,它允许少量的滤波,而且可以像 SAD 一样直接使用。然而,这种定义与其他文献中数字滤波器的定义相反。

8.8.5 滤波系数

滤波用的点数越多,通过的波长频带越宽,即一个小的滤波器可以滤过更多的波。表 8-2 给出了定义为 $\overline{\phi_n} = \phi_n + \sum_{j=-N}^{M} w_j \phi_{n+j}$ 的滤波器在使用不同点数情况下的滤波系数。为了更为直观地描述不同滤波器的特性,图 8-21 给出了不同滤波器以及 DRP 与 $\alpha \Delta x$ 的关系图。

表 8-2 定义为 $\overline{\phi_n} = \phi_n + \sum_{j=-N}^{M} w_j \phi_{n+j}$ 的滤波器在使用不同点数情况下的滤波系数

$w_{-6} = w_6$	$w_{-5} = w_5$	$w_{-4} = w_4$	$w_{-3} = w_3$	$w_{-2} = w_2$	$w_{-1} = w_1$	$w_0 = w_0$	$O(\Delta x^k)$
—	—	—	—	—	1/4	$-1/2$	$O(\Delta x^2)$
—	—	—	—	$-1/16$	1/4	$-3/8$	$O(\Delta x^4)$
—	—	—	1/64	$-3/32$	15/64	$-5/16$	$O(\Delta x^6)$
—	—	$-1/256$	1/32	$-7/64$	7/32	$-35/128$	$O(\Delta x^8)$
—	1/1024	$-5/512$	45/1 024	$-15/128$	105/512	$-63/256$	$O(\Delta x^{10})$
$-1/4\ 096$	3/1 024	$-33/2\ 048$	55/1 024	$-495/4\ 096$	99/512	$-231/1\ 024$	$O(\Delta x^{12})$

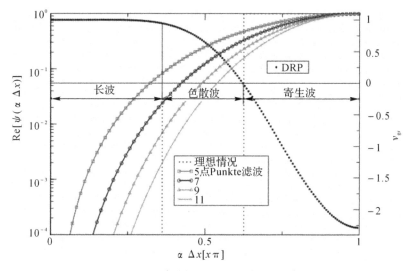

图 8 - 21　不同滤波器以及 DRP 与 $\alpha\Delta x$ 的关系图

8.8.6　最优滤波器

有一些关于过滤器优化的公开文献,但它们都有问题,波数图上误差逼近特性是由 N 个余弦函数组成的。因此,为了将截止位置从通带移到阻断波长范围,对应的优化将引起在通带内产生较大的误差。如果以通过频带内的耗散为标准,Taylor 级数也是一种优化。

为了达到更好的滤波特性,在滤波格式内需要使用更多的点。滤波器和 DRP 特性的比较(见图 8 - 21)能够帮助确定 11 点滤波器是理想滤波曲线的最佳近似。

8.8.7　SAD 与滤波器的比较

相比于选择性的人工阻尼而言,滤波器在通过频带中耗散较小。使用修正的滤波方程能够给出滤波振幅从而控制耗散。场变量的直接改变使得滤波振幅可以任意调整,甚至可以在选择阻尼的方式中使用滤波系数。

外部可以设置滤波周期,仅仅每 T 的时间步进行滤波也能删除短波和色散波,同时具有更小的耗散。甚至是带有高点数循环的滤波器的计算性能也要比 SAD 好。

8.9　高阶有限差分格式的壁面边界条件

对于更高阶的有限差分格式,差分方程的阶数要比 Euler 方程的阶数高。因此零垂直速度边界条件(壁面边界条件)不足以定义唯一解,必须添加额外的条件。可惜的是这些附加边界条件会不可避免地导致虚假数值波的产生。需要特别留意边界条件。

8.9.1　定义

边界点:临近壁面的前三排点。
内部点:距离壁面三排或更远位置的点。
影点:壁面以外的点(计算域)。

8.9.2　影点

事实:在离散系统里,在内部和边界点处的每一个流动变量由一个代数方程(FDE)控制。因此未知量的数目与方程的数目不是严格相等的。

问题:如果在壁面处强加边界条件,那么将会有太多的方程,却没有足够的未知量。

解决方法:通过引入影点,可以满足由于添加壁面边界条件引起对流动变量带来的额外条件。影点的数目必须等于方程的数目。

考虑一个无黏性的流体条件,边壁条件是 $v=0$ 和在 $y=0$ 处 $\dfrac{\partial v'_n}{\partial t}=0$,其中 u,v 分别是 x 和 y 方向的速度分量。这里只有一个边界条件,因此对于每一个壁面边界点都需要一个影点值。实际的物理处理要求在压力变量中考虑影点值。

以线化动量方程为例:

$$\frac{\partial v'}{\partial t}=-f(v,\ \mathrm{grad}\ v,\cdots)-\frac{1}{\rho_0}\mathrm{grad}\ p' \tag{8-193}$$

将方程(8-193)与壁面法向量 $\boldsymbol{n}$ 点乘,可以得到

$$\frac{\partial v'_n}{\partial t}=-\boldsymbol{n}f(v,\ \mathrm{grad}\ v,\cdots)-\frac{1}{\rho_0}\frac{\partial p'}{\partial \boldsymbol{n}} \tag{8-194}$$

根据壁面边界条件 $\dfrac{\partial v_n}{\partial t}=0$,方程(8-194)可以写成

$$\frac{\partial p'}{\partial \boldsymbol{n}}=-\rho_0\cdot\boldsymbol{n}\cdot f(v,\cdots) \tag{8-195}$$

计算使用 7 点格式,图 8-22 给出了使用和没有使用影点的微分格式示意图。

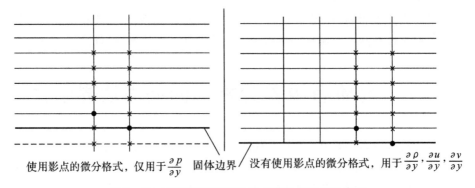

使用影点的微分格式,仅用于 $\frac{\partial p}{\partial y}$　固体边界　没有使用影点的微分格式,用于 $\frac{\partial \rho}{\partial y},\frac{\partial u}{\partial y},\frac{\partial v}{\partial y}$

图 8-22　使用和没有使用影点的微分格式示意图

8.9.3　实现

7 点格式的 DRP 方案是

$$
\left.\begin{aligned}
\boldsymbol{k}_{l,m}^{(n)} &= -\frac{1}{\Delta x}\sum_{j=-3}^{3} a_j \boldsymbol{E}_{l+j,m}^{(n)} - \frac{1}{\Delta y}\sum_{j=-3}^{3} a_j \boldsymbol{F}_{l,m+j}^{(n)} + \boldsymbol{H}_{l,m}^{(n)} \\
\boldsymbol{Q}_{l,m}^{(n+1)} &= \boldsymbol{Q}_{l,m}^{(n)} + \Delta t \sum_{j=0}^{3} b_j \boldsymbol{k}_{l,m}^{(n-j)}
\end{aligned}\right\}
\tag{8-196}
$$

上述方案需要 Euler 方程在边界处（$y=0$）修正第三个元素 v。假设在 $y=0$ 处 $m=0$，可以得到

$$
v_{l,0}^{(n+1)} = v_{l,0}^{(n)} + \Delta t \sum_{j=0}^{3} b_j K_{l,0}^{n-j}
\tag{8-197}
$$

式中

$$
K_{l,0}^{n-j} = \left(\frac{\mathrm{d}v}{\mathrm{d}t}\right)_{l,0}^{n-j}
\tag{8-198}
$$

从 Euler 方程的第三个方程 $\dfrac{\partial v}{\partial t} + u_0\dfrac{\partial v}{\partial x} = -\dfrac{1}{\rho_0}\dfrac{\partial p}{\partial y}$，可以得到

$$
K_{l,0}^{n-j} = -\frac{u_0}{\Delta x}\sum_{i=-3}^{3} a_i v_{l+i,0}^{n-j} - \frac{1}{\rho_0 \Delta y}\sum_{i=-1}^{5} a_i^{15} p_{l,i}^{n-j}
\tag{8-199}
$$

其中向后格式系数 a_i^{15} 意思是 1 点向前，5 点向后。在方程（8-197）中通过设定 $v_{i,0}^{(n+1)}=0$，$v_{i,n}^{0}=0$ 来得到影点值 $p_{l,-1}^{(n)}$。然后得到 $K_{l,0}^{(n-j)}=0$，从方程（8-199）的 $v_{l+i,0}^{(n-j)}$ 可以确定影点值

$$
p_{l,-1}^{(n)} = -\frac{1}{a_{-1}^{15}}\sum_{i=0}^{5} a_i^{15} p_{l,i}^{(n)}
\tag{8-200}
$$

方程（8-200）相当于在壁面设定影点值，例如在壁面处 $\dfrac{\partial p}{\partial y}=0$ 设定。

对于黏性流体流动，无滑移边界条件是 $u=v=0$。影点值 $p_{l,-1}^{(n)}$ 保证了壁面处满足 $v_{l,0}^{(n+1)}=0$。边界也对流体施加了剪切力 τ_{xy} 以使速度分量 u 减小到零（$u=0$）。另一个影点值 $(\tau_{x,y})_{l,-1}^{(n)}$ 需要用来确保 $u_{l,0}^{(n+1)}=0$。因此，在 x 方向上动量方程中的 $\dfrac{\partial \tau_{x,y}}{\partial y}$ 使用与压力相同的向后差分格式。

8.9.4　对称边界条件

对于对称边界条件，压力值和速度值在对称平面上镜像。考虑如图 8-23 所示的一种中心 7 点格式。它的边界条件分为左边界条件和右边界条件，其中左边界条件为

$$
u_i = -u_{8-i}, \qquad p_i = p_{8-i}
\tag{8-201}
$$

右边界条件为

$$
u_i = -u_{\max-6+(imax-i)}, \qquad p_i = p_{imax-6+(imax-i)}
\tag{8-202}
$$

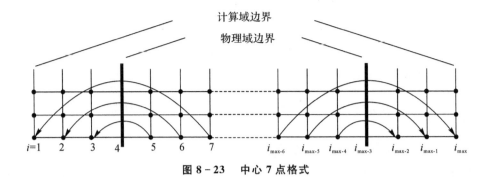

计算域边界
物理域边界

$i=1$　2　3　4　5　6　7　i_{max-6}　i_{max-5}　i_{max-4}　i_{max-3}　i_{max-2}　i_{max-1}　i_{max}

图 8 - 23　中心 7 点格式

8.10　无反射边界条件

在 $\bar{\alpha} \approx \alpha, \bar{\beta} \approx \beta$ 和 $\bar{\omega} \approx \omega$ 限制条件下,DPR 格式与偏微分方程有着相同的色散关系,因此可以通过由 Euler 方程的 Fourier - Laplace 分析得到的渐近解构造辐射边界条件和出口边界条件。

8.10.1　辐射边界条件(二维)

声波的渐近特性是

$$
\begin{bmatrix} \rho \\ u \\ v \\ p \end{bmatrix}_a = \frac{F\left(\dfrac{r}{V(\theta)} - t, \theta\right)}{r^{\frac{1}{2}}} \begin{bmatrix} \dfrac{1}{a_a^2} \\ \dfrac{\hat{u}(\theta)}{\rho_0 c_0} \\ \dfrac{\hat{V}(\theta)}{\rho_0 c_0} \\ 1 \end{bmatrix} + O(r^{-\frac{3}{2}}) \tag{8-203}
$$

式中

$$
\left.
\begin{aligned}
V(\theta) &= c_0 \left[Ma \cos \theta + \sqrt{1 - Ma^2 \sin^2 \theta} \right] \\
\hat{u}(\theta) &= \cos \theta - Ma \sqrt{1 - Ma^2 \sin^2 \theta} \\
\hat{V}(\theta) &= \sin \theta \left[\sqrt{1 - Ma^2 \sin^2 \theta} + Ma \cos \theta \right]
\end{aligned}
\right\} \tag{8-204}
$$

方程(8-203)对时间 t 和空间坐标 r 求偏导数(仅针对方程第一部分),可以得到

$$
\left.
\begin{aligned}
\frac{\partial \rho}{\partial t} &= \frac{-F'\left(\dfrac{r}{V(\theta)} - t, \theta\right)\left(\dfrac{1}{c_0^2}\right)}{\sqrt{r}} + O(r^{-\frac{3}{2}}) \\
\frac{\partial \rho}{\partial r} &= \frac{\dfrac{\sqrt{r}}{V(\theta)} F'\left(\dfrac{r}{V(\theta)} - t, \theta\right) - \dfrac{1}{2\sqrt{r}} F\left(\dfrac{r}{V(\theta)} - t, \theta\right)}{\sqrt{r}}\left(\dfrac{1}{c_0^2}\right) + O(r^{-\frac{5}{2}})
\end{aligned}
\right\} \tag{8-205}
$$

根据方程(8-205),可以得到

$$\frac{1}{V(\theta)} \cdot \frac{\partial \rho}{\partial t} + \frac{\partial \rho}{\partial r} + \frac{\rho}{2r} = 0 + O(r^{-\frac{5}{2}}) \tag{8-206}$$

类似的,可以推导远场公式

$$\frac{1}{V(\theta)} \cdot \frac{\partial}{\partial t} + \frac{\partial}{\partial r} + \frac{1}{2r} \begin{bmatrix} \rho \\ u \\ v \\ p \end{bmatrix}_a = 0 + O(r^{-\frac{5}{2}}) \tag{8-207}$$

θ 是边界点的角度坐标,在笛卡儿坐标下:

$$\frac{\partial}{\partial r} = \frac{\partial x}{\partial r} \frac{\partial}{\partial x} + \frac{\partial y}{\partial r} \frac{\partial}{\partial y} = \cos\theta \frac{\partial}{\partial x} + \sin\theta \frac{\partial}{\partial y} \tag{8-208}$$

如果要求解边界上的方程,必须确定源项 Q 的位置,然后预测每个边界点的半径与角度,如图 8 - 24 所示。

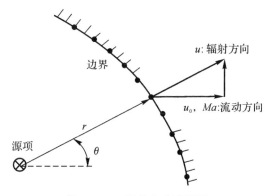

图 8 - 24　远场公式示意图

方程(8-206)提供了一系列没有流量流出的区域(没有声波进入)的辐射边界条件。有声波进时,给定 ρ_{in},u_{in},v_{in} 和 p_{in},可以得到

$$\frac{1}{V(\theta)} \cdot \frac{\partial}{\partial t} + \frac{\partial}{\partial r} + \frac{1}{2r} \begin{bmatrix} \rho - \rho_{in} \\ u - u_{in} \\ v - v_{in} \\ p - p_{in} \end{bmatrix}_a = 0 + O(r^{-\frac{5}{2}}) \tag{8-209}$$

辐射边界条件的几点备注:① 中远场准确和高效;② 对近场声源或者当平均流动非常不均匀时不适用。

8.10.2　无反射层边界条件

1.在计算域端口使用简单的缓冲层

考虑一个由下式给出的二维线化 Euler 方程(LEE):

$$\frac{\partial \underline{q}}{\partial t} = \underbrace{-\underline{\underline{A}} \cdot \frac{\partial \underline{q}}{\partial x} - \underline{\underline{B}} \cdot \frac{\partial \underline{q}}{\partial y} - \underline{\underline{D}} \cdot \underline{q}}_{F_{phys}} \tag{8-210}$$

式中

$$\underline{q} = \begin{bmatrix} \rho' & u' & v' & w' & p' \end{bmatrix}^{\mathrm{T}} \tag{8-211}$$

$\underline{q}$ 对 x 的偏导数与下式相乘：

$$\underline{A} = \begin{bmatrix} \overline{U} & \overline{\rho} & 0 & 0 \\ 0 & \overline{U} & 0 & \dfrac{1}{\overline{\rho}} \\ 0 & 0 & \overline{U} & 0 \\ 0 & \gamma\overline{P} & 0 & \overline{U} \end{bmatrix} \tag{8-212}$$

对 y 的偏导数与下式相乘：

$$\underline{B} = \begin{bmatrix} \overline{V} & 0 & \overline{\rho} & 0 \\ 0 & \overline{V} & 0 & 0 \\ 0 & 0 & \overline{V} & \dfrac{1}{\overline{\rho}} \\ 0 & 0 & \gamma\overline{P} & \overline{V} \end{bmatrix} \tag{8-213}$$

平均流的微分由下式给出：

$$\underline{D} = \begin{bmatrix} \dfrac{\partial \overline{U}}{\partial x} + \dfrac{\partial \overline{V}}{\partial r} & \dfrac{\partial \overline{\rho}}{\partial x} & \dfrac{\partial \overline{\rho}}{\partial r} & 0 \\ \dfrac{1}{\overline{\rho}}\left(\overline{U}\dfrac{\partial \overline{U}}{\partial x} + \overline{V}\dfrac{\partial \overline{V}}{\partial r}\right) & \dfrac{\partial \overline{U}}{\partial x} & \dfrac{\partial \overline{U}}{\partial r} & 0 \\ \dfrac{1}{\overline{\rho}}\left(\overline{U}\dfrac{\partial \overline{U}}{\partial x} + \overline{V}\dfrac{\partial \overline{V}}{\partial r}\right) & \dfrac{\partial \overline{V}}{\partial x} & \dfrac{\partial \overline{V}}{\partial r} & 0 \\ 0 & \dfrac{\partial \overline{P}}{\partial x} & \dfrac{\partial \overline{P}}{\partial r} & -\dfrac{1}{\overline{P}}\left[\overline{U}\dfrac{\partial \overline{P}}{\partial x} + \overline{V}\dfrac{\partial \overline{P}}{\partial r}\right] \end{bmatrix} \tag{8-214}$$

那么具有比例阻尼的一个简单缓冲层定义为

$$\frac{\partial \underline{q}}{\partial t} = -\underline{F}_{\mathrm{phys}}(\underline{q}) - R_d(x,r)(\underline{q} - \underline{q}_0) \tag{8-215}$$

比例阻尼会耗散所有传向计算域边界位置的波动。这个公式的目标是得到比例阻尼的一个固定公式。这种在缓冲层内被称为牛顿冷却或者摩擦类型的阻尼首先是由 Israeli 引入的。从方程(8-215)可以得到一个简单的一维波动方程：

$$\frac{\partial p'}{\partial t} + c^2\overline{\rho}\frac{\partial u'}{\partial x} + R_d p' = 0 \tag{8-216}$$

$$\frac{\partial u'}{\partial t} + \frac{1}{\overline{\rho}}\frac{\partial p'}{\partial x} + R_d u' = 0 \tag{8-217}$$

现在与波动方程的求导一样，分别对上式在时间和空间上求导，可以得到

$$\frac{\partial^2 p'}{\partial t^2} + c^2\overline{\rho}\frac{\partial}{\partial t}\frac{\partial u'}{\partial x} + \frac{\partial R_d p'}{\partial t} = 0 \tag{8-218}$$

$$\overline{\rho}\frac{\partial}{\partial x}\frac{\partial u'}{\partial t} + \frac{\partial^2 p'}{\partial t^2} + \overline{\rho}\frac{\partial R_d u'}{\partial x} = 0 \tag{8-219}$$

波动方程为

$$\frac{\partial^2 p'}{\partial t^2} + \frac{\partial R_d p'}{\partial t} = c^2\overline{\rho}\frac{\partial R_d u'}{\partial x} + c^2\frac{\partial^2 p'}{\partial x^2} \tag{8-220}$$

压力和速度没有完全分离，但是可以观察到在时间一阶导数项中增加了一个阻尼。如果

取代 $c^2 \bar{\rho} \dfrac{\partial R_d u'}{\partial x}$，还可以看到方程右边的空间一阶导数项中增加了一个阻尼，因而可以得到

$$\frac{\partial^2 u'}{\partial t^2} + \frac{\partial R_d u'}{\partial x} = \frac{1}{\bar{\rho} c^2} \frac{\partial R_d p'}{\partial x} + c^2 \frac{\partial^2 u'}{\partial x^2} \qquad (8-221)$$

即使没有求解偏微分方程，也可知这种阻尼可以降低向任意方向传播的波的振幅。该方法的主要缺点是当计算域内和缓冲层内的波数不匹配时，缓冲层会反射波。这个问题可以通过引入阻尼系数分布来解决，它可以改变缓冲层内某一个区域的波数（见图 8-25）。

$$R_d(x,r) = \begin{cases} \exp\left\{-\dfrac{1}{2} n_p \dfrac{d_{BC}^2}{\Delta x_{NC/F}^2}\right\}, & d_{BC} < \Delta x_{NC/F} \\ 0, & \text{其他} \end{cases} \qquad (8-222)$$

为了进一步提高性能，缓冲层可以向边界倾斜，但是倾斜率不能超过 1.05。如果超过，产生的短波会抵消倾斜带来的优势。使用网格倾斜时强烈建议重新选择阻尼或者滤波。边界条件很简单，但是需要延长计算域。它邻近源项工作，同时会产生数值假象。由于波长较短，寄生波可以很明显地被抑制。边界条件与使用的物理问题没有关系，而是与 LEE 以及 APE 或者 PENNE 型方程共同工作。然而，由于阻尼不是选择性的，波数的不匹配会导致波的反射。这就是为什么需要关注延长简单"（缓冲）层"的边界条件。对于剪切流或者非稳态波而言，这种边界条件甚至是不稳定的。

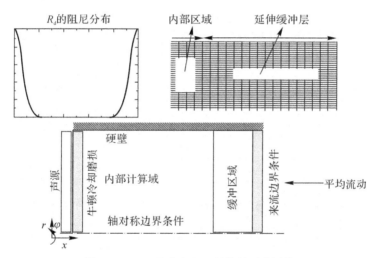

图 8-25 阻尼分布和延长的轴对称网格

2. PML 的分离公式

在频域范围内，一种生成无反射边界条件的技术是对频率引入虚部。完美的匹配是通过保证色散关系不变，仅仅在频率以及指向 PML 出口边界的相关波数添加虚部。由于需要抑制的仅仅是影响计算域垂直方向上波的分量，因此 PML 的开发者引入了变量分离。甚至 Berenger 在最早关于电动力学的 PML 就使用了这种推导。对于任意矢量 $\underline{q}$，在频域上可以表达为

$$
\left.
\begin{aligned}
-\mathrm{i}\omega\underline{\hat{\boldsymbol{q}}}_x + \sigma_x\underline{\hat{\boldsymbol{q}}}_x &= -\underline{\boldsymbol{A}} \cdot \frac{\partial\hat{\boldsymbol{q}}}{\partial x} \\
-\mathrm{i}\omega\hat{\boldsymbol{q}}_y + \sigma_y\hat{\boldsymbol{q}}_y &= -\underline{\boldsymbol{B}} \cdot \frac{\partial\hat{\underline{\boldsymbol{q}}}}{\partial y}
\end{aligned}
\right\} \tag{8-223}
$$

请注意电动力学不需要考虑任何对流效应,我们习惯用 $\mathrm{e}^{-\mathrm{i}\omega t}$。这就是当出现平均流动时,由 Hu 在时域上为 LEE 引入被称为分离 PML 的简单翻版是不稳定的原因。

$$
\left.
\begin{aligned}
\frac{\partial\hat{\boldsymbol{q}}_x}{\partial t} + \sigma_x\hat{\boldsymbol{q}}_x &= -\underline{\boldsymbol{A}} \cdot \frac{\partial\hat{\boldsymbol{q}}}{\partial x} \\
\frac{\partial\hat{\boldsymbol{q}}_y}{\partial t} + \sigma_y\hat{\boldsymbol{q}}_y &= -\underline{\boldsymbol{B}} \cdot \frac{\partial\hat{\boldsymbol{q}}}{\partial y}
\end{aligned}
\right\} \tag{8-224}
$$

3. PML 的整体公式

Hu 解决的问题有三个:① 原始的 PML 在平均流动下是不稳定的;② 变量分离必须在整个计算域中保留,这在二维中将变量数目增加了一倍,导致方程很难求解;③ 还没有考虑平均流动导数。

(1) 整体 PML。首先解决第二点。根据 Hu 的研究,可以不作变量分离。分别将分离方程乘以 $1 + \dfrac{\mathrm{i}\sigma_x}{\omega}$ 和 $1 + \dfrac{\mathrm{i}\sigma_y}{\omega}$,可以得到

$$
-\mathrm{i}\omega\left(1 + \frac{\mathrm{i}\sigma_x}{\omega}\right)\left(1 + \frac{\mathrm{i}\sigma_y}{\omega}\right)\underline{\hat{\boldsymbol{q}}}_x = -\left(1 + \frac{\mathrm{i}\sigma_y}{\omega}\right)\underline{\boldsymbol{A}} \cdot \frac{\partial\hat{\underline{\boldsymbol{q}}}}{\partial x} \tag{8-225}
$$

$$
-\mathrm{i}\omega\left(1 + \frac{\mathrm{i}\sigma_x}{\omega}\right)\left(1 + \frac{\mathrm{i}\sigma_y}{\omega}\right)\hat{\boldsymbol{q}}_y = -\left(1 + \frac{\mathrm{i}\sigma_x}{\omega}\right)\underline{\boldsymbol{B}} \cdot \frac{\partial\hat{\underline{\boldsymbol{q}}}}{\partial y} \tag{8-226}
$$

然后将方程(8-225)和方程(8-226)求和,由于方程左边项前的因子相等,因而可以将左边整合成为形如 $\hat{\boldsymbol{q}} = \hat{\boldsymbol{q}}_x + \hat{\boldsymbol{q}}_y$ 的格式:

$$
-\mathrm{i}\omega\left(1 + \frac{\mathrm{i}\sigma_x}{\omega}\right)\left(1 + \frac{\mathrm{i}\sigma_y}{\omega}\right)\hat{\boldsymbol{q}} = -\left(1 + \frac{\mathrm{i}\sigma_y}{\omega}\right)\underline{\boldsymbol{A}} \cdot \frac{\partial\hat{\boldsymbol{q}}}{\partial x} - \left(1 + \frac{\mathrm{i}\sigma_x}{\omega}\right)\underline{\boldsymbol{B}} \cdot \frac{\partial\hat{\boldsymbol{q}}}{\partial y} \tag{8-227}
$$

在某个频率下,将 PML 方程每一项都乘以并且整理成指数为 $-\mathrm{i}\omega$ 的形式。通过用时间倒数代替 $-\mathrm{i}\omega$,用时间积分代替 $\dfrac{\mathrm{i}}{\omega}$ 来返回时域形式。为了达到这个目标,引入新的变量 $\boldsymbol{q}_1$,这仅仅在 PML 区域定义并且计算:

$$
\frac{\partial\boldsymbol{q}_1}{\partial t} = \hat{\underline{\boldsymbol{q}}} \tag{8-228}
$$

可以看到,PML 中变量的数目没有真正减少,但是求解得到了简化。

(2) PML 的稳定性。PML 的不稳定主要是因为平均流动。它允许具有正负波群速度但是相位速度为负的波存在。这个例子中没有提到上面所说的 PML。只有在相位速度和波群速度具有相同的符号时,整个方法才有效。这对于涡和熵模式总是有效的,但是对于声波会产生误差。为了解决这个问题,需要将坐标转换到相对运动坐标系下,然后进行反变换,将得到固定坐标系下稳定的 PML 公式。

(3) 考虑平均流动。该部分是最简单的,因为平均流可以看作是一个源项。这个源项改变了波数,并且产生了反射。PML 是人工的,这个区域的源项不能针对具体的 PML 进行考虑。

$$\hat{\underline{q}} = \hat{\underline{q}}_x + \hat{\underline{q}}_y + \hat{\underline{q}}_M \tag{8-229}$$

所以不需要做额外的事情，但是需要在 LEE 中保留这一部分。这种 PML 假定 PML 中具有恒定的平均流动，否则会引起不适定性。然而，整体 PML 甚至引入了剪切层和非稳定波。

（4）最终的二维 PML 公式。Hu 的 PML 公式：

$$\frac{\partial \hat{\underline{q}}}{\partial t} = \underbrace{-\underline{A} \cdot \frac{\partial \hat{\underline{q}}}{\partial x} - \underline{B} \cdot \frac{\partial \hat{\underline{q}}}{\partial r} - \frac{1}{r} \underline{C} \cdot \hat{\underline{q}} - \underline{D} \cdot \hat{\underline{q}}}_{\text{Euler方程}}$$

$$\underbrace{- (\sigma_x + \sigma_r + \sigma_\varphi) \hat{\underline{q}} - (\sigma_x \sigma_y) \underline{q}_1 - \sigma_y \underline{A} \cdot \frac{\partial \hat{\underline{q}}}{\partial x} - \sigma_x \underline{B} \cdot \frac{\partial \hat{\underline{q}}}{\partial r}}_{\text{缓冲层}}$$

$$\underbrace{- \frac{Ma_x}{1 - Ma_x^2} \underline{A} \cdot [\sigma_x \hat{\underline{q}} + \sigma_x \sigma_y \underline{q}_1]}_{\text{fixedframecorrection}} \tag{8-230}$$

有一些研究小组为 LEE 发展 PML 方程，例如 Hesthaven。似乎有一些完美匹配的解，它依赖于辅助变量 $\underline{q}_1$ 的定义。由于 PML 实际上是一个为了保护色散关系而进行修正的缓冲层，因而阻尼系数可以按照相同的方式分布。然而，PML 阻尼系数可以更为自由地进行调整。尽管需要对 PML 的系统进行调整以最小化反射，但是其可调整的范围还是很大，相比于缓冲层而言，PML 可以非常短。

8.10.3　出口边界条件（二维）

在出口边界，包含有熵波、涡波和声波的组合，因此，如果流动指向计算域外正的 x 方向，则有

$$\begin{bmatrix} \rho \\ u \\ v \\ p \end{bmatrix} = + \begin{bmatrix} f(x - u_0 t, y) + \rho_a \\ \dfrac{\partial \psi}{\partial y}(x - u_0 t, y) + u_a \\ -\dfrac{\partial \psi}{\partial y}(x - u_0 t, y) + v_a \\ p_a \end{bmatrix} + \cdots \tag{8-231}$$

可以看到，p 的出口边界与辐射边界条件相同：

$$\frac{1}{V(\theta)} \frac{\partial p}{\partial t} + \frac{\partial p}{\partial r} + \frac{p}{2r} = 0 \tag{8-232}$$

在笛卡儿坐标系下，方程（8-232）可以写成

$$\frac{1}{V(\theta)} \frac{\partial p}{\partial t} + \cos\theta \frac{\partial p}{\partial x} + \sin\theta \frac{\partial p}{\partial y} + \frac{p}{2r} = 0 \tag{8-233}$$

方程（8-231）中包含来自熵的附加项。将方程（8-231）分别在时间 t 和空间 x 上求导，则

$$\left. \begin{array}{l} \dfrac{\partial \rho}{\partial t} = -u_0 f'(x - u_0 t, y) + \dfrac{\partial \rho_a}{\partial t} \\[3mm] \dfrac{\partial \rho}{\partial x} = -f'(x - u_0 t, y) + \dfrac{\partial \rho_a}{\partial x} \end{array} \right\} \tag{8-234}$$

可以得到

$$\frac{\partial \rho}{\partial t} + u_0 \frac{\partial \rho}{\partial x} = \frac{\partial \rho_a}{\partial t} + u_0 \frac{\partial \rho_a}{\partial x} \qquad (8-235)$$

由于 $p_a = p = c_0^2 \rho_a$（声学状态方程），可以消除掉 ρ_a。对于 ρ 的出口边界条件是

$$\frac{\partial \rho}{\partial t} + u_0 \frac{\partial \rho}{\partial x} = \frac{1}{c_0}\left(\frac{\partial p}{\partial t} + u_0 \frac{\partial p}{\partial x}\right) \qquad (8-236)$$

方程（8-231）中第二项和第三项包含关于涡的附加项。根据相同的步骤，可以得到

$$\left.\begin{aligned}
\frac{\partial u}{\partial t} + u_0 \frac{\partial u}{\partial x} &= \frac{\partial u_a}{\partial t} + u_0 \frac{\partial u_a}{\partial x} \\
\frac{\partial v}{\partial t} + u_0 \frac{\partial v}{\partial x} &= \frac{\partial v_a}{\partial t} + u_0 \frac{\partial v_a}{\partial x}
\end{aligned}\right\} \qquad (8-237)$$

因为声学分量满足线化 Euler 方程，所以可以得到

$$\left.\begin{aligned}
\frac{\partial u_a}{\partial t} + u_0 \frac{\partial u_a}{\partial x} &= -\frac{1}{\rho_0}\frac{\partial p_a}{\partial x} = -\frac{1}{\rho_0}\frac{\partial p}{\partial x} \\
\frac{\partial v_a}{\partial t} + u_0 \frac{\partial v_a}{\partial x} &= -\frac{1}{\rho_0}\frac{\partial p_a}{\partial y} = -\frac{1}{\rho_0}\frac{\partial p}{\partial y}
\end{aligned}\right\} \qquad (8-238)$$

然后在速度分量 u 和 v 的出口边界条件中消除 u_a 和 v_a：

$$\left.\begin{aligned}
\frac{\partial u}{\partial t} + u_0 \frac{\partial u}{\partial x} &= -\frac{1}{\rho_0}\frac{\partial p}{\partial x} \\
\frac{\partial v}{\partial t} + u_0 \frac{\partial v}{\partial x} &= -\frac{1}{\rho_0}\frac{\partial p}{\partial y}
\end{aligned}\right\} \qquad (8-239)$$

所有变量的出口边界条件是

$$\left.\begin{aligned}
\frac{\partial \rho}{\partial t} + u_0 \frac{\partial \rho}{\partial x} &= \frac{1}{c_0}\left(\frac{\partial p}{\partial t} + u_0 \frac{\partial p}{\partial x}\right) \\
\frac{\partial u}{\partial t} + u_0 \frac{\partial u}{\partial x} &= -\frac{1}{\rho_0}\frac{\partial p}{\partial x} \\
\frac{\partial v}{\partial t} + u_0 \frac{\partial v}{\partial x} &= -\frac{1}{\rho_0}\frac{\partial p}{\partial y} \\
\frac{1}{V(\theta)}\frac{\partial p}{\partial t} + \cos\theta\frac{\partial p}{\partial x} &+ \sin\theta\frac{\partial p}{\partial y} + \frac{p}{2r} = 0
\end{aligned}\right\} \qquad (8-240)$$

其中 $V(\theta)$ 与方程（8-203）中的一样。

8.10.4 辐射和出口边界条件的实现

为了确定是否使用辐射或者出口边界条件，需要在边界上使用辐射源项法向量 $\boldsymbol{n}_r$：

$$\boldsymbol{n}_r \cdot \boldsymbol{u}_0 \leqslant 0 \Rightarrow \text{辐射边界条件（方程（8-207））}$$
$$\boldsymbol{n}_r \cdot \boldsymbol{u}_0 \geqslant 0 \Rightarrow \text{出口边界条件（方程（8-240））}$$

图 8-26 给出了辐射边界和出口边界条件示意图。

对于 7 点格式方法而言，非常靠近计算域边界的三行或者/和三列网格点需要作为边界区域进行考虑。在边界区域，不是求解 Euler 方程，辐射或者出口边界条件（以 PDEs 的形式）通过使用相同的 DRP 方法以及最优的多时间层时间离散化进行求解。

边界区域和内部区域的两套离散方程同时向前推进。在一些网格点处，不能使用对称空间格式。必要的时候需要使用最优向后差分（7 点格式），如图 8-27 所示。图中，点 A 和点 B

分别是典型的对称和非对称空间格式。

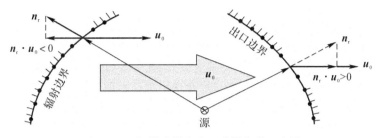

图 8 - 26　辐射边界和出口边界条件示意图

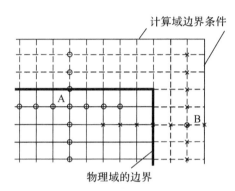

图 8 - 27　最优向后差分(7 点格式)

8.11　非线性 CAA

　　线化 Euler 方程没有正确地包含非线性效应:高振幅、不同湍流模式的相互干涉(声音、涡和熵)以及激波形成。

　　本节将推导一个能够解决耗散和多种湍流模式相互干涉的公式,但是该公式还不能解决有激波出现的情况。

　　质量守恒方程为

$$\frac{\partial \rho}{\partial t} + \boldsymbol{u} \cdot (\boldsymbol{\nabla} \rho) + \rho (\boldsymbol{\nabla} \cdot \boldsymbol{u}) = 0 \qquad (8-241)$$

将变量分解为平均值和脉动值:

$$\left.\begin{array}{c} \rho = \bar{\rho} + \rho' \\ \boldsymbol{u} = \bar{\boldsymbol{u}} + \boldsymbol{u}' \\ p = \bar{p} + p' \end{array}\right\} \qquad (8-242)$$

将方程(8-242)带入质量守恒方程(8-241)中,可以得到

$$\frac{\partial(\bar{\rho} + \rho')}{\partial t} = (\bar{\boldsymbol{u}} + \boldsymbol{u}') \cdot [\boldsymbol{\nabla}(\bar{\rho} + \rho')] + (\bar{\rho} + \rho')[\boldsymbol{\nabla} \cdot (\bar{\boldsymbol{u}} + \boldsymbol{u}')] \qquad (8-243)$$

　　假定 $\bar{\rho}$ 和 $\bar{\boldsymbol{u}}$ 是时间平均值,因此有 $\frac{\partial \bar{\rho}}{\partial t} = 0$,进而可以得到

$$\frac{\partial \rho'}{\partial t} + \underbrace{\overline{u} \cdot (\mathbf{\nabla} \overline{\rho}) + \overline{\rho}(\mathbf{\nabla} \cdot \overline{u})}_{=0} + \overline{u} \cdot [\mathbf{\nabla} \rho'] + u'[\mathbf{\nabla} \overline{\rho}] + \overline{\rho}[\mathbf{\nabla} u'] + \rho'[\mathbf{\nabla} \cdot \overline{u}] +$$

$$\underbrace{u'[\mathbf{\nabla} \rho'] + \rho'[\mathbf{\nabla} u']}_{2\text{阶域} \neq 0} = 0 \tag{8-244}$$

上式中第一个大括号中的项只与平均值有关,因此为零,这是由于它们自身满足质量守恒方程。第二个大括号强调附加项,它们在非线性理论中是不可忽略的。

方程(8-244)适用于特征因子(见表8-3),以此来获得无量纲公式。

表 8-3　特征因子

变量	特征因子
ρ	ρ_∞
$\boldsymbol{u}$	c_∞
t	R/c_∞
$\boldsymbol{x}$	R
p	$\rho_\infty c_\infty^2$
$\underline{\nabla}$	$1/R$

$$\frac{c_\infty}{R}\frac{\partial \rho_\infty \hat{\rho}'}{\partial t} + \frac{1}{R}\hat{u}'c_\infty \cdot [\underline{\hat{\nabla}} \rho_\infty \hat{\overline{\rho}}] + \frac{1}{R}\rho_\infty \hat{\overline{\rho}}[\underline{\hat{\nabla}} \cdot c_\infty \hat{u}'] + \frac{1}{R}\hat{\overline{u}}c_\infty \cdot [\underline{\hat{\nabla}} \rho_\infty \hat{\overline{\rho}}] +$$

$$\frac{1}{R}\rho_\infty \hat{\rho}'[\underline{\hat{\nabla}} \cdot c_\infty \hat{\overline{u}}'] + \frac{1}{R}c_\infty \hat{u}' \cdot [\underline{\hat{\nabla}} \rho_\infty \hat{\rho}'] + \frac{1}{R}\rho_\infty \hat{\rho}'[\underline{\hat{\nabla}} \cdot c_\infty \hat{u}'] = 0 \tag{8-245}$$

由此可以得到

$$\frac{c_\infty \rho_\infty}{R}\left[\frac{\partial \hat{\rho}'}{\partial t} + \hat{\overline{u}} \cdot (\underline{\hat{\nabla}} \hat{\rho}') + \hat{u}' \cdot (\underline{\hat{\nabla}} \hat{\overline{\rho}}) + \hat{\overline{\rho}}(\underline{\hat{\nabla}} \cdot \hat{u}') + \hat{\rho}' (\underline{\hat{\nabla}} \cdot \hat{\overline{u}}) + \hat{\rho}'(\underline{\hat{\nabla}} \cdot \hat{u}') + \right.$$

$$\left. \hat{u}' \cdot (\underline{\hat{\nabla}} \cdot \hat{\rho}')\right] = 0 \tag{8-246}$$

方程(8-246)现在是无量纲化的。除了在未知量上使用符号 $\hat{\ }$ 以及方程前面具有常数因子 $\dfrac{c_\infty \rho_\infty}{R}$ 外,它与方程(8-244)是相同的。如果在整个区域 $\overline{\rho} = \rho_\infty$,则 $\hat{\overline{\rho}}$ 变成1,并且 $\hat{\overline{\rho}}$ 所有的导数都等于零。到目前为止,似乎使用无量纲形式的方程没有太多的优势。

然而,排除了常数因子获得了 10^1 阶(CFL $\approx 1 = c\Delta x/\Delta t$)的质量守恒方程。这对于计算来说是一个优势,因为计算机的精度是有限的,最大分辨阶数在1左右。如果方程经过乘法和除法后还停留在那样的范围,截断误差就会有较低的重要性。除此之外,如果 $R \approx \Delta x, \Delta y, \Delta z$ 以及平均值在无线空间上等于未知量($\overline{\rho} = \rho_\infty$),则精度会有所提高。

另外,动量方程具有自身的缩放因子。以原始的形式考虑动量方程,除以 ρ,第一项变成

$$\left[\frac{\partial \boldsymbol{u}}{\partial t}\right] = \frac{m}{s^2} \rightarrow \frac{c_\infty^2}{R} \tag{8-247}$$

仅仅考虑第一项已经可以满足要求,因为全部方程必须具有相同的量纲。同时,以原始的形式考虑能量方程,并对其进行无量纲化,也仅仅考虑第一项,可以得到

$$\left[\frac{\partial p}{\partial t}\right] = \frac{\text{kg m}}{\text{m}^2 \text{s}^3} \rightarrow \frac{\rho_0 c_\infty^3}{R} \tag{8-248}$$

无量纲方程一个显著的特征就是如果选择的特征因子等于常数平均值,则在这个修正系统中的声速等于 1。尽管平均压力不再均匀,它等于 $1/\gamma$。动量方程无量纲化之后,也必须将未知量分解成为平均值和脉动值(方程(8-242))。省略表示无量纲形式的符号 $\hat{}$,动量方程可以写成

$$\rho \left[\frac{\partial \boldsymbol{u}}{\partial t} + \boldsymbol{u} \cdot (\nabla \boldsymbol{u}) \right] = - \nabla p \tag{8-249}$$

将未知量分解成为平均值和脉动值,方程(8-249)可以写成

$$(\bar{\rho} + \rho') \left[\frac{\partial (\bar{\boldsymbol{u}} + \boldsymbol{u}')}{\partial t} + (\bar{\boldsymbol{u}} + \boldsymbol{u}') \cdot [\nabla (\bar{\boldsymbol{u}} + \boldsymbol{u}')] \right] = - \nabla (\bar{p} + p') \tag{8-250}$$

由此可以得到

$$\underbrace{\frac{\partial \bar{\boldsymbol{u}}}{\partial t} + \bar{\boldsymbol{u}} \cdot (\nabla \bar{\boldsymbol{u}}) + \frac{\nabla \bar{p}}{\bar{\rho}}}_{=0 \text{(平均动量方程)}} - \frac{\nabla \bar{p}(\bar{\rho} + \rho')}{(\bar{\rho} + \rho')\bar{\rho}} + \frac{\nabla \bar{p}}{(\bar{\rho} + \rho')} + \frac{\partial \boldsymbol{u}'}{\partial t} + (\bar{\boldsymbol{u}} + \boldsymbol{u}') \cdot (\nabla \boldsymbol{u}') +$$

$$\frac{\nabla p'}{\bar{\rho} + \rho'} + \boldsymbol{u}' \cdot (\nabla \bar{\boldsymbol{u}}) = 0 \tag{8-251}$$

式中

$$\frac{\rho'}{\bar{\rho}(\bar{\rho} + \rho')} = \frac{\rho'}{\bar{\rho}\rho} = \frac{\rho}{\bar{\rho}\rho} - \frac{\bar{\rho}}{\bar{\rho}\rho} = \frac{1}{\bar{\rho}} - \frac{1}{\rho} \tag{8-252}$$

最后获得了脉动不守恒非线性 Euler 方程(PENNE)的动量方程公式为

$$\frac{\partial \boldsymbol{u}'}{\partial t} = - \left[(\bar{\boldsymbol{u}} + \boldsymbol{u}') \cdot \nabla \boldsymbol{u}' + \frac{\nabla p'}{\bar{\rho} + \rho'} + \boldsymbol{u}' \cdot (\nabla \bar{\boldsymbol{u}}) - \frac{\rho'}{\bar{\rho}(\bar{\rho} + \rho')} \nabla \bar{p} \right] \tag{8-253}$$

注意:如果动量方程不除以 ρ,得到的方程(8-253)将会有所不同,因为平均值将会满足略有不同的方程。然而,如果使用平均压力梯度代替速度梯度,将会得到更为精确的结果。

最后,能量方程必须适应方程(8-242)。使用方程

$$\frac{\partial p}{\partial t} + \boldsymbol{u} \cdot (\nabla p) + \gamma p (\nabla \cdot \boldsymbol{u}) = 0 \tag{8-254}$$

和方程(8-242)可以得到能量方程的一种简化形式:

$$\frac{\partial \bar{p} + p'}{\partial t} + (\bar{\boldsymbol{u}} + \boldsymbol{u}') \cdot [\nabla (\bar{p} + p')] + \gamma (\bar{p} + p') [\nabla \cdot (\bar{\boldsymbol{u}} + \boldsymbol{u}')] = 0 \tag{8-255}$$

进而可以得到

$$\frac{\partial \bar{p}}{\partial t} + \bar{\boldsymbol{u}} \cdot (\nabla \bar{p}) + \gamma \bar{p} (\nabla \cdot \bar{\boldsymbol{u}}) = 0 \tag{8-256}$$

从声学方程中分离平均流动方程可以得到

$$\frac{\partial p'}{\partial t} = - \left[(\bar{\boldsymbol{u}} + \boldsymbol{u}') \cdot (\nabla p') + \gamma (\bar{p} + p') (\nabla \cdot \boldsymbol{u}') + \boldsymbol{u}' \cdot (\nabla \bar{p}) + \gamma p' (\nabla \cdot \bar{\boldsymbol{u}}) \right]$$

$$\tag{8-257}$$

第9章　航空发动机气动噪声实验测试技术

9.1　引　　论

与其他学科一样,航空发动机气动声学问题的研究也要依靠实验测量、理论分析和数值模拟等研究方法。由于航空发动机气动噪声源声学机理复杂,声波辐射与流场结构和流场气动力特性密切相关,分散的气动声源之间可能还有相互的干涉,而且气动噪声源的流场往往都是三维黏性的并伴随有不同尺度涡系结构的复杂非定常流场,因此,航空发动机气动声学问题的理论分析和数值模拟仍然面临许多技术挑战,实验研究在航空发动机气动声学研究中就显得尤为重要。通过对航空发动机各个声源部件气动声学特性的实验测量与分析,人们就能认识发动机内部流动和声辐射的基本规律,分离出气动噪声源的噪声辐射特征,研究发动机部件流动噪声辐射的物理机制,分析流场结构和发动机设计参数与噪声辐射的基本关系,并找到主要噪声源位置,为航空发动机降噪设计奠定基础,同时为理论模型发展和数值计算方法验证提供依据。

根据实验研究的目的不同,航空发动机气动声学实验可以分为以下几种:

(1)发动机或部件声学特性实验。这类实验的主要目的是分析现有产品的声学特性,评估发动机噪声指标是否满足设计要求,并为飞机声学设计提供原始数据。此外,这类实验也用于评估发动机降噪设计的效果,认识降噪设计措施的有效性和降噪幅度,指导发动机降噪设计过程。

(2)发动机气动噪声机理实验。这类实验的主要目的是通过实验测量和数据分析,找出发动机噪声源的位置,识别发动机的气动声源,弄清发动机气动噪声辐射的物理机制,认识发动机噪声辐射与流场相互干涉关系等,为发动机降噪设计提供依据。

根据实验研究的方式不同,航空发动机气动声学实验可以分为以下几种:

(1)室外地面台架实验。就是将发动机或部件安装在发动机地面试车台架上,进行发动机气动声学特性实验。

(2)消声室和声学风洞实验。就是将发动机或部件安装在消声室内,进行发动机气动声学特性实验。

(3)管道内声学测量实验。就是通过对管道内声学量的实验测量,分析发动机内部叶轮机及燃烧等噪声基本特征。

由于声波具有辐射、散射、反射以及受到外界障碍物屏蔽、隔离等特点,因此航空发动机声学实验对测量环境和传声器的布置等有严格要求。此外,航空发动机地面实验和航空发动机安装在飞机上时的飞行状态的气动声学性能有重要差异,因此,在地面进行航空气动声学实验也有特殊的要求。

本章将首先讨论和分析发动机声学实验对实验环境和测试技术的特殊要求,然后根据实验目的的不同,分别介绍发动机声功率测量技术、发动机管道声模态测量技术、气动声源识别测量技术等,并给出一些典型实验实例。

9.2　航空发动机气动声学实验环境和测试方法

9.2.1　自由声场与消声室

为了认识航空发动机噪声源声学特性,弄清航空发动机气动噪声的物理机制和降噪方式,首先就要求准确测量航空发动机及其部件噪声辐射的基本特征,这就要求发动机噪声测量必须排除外界的干扰和影响,不能让反射信号进入传声器,也不能将声场辐射信号部分屏蔽或阻挡等。

自由声场就是指声场中只有直达声波而没有反射声波的声场。航空发动机及其部件噪声测量需要在自由声场中进行。当然要完全模拟理想的自由声场,实际上是做不到的,因此实际工作中只要做到反射声场尽可能小,使得其与直达声波相比可以忽略不计即可。在航空发动机或部件声学实验中,自由声场的条件通过两种途径实现:一是发动机室外地面台架开车实验,二是发动机或部件消声室实验。

1. 发动机室外地面台架噪声实验

发动机室外地面台架开车实验通常也称为静态发动机噪声实验,是将发动机安装在室外地面试车台上运行,测量发动机噪声的一项实验。通过在空旷的发动机室外地面试车台上实验,避免了声波的反射等。如图 9-1 所示是国外航空发动机公司发动机室外地面噪声实验台架图片。

(a)

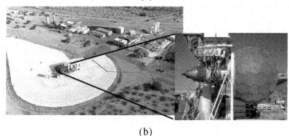

(b)

图 9-1　航空发动机室外地面噪声实验台架

(a)室外发动机噪声实验台远景;　(b)发动机噪声实验台及发动机实验件

　　静态发动机噪声实验是发动机研究和研制过程中的一个重要组成部分。实验的目的主要有以下几个方面：

　　(1)发动机噪声性能评定及对各种发动机或短舱设计更改降噪效果的评价；

　　(2)确定发动机声特征(声功率级、频谱、指向性等)，使用有效方法识别发动机噪声源；

　　(3)为飞机噪声评估和飞机噪声适航审定提供发动机噪声数据。

　　发动机试车台架噪声实验要求实验场地开阔，地势相对平坦，除了地面效应以外，不存在明显影响噪声测量的建筑物和其他障碍物。测量点环境噪声的 1/3 倍频程声压级需要明显低于发动机噪声的 1/3 倍频程声压级，确保在实验过程中，发动机噪声不受环境噪声的影响。

　　发动机支撑结构通常要求对发动机噪声的干扰要小，即支撑结构既不能妨碍发动机噪声的产生和传播，也不能在噪声辐射区域附近有任何反射。为了减小反射影响，通常采用单柱支撑结构(见图 9-1)，并且支撑结构可以旋转，以便每次实验时能使得发动机进口正对大气风向。通常可以采用在一些无法消除的反射面粘贴吸声材料，以减少反射面对发动机噪声的影响。此外，支撑结构应不会与发动机进气流和发动机排气气流干涉，而对发动机噪声产生影响。

　　发动机安装高度也有要求，安装要避免进气流的畸变(下面还将专门介绍)和排气气流冲击地面。通常要求发动机的中心线距离地面高度不小于发动机风扇叶片最大直径的 5 倍。

　　发动机噪声大小和辐射特性除了与发动机设计参数、工作状态和性能等有关外，还与实验日的气象条件有很大关系。因此在发动机室外地面台架噪声实验时，不仅要测量发动机噪声信号，同时还要测量实验时的气象条件等。

　　与飞行实验相比，静态发动机噪声实验结果的重复性和置信度都要更高，大量的发动机噪声实验表明，不同实验日的测量结果具有相当好的一致性。而且同飞行实验相比，静态发动机噪声实验的实验状态、环境条件等都比较容易严格控制，长时间的数据平均可以删除随机干扰的影响。

　　发动机室外静态噪声实验时，环境条件应该满足以下要求：

　　(1)无降雨、无降雪等。

　　(2)测量设备不能产生冷凝现象。

　　(3)声实验区域内没有可使地面声学特性改变的覆盖物，如雪等。

　　(4)测量期间平均风速不超过 22.5 km/h，最大不超过 27.8 km/h。与发动机轴线垂直的侧风，在 30 s 内的平均值一般不应超过 10 km/h。

　　(5)在整个测量频率范围内，对每个 1/3 倍频程带，环境噪声的声压应该低于相同频带发动机噪声声压级 10 dB 以上。

　　(6)当使用地面传声器时，需要采取措施确保测量结果不会受到屏蔽或声散射等因素的影响，这对于高频噪声尤为重要。其中一种方法是将实验条件限制到一定的温度和风速范围内。图 9-2 是根据以前大量实验测试结果总结的一个实验标准条件图，在图中规定的实验范围内，可以得到重复性相当好的实验结果。

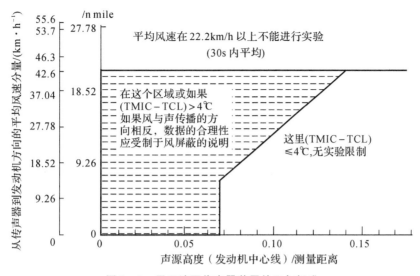

图 9 - 2　用于地面传声器装置的天气标准

注:TCL＝发动机中心线高度的温度;　TMIC＝地面传声器膜片高度±5 mm 内的温度。

2. 消声室与声学风洞

消声室是指一个具有自由声场的房间,或者近似地是声吸收特别大的房间。在这种房间内,仅有来自声源的直达声,没有各个障碍物的反射声,也没有来自室外的环境噪声。为了使得室内情况接近自由声场环境,室内六个表面都应该铺设吸声系数特别高的吸声结构,在实验测量的频率范围内吸声系数应该大于 0.99。对于消声室内的吸声结构,最常用的是尖劈、穿孔底板,即共振腔结构。在消声室地面的尖劈上方,通常要安装水平的钢丝网,以便放置试件,并使得实验人员能够在房间内行走工作。尖劈吸声结构的使用已经具有很长的时间了,但是还没有标准的和严格的设计方法。尖劈结构的尺寸、材料的密度等都是用实验方法确定的。尖劈结构的底板采用穿孔板和共振腔结构,其设计也需要实验验证。

消声室内自由声场的鉴定,除了测量房间的本底噪声以外,主要观察与理想自由声场接近的程度。一般用声压与点声源距离成反比的定律进行检验,也就是说,距离增加 1 倍,声压级应该减小 6 dB,允许偏差约为 0.5 dB。图 9 - 3 是典型的航空发动机消声室实验图片。

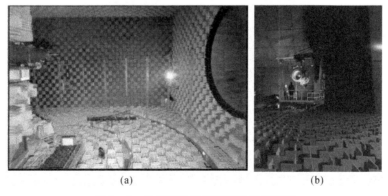

(a)　　　　　　　　　　　　　　(b)

图 9 - 3　航空发动机噪声实验的消声室

(a)喷流噪声实验;　(b)发动机噪声实验

声学风洞就是有气流的消声室,或者说是处于消声室内的低噪声、低湍流度并有开口工作段的风洞。它也是一种地面声学实验装置,用于研究飞行速度对航空发动机噪声的影响以及研究飞机机体噪声等。喷流噪声研究时,也需要消声室开口以便喷流排出消声室。声学风洞既具有常规风洞的特点,即具有适宜的管道和气流控制装置,以最小的能量损失在实验段产生合乎实验要求的气流,即适当的气流马赫数、雷诺数和高品质的流场;又要具有声学实验的要求,即满足自由场条件(无声反射),并具有足够的尺寸以满足进行远场噪声测量,具有非常低的实验段背景噪声。为了减小湍流度,喷口通常做成收缩形式,而低噪声是靠选用低噪声风扇并在前后安装消声器的方法实现。图9-4是国际著名的欧盟 DNW 声学风洞图片。

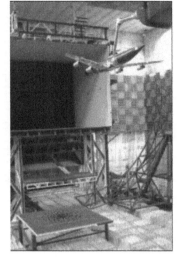

图 9-4 声学风洞

9.2.2 发动机声学实验的进气整流罩

在发动机中,流动扰动通常可以分为来自于发动机外部通过进气道进入叶轮机的流动扰动和来自于发动机内部自身的流动扰动。人们早就认识到从外部吸入的流动扰动可能支配风扇的噪声产生过程(Hanson,1974)。在发动机地面试车以及飞机在地面滑行时,由于空气是从发动机进口的四周被吸入的(即发动机捕获面积远大于进气道进口面积),这时风扇/压气机会吸入强烈的湍流气团,如图9-5所示。大量的实验也已表明,大气中的湍流团被吸入静止的风扇时会被轴向拉长,湍流气团不仅会产生宽频噪声,而且转子叶片数与被拉长的进气湍流气团的干涉还会产生很强的单音噪声,这时风扇转子与湍流干涉产生的单音往往成为风扇的主要噪声源。

图 9-5 发动机开车地面气流的吸入

但是,当飞机在空中飞行时,吸入的湍流气团要小于地面实验情况,而且由于空气是直接冲入进气道的(即发动机捕获面积与进气道进口面积相当),这时吸入的湍流气团不会被轴向拉长,湍流气团的横向尺度非常大,湍流气团与转子的干涉单音并不突出(叶片在周向遇到的是相似的进气流团)。事实上,通过选取合适的转子叶片与静子叶片数的比例,使得叶片通过频率单音噪声被截止,从而大幅度地减小风扇噪声的设计概念在地面实验中被进气湍流气团产生的噪声所掩盖,而最终在飞行实验中被实验证实了。如图 9-6 所示,图 9-6(a)和图 9-6(b)两个风扇都是设计为在亚声速叶尖相对马赫数下叶片通过频率单音被截止。从图中可以看出,在地面试车时,风扇都产生了较强的叶片通过频率单音,但是,在飞行实验和风洞中吹风实验时亚声速叶尖相对速度使叶片通过频率单音急剧下降。这些实验证实了在地面静止实验时,吸入的大气湍流气团与叶片干涉产生了强单音噪声,也证实了地面实验时吸入风扇的湍流气团被轴向拉长,不具有均匀各项同性的特点。有人曾经测量过地面静止实验时吸入发动机的湍流气团尺度,发现湍流气团的轴向尺度一般是横向尺度的 100~200 倍。另外需要指出,进气道边界层内的湍流也是被吸入风扇内的强烈湍流气团之一,但是由于边界层内湍流气团的特征尺寸非常小,因此,它不产生叶片通过频率单音。

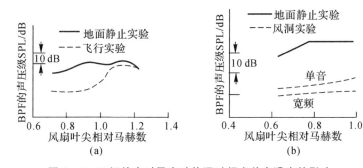

图 9-6　飞行效应对风扇叶片通过频率单音噪声的影响
(a)高涵道比涡扇发动机飞行实验;　(b)声学风洞风扇实验

对于飞机噪声适航签证验证所需要的高涵道比涡扇发动机过顶飞行噪声数据,通常仍然由发动机地面噪声测量数据取得,但是由于地面实验中从外部吸入的湍流气团产生的强烈噪声所支配的发动机地面噪声数据并不能代表飞行噪声特征,因此,在应用地面静止实验台获取发动机飞行噪声数据时,就必须使用进气流动控制装置。蜂窝状进气罩是非常有效的模拟飞行状态的进气流动控制装置。

图 9-7 是 NASA Lewis 研究中心使用的蜂窝状进气罩设计参数及形状结构示意图,图中两个进气罩的外部尺寸分别是风扇直径的 4 倍和 2 倍(即 $D/D_{\text{fan}}=4$ 或 2)。在航空发动机实验中,通常使用管道内部的蜂窝结构对进气流进行整流,这种管道内蜂窝结构的气动性能也更好。但是,在进行发动机气动噪声实验时,管道内部的蜂窝结构将对声波传递产生明显影响,因此,从声波传播角度考虑管道内的蜂窝结构是不可取的。NASA 早期进气罩利用栅网-蜂窝合成结构减小湍流(见图 9-7(a)),而新的进气罩(见图 9-7(b))尺寸上大大地减小,只采用蜂窝结构,应用更细小的肋条、更细致设计的连接和光滑的进气唇沿,进气罩型面符合等位面。

NASA 通过对飞行实验与地面试车实验的发动机噪声数据比较表明,上述的进气控制装置(ICD)是相当有效的。如图 9-8 所示,除在小角度方位以外,地面试车的风扇叶片通过频率单音基频噪声指向性与飞行实验结果吻合得很好;而在小角度辐射方位,飞行实验数据的信噪比很低。

经过过去几十年的努力,国外航空发动机界已经发展了相当成熟的进气控制装置,这些实验装置使得人们通过发动机地面台架噪声实验,来研究实际飞行中的发动机噪声源的机理和降噪设计技术成为可能。图 9-9(a)就是著名的 Rolls-Rogce 公司发动机噪声地面实验台架真实图片;图9-9(b)则是 Boeing 公司风扇噪声声学风洞实验真实图片,可以看到巨大的进气整流罩。在声学风洞中进行发动机噪声实验也是消除进气扰动噪声的一种有效方法。

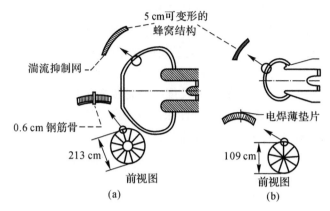

图9-7 用于风扇噪声模拟的进气控制装置

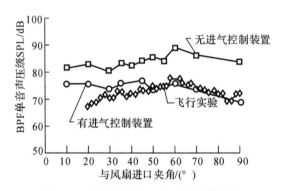

图9-8 地面实验与飞行实验数据比较

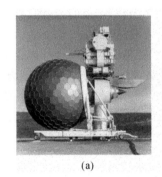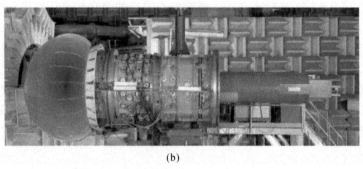

图9-9 两家公司的实验装置

(a)Rolls-Royce 公司发动机噪声地面试车台; (b)Boeing 公司风扇噪声风洞实验装置

对叶片表面压力直接测量是评估风扇进气质量(评估进气控制装置设计质量)和分析风扇噪声源的有效方法,应用安装在不同展向位置的叶片前缘和尾缘的微型压力传感器,对叶片表面压力的测量可以连续观测叶片周向非定常压力随时间的变化。应用叶片表面压力测量,可以识别由于进气流管收缩将大气湍流团拉长所产生的持续稳固的纵向分布和局部周向分布的气流扰动,当然也可以分析由于吸入气流涡团、尾迹和由进气口唇沿产生的不稳定气流所产生的强烈窄频随机单音噪声。

图 9-10 是对有进气控制装置和没有进气控制装置测量的叶片表面压力信号的窄频带谱,没有进气控制装置时,叶片表面压力谱中包含了强烈的转子旋转频率的谐波分量,这种压力脉动是由于叶片与周向变化的来流扰动反复碰撞。图中的横坐标同时给出了畸变模态数(轴频率的倍数)和叶片数减去畸变数的周向声模态数。进气流动控制装置从进气流中消除了随机变化的和稳态的扰动,对应的轴频率谐波信号消失了。剩余的畸变是由周期性的内部流动扰动所产生的,它们或者是空间位置固定不变(例如静叶势流场),或者是相对于转子有一个固定的旋转速度(例如旋转声模态)。从剩余的尖峰就可以找到风扇飞行状态噪声级的主要流动机理。

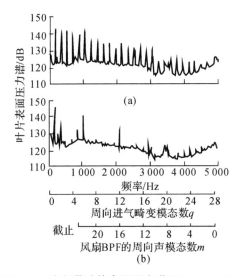

图 9-10　窄频带叶片表面压力谱(McArdle,1980)
(a)无进气控制装置实验结果;　(b)有进气控制装置实验结果

9.2.3　测量传声器及安装方式

1.传声器的选用和校准

(1)测量传声器类型。测量传声器是一种在规定工作条件下其响应为已知的传感器,通常分为标准传声器和测量传声器。前者为实验室标准,经过绝对校准;后者与测量仪器配套,用于现场测量。目前普遍使用电容传声器作为标准传声器和测量传声器。传声器的灵敏度等性能指标会随环境温度、湿度、气压和时间等条件的变化而变化,对传声器的基本要求就是灵敏度高、频率响应范围宽、无指向性、稳定性好。测量传声器的直径分别有 1,1/2,1/4 和 1/8 in规格。标准传声器早先采用 1 in 电容传声器,目前国内外都倾向于采用直径是 1/2 in 的电容传声器,其灵敏度大约是 50 mV/Pa,频率响应范围是 20~40 000 Hz,近似为无指向性,声压级范围是 25~145 dB。测量传声器可以分为声压型和声场型两类,可以配置诸如鼻锥、防风罩和防雨罩等专用附件,进行实验时可以根据具体要求和环境选择合适的测量传声器。

测量传声器可分为自由场响应、声压响应和无规声场响应等三种，如图 9-11 所示。在消声室内测量时，若使用自由场响应，则传声器应该直接对着声源；而使用声源响应，则传声器应该与声波方向成 90°，使声波掠入射；在混响室内测量时，应该使用无规声场响应传声器，如果使用自由场响应传声器，则应该加上无规入射校正器或鼻锥等附件，以使传声器的灵敏度响应与声波入射方向无关。

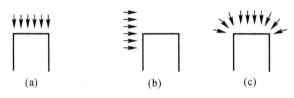

图 9-11 不同类型电容传声器
(a)自由场入射； (b)压强式； (c)无规入射

(2)传声器校准。要测准声压，必须用灵敏度严格校准的传声器，当测量传声器的灵敏度已经校准时，就可以从电子仪表测得的电压直接换算声压。实验室用标准传声器的绝对校准采用互易法，而现场使用的测量传声器的校准则是利用特性可以按照理论计算的发声器作为标准声源进行测定。

互易法包括耦合腔互易法和自由场互易法。耦合腔互易法用来校正传声器声压灵敏度，而自由场互易法用来校准传声器的声场灵敏度。耦合腔互易法达到较高的准确度，国际标准化组织建议采用这种方法作为传声器绝对校准的国际标准。在耦合腔互易法校准中，可以采用三个传声器，其中两个传声器必须是互逆的；或者采用一个辅助声源和两个传声器，其中一个传声器必须是互逆的。在第一种方法中，用两个传声器耦合到耦合腔，其中一个用作发声器，另一个用作接收器，由接收器的开路输出电压和发声器的输出电流的比值，可以导出计算两个传声器的声压灵敏度乘积的公式。如果互换传声器，进行三组测量并比较测量结果，就可以求出每一个传声器的声压灵敏度。具体校准方法，读者可以参考 IEC-R327(1971)。在第二种方法中，用辅助声源在耦合腔内建立一个恒稳的声压，这时两个传声器输出电压的比值等于在声压相同的情况下，两个传声器声压灵敏度的比值。传声器的自由场灵敏度校准则要在消声室内进行，通常采用自由场互易法。校准方法与耦合腔法类似，待校准的传声器不必是可逆的，但需要使用一个辅助的可逆换能器，自由场互易校准的准确度与测量系统有关。具体校准方法参考 IEC-R486。

现场传声器校准时常用的标准声源有两类，即活塞发生器和声级校准器。活塞发生器包括一个刚性壁空腔，空腔内的一端用来装待校准的传声器，另一端则安装圆柱形活塞。活塞发生器运动的频率上限由机械振动允许速度所控制，故仅适用于低频校准，典型的参量是 250 Hz，声压级为 124 dB，其准确度大约可达±0.2dB。用活塞发生器校准传声器的方法很简单，先使待测传声器放置在活塞发生器空腔内与它耦合，接通活塞发生器电源，使它在传声器的膜片前产生一个恒定的声压，这时传声器的输出经过放大器放大后，可以用电压表来测量给定声压级时的输出电压。然后断开活塞发生器，将与活塞发生器产生的声压频率相同的电压串接入传声器极头的输出端，调节电压大小以获得相同的输出电压，这时传声器在该频率的灵敏度就是串接的电压和所加声压的比值。校准应该在标准大气压下进行，如果大气压不同，则要进行修正。

声级校准器包括一个性能稳定、频率是 1 000 Hz 的振荡器和压电元件。使用时振荡器的输出反馈给压电元件，带动膜片振动并在耦合腔内产生 1 Pa 声压（94 dB）。上述系统工作在共振频率，其等效耦合体积约为 200cm³，所以产生的声压与传声器等效容积无关。在现场用它校准传声器，其准确度可达±0.3 dB。高声强传声器校准器用电动激振器推动活塞，它的空腔较小，允许在 164 dB 声压级条件下校准 1/2 in，1/4 in 和 1/8 in 三种电容传声器。如果使用脉冲信号源，则校准声压级可以提高到 172 dB。在使用不同容积的耦合腔时，其校准频率为 0.01～1 000 Hz，校准的准确度大约为±1.5 dB，不受空腔体积和大气静压的影响。对同一电容传声器分别用高声强传声器在声压级从 140～160dB 范围内校准与用活塞发生器校准结果比较，两者最大差值在±0.4 dB 以内。它表明用活塞发生器校准高声强传声器是允许的，这为高声强测试工作提供了方便。

表 9-1 列出了几种常用传声器校准方法的准确度比较。

表 9-1　各种测量传声器校准方法的准确度

校准方法	准确度
耦合腔互易法	低频和中频 0.05 dB，高频 0.1 dB
自由场互易法	中频 0.1 dB，20 kHz 时为 0.2 dB
活塞发生器	250 Hz，124 dB，±0.15 dB
声级校准器法	±0.15 dB
高声强传声器校准法	<1 kHz，164 dB，+1.5 dB

（3）传声器附件。在特殊条件下使用传声器时，应该有相应的附件，例如防风罩、鼻锥、防雨罩等。防风罩用来减小空气动力噪声，在室外测量时应该使用多孔聚氨酯海绵制成的专用防风罩，它还可以使得传声器避免灰尘、污物和雨滴的影响。防风罩装于传声器上，大约有 10 dB 的降噪效果。鼻锥用于高风速条件下（例如发动机管道内）防止空气动力噪声。通常相对湿度达 90%，对传声器性能的影响不大，但应该防止雨淋。下雨时也可以用防风罩，即使防风罩淋湿了，测量结果也尚准确。但是在非常潮湿的环境中连续测量时，应该采用专用的室外传声器或加防雨罩，防雨罩允许长期用于室外。无规入射校正器可以代替防护栅装在声场型测量传声器极头上，使得测量传声器在 10 kHz 频率范围以下具有无指向性。湍流罩用来降低湍流噪声，主要用于管道内测量，抑制湍流噪声的效果比鼻锥好些。

2.传声器的位置及安装

传声器的位置和安装要求与发动机噪声实验的目的有直接的关系，一般情况下，要求传声器距离发动机足够远，使得测量的声压级可以外推到较大的范围而不需要考虑各个噪声源的具体贡献，并且传声器位置应该具有适当的角度间隔，用以确定声场方向特征。

为了达到上述目的，通常传声器布置在以发动机喷口为中心的圆周上，传声器距离发动机的最小距离为风扇或压气机最大叶片直径的 15 倍，如图 9-12 所示。由于发动机噪声的对称性，传声器可布置在发动机一侧。在实际使用中，传声器与大型航空发动机的最小半径通常取 45 m，与小型航空发动机的距离取 30 m。对于涡轮喷气发动机，喷流噪声源的范围可能延伸到喷口下游 20～30 倍喷口直径处，因而在测量过程中，可根据实际需要选择另外一些测量点，如发动机中心线的平行线，或在不同距离和角度的位置布置传声器。

在同一圆周上传声器位置的角度间隔根据声源特性和测量目的确定,通常在与发动机轴线夹角 10°(前部)～160°(后部)的范围内,传声器位置之间的角度间隔不超过 10°。在噪声级较高的角度范围内,传声器的位置可以密集一些。

传声器的安装方式通常有两种(见图 9-13)。一种是用支架将传声器固定在发动机中心线高度处或某固定高度位置。安装时传声器必须定位,使得发动机噪声波入射方向与传声器的基准入射方向一致。另外一类安装方式是在地面布设传声器,传声器尽可能靠近地面,使得直达声波和发射声波的相位基本相同。

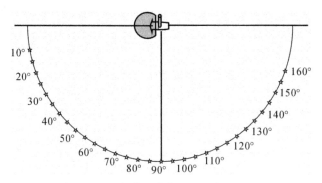

图 9-12 发动机噪声测量传声器布置

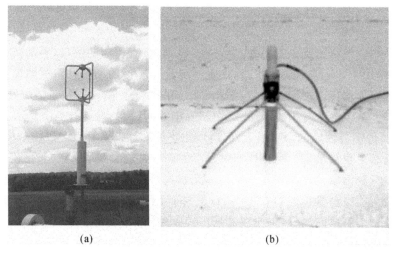

(a)   (b)

图 9-13 传声器的两种安装方式
(a)支架安装; (b)地面安装

9.3 噪声源声功率测量技术

声功率反映了声源总辐射能量的大小,噪声源的声功率辐射特性,通常用指向性和辐射声功率描述,而噪声源的声辐射频率特性则用声功率级的频率函数或频谱函数表示。噪声源声功率级的定义是

$$L_w = 10 \lg \frac{W_A}{W_0} \qquad (9-1)$$

式中，W_A 是声功率，W_0 是基准声功率，$W_0 = 10^{-12}$ W。

由于没有直接测量声功率的测量仪器，因此噪声源声功率测量是一种间接测量，即通过测量其他声学量计算出声功率。通常，声功率测量是通过声压测量或者声强测量实现的。在航空气动噪声源实验分析中，普遍使用基于声压测量的声功率测量方法。无指向性噪声源的声功率测量比较简单；指向性噪声源的声功率测量通常采用自由场法或者混响室法。航空发动机噪声均具有明显指向性。基于声压测量的噪声源声功率的测量方法有自由场法、半自由场法、混响室法以及针对管道式旋转机械噪声源声功率测量的管道法等。

精密的测量要在消声室或者混响室内进行，工程精度级的测量可以在现场或者大房间中进行。国际标准化组织（ISO）已经颁布了一系列关于测量噪声源声功率方法的国际标准，如表 9-2 所列。混响室测量方法，既有适于宽频声源和窄频声源精确测量等级的国际标准测量方法 ISO 3741(1975) 和 ISO 3742(1975)，也有适于工程测量精度等级的国际标准测量方法 ISO 3743-1(1994) 和 ISO 3743-2(1994)。自由场声功率测量方法也有三种不同测量精度等级国际标准测量方法，分别是精确测量等级的 ISO 3745(1977)、工程测量精度等级的 ISO 3744(1981) 和检测精度等级的 ISO 3746(1992)。在这些方法中，适用于叶轮机噪声实验的测量方法是 ISO 3744(1981)。管道声功率测量方法只有工程精度等级的测量方法 ISO 5136 (1990)。

本节介绍声功率的三种测量方法，分别是自由场测量方法、混响室测量方法和管道内测量方法，它们都是基于声压测量的声功率测量方法。

表 9-2 ISO 颁布的噪声源声功率测试标准

标准编号	方法分类	测试环境	声源体积	噪声特性	可得到的声功率	可供选择的信息
ISO 3741/3742	精密	满足特殊要求的混响室	最好小于测试房间体积1%	稳态宽带或离散频率	倍频程或1/3倍频程	A计权声功率级
ISO 3743	工程	专用混响室	同上	同上	A计权或倍频程	其他计权声功率级
ISO 3744	工程	户外或者大房间内	最大尺寸小于15 m	任意	A计权或倍频程或1/3倍频程	指向性和声压级随时间变化
ISO 3745	精密	消声室或者半消声室	最好小于测试房间体积0.5%	任意	同上	同上
ISO 3746	调查	没有专用的测试环境	仅受现有环境限制	任意	A计权	声压级随时间变化，其他计权声功率级
ISO 5136	工程	管道端口有消声结构		任意	A计权或倍频程或1/3倍频程	其他计权声功率级

9.3.1 自由场测量方法

1. 无指向性声源辐射的声功率测量

若声源是放在自由空间中的无指向性噪声源,则在噪声源远场处某个位置上,测量其声压级或频带声压级就可以计算出声功率级,即

$$L_w = L_p + 20\lg r + 11 \tag{9-2}$$

式中,r 是噪声源与传声器的距离,L_p 是距离 r 处的声压级。

实际上测量常在消声室内进行,消声室内各表面的吸声系数要大于 0.99。传声器的位置选择 2～5 倍于被测声源的尺寸,通常不应小于 1 m;传声器位置离墙面的距离不应小于被测信号波长的 1/4。

2. 指向性声源辐射的声功率测量

对于指向性声源的声功率测量,当声源放在自由场内时,必须测量出声源周围固定处假想球面上许多点的声压级,球的半径应该使得测量点位于远场。测量点的数目不能太少,测量点声级之间的最大变化不应超过 6 dB,否则必须在更多的点上进行测量。求声功率时,应将假想球面分成与测量点数目相同的面积,如果传声器测点占有的测试球的面积相等,则可用下式计算出表明平均声压:

$$\overline{L}_p = 10\lg \frac{1}{N} \Big[\sum_{i=1}^{N} 10^{0.1 L_{pi}} \Big] \tag{9-3}$$

式中,L_{pi} 是第 i 次测量所得的频带声压级,N 是测量次数。如果传声器测点所属测量表面的占有面积不相等,则用面积加权方法计算平均声压。

在自由声场中噪声级的声功率为

$$L_w = \overline{L}_p + 10\lg S_1 \tag{9-4}$$

式中,$S_1 = 4\pi r^2$。表 9-3 给出了以声源中心为原点的测量位置直角坐标,其中 z 轴垂直于水平面。图 9-14 给出了 ISO 3742 建议的、半径为 r 的球面上具有等面积的 20 个测点位置。

表 9-3　自由场中传声器阵列的位置

编号	x/r	y/r	z/r
1	−0.99	0	0.15
2	0.50	−0.86	0.15
3	0.5	0.86	0.15
4	−0.45	0.77	0.45
5	−0.45	−0.77	0.45
6	0.89	0	0.45
7	0.33	0.57	0.75
8	0.66	0	0.75
9	0.33	−0.50	0.75
10	0	0	1.0

续 表

编号	x/r	y/r	z/r
11	0.99	0	−0.15
12	−0.50	0.86	−0.15
13	−0.50	−0.86	−0.15
14	0.45	−0.77	−0.45
15	0.45	0.77	−0.45
16	−0.89	0	−0.45
17	−0.33	−0.57	−0.75
18	0.66	0	−0.75
19	−0.33	0.57	−0.75

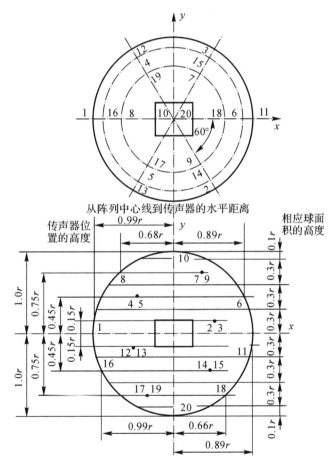

图 9-14 半径为 r 的球面上具有等面积的 20 个测点位置

3.半自由场测量方法

声源在坚硬反射面上的半自由场中辐射声功率,可以考虑将反射面作为声源的一部分,仅

需要测量半圆球面上声压级,其声功率级为

$$L_w = \overline{L}_p + 10\lg S_2 \qquad (9-5)$$

式中,$S_1 = 2\pi r^2$。图 9-15 给出了 ISO 3742 建议的、半径为 r 的半球面上具有等面积的 10 个测点位置。以声源中心在反射面上的投影为原点的测量位置直角坐标,与表 9-3 给出的 1 ~ 10 的位置相同。如果声源辐射的声波中含有单音,则几个传声器位置在反射面上同样高度时,可能会出现强烈干涉效应,在这种情况下,建议采用表 9-4 所列的坐标作为传声器位置。

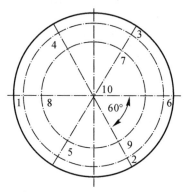

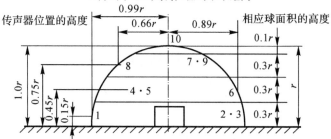

图 9-15 半径为 r 的半球面上具有等面积的 10 个测点位置

表 9-4 当声源辐射含有纯音时所建议的传声器位置

编号	x/r	y/r	z/r
1	0.16	-0.96	0.22
2	0.78	-0.60	0.20
3	0.78	5.55	0.31
4	0.16	0.90	0.41
5	-0.83	0.32	0.45
6	0.83	-0.40	0.38
7	-0.26	-0.65	0.71
8	0.74	-0.07	0.67
9	-0.26	-0.05	0.83
10	1.0	0.10	0.99

9.3.2　混响室测量方法

把噪声源放在混响室内,测得混响室内平均声压级后,可以计算出噪声源的声功率级。在混响室内,除了非常靠近声源处,其他离开壁面半波长的任何地方的声压级差不多是相同的,这时平均声压和声源总声功率的关系是

$$W_A = \frac{\alpha S p^2}{4\rho_0 c_0} \tag{9-6}$$

其声功率级是

$$L_w = \overline{L}_p + 10\lg(\alpha S) - 6.1 \tag{9-7}$$

式中,α 是室内平均吸声系数,S 是室内总表面积,αS 是室内总吸收量(m^2)。

如果考虑空气吸收对高频声的影响,对测量结果作高频空气吸收修正,则上式可改写为

$$L_w = \overline{L}_p + 10\lg(\alpha S + 4mv) - 6.1 \tag{9-8}$$

式中,m 是空气中声传播的声强衰减系数(m^{-1})。

测量时应该使用无规响应传声器,传声器离墙角和墙边的距离至少为 $3\lambda/4$,离墙面距离至少为 $\lambda/4$,其中 λ 是最低频率的波长。传声器不能太靠近声源,至少相距 1 m。平均声压级的测量至少要在一个波长的空间内进行,测量位置为 3~8 点,与噪声源频谱有关。如果噪声源含有离散单音,就需要更多的传声器测点。

混响室的总吸收量是通过测量混响时间来计算的,这时噪声源声功率级用下式计算:

$$L_w = \overline{L}_p + 10\lg\frac{V}{T} + 10\lg\left(1 + \frac{S\lambda_0}{\delta V}\right) - 14 \tag{9-9}$$

式中,V 是混响室体积(m^3),T 是混响时间(s),λ_0 是相应于测试频带中心频率的声波波长(m),S 是混响室内表面面积(m^2)。

混响室法要求的条件比自由场法简单,近年来使用较多。但是测量混响时间(特别是低频)需要根据衰变曲线开始降低 10dB 的斜率计算,否则算出的声功率级可能低很多。

9.3.3　管道内测量方法

在管道内的声源的声功率辐射取决于管道的类型,管道的声学特征是由它的声阻抗描述的,因此测量方法必须规定管道类型。国际标准 ISO 5136(1990)中,规定管道是圆形截面,端口是消声结构。在这种情况下测量的声功率代表了实际应用中的声功率,因为消声端的声阻抗位于实际使用中遇到的高声阻抗和低声阻抗中间,它几乎与频率无关。消声端口也消除了管道中的轴向驻波问题,即声压沿轴向是常数。ISO 5136(1990)根据作为频率函数的最大反射系数规定管道端口。图 9-16 给出了按照 ISO 5136(1990)标准在风扇进口边和风扇出口边进行声学测量的布局图,ISO 5136(1990)包含的实验管道直径的范围是 0.15~2 m。应用满足一定要求的圆锥形管道转接方式,每一种实验管道都可以被用于一定尺寸范围的风扇噪声测量,在风扇进口和出口必须安装中间管道确保非扰度流动条件。如果风扇的非测量端是实际使用中的管道形式,则在这端必须安装消声结构结尾管道;如果风扇的非测量端不是管道形式,则不需要结尾管道。当然如果在风扇两端都安装了消声结尾管道,则可以在进口和出口

同时进行声学测量。

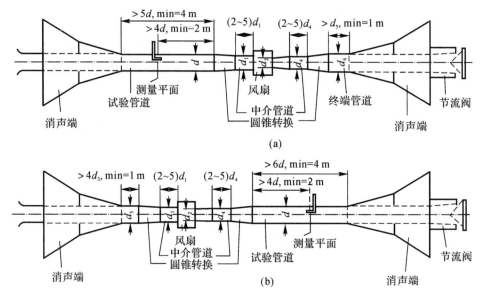

图 9-16　风扇进口边和风扇出口边进行声学测量布局图

(a)风扇进口端声功率测量；　(b)风扇出口端声功率测量

放置在管道中的传声器不仅感受到了声压,也感受到了管道内的湍流压力脉动。为了抑制湍流压力脉动对传声器的影响,需要使用长圆柱形的遮风栅(或者是湍流罩、采样管、裂缝管等)。按照 ISO 5136(1990)标准,在测量频率范围内,湍流罩至少可以抑制湍流压力脉动 10dB。ISO 5136(1990)给定两种确定是否具有足够声压与湍流脉动信噪比的方法,在实验段最大气流速度是 30 m/s,最大旋转气流角度是 15°。

具有遮风栅的传声器安装在管道指定半径位置,以保证测量的声压通过平面波公式与声功率很好地相关,特别是对于高阶管道声模态,径向测量半径是实验管道直径的函数,即

$$r = \begin{cases} 0.8d/2, & 0.15 \text{ m} \leqslant d < 0.5 \text{ m} \\ 0.65d/2 & 0.5 \text{ m} \leqslant d \leqslant 2 \text{ m} \end{cases} \tag{9-10}$$

至少在周向测量三个点,或者沿周向连续移动测量,然后取周向平均值。

根据周向平均声压 $<L_p>$,按照下式计算测量管道截面的声功率级:

$$L_w = <L_p> + 10\lg \frac{A}{A_0} - 10\lg \frac{\rho c}{(\rho c)_0} + C_1 + C_2 + C_3 + C_4 \tag{9-11}$$

式中,参考面积 $A_0 = 1 \text{ m}^2$,C_1 是自由场传声器响应修正,C_2 是湍流罩频率响应修正,C_3 是考虑湍流罩频率响应变化的流动速度修正,C_4 是考虑湍流罩对传声器指向性影响的所谓模态频率修正。

9.4　发动机管道声模态识别测量技术

通过进气流动控制装置对外界吸入的气流团进行有效的控制后,就可以通过地面实验来研究叶轮机内部流动扰动的机理,实验工作的核心就是识别对应不同单音噪声的非定常干涉

机理,管道声模态测量是识别叶轮机噪声源机理的重要方法。

9.4.1　管道声模态测量的目的

在涡轮风扇发动机和其他旋转机械中的声学实验中,声场频谱测量只适用于对主要噪声源的初步分析,例如,对于一个二级风扇,实验测量的频谱显示出二级转子的谐波声级高于第一级转子谐波的声压级,则第二级转子是风扇的主要噪声源,也就是主要的降噪对象。但是,这样的频谱结果并没有给出第二级转子噪声产生的主要物理机制,例如不能识别二级转子的噪声主要是由转子与上游静子干涉产生的,还是由转子与下游静子干涉产生的,或者是由转子与进气流畸变场或上游转子产生的畸变场干涉产生的。为了识别二级转子的主要噪声源,就需要进一步获得噪声场的信息。本节将介绍识别叶轮机噪声源物理机制所需的信息(声模态结构)和获得声模态的方法。

声模态测量是识别叶轮机噪声源物理机制的重要方法,声模态测量的主要用途包括:

(1)可以用于指定主要噪声产生的物理机制并指导有效的降噪设计。

(2)当其他噪声产生机理存在并可能遮掩需要研究的影响因素时,声模态测量可以用于分离和测量需要研究的影响因素,例如进行叶轮机构型修正的噪声实验时,可以分离出诸如转子-静子间距的变化等主要影响因素。

(3)可以提供用于评价理论方法的详细的实验信息。

(4)当声源的发声物理过程无法减弱时,声模态测量的结果可以用于指导管道吸声衬垫的设计等。

9.4.2　模态测量试验的必要性

在涡轮风扇发动机以及螺旋桨和其他装置中,最容易与机器特征(例如转子叶片数和静子叶片数)相关联的最直接和最重要的模态结构类型是周向模态。以叶片通过频率 $\omega = B\Omega$ 旋转的转子的近场是围绕转轴线的具有 B 个周期的压力模态,如果转子与尾迹或者与静子的势流场相互干涉,或者与其他非均匀空气动力学流场相互干涉,并假定非均匀流场沿着管道具有 V 个周期,则干涉的模态在周向具有 $m = B - V$ 和 $m = B + V$ 个周期,这种特征数,或者叫模态数 m,就可以直接用于确定声源或者具有叶片频率的噪声源。对于叶片通过频率的谐波量 $\omega = nB\Omega$,具有相似的模态形式,例如转子压力场模态 $m = nB$ 与 V 个周期的周向非均匀流场干涉产生 $m = nB - V$ 和 $m = nB + V$ 模态结构。因此,对于一个给定叶片通过频率谐波,如果能够测定出 m 值,则噪声源 $V = nB - m$ 就可以直接被揭示出来。

在许多工程应用中,确定出 m 模态结构就足以揭示流动噪声机理,因为这种模态就直接确定出了重要的噪声源,指出了需要注意的相关的发动机部件或特征结构。可以沿周向在风扇通道壁面齐平安装传感器阵列,方便地测量出周向模态 m。有时还需要测量更加详细的声模态结构,例如需要研究展向声源强度分布,可以通过测量在多数半径上占支配的 m 模态的幅值和相位确定径向声分布。但是,为了实现这样的测量需要的机械设备是值得注意的,必须考虑由于这些装置在流场中的存在而产生的额外风扇噪声。

必须指出的是,除了只出现很少支配模态这种不常见的情况以外,对于推断模态结构和确定支配声源研究,从前到后围绕发动机的远场测量实质上没有多少用处。这是因为,即使管道中是单一的一个 m 模态,且关联一种单一的径向模态分布,也会产生复杂的远场辐射指向模式,其他模态也会是模糊远场辐射模式,因此声源识别推断几乎是不可能的。

9.4.3　周向模态测量的方法

很显然确定周向模态或者 m 模态需要测量周向方向声压分布,周向声压测量既可以使用固定的传声器阵列,也可以使用旋转传声器。对于飞行模式试验,沿着管道齐平安装(Flush-mounted)的周向传声器阵列足以进行周向模态测量,当然,在地面试验中,这样的传声器阵列也是通常使用的测量方式。而通过旋转传声器对多个半径处的周向声压测量,则是风扇噪声模态测量中常用的方法。在以上所有测量方法中,对测量信号的处理过程是相似的。

在固定半径处管道内最简单的声场模式,就是以叶片通过频率 $B\Omega$ 的 n 次谐波表现的单一 m 模态,即

$$p(\theta,t) = a\cos(m\theta - nB\Omega t + \Phi) \tag{9-12}$$

对这个声场的测量揭示了管道声场以下两个特征:幅值 a 是不随 θ 位置变化的常数;声压的相位 $m\theta$ 是随周向位置线性变化。第二个特征对于识别管道中出现的是何种模态具有重要意义。例如,如果 $m=4$,则围绕管道一周就有 4 个完整的 360° 相位变化(相位可以通过相对于频率为 $nB\Omega$ 的参考信号来测量,参考信号可以由转子产生或由固定在管道内的传感器产生)。因此,如果仅仅是单个 m 模态在管道中出现,非常粗糙的测量都足以识别模态的节次(比如 $m=4$,$m=-9$ 等)和模态的幅值。

如果在管道中出现两个或更多的模态,则噪声的周向特征会以复杂的方式变化,幅值不再是常数,它可能随周向位置明显变化,相位也随周向位置发生复杂的变化。

在某固定半径处传声器阵列平面位置完整的压力场可以用下述的形式描述,即

$$p(\theta,t) = \mathrm{Re}\left\{ \sum_{n=1}^{\infty} \sum_{m=-\infty}^{\infty} C_m^n \exp\left[i(m\theta - nB\Omega t)\right] \right\} \tag{9-13}$$

对于 n 次谐波($p = \sum_n P^n$),则可以写出

$$p^n(\theta,t) = \mathrm{Re}\left[P^n(\theta)\exp(inB\Omega t)\right] = \mathrm{Re}\left[\sum_{m=-\infty}^{\infty} C_m^n \exp(im\theta)\exp(-inB\Omega t)\right] \tag{9-14}$$

根据上式,复压力 $P^n(\theta)$ 就可以简化地描述为

$$P^n(\theta) = \sum_{m=-\infty}^{\infty} C_m^n \exp(im\theta) \tag{9-15}$$

式中,$P^n(\theta)$ 的幅值和相位通过阵列中每个传感器进行测量。在讨论这个分离情况之前,有必要检查一下如何根据随周向角度 θ 连续变化的压力 P^n 来确定模态系数 C_m^n,这个计算过程包括一个标准的有限 Fourier 分析。对式(9-15)应用 Fourier 变化得到

$$\frac{1}{2\pi}\int_0^{2\pi} P^n(\theta)\exp(-iM\theta)\mathrm{d}\theta = \sum_{m=-\infty}^{\infty} C_m^n \frac{1}{2\pi}\int_0^{2\pi}\exp\left[i(m-M)\theta\right]\mathrm{d}\theta \tag{9-16}$$

显然,除了"目标"值 M 之外,对其他所有 m 值积分都消失了。在"目标"值为 M 时,对 θ 的平均是 1,则可以得到关于模态系数的标准结果:

$$C_m^n = \frac{1}{2\pi} \int_0^{2\pi} P^n(\theta) \exp(-im\theta) d\theta \qquad (9-17)$$

从原理上讲,上述计算可以通过包含旋转传感器的连续信号测量、一个相位移动计算、一个乘法器和一个积分电路的模拟系统实现,但实际上采用数字信号处理系统更加简洁和精确,这时就需要有限个压力测量信号 $P^n(\theta)$。

在一个固定的传声器阵列,传声器个数的选择要受到有效性、维持费用以及记录通道数等的限制,传声器个数的限制就产生了如下的问题。

对于由 N 个传感器构成的固定阵列,传感器之间的周向间距是 $\Delta\theta = 2\pi/N$,测量过程采用下述的方式类比于连续信号情况,在第 j 个测量位置 θ_j,压力是

$$P^n(\theta_j) = \sum_{m=-\infty}^{\infty} C_m^n \exp(im\theta) \qquad (9-18)$$

应用离散 Fourier 变换,得出如下结果:

$$\frac{1}{N} \sum_{j=0}^{N-1} P^n(\theta_j) \exp(-iM\theta_j) = \sum_m C_m^n \frac{1}{N} \sum_{j=0}^{N-1} \exp[i(m-M)\theta_j] \qquad (9-19)$$

一般情况下,表达式 $\frac{1}{N} \sum_{j=0}^{N-1} \exp[i(m-M)\theta_j]$ 的特性与连续测量情况下式(9-16)中的相应项是相似的,但是,有一个非常重要的例外情况。考虑下式:

$$\exp[i(m-M)\theta_j] = \exp[i(m-M)(2\pi/N)j] \qquad (9-20)$$

如前所述,如果 $m=M$,则上式变为 $\exp(i0) = 1$,N 项的和平均是 1。但是,如果 $m = M+N$,则对于所有 j,有 $\exp[iN(2\pi/N)j] = \exp(i2\pi j) = 1$。因此,当试图分离测量 C_M^n 模态时,实质上得到的是在压力场中所有 C_{M+N}^n 模态的贡献量。

同样可以非常容易地发现模态 $m = M-N$ 具有相同的性质。通常称模态 $m = M \pm N$ 是模态 $m = M$ 的主"旁瓣"(aliases);除此之外,模态 $m = M$ 还有诸如 $m = M \pm 2N, M \pm 3N, \cdots$ 的旁瓣,但在理想管道情况下,这些旁瓣的影响很小(但非常遗憾的是,真实的声学实验状态往往远离理想状态)。

旁瓣混淆(aliasing)是数字信号处理中熟知的概念,通常是通过在数字信号处理之前对连续的模拟信号进行预滤波处理,这样就删除了可能对感兴趣的低频成分信号混淆的高频分量。但是,对于管道声模态测量来说,这里分析的是一个并非时域信号的函数 $P^n(\theta)$,为了进行反混淆测量就需要进行空间滤波或者说在模态域进行反混淆(anti-aliasing),而非时域或频率处理。管道声模态空间滤波可以根据声模态在管道内的传播特性自动实现,假如将传声器阵列放置在远离所有声源的合理位置(大约一个管道直径距离),超过 m 节次的一些模态就被截止,在它们到达传声器阵列之前即被衰减,因此,管道实质上就是一个低通滤波器。

基于以上的分析,就可以确定选择传声器数目的原则和过程如下:

(1) 选择感兴趣的最高测量频率,即考虑的最高转速所对应的最高谐波数。

(2) 确定以最高频率传播的最大模态数 m_{max}。

(3) 选择传声器数目为 $N > 2m_{max}$(这个数目可以保证当测量一个模态的模态数在 m_{max} 附近时,就不会产生在模态 $-m_{max}$ 附近的旁瓣 $-m$)。

一个更加简洁的公式是阵列中两个传声器的间距必须小于测量模态最小周向半个波长。

非常遗憾的是,采用这种反混淆规则确定的传声器数量,往往多到工程难以接受的程度。

但是,根据对可能的噪声源的分析和认识可知,通常并不是所有在 $-m_{max} \sim m_{max}$ 之间的模态都具有显著的强度。因此,可以首先列出由所有可能的干涉产生的所有声模态,然后选择传声器数目 N 以保证由干涉 i 产生的模态 m_i 都不会是其他可能的声源 j 产生的任意模态 m_j 的旁瓣,即 $m_i \neq m_j$(模 N)。

采用上述条件选择 N 后,计算模态系数的算法就变为

$$C_m^n = \frac{1}{N} \sum_{j=0}^{N-1} P^n(\theta_j) \exp(-im\theta_j) \tag{9-21}$$

式中

$$\theta_j = j(2\pi/N) \tag{9-22}$$

图 9-17 给出了测量的 JT15D 发动机声模态波数分布实例。目前,管道声模态的直接测量技术仍然处于发展之中,还需要进一步的研究和发展,因此,基于三维或准三维的数值分析预测声模态信息,也是对叶轮机管道声模态研究的重要手段。

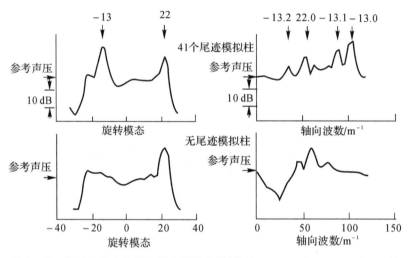

图 9-17　JT15D 发动机进口模态测量结果(转速 10 800 r/min,Joppa(1987))

9.5　基于传声器阵列的发动机噪声源识别测量技术

9.5.1　气动噪声源识别的重要性及发展

气动噪声的一个显著特点就是,噪声源往往分散在流动区域的一个较大的范围之内。对发动机而言,噪声源分散在从发动机进气口到出口喷流场的一个很大的范围内,喷流噪声源则是分布在喷管出口很大的一个流动区域;对于飞机而言,噪声源甚至分布在整架飞机之上。气动噪声源声学机理复杂,与流场结构和流场气动力特性密切相关,分散的气动声源之间可能还有相互的干涉;气动噪声源的流场往往都是三维的、黏性的并伴随着复杂涡系结构的复杂非定常流场,小尺寸模型实验往往不能模拟出真实的流动和声源条件,需要对发动机真实工作环境

下的气动噪声源进行试验测量与分析;而且,气动声源的特征决定了飞机的噪声源总是与具有一定范围的脉动流场相关联。因此,发展声源分离识别测量技术,通过对发动机工作过程中噪声实验测试分析,分离出气动噪声源的噪声辐射特征,并找到主要噪声源位置,认识声源辐射声场的主要特征,研究声源产生的物理机制等,是航空声学研究的重要课题。

传声器阵列(也称为声学望远镜)是英国科学家 Billingsley 于 1974 年首次提出的,并进行了发动机气动噪声源研究。他应用一个直线排列的传声器阵列在 Cambridge 大学的航空发动机实验台对发动机的排气噪声的声源分布进行了测量分析。之后,他应用这种传声器阵列对 Rolls - Royce/SNECMA Olympus 发动机的噪声分布进行了研究。Soderman 和 Noble (1974)则第一个把线性传声器阵列测量技术应用在风洞内的声学研究之中,他们应用传声器阵列技术的目的是要抑制由于风洞壁面等引起的不需要的噪声反射等信号,为此他们应用了时间延迟技术,较好地实现了对低频噪声信号的抑制。Fischer 等 (1977)则应用一个圆弧形排列的传声器阵列对发动机的噪声源进行了试验,他们让传声器阵列圆弧的中心位于发动机喷管的出口位置。这种形式的传声器阵列目前仍然在 Rolls - Royce 公司全尺寸发动机实验台架上使用。法国 ONERA 的 Blacodon,Caplot 和 Elias (1989)等人成功地应用线性传声器阵列在消声的开式喷流风洞中研究了直升机叶片-旋涡干涉噪声源的位置,应用了两种不同的时间域信号处理技术,一种是时域的信号延迟和求和处理方法,一种是时域的信号延迟和乘积处理方法。他们的研究结果表明,声源是在叶片-旋涡干涉面的某一确定的位置。在此之后,Elias,Dine 和 Gely 等人应用这种线性传声器阵列对喷流噪声以及数据处理的方法等作了进一步的研究。

第一个使用平面传声器阵列研究流动噪声源分布的是 NASA 的 Brooks 等人(1987)。他们在 DNW 的开式喷流消声风洞段测量了一个直升机模型的噪声源,采用的是频域信号处理方法,通过对传声器信号 Fourier 分量的相位延迟和求和的算法确定出声源的分布。由于平面传声器阵列设计上的不足,他们的平面传声器阵列输出信号(也称为波束成型)的旁瓣信号在许多频率上非常地强烈。为了得到较好的实验结果,他们的实验要依赖于对旁瓣处声源的消除。自从 1989 年以来,Boeing 公司的 Mosher 等应用平面传声器阵列对许多实际的气动噪声源进行了测量,他们发展了配套的软硬件工作环境,其实验是专门针对稳定的噪声源分布,采用的是常用的频域波束成型数据处理方法。法国 ONERA 的 Piet 和 Elias 等人(1997)则发展了应用仅包括 39 个传声器的十字形传声器阵列的测量飞机机体模型噪声源的技术,他们在法国的 CEPRA - 19 消声风洞对 Airbus 的飞机模型进行了实验。之后,ONERA 的 Davy 和 Remy (1998)等人应用这种传声器阵列对一架 1/11 缩尺的 Airbus 飞机机体噪声进行了测量分析。而美国 NASA 的 Hayes,Horne,Soderman 和 Bent 等人(1997)则应用了平面传声器阵列在 NASA Ames 的 40 in×80 in 的风洞中对 McDonnell Douglas 4.7% 缩尺的 DC - 10 飞机模型的机体噪声进行了测量分析。

德国宇航院(DLR)的 King 和 Bechert(1979)则第一个使用传声器阵列测量技术研究运动声源的分布问题。他们应用一个由 14 个传声器组成的线性阵列测量了高速列车上的噪声分布。在此之后,DLR 的科学家长期对高速列车噪声问题进行了研究,积累了非常丰富的应用传声器阵列测量技术研究运动声源的经验。美国 Howell 等人在 1986 年第一次对飞行中的飞机作了声源识别测量研究。他们用一个由 4 个传声器组成的阵列(传声器间距 3.082m)测量了一架 Lockheed Tristar 飞机的噪声。纵向的扫描(线性阵列平行于飞行方向布置)发现了当飞机过顶飞行时发动机发出的叶片通过频率噪声峰值,而横向扫描结果识别出了分布在机翼上的两台发动机噪声源。

DLR 的 Michel 等人于 1997 年成功地应用一个由 29 个传声器组成的线性阵列对 Tornado 战斗机在高速飞行中的机体噪声和发动机噪声进行了测量,他们让飞机在 35 m 的高度上以 220~275 m/s 的速度飞过传声器阵列。这项研究工作使人们对战斗机的噪声特征有了进一步的认识。随后,Michel 等人继续发展了二维平面传声器阵列测量技术,于 1998 年在法兰克福机场对大量的飞机作了过顶测试。他们应用一个由 111 个传声器组成的平面阵列对民用飞机进场着陆过程中的噪声分布进行了试验,这项工作是世界上首次应用平面传声器阵列技术实现对全尺寸飞机的机体噪声测量(作者当时在德国宇航院工作,是该项研究计划的主要参与者)。阵列中的 111 个传声器的位置通过 Monte Carlo 方法优化,传声器布置在一块长、宽均为 8m 的木板上,用激光测距仪绘制出飞机轨迹并测量机翼高度。几乎在同时,法国宇航院的 Piet 等人用 X 阵列对飞机过顶起落架的噪声进行了测试。运用 Elias 的方法,X 阵列的数据整理得到了很大的改进。在此之后,有多个研究小组开展了基于传声器阵列测量技术的飞机噪声实验研究工作。

9.5.2 传声器阵列声源识别技术的基本原理

不同性质的声源会产生特定的声波信号,声波按确定的物理规律在空间传播形成声场。应用一个无方向特性的传声器可以测得声场中任意点上的声压时间历程,这个时间历程度量了在传声器位置处大气压力脉动的大小,但是,从这个时间历程不能得到其他更多的声源信息。传声器阵列测量技术是一个特殊的声学测量分支,所谓传声器阵列就是由多个在空间确定的位置上排列的一组传声器,由这个阵列测量出的空间中的声场信号,经过特殊的数据处理,就可以得到更多的有关声源的信息。如图 9-18 所示,一个传声器阵列记录了空间的一个声场信号 $f(\boldsymbol{x},t)$,这个声场信号可能包含了要测定的某个信号 $s(\boldsymbol{x},t)$ 和不需要的信号 $n(\boldsymbol{x},t)$(信号噪声),即 $f(\boldsymbol{x},t)=s(\boldsymbol{x},t)+n(\boldsymbol{x},t)$。通过对传声器阵列中每个传声器记录的信号 $y_m(t)$ 进行适当的数据处理,就可以从声场信号 $f(\boldsymbol{x},t)$ 中分离出希望得到的信号场 $s(\boldsymbol{x},t)$ 的有关信息,包括这个信号场的声源位置、声压级大小、频谱特性等重要信息。传声器阵列的信号处理过程就是把无用的噪声信号从有用的信号中分离出去,因此,传声器阵列测量技术必须与适当的数据处理算法相结合,才能完成最终的测量任务。

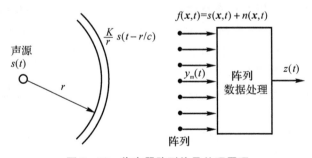

图 9-18 传声器阵列信号处理原理

对于线性分布的气动噪声源,需要一个线性分布的传声器阵列对其声源进行识别和分析;

而对于在二维平面上分布的气动噪声源,则需要一个二维的平面传声器阵列对其声源进行识别和分析。如图 9 - 19 所示是针对飞机表面气动噪声源和发动机噪声源识别研究的平面传声器阵列测量方法。

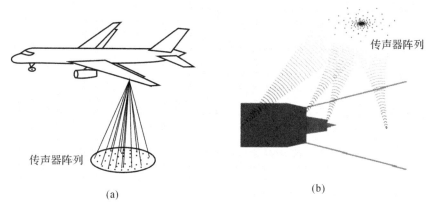

图 9 - 19　用于飞机/发动机噪声源测量的平面传声器阵列

(a)飞机；　(b)发动机

9.5.3　传声器阵列测量数据的处理

在信号处理学科,传声器阵列测量信号的处理算法称为"波束成型"(beam forming),而传声器阵列的聚焦方向也称为"波束"(或称为主波瓣)。传声器阵列的信号处理既可以在频域对随时间变化的声压信号进行处理,也可以在时域对信号进行处理。通常频域信号处理速度较时域信号处理的速度快,因此频域信号处理比较常用。但是,Michel(1997)指出,对于运动的声源,往往采用时域信号处理方法更加快捷和简便。

根据声源是在远场或近场的区别,波束成型算法也是有区别的。如果声源点靠近传声器阵列,即在近场,那么相对于传声器阵列的声波波前就是弯曲的,对于每个传声器声波传播方向就是互不相同的;如果声源点是在传声器阵列的远场位置,那么相对于每一个传声器,声波传播方向就可认为相同,传声器阵列感受到的就是一个平面波。

"延迟与求和"波束成型算法是最古老也是最简单的阵列信号处理算法,直到今天,这种算法仍然是一种强有力的阵列信号处理方法。"延迟与求和"算法的基本思想非常简单,即当在空间传播的信号被传声器阵列所接收时,那么阵列中所有传声器信号之间的关联峰值就是把每个传声器信号用对应的声传播时间延迟后的叠加值。这样的叠加实际上就是计所有的传声器在延迟时间感受到指定声源的同一个瞬时波前。相对于信号噪声或其他位置的声源信号,"延迟与求和"波束成型算法得到的阵列输出信号聚焦到了指定声源,并加强了指定声源点的信号(即产生了一个聚焦方向或称主波瓣)。

下面以平面传声器阵列为例,简单说明传声器阵列"波束成型"的计算过程。假定声源在发射声波时刻 t_f 的空间位置是 (x_f, y_f, z_f),这个声波到达平面传声器阵列中第 m 个传声器的时间是 $t_f + t_{pm}$,其中 t_{pm} 是声波从声源传播到传声器位置 (x_m, y_m, z_m) 所需的时间。传声器接收到声波的时间与声源发声时间的关系是

$$t = t_{\mathrm{f}} + t_{\mathrm{pm}} \tag{9-23}$$

对于声速是 c 的均匀介质,传播时间 t_{pm} 可由下式得到,即

$$t_{\mathrm{pm}} = r_m / c \tag{9-24}$$

式中,r_m 是平面传声器阵列聚焦的声源点与第 m 个传声器在声发射时刻 t_{f} 时的空间距离:

$$r_m = \sqrt{(x_{\mathrm{f}} - x_m)^2 + (y_{\mathrm{f}} - y_m)^2 + (z_{\mathrm{f}} - z_m)^2} \tag{9-25}$$

对于每个平面传声器阵列聚焦的声源点,r_m 是对应的声发射时刻 t_{f} 的函数,平面传声器阵列聚焦的声源点位置 $(x_{\mathrm{f}}, y_{\mathrm{f}}, z_{\mathrm{f}})$ 也是随时间变化的函数。

平面传声器阵列中第 m 个传声器记录的声压信号 $p_m(t)$ 是接收时间的函数,在平面传声器阵列的数据处理中,为了消除运动声源 Doppler 频移的影响,传声器信号要以平面传声器阵列聚焦的声源点的发声时间 t_{f} 为函数进行数据处理,基于时域延迟与求和的波束成型原理,平面传声器阵列聚焦的声源点在发声时间 t_{f} 的声辐射由平面传声器阵列的输出 $p(t_{\mathrm{f}})$ 确定,$p(t_{\mathrm{f}})$ 的计算式为

$$p(t_{\mathrm{f}}) = \frac{\sum_{m=1}^{M} p_m(t_{\mathrm{f}} + t_{\mathrm{pm}}) w_m \dfrac{r_m}{r_{\mathrm{ref}}}}{\sum_{m=1}^{M} w_m \dfrac{r_m}{r_{\mathrm{ref}}}} = \frac{1}{G} \sum_{m=1}^{M} p_m(t_{\mathrm{f}} + t_{\mathrm{pm}}) w_m \frac{r_m}{r_{\mathrm{ref}}} \tag{9-26}$$

式中,$p_m(t_{\mathrm{f}} + t_{\mathrm{pm}})$ 是在接收时间 $t_{\mathrm{f}} + t_{\mathrm{pm}}$ 时刻第 m 个传声器的信号,w_m 是第 m 个传声器信号的加权因子,因子 r_{ref}/r_m 考虑在发射时刻参考声辐射距离 r_{ref} 与实际的声辐射距离 r_m 的比值。对于运动声源,传播时间 t_{pm} 是发射时间 t_{f} 的函数。因为对每一个传声器和每一个聚焦的声源点,传播时间 t_{pm} 都是不相同的,因此计算的传声器信号所用的接收时间也是互不相同的。

式(9-26)计算得到的声压 $p(t_{\mathrm{f}})$ 就是声源点 $(x_{\mathrm{f}}, y_{\mathrm{f}}, z_{\mathrm{f}})$ 在每个瞬时 t_{f} 产生的声压值,因子 $G = \sum w_m r_m / r_{\mathrm{ref}}$ 是对阵列中的传声器测量信号的修正,表示传声器阵列输出的声压信号对应的声传播距离是 r_{ref}。

"波束成型法"有强大的分离识别声源的功能,但它也有一定的缺陷。"波束成型法"的成像是点源与点分布函数卷积的结果,只有在点声源相距较远时声源成像的结果才是可靠的,其根源在于它必须遵守瑞利限制 $\Delta_{3\,\mathrm{dB}} = \dfrac{1.22\lambda D}{L}$ (一维线性)。其中 D 为声源至阵列的最小距离,λ 为声源波长,$\Delta_{3\,\mathrm{dB}}$ 为声源峰值位置与峰值衰减 3 dB 位置之间的距离,L 为阵列长度。当声源的频率低于 340 Hz 时,λ 将达到 1 m,而 $\Delta_{3\,\mathrm{dB}}$ 的数量级将达到米级,这就意味着测量域内两声源的最小间距要超过 1 m 才能使结果可靠。这一限制对于精确测量声源显然是非常不利的;同时由于能量泄漏,它会将一个点声源识别为一个声源域,其准确性还与阵列的几何形状、尺寸大小和阵列相对于声源点的位置有关,所以发展出一种新的算法是非常必要的。

根据信号处理的原理,如果对"点声源"卷积结果进一步做反卷积的计算,那么就能够将点声源的声压级的绝对值计算出来,反卷积计算结果将是一系列的点声源分布。要完成该项反卷积计算,就必须对每个可能的声源位置和每一个感兴趣的窄频带的点声源扩散函数进行计算,然后再通过最小二乘拟合获得未知声源的声压级。从理论上讲,这种反卷积(解卷积)计算是可能的,但是它产生了病态的大矩阵计算问题。近年来,计算数学和计算技术的快速发展,以及传感器技术和数据采集处理技术的迅速发展,使得传感器数量可以大幅度增加,数据

采样频率大幅度提高,从而使得供信号分析的动态区域的扩大成为了可能。

声源成像图反卷积法(Deconvolution Approach for the Mapping of Acoustic Sources, DAMAS)也称"反方法",是近年来出现的传声器阵列数据处理新方法。反方法的实质是对"点声源"卷积结果进一步做反卷积的计算,可以将点声源的声压级的绝对值计算出来。传统波束成型法的基本思想是通过处理已知的传声器信号来获取声源信息;而反方法的原理是处理传声器信号,得到中间声源,将中间声源反推回虚拟传声器,通过计算虚拟传声器记录下的信号才能对应中间声源,再将这些算得的信号作波束成型,从而得到最终声源。反方法的实质是将已有的声源成像图作进一步处理,从中提取有用的信息,中间声源点的信号将作为反方法数据处理的基础。

DAMAS 方法与传统频域波束成型的计算方法类似,将传声器采集的信号 $p_m(t)$ 与 $p_{m'}(t)$(m 与 m' 表示不同的传声器)通过时域 Fourier 变换,得到频域信号 p_{mk} 和 $p_{m'k}$,经过 K 个时间段的平均化处理后,得到互谱矩阵元素:

$$G_{mm'}(f) = \frac{2}{k w_s T} \sum_{k=1}^{K} \left[p_{mk}^*(f, T) p_{m'k}(f, T) \right] \qquad (9-27)$$

式中,w_s 为时间窗常数,如汉宁窗等;T 为 Fourier 变换的时间长度。

下式是互谱矩阵(CSM),它是一个复数共轭矩阵。

$$\hat{\boldsymbol{G}} = \begin{bmatrix} G_{11} & G_{12} & \cdots & G_{1m_0} \\ \vdots & \vdots & & \vdots \\ G_{m_0 1} & G_{m_0 2} & \cdots & G_{m_0 m_0} \end{bmatrix} \qquad (9-28)$$

导向因子是一个长度与传声器数量相等的一维向量,如下式所示,可通过改变传声器记录信号的相位,将其还原至扫描点。所有导向后的传声器信号求和得到扫描点声源的大小。

$$\boldsymbol{e} = \mathrm{col}[e_1 \quad \cdots \quad e_{m_0}] \qquad (9-29)$$

下式是导向因子中的元素:

$$e_m = a_m \frac{r_m}{r_c} \exp(2\pi f \tau_m) \qquad (9-30)$$

式中,τ_m 为声音从传声器传播至扫描点所需的时间;f 为发声源频率;r_m 为传声器至扫描点间的距离;a_m 为对流折射修正因子,如果是静态测量,$a_m \approx 1$;r_c 为扫描平面中心至阵列中心的距离。

下面的方程就是传统的波束成型法的输出结果,即中间声源的大小:

$$Y(\boldsymbol{e}) = \frac{\boldsymbol{e}^{\mathrm{T}} \hat{\boldsymbol{G}} \boldsymbol{e}}{m_0^2} \qquad (9-31)$$

DAMAS 方法的反计算过程分为两步:

第一步是把最终声源点信号通过导向因子转换成虚拟传声器信号,即

$$p_{m:n} = Q_n e_{m:n}^{-1} \qquad (9-32)$$

式中,$p_{m:n}$ 为虚拟传声器信号,$m:n$ 表示第 m 个传声器与第 n 个声源点,Q_n 表示第 n 个最终声源点声压二次方($n = 1, 2, \cdots, N$)。

下面的方程为不同虚拟传声器信号的乘积,星号表示复数共轭,这里用共轭主要是为了可以将最终声源点信号转换为实数(Q_n 为一复数,$Q_n^* Q_n$ 为共轭复数对,乘积为实数,后面将用 X_n 代替 $Q_n^* Q_n$)。

$$p_{m;n}^* p_{m';n} = (Q_n e_{m;n}^{-1})^* (Q_n e_{m';n}^{-1}) = Q_n^* Q_n (e_{m;n}^{-1})^* e_{m';n}^{-1} \tag{9-33}$$

把方程(9-33)带入互谱矩阵,得到

$$\hat{G} = X_n \begin{bmatrix} (e_1^{-1})^* e_1^{-1} & (e_1^{-1})^* e_2^{-1} & \cdots & (e_1^{-1})^* e_{m_0}^{-1} \\ \vdots & \vdots & & \vdots \\ (e_{m_0}^{-1})^* e_1^{-1} & (e_{m_0}^{-1})^* e_2^{-1} & \cdots & (e_{m_0}^{-1})^* e_{m_0}^{-1} \end{bmatrix} \tag{9-34}$$

方程(9-34)是所有扫描的最终声源点转换成的虚拟传声器信号的相加(每个扫描的最终声源点都是可疑声源点,都有可能对中间声源点产生贡献),以供下一步导出中间声源点使用。

$$\hat{G}_{\text{mod}} = \sum_n \hat{G}_{n_{\text{mod}}} \tag{9-35}$$

第二步是将虚拟传声器信号通过导向因子转换成修正后的中间声源点 $Y_{n_{\text{mod}}}(e)$,用下式表示:

$$Y_{n_{\text{mod}}}(e) = \left[\frac{e^{\text{T}} \hat{G}_{n_{\text{mod}}} e}{m_0^2} \right]_n \tag{9-36}$$

将(9-35)带入方程(9-36)得到

$$Y_{n_{\text{mod}}}(e) = \frac{e_n^{\text{T}} \sum_{n'} X_{n'} [\ ]_{n'} e_n}{m_0^2} = \sum_{n'} \frac{e_n^{\text{T}} [\ ]_{n'} e_n}{m_0^2} X_{n'} \tag{9-37}$$

这个方程完整地表示了 N 个最终声源点通过导向因子转换成虚拟传声器信号的过程,虚拟传声器信号再通过导向因子转换成一个中间声源点,n' 为最终声源点,n 为中间声源点,$[\ ]_{n'}$ 为方程(9-34)括号中的内容。由 N 个方程(9-37)构成下式。解出方程组中的 X_n 项就得到了反方法的最终解。

$$Y_{n_{\text{mod}}}(e) = \hat{A} X_n \tag{9-38}$$

9.5.4　传声器阵列的"波束模式"

众所周知,在测量学科和信号处理学科,线性时不变测量系统的性能是通过检查系统对简谐(正弦)信号的响应来进行描述的,通过对感兴趣的频率范围的信号进行分析,就可得到测量系统的频率响应特性,即测量系统的输入／输出特性。传声器阵列信号处理的计算方法("延迟与求和"波束成型算法和"声源成像图反卷积法 DAMAS")的输出信号 $p(t_i)$ 是关于被测量信号场 $p(x,t)$ 的线性时不变函数,因此,传声器阵列测量系统的性能也可以应用同样的方法进行分析,通常将"波束成型算法"对声源的空间响应称为传声器阵列的"波束模式"(beam pattern)。理想的平面传声器阵列的波束模式如图 9-20(a)所示。

一个传声器阵列的波束模式与阵列中的传声器数目、传声器之间的空间距离、各传声器信号的加权因子等因素有关,与被测量信号的频率、位置、运动速度以及声音传播速度等因素也有关。传声器阵列的波束模式通常是由一个主波瓣(波束)和多个小的旁瓣所构成。实际平面传声器阵列的波束模式如图 9-20(b)所示。

通常用空间精度或主瓣宽度(width of main lobe)、动态范围(dynamic range)、频率范围(frequency range)等参数描述传声器整理波束模式的性能。

(1)空间分辨精度也就是波束模式的主瓣宽度,空间分辨精度越高,即主瓣宽度越小,传声器阵列性能就越好;通常传声器阵列的主瓣宽度与声波波长 λ、传声器阵列到声源距离 h 以及传声器阵列的范围大小 d(即传声器阵列最大范围)有关,其近似的数学关系是 $b \propto \lambda \cdot h / d$。

(2)传声器动态范围表示波束模式的主瓣声级与最大旁瓣声级的差值,动态范围越大,传声器阵列的性能也越好。传声器动态范围与传声器的个数和分布方式有关。

(3)传声器的频率范围是指在适当的空间分辨精度和动态范围内测量的声压信号的频率范围。通常最大频率与传声器之间最小距离成反比,而最小测量频率与传声器之间最大距离成反比。

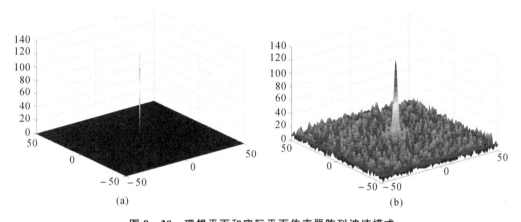

图 9 - 20　理想平面和实际平面传声器阵列波速模式

(a)理想的传声器阵列波束模式;　(b)实际平面传声器阵列波束模式

通过对"延迟与求和"波束成型算法的计算公式进行 Fourier 变换,求得其传递函数,就可以得到传声器阵列的波束模式。应用这种方法对等间隔的线性传声器阵列分析所得的波束模式如图 9 - 21 所示。但是,应用这种方法只能得到简单的传声器阵列的波束模式。对于复杂的平面传声器阵列,常用三维的立体图画来直观、清晰地描述它的波束模式(见图 9 - 20),而这种波束图画通常需要采用计算机数值模拟的方法,通过模拟系统对简谐信号的响应来取得,传声器阵列中每个传声器的信号由数值模拟的方法产生。

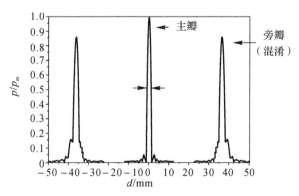

图 9 - 21　线性传声器阵列的波束模式

传统的传声器阵列设计常常是用等间隔的传声器排列方式,这种传声器阵列往往会产生较大的信号混淆(即传声器阵列的波束成型会存在较大的旁瓣信号),特别是当声波的波长比相邻传声器之间的距离还小的时候混淆会更严重。平面传声器阵列信号混淆问题可以通过增大传声器数目和非规则的排列传声器位置的方法得到抑制。

作为例子,图 9-22 表示十字形传声器阵列的波束模式,其中波束模式用平面等值云图描述,图中给出了传声器阵列的传声器布置方式,并用不同颜色表示主瓣、旁瓣的动态范围。传声器阵列共用了 17 个传声器,它们均匀布置在长度是 1 m 的十字上,声源在传声器上方 5 m 位置。图中给出在 10 m 方形测量范围内,声源频率分别是 1 000 Hz,2 000 Hz,4 000 Hz 的传声器阵列的波束模式。

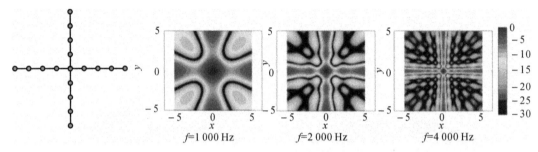

图 9-22 十字形传声器阵列的波束模式

9.6 基于传声器阵列的发动机噪声源识别测量实例

9.6.1 基于线性传声器阵列的发动机噪声识别实验

实验发动机是混合排气的小涵道比涡轮风扇发动机。涡轮风扇发动机的噪声主要通过发动机进口和排气口向外辐射,因此发动机噪声源识别测量的目的就是要通过传声器阵列测量技术,将从发动机进口和出口辐射的噪声分离出来,并获得发动机进出口噪声的辐射特征。实验时,发动机中心距地面高度为 3.6 m,发动机长度为 6.5 m,也就是发动机两个主要噪声源的轴线距离为 6.5 m。图 9-23 所示为简化的实地测量模型,阵列由 32 个传声器组成,沿直线排布,与发动机轴线在地面的投影平行,阵列与发动机投影线相距 25 m。

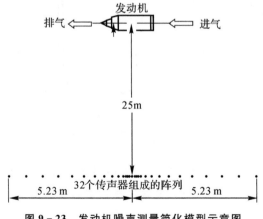

图 9-23 发动机噪声测量简化模型示意图

为了获得较好的实验结果,应用数值模拟方法,实验前优化了阵列的布置方案。图 9 - 24 所示为经过优化后的阵列布置方案。

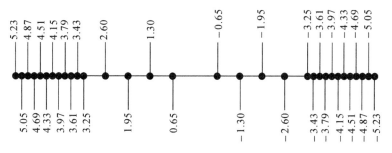

图 9 - 24　传声器位置

测量系统由线性传声器阵列和一套以微机为中心的数据采集系统构成。传声器采用的是由 B&K 公司生产的 1/4 in 电容式高精度传声器,此型传声器由拾音器和前置放大器所组成,传声器的拾音器经过特殊的设计和制造以保证它的声、电参数的稳定。在自由声场传声器的频率范围是 5 Hz～100 kHz,最大测量的声压级是 168dB,传声器的灵敏度是 3.2 mV/Pa,使用的温度范围是 －50～＋110℃,传声器的大气温度系数指标是 0.01 dB/K,大气压力系数是 -10^{-5} dB/Pa。

在地面上测量噪声最大的困难是存在直接辐射的信号与地面反射信号之间的相互干涉。解决这个问题的一个较常用的办法就是把传声器安装在一个硬的反射表面上。为了尽量减少入射声波与反射声波的相位差,让传声器的膜片紧挨在这个硬表面上,这样在测量频率范围内,由于硬表面的反射引起传声器测得的声压是实际声源辐射声压的 1 倍,即由测量的信号中减去 3 dB 就是实际声源声辐射声压。

实验是在室外自由声场进行的,共测量了发动机 60%,70%,80%,90% 等转速下的噪声。在测量过程中,发动机的转速由低速逐渐升至高速,在每次工作状态稳定后再进行声信号的采集,以保证信号的稳定性。32 路传声器记录的时域声压信号,运用"延迟求和"的方法,扫描发动机的中轴线(长 12 m,共扫描 121 个点,每隔 0.1 m 扫描一点),再运用 DAMAS 反方法获得最终声源识别结果。为了使测量结果更加稳定,采用多样本平均数据分析,尽量减小了信号的不稳定。声源窄带频谱由对时域声压信号进行 Fourier 变换得来,然后计算 1/3 倍频频谱。

9.6.2　发动机噪声源识别测量结果分析

应用线性传声器阵列数据处理方法对发动机轴线上每一个点的声级进行计算(即计算每个点上的阵列的波束成型),得到的这个声级就表示了该轴线对应点上的噪声辐射,即相当于在该点处有一个点噪声源。轴线上所有点的噪声级就组成了一个发动机轴线上的噪声分布图。

图 9 - 25 所示为声源识别位置谱,横坐标表示发动机中心的轴线,纵坐标表示声压级,它是将对应位置处测量频率范围内所有 1/3 倍频程中心频率下的声压级相累加得到的。从图中可以看出,线性传声器阵列能够清楚地辨别出涡扇发动机进出口噪声源,4 种工作状态下发动机进口噪声源位置比较统一,都出现在 －3.3m 处,与实际发动机进口位置基本一致(进口位

于-3.25 m)。随着发动机功率的增加,发动机进口的总声压级逐渐增大。而发动机出口喷流噪声源是一个分布式的声源,在发动机功率较小(60%)的情况下共有3个明显声源,随着发动机功率的增加,发动机喷口噪声总声压级逐渐增大,而且喷口噪声源的个数也有增加,喷流噪声分布的范围也随之增大。

由图9-25可以看出,喷流噪声源分布于发动机喷管出口3.25～6 m之间的范围内,即发动机出口喷流噪声分布在约3 m的流场范围之内,而喷口的直径大约在0.6 m左右,发音区大概是喷口直径的4.6倍,即包含了整个喷流的混合区和一部分过渡区(混合区的大小是从喷口处向下游延伸4倍于喷口直径的长度,过渡区大小是从混合区的尾部继续向下游延伸4倍于喷口直径的长度)。这一试验结果与前面喷流噪声的理论分析相吻合,混合区的辐射面积较小,噪声源较集中;而在过渡区,辐射面积明显扩大,声源声压级的大小与分布密度均下降,因此在过渡区发动机的轴线上只探测到一个声源。

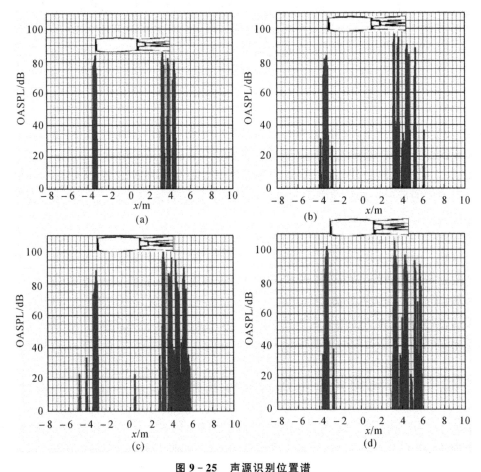

图 9 - 25　声源识别位置谱

(a)60%功率状态;　(b)70%功率状态;　(c)80%功率状态;　(d)90%功率状态

应用线性传声器阵列测量技术,除了能够得到沿发动机轴线的声源分布以外,通过把线性传声器阵列的波束方向聚焦在特定的声源位置,还可以得到特定声源的详细的噪声频谱和声压级大小。但是,对于地面固定的传声器和地面静止状态发动机试验,声场的指向特性则无法获得。

从试验结果(见图 9-26)中可以看出,涡扇发动机进口噪声谱是由随机宽频噪声谱与强烈的离散单音噪声所构成的。宽频噪声由风扇叶片表面随机脉动力所产生,而单音噪声则来自于风扇叶片高速旋转产生的气流周期性压力脉动。叶片通过频率下的离散单音均占主导地位,这也是亚声速的风扇/压气机的噪声特性之一。从图 9-26 中还可以观察到随着功率的上升,叶片通过频率也相应上升,在发动机最大功率 60%,70%,80%,90% 四个状态下,叶片的通过频率分别为 800 Hz,1 100 Hz,1 300 Hz,2 000 Hz 左右。

仔细比较不同功率状态下的发动机进口噪声谱,发现在低转速工作状态下,叶片通过频率单音噪声的基频噪声是最大峰值噪声(60%,70%,80%工作状态),但是在发动机大功率状态下(90%工作状态),发动机叶片通过频率的二阶谐波噪声成为主要噪声源。产生这一现象的一个重要原因是在发动机设计时,通常根据风扇叶片数和转速参数的合理选配,使得在起飞工作状态发动机叶片通过频率的基频噪声有效地衰减(截止),这样就可以有效降低发动机起飞状态噪声。

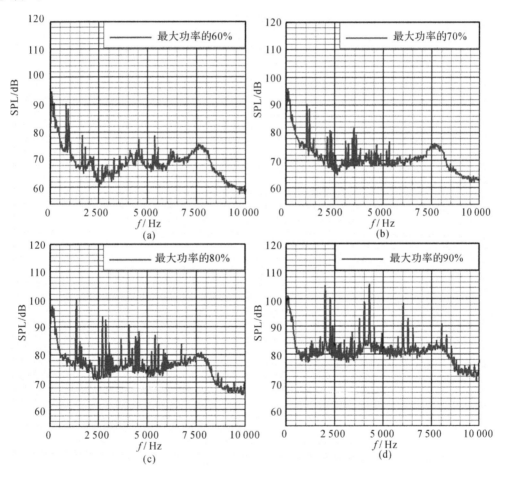

图 9-26　不同功率下风扇窄带频谱

(a)60%功率状态；　(b)70%功率状态；　(c)80%功率状态；　(d)90%功率状态

为了进一步比较在不同工作状态下发动机进口噪声的变化情况,图9-27给出了在不同工作状态下发动机进口噪声1/3倍频程频谱比较。从图中可以明显地看出,随着发动机工作状态的变化(转速增高),发动机的进口噪声声压级明显增加,特别是,随着发动机工作状态的变化,高频成分的发动机进口噪声增大的幅度比低频部分发动机进口噪声增大的幅度要大。

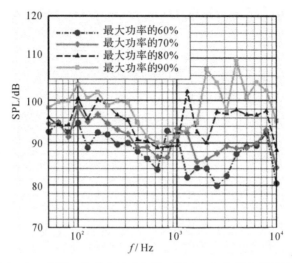

图9-27 不同工作状态发动机进口噪声1/3倍频程频谱比较

图9-28分别给出了4种发动机功率状态下,发动机出口不同噪声源的窄带频谱试验测量结果,图中的横坐标表示的是频率,纵坐标表示发动机出口噪声声压级。图中声源source1,source2,source3,source4等分别表示从发动机出口开始向下游分布的声源(即source1在发动机出口,source4最远离发动机出口)。

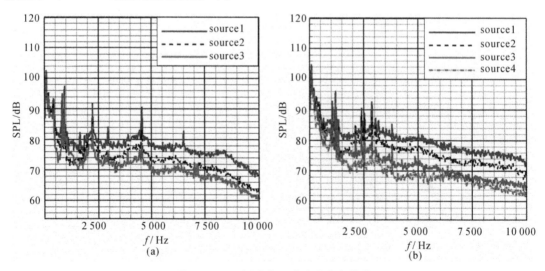

图9-28 不同功率下喷流噪声窄带谱

(a)60%功率状态; (b)70%功率状态

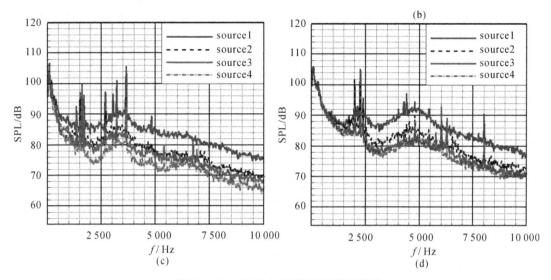

续图 9 - 28　不同功率下喷流噪声窄带谱

(c)80％功率状态；　(d)90％功率状态

由图 9 - 28 可以看出，涡扇发动机出口噪声谱由随机宽频噪声谱与离散单音噪声谱所构成。其中宽频噪声来自于发动机内部强烈的湍流脉动和喷流流场与大气的强烈掺混（喷流混合噪声），单音噪声则是来自于风扇叶片、涡轮叶片等高速旋转产生的气流周期性压力脉动。还可以看出，在发动机喷口不同位置的声源，其声级大小显著变化，越靠近喷口位置的声源，其噪声级越大；越远离喷口位置的声源，其噪声级越小。

参 考 文 献

[1] Ballal Dilip R, Zelina Joseph. Progress in Aero Engine Technology(1939—2003).
     AIAA 2003 - 4412,2003.

[2] Williams Ffowcs J E. Hydrodynamic noise. Ann. Rev. Fluid Mechanics, 1969(1):196
     - 222.

[3] Hubbard H H. Aeroacoustics of Flight Vehicles: Theory and Practice. Volume 1
     Noise Sources; Volume 2 Noise Control (Nasa Reference Publication 1258).
     Acoustical Society of America, 1995.

[4] Lighthill M J. On sound generated aerodynamically, I: General Theory, Proceedings
     of the Royal Society (London), A211,1952:564 - 587.

[5] Michel U. Sound generation by aircraft. DLR - IB 92517 - 95/B5,1995.

[6] Morse P M, Ingard K U. Theoretical Acoustics. McGraw - Hill, inc,1968.

[7] Rolls-Royce. The Jet Engine. 英格兰:罗尔斯-罗伊斯公司技术出版物部,1992.

[8] Smith Michel J T. Aircraft noise. Cambridge University Press,1989.

[9] 马大猷. 声学手册. 北京:科学出版社,1983.

[10] 刘大响,陈光. 航空发动机——飞机的心脏. 北京:航空工业出版社,2003.

[11] 唐狄毅,李文兰,乔渭阳. 飞机噪声基础. 西安:西北工业大学出版社,1995.

[12] Ffowcs Williams J E. Hydrodynamic noise. Ann. Rev. Fluid Mechanics, 1969,1:196
     - 222.

[13] Goldstein M E. Aeroacoustics. New York: McGraw - Hill Book Company,
     Inc. ,1976.

[14] Lighthill M J. Waves in Fluids. Cambridge University Press, Cambridge, 1978.

[15] Amiet R K. Effect of the incident surface pressure field on noise due to turbulent flow
     past a trailing edge. J. Sound Vib. 1978,57:305 - 306.

[16] Brooks T F, Hodgson T IL. Trailing edge noise prediction from measured surface
     pressures. J. Sound Vib,1981,78:69 - 117.

[17] Curle N. The influence of solid boundaries upo 11 aerodynamic sound. Proc. Roy.
     Soc. (London) A 231, 1995:505 - 514.

[18] Goldstein M E. Aeroacoustics. New York: McGraw-Hill International Book
     Company,1976.

[19] Howe M S. A review of the theory of trailing edge noise. J. Sound Vib,1978,61:437
     - 465.

[20] Stone J R. Flight effects on exhaust noise for turbojet and turbofan engines -
     Comparison of experimental data with prediction. NASA Technical Memorandum
     TM X - 73552,1976.

[21] Farassat F. Acoustic Analysis of Propfan. NASA CR 16231 2,1979.

[22] Kaji S, Okazaki T. Propagation of Sound Waves Through a Blade Row. I. Analysis Based on the Semi—Actuator Disc Theory. J. Sound & Vibration, 1970, 11(3):339 – 353.

[23] Heidmann M F. Interim Prediction Method for Fan and Compressor Source Noise. NASA TM X – 71763, 1975.

[24] Lohmann D. Numerical optimization of propeller aeroacousties-using evolution strategy. In Proceedings Noise'93 (St. Petersburg, Russia), Interpublish Ltd, St. Petersburg, Russia, 1993:103 – 114.

[25] Qiao Weiyang. A study on the wing noise source based on the fly-over measurements with a planar microphone array[D]. Ph. D Thesis of Northwestern Polytechnical University, 1999.

[26] 姚起杭. 飞机噪声工程. 西安:西北工业大学出版社, 1998.

[27] 沈豪. 声学测量. 北京:科学出版社, 1986.